特种设备无损检测从业人员培训丛书

特种设备无损检测人员初级教材

四川省特种设备安全管理协会　组织编写

中国劳动社会保障出版社

图书在版编目（CIP）数据

特种设备无损检测人员初级教材 / 四川省特种设备安全管理协会组织编写 . -- 北京：中国劳动社会保障出版社，2022

（特种设备无损检测从业人员培训丛书）

ISBN 978-7-5167-5348-4

Ⅰ. ①特…　Ⅱ. ①四…　Ⅲ. ①设备 – 无损检验 – 教材　Ⅳ. ①TB4

中国版本图书馆 CIP 数据核字（2022）第 092808 号

中国劳动社会保障出版社出版发行

（北京市惠新东街 1 号　邮政编码：100029）

*

三河市华骏印务包装有限公司印刷装订　新华书店经销

787 毫米 ×1092 毫米　16 开本　19 印张　368 千字

2022 年 8 月第 1 版　2022 年 8 月第 1 次印刷

定价：52.00 元

读者服务部电话：（010）64929211/84209101/64921644

营销中心电话：（010）64962347

出版社网址：http: //www.class.com.cn

编写委员会

主　任：张利民

副主任：吕　涛　杨　鹏　薛维家

委　员：王江海　刘　峰　姚　力

　　　　赖传理　邓黎明　彭　军

编写人员

姚　力　赖传理　邓黎明　彭　军　胡　斌

康　毅　马学荣　颜春松　周继光　罗虎祥

陈小明　杜显禄　王江海　刘　峰

前　言

特种设备无损检测作为保障特种设备安全运行的重要技术之一，对从业人员技术能力提出较高的要求。随着行业发展，对无损检测从业人员需求随之增加。目前，行业在多年的特种设备无损检测从业人员培训过程中，一直没有一本适用于初级人员的教材，在无损检测从业人员规范化过程中，终觉缺憾。

针对这一问题，四川省特种设备安全管理协会组织开展了《特种设备无损检测人员初级教材》的编写，涉及无损检测人员（含 RT、UT、MT、PT 四种方法）。本教材共分五章，即特种设备金属材料、热处理、焊接及无损检测相关知识，射线检测，超声检测，磁粉检测和渗透检测。

本教材由长期从事特种设备无损检测人员培训工作的行业专家编写，参考全国特种设备无损检测人员（Ⅱ、Ⅲ级）资格考核统编教材的相关内容，系统梳理了近 40 年以来特种设备无损检测人员理论教学和实际操作培训经验，更新了无损检测相关的法规、标准要求，力求从特种设备无损检测工作实际出发，指导特种设备无损检测初级人员掌握基本理论知识与实际操作技能。

本教材编写的出发点是在理论知识方面力求概念清晰，简单明了，通俗易懂；在实际操作方面要求实用，强调基本技能，运用图像解析操作步骤力求直观。由于编者能力有限，编写时间仓促，不当之处敬请读者批评指正。

编者

2022 年 6 月

目　　录

第一章　特种设备金属材料、热处理、焊接及无损检测相关知识

第一节　金属材料及热处理基本知识

锅炉、压力容器、压力管道等特种设备大多是由金属材料制成的，为了保证它们在生产中安全可靠、经久耐用、价格低廉和制造时工艺性能良好，要求材料应具有良好的性能。

一、金属材料的性能

金属材料的性能是指用来表征材料在给定外界条件下的行为参量。通常所指的金属材料的性能主要包括以下两个方面：

1. 使用性能

使用性能是为了保证机械零件、设备、结构件等能正常工作，材料所应具备的性能，主要有：

（1）力学性能。包括强度、硬度、刚度（弹性模量）、塑性、韧性等。

（2）物理性能。包括密度、熔点、导热性、热膨胀性、导电性等。

（3）化学性能。包括耐蚀性、抗氧化性、耐酸性和耐碱性等。

使用性能决定了材料的应用范围、使用安全可靠性和使用寿命。

2. 工艺性能

材料的工艺性能是指加工性能（或制造工艺性能），即材料在被制成机械零件、设备、结构件的过程中适应各种冷、热加工的性能，工艺性能对制造成本、生产效率、产品质量有重要影响，主要包括切削加工、铸造、锻压、焊接、热处理方面的性能，也称为材料的五大工艺性能。

（1）切削加工性能。指通过切削加工方法和工艺而获得所需要工件性能的难易程度。

（2）可铸性。指通过常规铸造方法和工艺而获得所需要工件性能的难易程度。

（3）可锻性。指通过常规锻造方法和工艺而获得所需要工件性能的难易程度。

（4）可焊性。指金属材料通过常规焊接方法和工艺而获得良好焊接接头的难易程度。

（5）热处理性能。指通过常规热处理方法和工艺而获得所需要工件性能的难易程度。

除使用性能和工艺性能外，金属材料的价格和获取的难易程度等，也是在特种设备生产和使用中必须考虑的重要因素之一。

金属材料是制造承压类特种设备最常用的材料，了解材料方面的有关知识很有必要。

二、材料力学基本知识

金属材料在加工和使用过程中都要承受不同形式外力的作用，当外力达到或超过某一限度时，材料就会发生变形甚至断裂。材料在外力作用下所表现的一些性能称为材料的力学性能。这些性能指标可以通过力学性能试验测定。

1. 内力、应变与应力

（1）内力。内力是指材料内部各部分之间相互作用的力，在未受到外力作用时，材料内部相互平衡并保持其固有的形状。当受到外力 P 的作用，这种固有的平衡被打破，相互之间作用力会改变，这是由于材料在外力作用下产生附加内力，通常称其为内力 N。

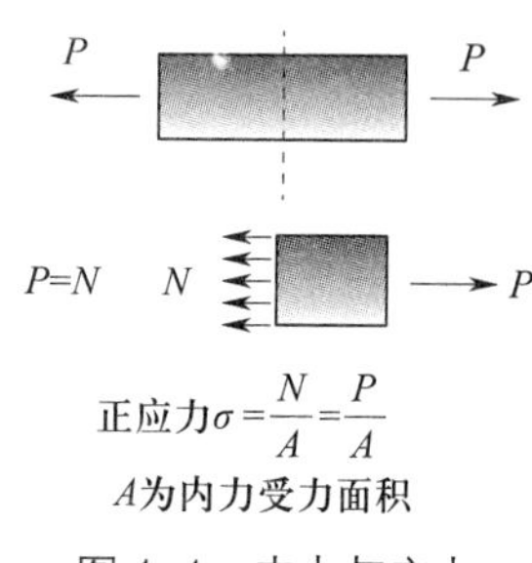

图 1-1 内力与应力

（2）应变与应力。物体在外力作用下，其形状尺寸所发生的相对改变称为应变；物体在外力作用下而变形时，其内部任一截面单位面积上的内力大小通常称为应力；方向垂直于截面的应力称为正应力。如果应力是由于试件在工作中受到外加载荷作用而产生的，则该应力称为工作应力。内力与应力如图 1-1 所示。

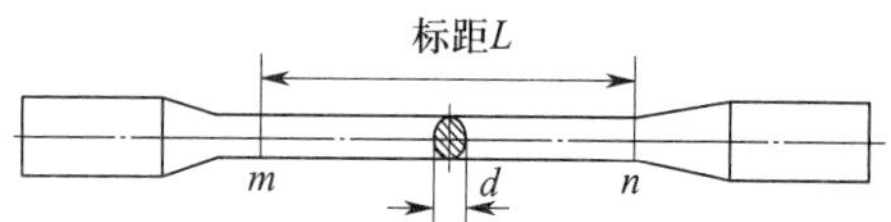

图 1-2 金属拉伸试样

2. 强度

金属强度是指金属抵抗永久变形和断裂的能力。材料强度指标可以通过拉伸试验测出。

把一定尺寸和形状的金属拉伸试样（如图 1-2 所示）装夹在试验机上，然后对试样逐渐施加拉伸载荷，直至把试样拉断为止。根据试样在拉伸过程中承受的载荷和产生的变形量之间的关系，可绘出该金属的拉伸曲线，如图 1-3 所示。在拉伸曲线上可以得到该材料强度性能的一些数据。

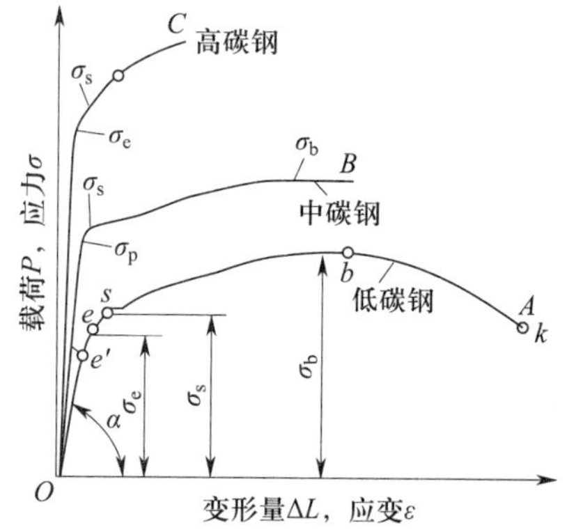

图 1-3 退火低碳钢、中碳钢和高碳钢的 $P—\Delta L$ 曲线（$\sigma—\varepsilon$ 曲线）

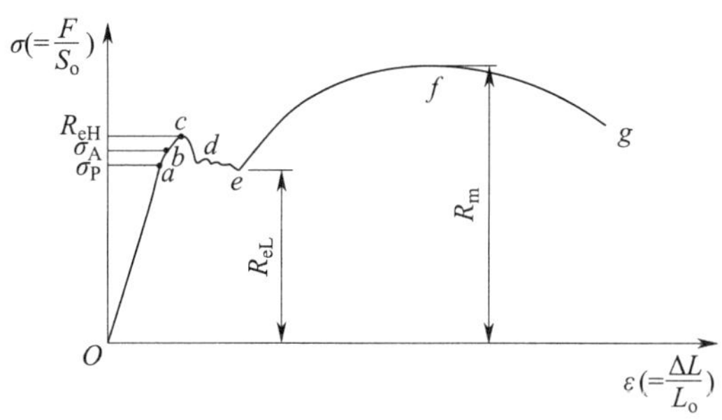

图 1-4　退火低碳钢的拉伸 σ—ε 曲线

图 1-3 所示的曲线，其纵坐标是载荷 P（也可换算为应力 σ），横坐标是变形量 ΔL（也可换算为应变 ε）。该曲线图称为 P—ΔL 曲线或 σ—ε 曲线。图中曲线 A 是退火低碳钢的拉伸曲线，曲线 B 为中碳钢的拉伸曲线，曲线 C 为高碳钢的拉伸曲线，可以看出，随着含碳量的增加，材料抗拉强度增大。图 1-4 所示为退火低碳钢的拉伸 σ—ε 曲线，可分为以下 6 个阶段：

（1）第Ⅰ阶段（Oa）。弹性变形。

（2）第Ⅱ阶段（ab）。滞弹性变形。

（3）第Ⅲ阶段（bc）。屈服前微塑性变形。

（4）第Ⅳ阶段（cde）。屈服变形。

（5）第Ⅴ阶段（ef）。均匀塑性变形。

（6）第Ⅵ阶段（fg）。局部塑性变形。

抗拉强度 R_m、屈服强度（R_{eH}、R_{eL}）是评价材料强度性能的两个主要指标。一般金属材料构件都是在弹性状态下工作的，不允许发生塑性变形，所以机械设计中应采用 R_{eH}、R_{eL} 作为强度指标，并加上适当的安全系数 n_s。但由于抗拉强度 R_m 测定较方便，数据也较准确，所以机械设计中也经常采用，但需使用较大的安全系数 n_b。

一般机械设计中，采用碳素钢及低合金钢等，以 R_{eH}、R_{eL} 作为强度指标时，安全系数 n_s 取 1.5 ～ 2.0；以 R_m 作为强度指标时，安全系数 n_b 取 2.0 ～ 5.0。例如，我国现行特种设备相关的规范强度设计中，锅炉压力容器：n_s=1.5，n_b=2.7；压力管道：n_s=1.6，n_b=3.0。

3. 塑性

塑性是指材料在载荷作用下断裂前发生不可逆永久变形的能力。特种设备所使用材料要求具有较好的塑性，但对塑性的要求并非越高越好，塑性高，有较大的安全性，但产品用材增加，带来浪费。对绝大多数金属材料而言，强度越高，通常塑性变形能力越差。塑性指标用延伸率 A、断面收缩率 Z 表示。延伸率 A 是构件被拉断后的残余伸长与原长之比的百分率，断面收缩率 Z 是构件拉断后颈缩处的截面面积的减小值与原来的截面面积之比的百分率。通常将 $A < 5\%$ 的材料归为脆性材料；$5\% \leqslant A < 10\%$ 的材料归为韧性材料；$A \geqslant 10\%$ 的材料归为塑性材料。低碳钢的延伸率 A 一般为 20% ～ 30%，铸铁延伸率 A 一般为 1%。

4. 硬度

硬度是指材料抵抗局部塑性变形或表面损伤的能力，是衡量金属软硬的力学性能指标。 材料硬度高，一般强度也高，耐磨性较好。硬度与强度有一定的关系，可以通过测试硬度来估算材料强度。工程上常用的硬度试验方法有：布氏硬度 HB、洛氏硬度 HR、维氏硬度 HV、里氏硬度 HL。

5. 冲击韧度

冲击韧度是指材料在外加冲击载荷作用下断裂时消耗能量大小的特性。冲击韧度通常是在摆锤式冲击试验机上测定的，摆锤冲断带有缺口的试样所消耗的能量称为冲击吸收能量，常以 KV_2 表示，单位为焦耳（J）。特种设备所用材料的室温或低温冲击吸收能量必须满足相应的特种设备安全技术规范的规定。

6. 疲劳破坏

机电类承压设备中的转轴、齿轮的轮齿和活塞杆等在工作时，其应力作周期性变化，产生周期变化应力的载荷称为交变载荷。受交变载荷作用的构件被破坏时，无塑性变形而发生突然脆性断裂，这种现象称为材料的疲劳破坏。材料抵抗疲劳破坏的能力用持久极限（或疲劳极限）R^t_D 表示，是指材料在交变应力作用下，能承受无限次应力循环而不被破坏的最大应力值。

7. 蠕变和应力松弛

金属材料在高温下工作，产生缓慢而连续的变形现象，称为蠕变，蠕变是不可恢复的塑性变形。

如果构件的总变形保持不变，则总变形中的塑性变形部分不断增加，弹性变形部分不断减少，构件内的应力也就不断降低。这种在总变形不变的条件下，由于温度影响，而使应力随时间增长而逐渐降低的现象称为应力松弛。

三、金属材料热处理基本知识

1. 承压类特种设备用钢常见的金相组织和性能

（1）铁素体 F［Feα（C）］。碳溶于 α 铁或 δ 铁中的固溶体。α 铁和 δ 铁都是体心立方晶格，前者是指温度低于 910 ℃的铁，后者是指温度在 1 390 ～ 1 535 ℃之间的铁。所谓固溶体，是指组成合金的两种或两种以上元素，相互溶解形成单一均匀的物质。铁素体的溶碳能力极差，在 727 ℃溶碳量最大时也仅有 0.022%。铁素体的强度、硬度不高，具有良好的塑性和韧性，在 770 ℃以下具有铁磁性，超过 770 ℃则丧失铁磁性。

（2）奥氏体 A［Feγ（C）］。碳溶于 γ 铁中的固溶体。γ 铁是面心立方晶格，奥氏体溶碳能力较强，最大可达 2.11%（1 148 ℃），在 727℃溶碳量为 0.77%。在铁碳合金系中，奥氏体仅存在于 727 ℃以上的高温范围内。奥氏体不具有铁磁性。

（3）渗碳体 Fe_3C。铁和碳的金属化合物，其含碳量为 6.67%。渗碳体的硬度很高，而塑性和韧性几乎为零，脆性极大。渗碳体在 217 ℃以下具有铁磁性。

（4）珠光体 P。珠光体是层片状铁素体与渗碳体构成的机械混合物。珠光体的硬度和强度较高，塑性也较好。

（5）马氏体 M。马氏体是碳在 α 铁中的过饱和固溶体。马氏体为体心立方晶格。马氏体具有很高的硬度（640 ～ 760 HB），很脆，冲击韧性低，断面收缩率和延伸率几乎等于零。

（6）其他组织。承压类特种设备用钢常见金相组织还有贝氏体 B、魏氏组织、带状组织、δ 相、σ 相等。

2. 热处理一般过程

热处理是将固态金属及合金按预定的要求进行加热、保温和冷却，以改变其内部组织，从而获得所要求性能的一种工艺过程。其化学成分不变，内部组织发生改变。

热处理基本工艺过程是由加热、保温、冷却 3 个阶段构成，温度和时间是影响热处理的主要因素，可用温度—时间曲线来说明，如图 1-5 所示。钢在热处理过程中的组织变化，由两个过程组成，一是加热时钢的常温组织转变为奥氏体；二是冷却时奥氏体分解，随着冷却速度的不同，得到不同形态和组分的珠光体、铁素体或马氏体等转变产物。

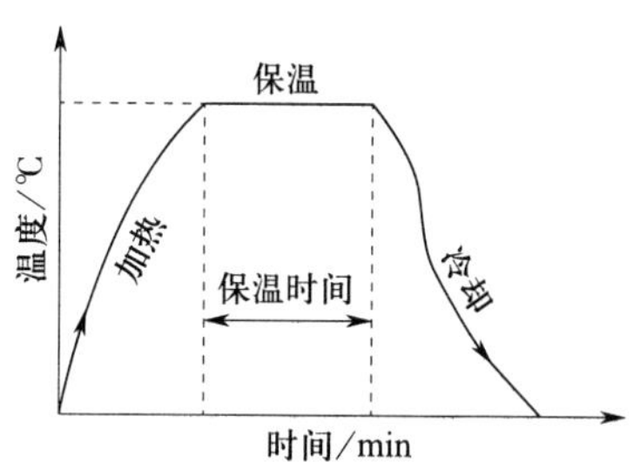

图 1-5 热处理基本工艺曲线图

3. 承压类特种设备常用热处理工艺

根据钢在加热和冷却时的组织与性能变化规律，热处理工艺分为退火、正火、淬火、回火及化学热处理等。

（1）退火。将钢试件加热到适当温度，保温一定时间后缓慢冷却，以获得接近平衡状态组织的热处理工艺，称为退火。根据钢的成分和退火目的的不同，退火又分为完全退火、不完全退火、消除应力退火、等温退火、球化退火等，如图 1-6 所示。

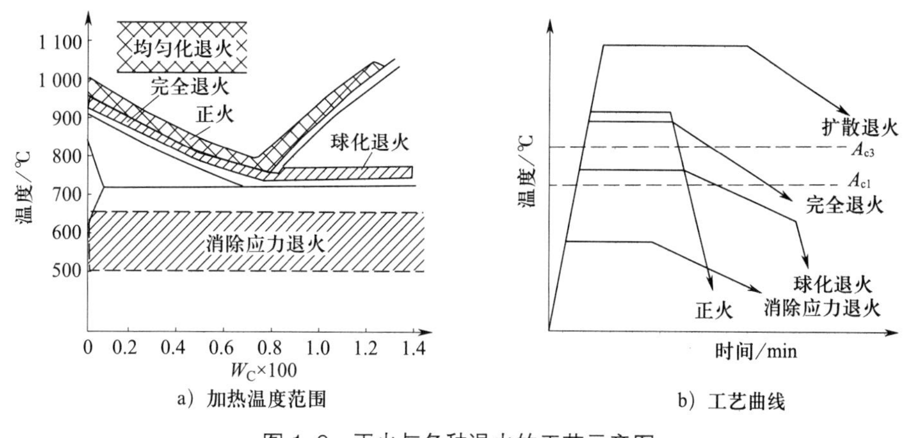

图 1-6 正火与各种退火的工艺示意图

完全退火又称重结晶退火，其方法是将工件加热到 A_{c3}（加热时铁素体转变为奥氏体的温度）以上 30 ～ 50 ℃，保温后缓慢冷却。其目的在于均匀组织、消除应力、降低硬度、改善切削加工性能。主要用于各种亚共析成分的碳钢和合金钢的铸件、锻件，有时也用于焊接结构。完全退火的组织是接近 $Fe-Fe_3C$ 相图的平衡组织（对亚共析钢是铁素

体 + 珠光体）。

不完全退火是将工件加热到 A_{c1}（加热时珠光体转变为奥氏体的温度）以上 30 ～ 50 ℃，保温后缓慢冷却。其主要目的是降低硬度、改善切削加工性能、消除内应力。主要应用于低合金钢，中、高碳钢的锻件和轧制件。

对承压类特种设备来说，消除应力退火特别重要。承压类特种设备的消除应力退火主要是指焊后热处理（PWHT），也有在焊接过程中间和冷变形加工后为减少内应力及冷作硬化而进行消除应力处理的。消除应力处理的加热温度根据材料不同而不同，一般是将工件加热到 A_{c1} 以下 100 ～ 200 ℃，对碳钢和低合金钢大致在 500 ～ 650 ℃，保温后缓慢冷却。消除应力处理的主要目的是消除焊接、冷变形加工、铸造、锻造等方法加工后所产生的内应力，同时还能使焊缝金属中的氢较完全地扩散，提高焊缝的抗裂性和韧性，此外对改善焊缝及热影响区的组织、稳定结构形状也有作用。

消除应力处理加热方法多种多样，可分整体（球罐、小型）焊后热处理和局部（大型、外部）焊后热处理两大类，前者效果好于后者。整体焊后热处理又可分炉内整体热处理和内部加热整体热处理，后者是利用容器本身作为炉子或烟道，在其内部加热来完成热处理过程，通常用于大型容器的现场热处理，称为现场整体消除应力退火处理。局部焊后热处理常用的方法有炉内分段热处理和圆周带状加热热处理。

焊前预热也可以算是一种热处理方法，其主要目的是减少淬硬倾向，防止产生裂纹。

（2）正火。正火是将工件加热到 A_{c3} 或 A_{cm}（加热时二次渗碳体溶入奥氏体的终了温度）以上 30 ～ 50 ℃，保持一定时间后在空气中冷却的热处理工艺。正火的目的与退火基本相同，主要是细化晶粒、均匀组织、降低内应力。正火与退火的不同之处在于前者的冷却速度较快，过冷度较大，使组织中珠光体体量增多，且珠光体片层厚度减小。钢正火后的强度、硬度、韧性都较退火高。许多承压类特种设备用的低合金钢钢板都是以正火状态或热轧状态供货的。超声检测一些晶粒粗大的锻件时，会出现声能严重衰减，或出现大量草状回波，可通过正火细化晶粒使情况得到改善。

（3）淬火。淬火是将钢加热到临界温度以上（一般情况是亚共析钢为 A_{c3} 以上 30 ～ 50 ℃，过共析钢为 A_{c1} 以上 30 ～ 50 ℃），经过适当保温后快速冷却，使奥氏体转变为马氏体的过程。材料通过淬火获得马氏体组织，可以提高硬度和强度，这对于轴承、模具之类的工件是有益的，但马氏体硬而脆，韧性很差，内应力很大，容易产生裂纹，承压类特种设备材料和焊缝的组织中一般不希望出现马氏体。

（4）回火。回火是将经过淬火的钢加热到 A_{c1} 以下的适当温度，保持一定时间，然后用符合要求的方法冷却（通常是空冷），以获得所需组织和性能的热处理工艺。回火的主要目的是降低材料的内应力，提高韧性。通过调整回火温度，材料可获得不同硬度、强度和韧性，以满足所要求的力学性能。此外，回火还可以稳定零件尺寸，改善加工性能。

（5）奥氏体不锈钢的固溶处理和稳定化处理。把铬镍奥氏体不锈钢加热到 1 050 ～

1 100 ℃（在此温度下，碳在奥氏体中固溶），保温一定时间（大约每 25 mm 厚度不小于 1 h），然后快速冷却至 427 ℃以下（要求从 925 ℃至 538 ℃冷却时间小于 3 min），以获得均匀的奥氏体组织，这种方法称为固溶处理。经过固溶处理的铬镍奥氏体不锈钢，其强度和硬度较低且韧性较好，具有很高的耐腐蚀性和良好的高温性能。

对于含有钛或铌的铬镍奥氏体不锈钢，为了防止晶间腐蚀，必须使钢中的碳全部固溶在碳化钛或碳化铌中，以此为目的的热处理称为稳定化处理。稳定化处理的工艺条件是：将工件加热到 850 ～ 900 ℃，保温足够长的时间后快速冷却。

四、承压类特种设备常用材料

承压类特种设备都是在承受一定压力载荷状态下运行的，材料要承受较大的工作应力，有些还要同时承受高温或腐蚀性介质的作用，工作条件恶劣，如果在使用过程中发生破坏性事故，将会造成严重损失，因此对制造承压类特种设备的材料有一定的要求。这些要求包括：

（1）为保证安全性和经济性，所用材料应有足够的强度，即较高的屈服极限和强度极限。

（2）为保证在承受外加载荷时不发生脆性破坏，所用材料应有良好的韧性。根据使用状态的不同，材料的韧性指标包括常温冲击韧性、低温冲击韧性以及时效冲击韧性等。

（3）所用材料应有良好的加工工艺性能，包括冷热加工成型性能和焊接性能。

（4）所用材料应有良好的低倍组织和表面质量，分层、疏松、非金属夹杂物、气孔等缺陷应尽可能少，不允许有裂纹和白点。

（5）用以制造高温受压元件的材料应具有良好的高温特性，包括足够的蠕变强度、持久强度和持久塑性，良好的高温组织稳定性和高温抗氧化性。

（6）与腐蚀介质接触的材料应具有优良的抗腐蚀性能。

低碳钢、低合金钢、奥氏体不锈钢是制造承压类特种设备常用的金属材料。根据需要，也有采用其他材料制造承压类特种设备的，例如铸钢、铸铁、铜、铝及铝合金、钛及钛合金、镍及镍合金、铁素体不锈钢、铁素体—奥氏体双相不锈钢等。此外，承压类特种设备锻件和螺栓也有采用中碳钢的。

1. 钢的分类和牌号表示方法

按化学成分的不同，钢可以分为碳素钢（非合金钢）、低合金钢与合金钢。

碳素钢为含碳量小于 2.11% 而不含有特意加入合金元素的钢，简称碳钢。根据实际生产和应用的需要，通常将碳素钢进行分类和编号。

（1）按冶炼方法及设备分类。分为平炉钢、转炉钢、电炉钢。

（2）按冶炼浇筑时脱氧剂与脱氧程度分类。分为沸腾钢、镇静钢、半镇静钢。

（3）按含碳量分类。分为：

1）低碳钢。含碳量＜0.25%，一般以热轧或正火状态供货，正常组织为铁素体＋珠光体。

2）中碳钢。含碳量介于0.25%～0.60%之间。

3）高碳钢。含碳量＞0.60%。

（4）按钢的质量等级分类。碳素钢可分为普通碳素钢、优质碳素钢、高级优质碳素钢和特级优质碳素钢。钢的质量等级主要是按有害杂质（磷、硫等）及非金属类杂质的含量多少而定。

（5）按钢的用途分类。分为碳素结构钢和碳素工具钢。

1）普通碳素结构钢（普通质量非合金钢）。此类碳素结构钢的牌号是由代表屈服点的拼音字母“Q”加3位数字表示，如Q215、Q235等。“Q”代表结构钢屈服点，后面的3位数字表示该钢种在厚度小于16 mm时的最低屈服点(MPa)。在钢的牌号尾部可用A、B、C、D表示钢的质量等级。其中，A为普通级(供货时不保证A_k的值)，B、C、D表示硫、磷含量较低的优等级别。D级质量最高，A级质量最低。在牌号的最后可用符号标识其冶炼时的脱氧程度，如对完全脱氧的沸腾钢标以符号“F”；对已完全脱氧的镇静钢则标以“Z”或不标符号；“TZ”为特别镇静钢的符号，也可不予标记。如Q235B表示最低屈服点235 MPa的B级碳素钢(镇静钢)；Q215AF表示最低屈服点215 MPa的普通等级碳素结构钢(沸腾钢)。沸腾钢成本低，但其某些力学性能比镇静钢差。

2）优质碳素结构钢（优质非合金钢）。优质碳素结构钢与普通碳素结构钢不同之处在于前者必须同时保证钢材的化学成分和力学性能，而且保证化学成分中的有害元素硫、磷杂质较少（≤0.04%），冶炼工艺也比较严格，故质量高，但成本也较高。

优质碳素结构钢的牌号用两位数字表示，这两位数字表示钢中平均含碳量的万分之几。例如20钢的平均含碳量为0.20%，即万分之二十。对每一个牌号，国家标准都规定了化学成分范围和应达到的力学性能指标。牌号按顺序有：08、10、15、20、25、30、35、40、50等。较高含锰量（一般指含锰0.7%～1.0%）的优质碳素结构钢，则在牌号后加标“Mn”，如15Mn。根据材质不同，又可区分为：优质钢、高级优质钢(牌号后加标“A”，如50A）和特级优质钢（牌号后加标“E”）。如为沸腾钢，则在牌号后面加标“F”字母，如08F、15F等，分别表示为平均含碳量为0.08%的沸腾钢及平均含碳量为0.15%的沸腾钢。

3）碳素工具钢。碳素工具钢是用于制造刀具、模具和量具的钢。由于大多数工具钢要求高硬度和高耐磨性，故工具钢含碳量都在0.70%以上，均为优质钢和高级优质钢。

碳素工具钢的牌号以汉字“碳”或汉语拼音字母字头“T”加后面的阿拉伯数字表示，其数值表示平均含碳量的千分之几。若为高级优质钢，则在牌号的数字后面加标字母“A”。

4）铸造碳钢。铸造用碳钢一般用于制造形状复杂、力学性能要求较高的机械零件，广泛用于重型机械的某些零件，如轧钢机架、水压机横梁、锻锤砧座等。铸造碳钢的含碳量一般在 0.20% ～ 0.60% 之间，若含碳量过高，则钢的塑性差，而且铸造时容易产生裂纹。

2. 碳以及其他元素对钢材性能的影响

碳素钢的含碳量小于 2.1%，常用的碳素钢含碳量为 0.05% ～ 1.4%。由于炼钢方法的限制，钢材不可避免地含有硫、磷、锰、硅等元素。碳及这些元素对钢材性能的影响如下：

（1）碳（C）。碳是钢中主要元素之一，对钢的性能影响也最大。一般来说，随着含碳量的增加，钢的强度和硬度将不断提高，而塑性和韧性则不断降低。

（2）硫（S）。硫是钢中的一种有害元素。硫在钢中与铁化合形成 FeS，其熔点低（985 ℃），使钢材在热加工中容易开裂，这种现象称为“热脆”。因此，钢中硫的含量必须严格控制。

（3）磷（P）。一般来说，磷在钢中也是一种有害元素。磷虽能使钢的强度、硬度增加，但会使其塑性、冲击韧性显著降低，特别是在低温时使钢材显著变脆，这种现象称为“冷脆”。因此，钢中磷的含量也必须严格控制。

（4）锰（Mn）。锰是炼钢时作为脱氧剂而加入钢中的元素。由于锰可以与硫形成高熔点（1 600 ℃）MnS，能消除硫的有害作用，并能提高钢的强度和硬度。因此，锰在钢中是一种有益的元素。碳素钢中含锰量为 0.25% ～ 0.8%。

（5）硅（Si）。硅也是炼钢时作为脱氧剂加入钢中的元素，硅能使钢的强度和硬度增加，由于钢中硅的含量一般不超过 0.4%，因此它对钢的性能影响不大。

碳素钢中这些元素的含量，直接影响钢材的力学性能。在一般情况下，适当提高碳、锰、硅的含量可以提高钢材的强度，但会不同程度地降低塑性、冲击韧性和可焊性。硫、磷在大多数情况下是有害元素。

3. 合金钢的分类和牌号表示方法

合金钢是指为了改善钢的性能，特意加入一种或数种合金元素的钢。通常加入的合金元素有锰、铬、镍、钼、铜、铝、硅、钨、钒、铌、锆、钴、钛、硼、氮等。

（1）合金钢的分类

1）按合金元素的加入量分类，可分为：

①低合金钢。合金总量不超过 5%。

②中合金钢。合金总量 5% ～ 10%。

③高合金钢。合金总量超过 10%。

2）按用途分类，可分为：

①合金结构钢。专用于制造各种工程结构和机器零件的钢种。

②合金工具钢。专用于制造各种工具的钢种。

③特殊性能合金钢。具有特殊物理、化学性能的钢种，例如耐酸钢、耐热钢、电工

钢等。

3）按钢的组织分类，可分为珠光体钢、奥氏体钢、铁素体钢、马氏体钢等。

4）按所含主要合金元素分类，可分为铬钢、铬镍钢、锰钢、硅锰钢等。

（2）合金钢的牌号表示方法。我国合金钢牌号按碳含量、合金元素种类和含量、质量级别和用途来编排。牌号首部分用数字表明碳含量，为区别用途，低合金钢、合金结构钢用两位数表示平均含碳量的万分比；高合金钢、不锈耐酸钢、耐热钢用一位数表示平均含碳量的千分比。当平均含碳量小于千分之一时用“0”表示，含碳量小于万分之三时用“00”表示。牌号的第二部分用元素符号表明钢中主要合金元素，含量由其后数字标明，当平均含量少于1.5%时不标数字；平均含量为1.5%～2.49%时，标数字2；平均含量为2.5%～3.49%时，标数字3；……高级优质合金钢在牌号尾部加“A”，专门用途的低合金钢、合金结构钢在牌号尾部加代表用途的符号。例如：

1）Q345R。原为16MnR。该合金钢平均C含量≤0.20%，Mn为1.2%～1.7%；GB 713—2014更新为Q345R，R表示压力容器专用钢。

2）09MnNiDR。表明该合金钢平均含碳量0.09%，锰、镍平均含量均小于1.5%，是低温压力容器专用钢。

3）0Cr18Ni9Ti。表明该合金钢属高合金钢，含碳量小于0.1%，含铬量为17.5%～18.49%，含镍量为8.5%～9.49%，含钛量小于1.5%。

4. 几种常用低合金钢

（1）低合金高强度结构钢。低合金钢中的低合金高强度结构钢，是一类可焊接的低碳低合金工程结构用钢。其含碳量在0.1%～0.25%，含有少量合金元素(其总量一般不超过5%)。与相同碳含量的碳素结构钢相比，有较高的强度和屈强比，并有较好的韧性和焊接性，因此经常用来制造受压容器。牌号的表示方法与碳素结构钢相同。

锅炉压力容器常用的低合金高强度结构钢是在碳素结构钢的基础上加入少量或微量合金元素如锰（Mn）、硅（Si）、钼（Mo）、钒（V）、铌（Nb）、混合稀土元素（RE）等，从而使钢的强度和综合力学性能得到明显改善。用以代替碳素结构钢，可以极大节约钢材。锅炉压力容器用低合金钢牌号有Q345R、Q370R、18MnMoNbR、13MnNiMoR、15CrMoR、14Cr1MoR、12Cr2Mo1R、12Cr1MoVR等；压力管道用低合金钢牌号有09MnV、16Mn以及12CrMo、15CrMo、12Cr1MoV、1Cr5Mo等。

我国还研制成功许多耐蚀、耐热、耐低温等具有特殊用途的低合金结构钢，从而大大扩展了它的使用范围。低合金高强度结构钢在压力容器设计和制造中已起到显著作用，不仅能节约钢材用量，减轻设备自重20%～30%，而且能提高设备负载能力，延长使用寿命，并满足一些特殊要求，显示出了很好的经济性。

用于压力容器的低合金结构钢，除要求强度外，还要有较好的塑性和焊接性，以利于设备的加工制造。用于化工容器的低合金结构钢，其强度较高者，塑性和焊接性能将有所下降，这是由于强度较高，则合金元素含量较多，硬化作用也就较大。

（2）低温用钢。随着低温工业和深冷技术的发展，为数众多的压力容器和压力管道要在低温条件下工作。对于这类容器来说，至关重要的是低温韧性。影响低温韧性的因素有晶体结构、晶粒尺寸、冶炼的脱氧方法、热处理状态、钢板厚度、合金元素等，其中以合金元素的影响最为显著。

碳极度影响钢的低温韧性，随着碳含量增加，钢的冷脆转变温度急剧上升。因此低温钢的含碳量（质量分数）多限制在0.2%以下。

锰对改善钢的低温韧性十分有利，随着锰含量增加，钢的冷脆转变温度下降。

镍具有与锰相似的改善钢的低温韧性的功能。钢中含镍量（质量分数）每增加1%，冷脆转变温度约可降低10 ℃。所以锰和镍是低温钢中常用的合金元素。

存在于钢中的硫、磷、砷、锑、锡、铅等微量元素和氮、氢、氧等气体对钢的低温韧性都会产生不良影响。所以《压力容器　第2部分：材料》（GB 150.2—2011）规定，低温压力容器受压元件用钢必须是镇静钢，用于设计温度低于-20 ℃的低温钢板和低温锻件，还应当采用炉外精炼工艺。同时低温压力容器使用的专用钢的硫、磷含量都低于一般低合金钢。

目前国内相关规范标准将低温压力容器与非低温压力容器的温度界限规定为-20 ℃，低温容器用钢的冲击试验温度应低于或等于该容器的最低设计温度，冲击试验采用夏比V型缺口，三个试样的冲击功平均值应大于标准规定的数值。

国内常用的低合金低温用钢牌号有：16MnDR、15MnNiDR、09MnNiDR（其平均碳含量0.09%，锰、镍含量＜1.5%，DR表示低温压力容器专用钢）等。

（3）低合金耐热钢。当工作温度为400～600 ℃时，所使用的钢材多为低合金耐热钢，例如制造石油化工压力容器和高压锅炉所使用的钼钢、铬钼钢和铬钼钒钢，此类钢对中等高温具有良好的耐热性，且所含合金元素量不多，价格较低廉。

低合金耐热钢按材料显微组织可分为珠光体钢和贝氏体钢两类，属于珠光体耐热钢的牌号有0.5Cr-0.5Mo（12CrMo）、1.0Cr0.5Mo（15CrMo）、1.25Cr0.5Mo（14Cr1Mo）、1Cr-Mo-V等。这些钢具有良好的中温强度和一定的抗氢性能。在焊接方面的主要问题是近缝区的硬化和冷裂纹，焊后热处理或高温使用下的再热裂纹，当含碳量偏高或焊材使用不当，也会发生热裂纹，焊接工艺上一般要采用预热、焊后保温以及焊后热处理等措施。属于贝氏体耐热钢的牌号有2.25Cr-1Mo（12Cr2Mo1），此种钢具有极好的持久强度和最佳的抗氢性能，是典型的石油加氢裂化容器用钢，但它具有明显的空淬倾向，焊接工艺控制更为严格。

低合金耐热钢长期使用后有可能发生性能劣化，即发生影响力学性能的组织结构变化，包括珠光体球化、石墨化、合金化再分布等。

5. 特殊性能钢

特殊性能钢指具有某些特殊的物理、化学、力学性能，因而能在特殊的环境、工作条件下使用的钢。工程中常见的特殊性能钢有不锈钢、耐热钢、耐磨钢等。下面重点介绍不锈钢。

不锈钢是不锈耐酸钢的简称，包括一般不锈钢和耐酸钢。能够抵抗空气、蒸汽和水等弱腐蚀性介质腐蚀的钢为不锈钢，能够抵抗酸、碱、盐等强腐蚀性介质腐蚀的钢为耐酸钢。一般来说，不锈钢不一定耐酸，而耐酸钢均有良好的耐蚀性能。但耐酸钢在不同介质种类、浓度、温度和压力条件下，其耐蚀性是有较大差异的。

对不锈钢性能的要求，最重要的是耐蚀性能，此外还要有合适的力学性能，良好的冷、热加工和焊接性能。

金属材料的腐蚀一般有两种类型：一为化学腐蚀，即金属与周围介质发生化学作用而产生腐蚀，其特点为：金属与介质起化学作用，腐蚀过程没有电流产生，在金属表面腐蚀；二是电化学腐蚀，即金属与酸、碱、盐等电解质溶液接触时发生作用而引起腐蚀。这种腐蚀很普遍，危害性也最大，其特点为：在腐蚀过程中有微电流产生。日常生活中的金属腐蚀大多是电化学腐蚀。

不锈钢按化学成分可分为铬不锈钢、镍铬不锈钢、铬锰不锈钢等；按金相组织特点可分为马氏体不锈钢、铁素体不锈钢、奥氏体不锈钢和奥氏体—铁素体双相不锈钢 4 种类型。

不锈钢的优点是塑性韧性好，不出现低温脆性，高温性能良好（特别是 CrNi 奥氏体不锈钢），化学稳定性良好；缺点是存在晶间腐蚀、点蚀、应力腐蚀破裂等问题，价格较高。

承压类特种设备最常用的不锈钢，是奥氏体不锈钢，典型牌号有 0Cr18Ni9Ti、304L、316、316L 等。

0Cr18Ni9Ti 平均碳含量用第一个数字表示（1：高碳 0.04% ～ 0.12 % - 高温，0：低碳 < 0.08 %，00：超低碳 < 0.03 % - 抗腐蚀），Cr 占比 17.5% ～ 18.49%，Ni 占比 8.5% ～ 9.49%，Ti 占比 < 1.5%。在 1 050 ～ 1 100 ℃下淬火，在常温下可获得亚稳定单相奥氏体，晶格为面心立方，相比铁素体的体心立方无低温脆性。可通过冷加工塑性变形形成马氏体，冷作硬化，但易晶间腐蚀、应力腐蚀开裂。晶间腐蚀，常发生于奥氏体不锈钢，一般认为是晶间贫铬所致，含碳量越高，晶间腐蚀倾向越强。1Cr18Ni9Ti 倾向最强，00Cr18Ni9 最耐蚀。导致 CrNi 奥氏体不锈钢产生晶间腐蚀倾向的敏化温度范围为 450 ～ 850 ℃，其可能发生在热影响区，也可能发生在焊缝表面或熔合线上。

304L：是按照美国 ASTM 标准生产出来的不锈钢的一个牌号，相当于我国的牌号 0Cr19Ni9（0Cr18Ni9）不锈钢，含铬 19% 左右，含镍 9% 左右。

316L：又称钛钢、精钢、钛材钢，对应材料牌号：00Cr17Ni14Mo2，添加了 2% ～ 3%

的 Mo，具有优秀的耐点蚀性，耐高温、抗蠕变性能。

奥氏体不锈钢无磁性，常用渗透检测进行表面缺陷检测。

铁素体不锈钢牌号为 0Cr13、1Cr17 等；马氏体不锈钢牌号为 1Cr13、2Cr13 等。铁素体不锈钢和马氏体不锈钢，均有磁性，可采用磁粉检测进行表面缺陷检测。

复习思考题

1. 金属材料的性能主要包括哪些？
2. 材料的力学性能主要包括哪些？
3. 承压类特种设备基本的热处理工艺主要包括哪些？
4. 承压类特种设备用钢常见金相组织有哪些类型？
5. 简述钢中的杂质元素硫（S）、磷（P）对钢材性能的影响。
6. 对于承压类特种设备所用的材料有哪些主要要求？
7. 常用的碳素钢（非合金钢）、低合金钢与高合金钢有哪些种类？
8. 常用的不锈钢按金相组织特点可分为哪几种类型？

第二节　焊接基本知识

根据《焊接术语》（GB/T 3375—1994），焊接是指通过加热和加压，或两者并用，并且用或不用填充材料，使焊件达到结合的一种加工工艺方法。

焊接在承压类特种设备制造中占有重要地位，例如，在压力容器制造中，焊接工作量占整个工作量的 30% 以上。焊接质量对承压类特种设备产品质量和使用安全有直接影响。许多承压类特种设备事故源于焊接缺陷，因此对承压类特种设备无损检测人员而言，掌握焊接知识是非常必要的。

一、承压类特种设备常用的焊接方法

按照《承压设备焊接工艺评定》（NB/T 47014—2011）焊接方法的分类，焊接方法分为气焊 OFW、焊条电弧焊 SMAW、埋弧焊 SAW、钨极气体保护焊 GTAW、熔化极气体保护焊 GMAW（含药芯焊丝电弧焊 FCAW）、电渣焊 ESW、等离子弧焊 PAW、摩擦焊 FRW、气电立焊 EGW、螺柱电弧焊 SRW 等。承压类特种设备焊接常用的方法包括：焊条电弧焊、埋弧焊、气体保护焊（钨极、熔化极氩弧焊及二氧化碳气体保护焊）。

1. 焊条电弧焊（SMAW）

（1）焊条电弧焊的特点。焊条电弧焊（又称手工电弧焊），是用手工操纵焊条进行焊接的电弧焊方法。操作时，焊条和焊件分别作为两个电极，利用焊条与焊件之间产生的电弧热量来熔化焊件金属，冷却后形成焊缝。焊条电弧焊是一种发展比较早的电弧焊方

法，其特点是：设备简单、维护方便、成本低、工艺灵活、适应性强。对焊件的装配要求较低，但劳动强度高、生产效率低，如图 1–7 所示。

焊条电弧焊适用于室内外各种位置的焊接，可以焊接碳钢、低合金钢、耐热钢、不锈钢等各种材料，在承压类特种设备制造中应用十分广泛，比如钢板对接，接管与筒体、封头的连接及各种结构件的连接。

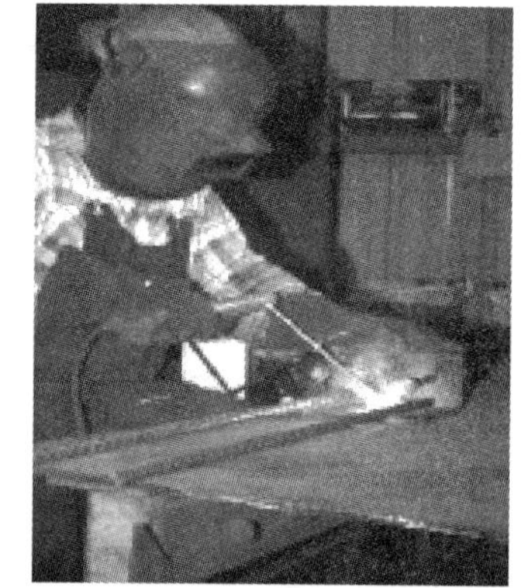

图 1–7　焊条电弧焊

（2）焊条电弧焊的设备及焊材。常用的焊条电弧焊机有交流电焊机、旋转式直流电焊机和硅整流式直流电焊机 3 种。其中交流电焊机也叫交流电焊变压器，是焊条电弧焊中应用最广泛的一种供电设备。

直流电焊机的特点是直流电弧燃烧很稳定，所以用小电流焊接时常常选用直流电焊机，在焊接合金钢、不锈钢时，也常选用直流电源。

直流电源又分正接、反接两种接法。正接是指工件接正极、焊条接负极，否则就是反接。在焊接承压类特种设备受压部件等重要结构时，常选用低氢型焊条以保证质量，这种焊条一般都要求用直流反接电源。

手工电弧焊用焊条，按用途分为碳钢焊条、低合金钢焊条、不锈钢焊条、堆焊焊条、铸铁焊条、镍及镍合金焊条、铜及铜合金焊条、铝及铝合金焊条、特殊用途焊条。

焊条型号是国家标准焊条表示的方法，如《非合金钢及细晶粒钢焊条》（GB/T 5117—2012）、《热强钢焊条》（GB/T 5118—2012）、《不锈钢焊条》（GB/T 983—2012）等都规定了相应的焊条型号。焊条牌号是行业命名或企业命名的焊条表示方法。目前焊接的焊条型号和焊条牌号都在使用，但标准规定焊条生产厂家生产的焊条如有国家标准的必须打上焊条型号。下面举例说明其含义及两者的关系：

焊条型号 E4303，对应焊条牌号为 J422。焊条型号含义：字母 E 表示焊条，前两位数字 43 组合表示焊条熔敷金属抗拉强度最小值为 43 kgf/cm^2（420 MPa），第三位数字 0 表示可全位置焊接，第三与第四位数字 03 组合表示焊条药皮类型为钛钙型（酸性焊条），并表示适用的电流种类为交流或直流正、反接。

焊条型号 E5015，对应焊条牌号为 J507。焊条型号含义：字母 E 表示焊条，前两位数字 50 组合表示焊条熔敷金属抗拉强度最小值为 50 kgf/cm^2（490 MPa），第三位数字 1 表示可全位置焊接，第三与第四位数字 15 组合表示焊条药皮类型为低氢钠型（碱性焊条），并表示适用的电流种类为直流反接。

按焊条药皮熔化后所形成熔渣的酸碱性不同可分为碱性焊条（熔渣碱度＞ 1.5）和酸性焊条（熔渣碱度＜ 1.5）两大类。

1）酸性焊条。它的熔渣成分主要是酸性氧化物，具有较强的氧化性，力学性能较差，塑性和冲击韧性比碱性焊条低，易产生热裂纹，但此焊条焊接工艺性好，对弧长、铁锈不敏感，焊缝成形好，脱渣性好，广泛用于一般结构。

2）碱性焊条。它的熔渣成分主要是碱性氧化物和铁合金，焊接的焊缝力学性能和抗裂性能都比酸性焊条好，可用于合金钢和重要碳钢的焊接，但此焊条的工艺性能差，引弧困难。电弧稳定性差，飞溅较大，不易脱渣，并且为短弧焊接。

2. 下降焊（向下焊、下向焊）

长输管道施工中常用的下降焊（向下焊、下向焊），也属于焊条电弧焊，分为纤维素型下向焊、混合型下向焊（纤维素型 + 低氢型焊条）、复合型下向焊（下向焊 + 向上焊）。其在管道水平放置固定不动的情况下，焊接热源从顶部中心开始垂直下向焊接，一直到底部中心。焊接部位的先后顺序是：平焊、立平焊、立焊、仰立焊、仰焊。其采用专用下向焊焊条，特点是：电弧吹力大、熔深大、可单面焊双面成形、焊条熔化速度快、熔敷效率高；焊接质量好、焊接速度快；抗环境影响能力强。适用范围：低合金高强钢，薄壁（≤ 20 mm）大直径（> 300 mm）；广泛应用于大口径薄壁长输管道焊接。

3. 埋弧焊（SAW）

埋弧焊是电弧在焊剂层下燃烧进行焊接的方法，这种方法是利用焊丝和焊件之间燃烧的电弧产生热量，使焊丝、焊件和焊剂熔化而形成焊缝。由于焊接时电弧被埋在焊剂层下燃烧，电弧光不外露，因此被称为埋弧焊，如图 1-8 所示。与焊条电弧焊相比，埋弧焊的优点有：生产效率比焊条电弧焊高 5 ～ 10 倍；热影响区小，组织与性能良好，焊接质量良好、稳定；焊缝成分均匀，成型美观；节省材料和能源；焊接生产率高、焊接成本低、劳动条件好。但它也具有设备贵、对接头的加工和装配要求高，焊接位置受到限制；难以在空间位置施焊、不适于焊接薄板和短焊缝、对焊件装配质量要求高、焊接辅助装置较多等局限性。

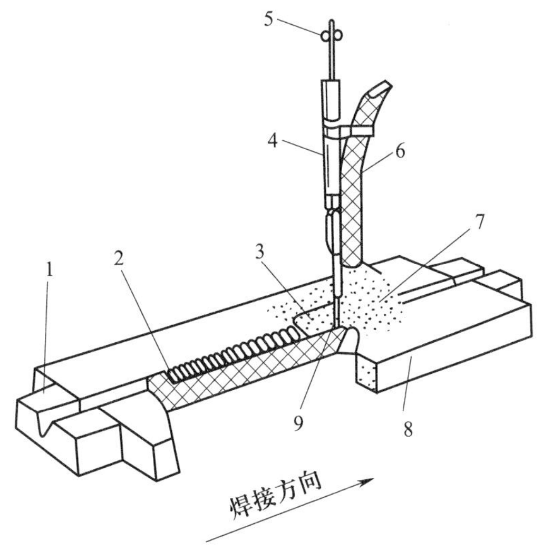

图 1-8　埋弧焊的焊接过程示意图

1—引出板　2—焊缝　3—焊渣　4—导电嘴　5—送丝轮　6—焊剂软管　7—焊剂　8—焊件　9—焊丝

埋弧焊在锅炉及压力容器、石油化工设备及储罐、起重机械、管道等特种设备的制造安装中，都得到了广泛的应用。埋弧立焊、埋弧横焊还广泛应用于大型常压储罐等制造施工中。

4. 气体保护焊

气体保护焊是指利用气体作为电弧介质并保护电弧和焊接区的电弧焊。因其生产效率高、焊接质量好、适用范围广、易于自动化等优点，在现代工业生产中得到了广泛的应用。根据保护气体和焊丝的种类不同，可将熔化极气体保护焊分为氩弧焊（MIG 焊）、二氧化碳气体保护焊（CO_2 焊）、钨极惰性气体保护焊（TIG 焊）等。

氩弧焊是以惰性气体氩（Ar）作为保护气体的熔化极气体保护焊。其特点是：适用于各种钢材、有色金属及合金，质量优良；便于实现全位置自动化焊接；熔池小，焊接速度快，热影响区较小，变形小；电弧稳定、飞溅小，焊缝致密，成型美观。其局限性有：成本高，设备复杂，效率低。

二氧化碳气体保护焊是以二氧化碳等作为保护气体的一种熔化极气体保护焊方法，也简称为二保焊。其效率高、成本低、焊接速度快，但飞溅大、成型差，适于碳钢、合金钢和不锈钢等钢铁材料结构件的焊接。

钨极惰性气体保护焊是以惰性气体氩（Ar）作为保护气体、钨极和焊件之间产生的焊接电弧熔化母材及焊丝的一种非熔化极的焊接方法。其可用于几乎所有金属及其合金的焊接，可获得高质量的焊缝，但由于成本较高、熔敷效率低、生产率低等原因，多用于焊接铝、镁、钛、铜、不锈钢等材料。

5. 其他常用焊接方法

其他常用焊接方法还有适用于高压、超高压压力容器，大型锅炉制造的厚板电渣焊（ESW）；适用于焊接变形要求高的离子弧焊（PAW）等。

二、焊条电弧焊的焊接位置

焊条电弧焊可以在不同的位置进行操作。熔焊时，焊接接头所处的空间位置称为焊接位置，焊缝位置基本上由试件位置决定。对于不同的焊接位置，采用的焊接方法、选择的焊接规范以及焊工的操作手法都有所不同，焊缝外观成形与内部缺陷的发生也有各自的规律，掌握这些规律对无损检测人员来说非常重要。焊条电弧焊的焊接位置最常见的是平焊、立焊、横焊、仰焊。基本焊接位置的焊接特点如下：

1. 平焊

平焊操作方便、可用较大直径焊条和较大焊接电流，生产效率高。易产生的缺陷有根部未焊透或焊瘤、夹渣。

2. 立焊

立焊应选用小直径焊条和较小的焊接电流，保持短弧。易产生的缺陷有夹渣、熔合不良、未熔合、咬边。

3. 横焊

横焊应选用小直径焊条和较小的焊接电流及适当的运条方法。易产生的缺陷有咬边、焊瘤、未焊透、焊缝内凹、焊缝下坠。

4. 仰焊

仰焊必须正确选用焊条和焊接电流，维持最短电弧，防止熔化金属下淌。易产生的缺陷有夹渣、未焊透、根部凹陷等。

管子环焊缝的焊接位置也有 4 种基本形式，即立平转动、垂直固定、水平固定、45° 位置。

三、坡口、焊接接头和焊缝形式

1. 坡口形式

根据设计和工艺需要，在焊件的待焊部位加工并装配成一定形状的沟槽，称为坡口。为保证焊缝全部焊透又无缺陷，当板厚超过一定厚度时应将焊件开成各种形状的坡口。焊接坡口的基本形式包括：I 形坡口、V 形坡口、X 形坡口、U 形坡口、双 U 形坡口，如图 1-9 所示。焊接坡口的形状和尺寸主要取决于所采用的焊接方法和被焊材料种类。

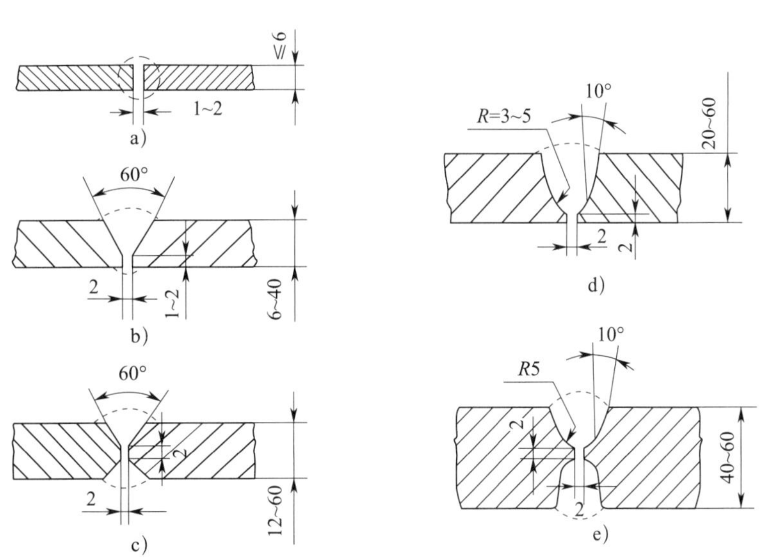

a）I形坡口　b）V形坡口　c）X形坡口　d）U形坡口　e）双U形坡口

图 1-9　坡口形式

2. 焊接接头形式

焊接接头形式一般由被焊接两金属件的相互结构位置来决定，最常见的焊接接头形式包括对接接头、T 形接头、十字接头、搭接接头、塞焊搭接接头、槽焊接头、角接接头、端接接头、套管接头、斜对接接头、卷边接头、锁底接头 12 种。其中常见的对接接头，如图 1-10 所示。搭接接头，如图 1-11 所示。T 形接头，如图 1-12 所示。角接接头，如图 1-13 所示。

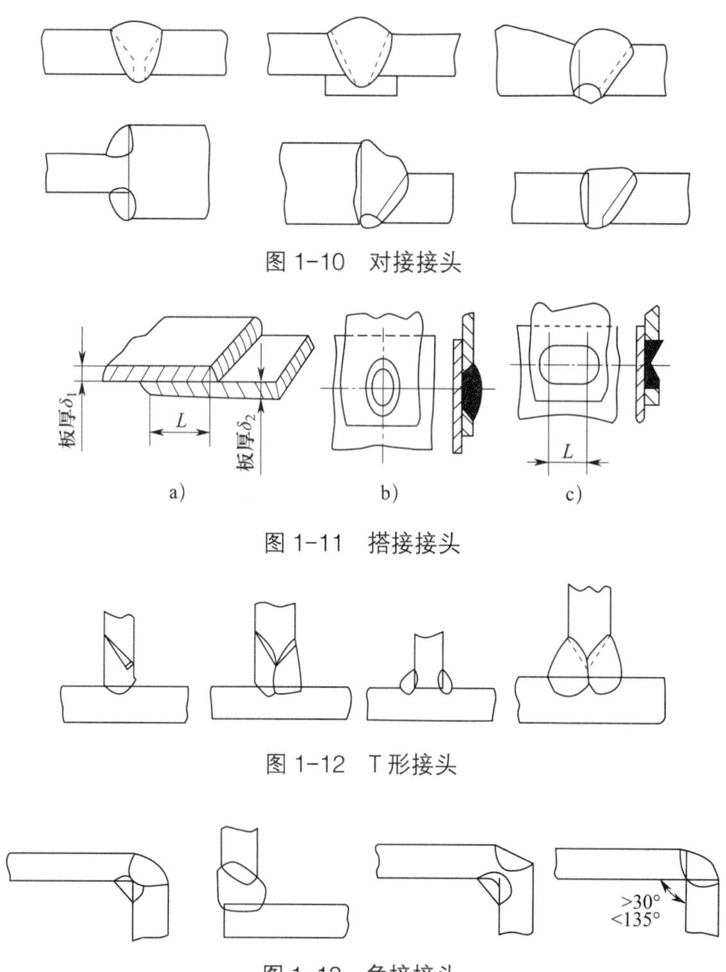

图 1-10 对接接头

图 1-11 搭接接头

图 1-12 T 形接头

图 1-13 角接接头

焊接接头普遍存在的局限性有：对接接头——承载后应力分布比较均匀，但由于存在截面改变，也存在一定程度的应力集中现象；搭接接头——必然存在未焊透；角接接头——有力矩，存在应力集中；T 形接头——存在应力集中。

3. 焊接接头的组成

焊接接头包括：焊缝（OA）、熔合区（AB）和热影响区（BC）3 部分，如图 1-14 所示。焊缝是焊件经焊接后形成的结合部分，通常由熔化的母材和焊材组成，有时全部由熔化的母材组成。熔合区是焊接接头中焊缝与母材交接的过渡区域，它是刚好加热到熔点与凝固温度区间的部分。焊接热影响区是焊接过程中，材料因受热的影响（但未熔化）而发生金相组织和力学性能变化的区域。热影响区的宽度与焊接方法、线能量、板厚及焊接工艺有关。

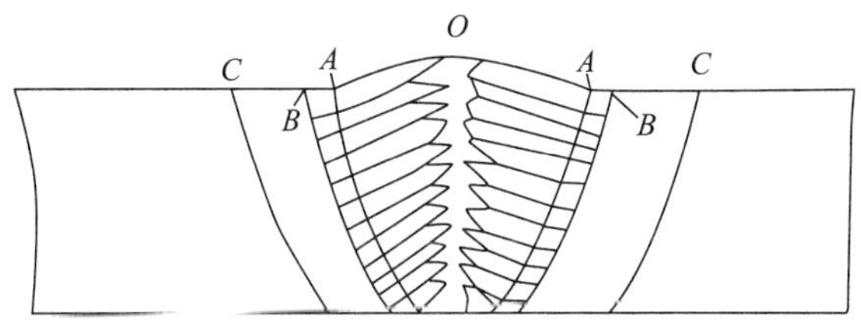

图 1-14 焊接接头示意图

四、承压类特种设备常用钢材的焊接

1. 钢材的焊接性能

根据《焊接术语》(GB/T 3375—1994)，把金属材料在限定的施工条件下，焊接成符合规定设计要求的构件，并能满足预定服役要求的能力称为该材料的焊接性。

焊接性包括工艺焊接性和使用焊接性两个方面的内容。金属焊接性是一个相对的概念，同一种材料在不同的焊接工艺条件下，可以表现出很大的差异。

焊接性是金属材料的一种工艺性能，影响因素很多，一般可归纳为材料、工艺、结构和服役条件四大因素。

预热、缓冷、焊后热处理和合理安排焊接顺序等，这些措施对防止热影响区淬硬、减小焊接应力、防止焊接裂纹等是非常有效的。

在实际焊接施工中，常用碳当量 C_{eq} 估算钢材的焊接性，国内外估算钢材碳当量的经验公式很多，公认比较有代表性的是国际焊接学会(IIW)推荐的公式：

$$C_{eq}=W_C+\frac{W_{Mn}}{6}+\frac{W_{Cr}+W_{Mo}+W_V}{5}+\frac{W_{Ni}+W_{Co}}{15}$$

式中 C_{eq}——碳当量；

W_C、W_{Mn}、W_{Cr}、W_{Mo}、W_V、W_{Ni}、W_{Co}——各种元素百分含量。

一般经验认为，当碳当量 $C_{eq} < 0.4\%$ 时，钢材的淬硬倾向不明显，焊接性较好，在一般焊接条件下施焊即可，不必预热焊件。当碳当量 $C_{eq}=0.4\% \sim 0.6\%$ 时，钢材的淬硬倾向逐渐明显，焊接时需要采取预热等适当的工艺措施。当碳当量 $C > 0.6\%$ 时，钢材的淬硬倾向很强，难于焊接，需采取较高的焊件预热温度和严格的工艺措施。

2. 控制焊接质量的工艺措施

承压类特种设备使用最多的是低合金高强度钢，低合金高强度钢焊接的最重要的原则是避免淬硬组织和控制冷裂纹，所采用的措施除了合理选用焊接材料外，主要是控制焊接工艺，包括预热、焊接能量参数、多层焊多道焊、紧急后热、焊条烘烤和坡口清洁等。

3. 低碳钢的焊接

用于承压类特种设备制造的低碳钢，主要有以下几种：

（1）普通碳素钢中的 Q235B、Q235C，用于制造低压锅炉和容器。

（2）优质碳素钢中的 10 钢、20 钢，常用于制作无缝钢管。

（3）专用碳素钢中的 Q245R 广泛用于制造中低压锅炉和容器。

低碳钢含碳量低，除冶炼时脱氧加入的硅、锰外，不含其他合金元素，所以焊接工艺性好，又有一定的强度、塑性及韧性，可以满足中低压容器的使用要求。

4. 低合金钢的焊接

低合金钢具有较高的强度，较好的塑性与韧性，工艺性能也较好，特别是强度比低碳钢高得多，因而在承压类特种设备制造中得到广泛的应用。

常用低合金钢常温屈服强度分级及其碳当量见表 1-1。表中所列的碳当量是取钢材化学成分的高限，用国际焊接学会推荐的碳当量计算公式算出。不难看出，钢材的强度等级越高，碳当量越大，可焊性越差。

表 1-1　常用低合金钢常温屈服强度分级及其碳当量

钢号	屈服强度 R_{el}/MPa	热处理状态	碳当量 C_{eq}
Q345R	≤ 345（厚度 3 ～ 16 mm）	热轧、正火	0.467
Q370R	≤ 370（厚度 10 ～ 16 mm）	正火	0.626
18MnMoNbR	≤ 400（厚度 30 ～ 60 mm）	正火 + 回火	0.635
15CrMoR	≤ 295（厚度 6 ～ 60 mm）	正火 + 回火	0.540

（1）低合金钢焊接热影响区的淬硬倾向。热影响区有比较大的淬硬倾向，这是低合金钢焊接的重要特点之一。即焊接这类钢时，热影响区易出现脆性马氏体组织，硬度明显增高，塑性及韧性降低。

（2）低合金钢焊接接头的裂纹倾向。焊接低合金钢时，最容易出现的缺陷是冷裂纹，即焊接接头焊后冷却到 300 ℃至室温范围所产生的裂纹。随着钢材强度等级的提高，产生冷裂纹的倾向也加大。冷裂纹主要产生在高强度钢的厚板焊接接头中，通常产生在热影响区、焊缝根部或焊趾处。导致产生冷裂纹的因素很多，一般可归纳为 3 个方面：

1）焊缝和热影响区的氢含量。

2）热影响区的淬硬程度。

3）由焊接接头刚度所决定的焊接应力的大小。

冷裂纹是在这 3 种因素综合作用下产生的，一般常见于熔合区和热影响区。

低合金钢含碳量低，且大部分含有一定量的锰，所以抗热裂纹性能较好，一般很少出现热裂纹问题。

热裂纹主要发生在埋弧焊、电渣焊的焊缝金属中部。

含有一定量铬、钼、钒、钛、铌等元素的低合金钢焊接构件，在焊后消除应力退火中，可能产生再热裂纹。

复习思考题

1. 简述手工电弧焊的特点。

2. 焊条电弧焊的焊接位置最常见的有哪些？

3. 焊接接头形式主要有哪些？

4. 焊接坡口主要形式有哪些？

5. 焊接接头由哪几个部分组成？

6. 在实际焊接施工中，常用的估算钢材碳当量的经验公式是什么？碳当量在什么范围时钢材的焊接性较好？

7. 控制焊接质量的工艺措施有哪些？

8. 影响低合金钢焊接热影响区的淬硬倾向的因素有哪些？

9. 冷裂纹常见于焊接接头的哪些部位？

10. 热裂纹常见于焊接接头的哪些部位？

第三节 锅炉基本知识

一、锅炉的定义、特点及主要参数

1. 锅炉的定义

2014 版《特种设备目录》对锅炉做如下限制性定义：锅炉是指利用各种燃料、电或者其他能源，将所盛装的液体加热到一定的参数，并通过对外输出介质的形式提供热能的设备，其范围规定为设计正常水位容积大于或者等于 30 L，且额定蒸汽压力大于或者等于 0.1 MPa（表压）的承压蒸汽锅炉；出口水压大于或者等于 0.1 MPa（表压），且额定功率大于或者等于 0.1 MW 的承压热水锅炉；额定功率大于或者等于 0.1 MW 的有机热载体锅炉。锅炉按类别划分，可分为承压蒸汽锅炉、承压热水锅炉和有机热载体锅炉三类。有机热载体锅炉按品种可进一步划分为有机热载体气相炉和有机热载体液相炉两类。

锅炉是工农业生产和人民生活中广泛应用的重要设备，它可以为工农业生产、交通运输和人民生活提供动力和热能。例如：火力发电、炼油、化工、纺织、印染等行业都利用锅炉产生的蒸汽来获得动力或热能；另外，人民生活中的取暖、食品加工、洗澡和消毒及部分地区的水产养殖等也都是利用锅炉产生的蒸汽或热水来提供热能的。

2. 锅炉的特点

锅炉投用后一般都要求连续运行，不能任意停车。锅炉在承受较高压力的同时，还在高温下工作，其工作条件较一般机械设备恶劣得多。锅炉受热面内外广泛接触烟、火、灰、水、汽等物质，这些物质在一定的条件下会对锅炉元件起腐蚀作用。锅炉各受压元件上承受不同的内外压力而产生相应的应力，同时由于各元件的工作温度不同，热胀冷缩程度也不同而产生附加应力，随着负荷和燃烧的变化，这种应力也发生变化，这就容易使一部分承受集中应力的受压元件发生疲劳破坏。依靠锅炉内流动的水汽来冷却的受热面因缺水、结水垢或水循环被破坏使传热发生障碍，都可能使高温区的受热面烧损、鼓包、开裂。飞灰造成磨损，渗漏引起腐蚀等使锅炉设备更易损坏。锅炉具有爆炸的危险性。因此，保证锅炉的安全运行至关重要。一旦发生事故，不仅毁坏设备，破坏生产，造成重大的经济损失和人员伤亡，还影响社会安定，后果十分严重。

3. 锅炉的主要参数

主要包括锅炉容量（包括额定蒸发量、额定供热量）、蒸汽压力、蒸汽温度和给水温度等。

二、锅炉的分类

锅炉按照如下方式分类：

1. 按用途分类

（1）电站锅炉。

（2）工业锅炉。

（3）生活锅炉。

（4）船舶锅炉。

（5）机车锅炉。

2. 按载热介质分类

（1）蒸汽锅炉。

（2）热水锅炉。

（3）汽水两用锅炉。

（4）热风炉。

（5）有机热载体锅炉。

3. 按燃料和热源分类

（1）燃煤锅炉。

（2）燃油和燃气锅炉。

（3）燃生物质燃料锅炉（木柴、甘蔗渣、稻壳、椰子壳、生活垃圾、工业垃圾等）。

（4）原子能锅炉。

（5）余热锅炉。

（6）电热锅炉。

4. 按本体结构分类

（1）水管锅炉。

（2）火管锅炉。

（3）水火管锅炉。

（4）热管锅炉。

（5）真空相变锅炉。

5. 按介质循环方式分类

（1）自然循环锅炉。

（2）强制循环锅炉。

（3）直流锅炉。

6. 按燃烧方式分类

（1）层燃锅炉：它又分固定炉排，机械化炉排（链条炉排、振动炉排、抽板顶升炉排、往复炉排、抛煤机炉等）。

（2）室燃锅炉。

（3）沸腾炉（又称流化床锅炉）。

7. 按出厂形式分类

（1）散装锅炉。

（2）组装锅炉。

（3）整装锅炉。

8. 按压力等级 p（表压）分类

（1）超临界锅炉：$p \geq 22.1$ MPa。

（2）亚临界锅炉：16.7 MPa $\leq p <$ 22.1 MPa。

（3）超高压锅炉：13.7 MPa $\leq p <$ 16.7 MPa。

（4）高压锅炉：9.8 MPa $\leq p <$ 13.7 MPa。

（5）次高压锅炉：5.3 MPa $\leq p <$ 9.8 MPa。

（6）中压锅炉：3.8 MPa $\leq p <$ 5.3 MPa。

（7）低压锅炉：$p <$ 3.8 MPa。

9. 按设备使用管理级别分类

《锅炉安全技术规程》（TSG 11—2020）中将锅炉设备级别按照参数分为 A 级、B 级、C 级、D 级：

（1）A 级锅炉。A 级锅炉是指 $p \geq 3.8$ MPa 的锅炉，包括：

1）超临界锅炉：$p \geq 22.1$ MPa。

2）亚临界锅炉：16.7 MPa $\leq p <$ 22.1 MPa。

3）超高压锅炉：13.7 MPa $\leqslant p <$ 16.7 MPa。

4）高压锅炉：9.8 MPa $\leqslant p <$ 13.7 MPa。

5）次高压锅炉：5.3 MPa $\leqslant p <$ 9.8 MPa。

6）中压锅炉：3.8 MPa $\leqslant p <$ 5.3 MPa。

（2）B 级锅炉

1）蒸汽锅炉：0.8 MPa $< p <$ 3.8 MPa。

2）热水锅炉：0.1 MPa $\leqslant p <$ 3.8 MPa，且 $t \geqslant$ 120 ℃（t 为额定出水温度，下同）。

3）气相有机热载体锅炉：$Q >$ 0.7 MW（Q 为额定热功率，下同）。

4）液相有机热载体锅炉：$Q >$ 4.2 MW。

（3）C 级锅炉

1）蒸汽锅炉：0.1 MPa $\leqslant p \leqslant$ 0.8 MPa，且 $V >$ 50 L（V 为设计正常水位水容积，下同）。

2）热水锅炉：0.1 MPa $\leqslant p <$ 3.8 MPa，且 $t <$ 120 ℃。

3）气相有机热载体锅炉：0.1 MW $\leqslant Q \leqslant$ 0.7 MW。

4）液相有机热载体锅炉：0.1 MW $\leqslant Q \leqslant$ 4.2 MW。

（4）D 级锅炉

1）蒸汽锅炉：0.1 MPa $\leqslant p \leqslant$ 0.8 MPa，且 30 L $\leqslant V \leqslant$ 50 L。

2）仅用自来水加压的热水锅炉，且 $t \leqslant$ 95 ℃。

10. 按锅炉制造、安装许可参数级别分类

（1）A 级：指额定出口压力大于 2.5 MPa 的蒸汽和热水锅炉。

（2）B 级：指额定出口压力小于或者等于 2.5 MPa 的蒸汽和热水锅炉、有机热载体锅炉。

三、锅炉结构

1. 锅炉结构的基本要求

对锅炉结构总的要求是安全可靠、高效低耗。具体要求有：

（1）各部分在运行时应能按设计预定方向自由膨胀。

（2）保证各循环回路的水循环正常，所有受热面都应得到可靠的冷却。

（3）各受压部件应有足够的强度和稳定性。

（4）受压元、部件结构的形式，开孔和焊缝的布置应尽量避免或减少复合应力和应力集中。

（5）水冷壁炉膛的结构应有足够的承载能力。

（6）炉墙应具有良好的密封性和耐热性。

（7）锅炉钢架等承重结构在承受设计载荷时，应具有足够的强度、刚度、稳定性及防腐蚀性。

（8）便于安装、运行操作、检修和清洗内部。

（9）要根据锅炉参数和燃料的适应性来选用锅炉结构和燃烧设备。

（10）要合理配置辅机设备，还要考虑安全附件和自控装置的可靠性。

2. 锅炉主要受压部件

锅炉是由锅炉本体、锅炉范围内管道、锅炉安全附件和仪表、锅炉辅助设备及系统4部分组成。尽管锅炉结构形式很多，其制造时的难易程度也比较悬殊，但它们均包含锅筒、锅壳、联箱、下降管、受热面管子、省煤器、过热器、减温器、再热器、炉胆、下脚圈、炉门圈、喉管、冲天管等受压元件中的一部分。

3. 锅炉安全附件

工业锅炉安全附件，主要是指锅炉上使用的安全阀、压力表、水位计、水位警报器、排污阀等，这些附件是锅炉运行中不可缺少的组成部分，特别是安全阀、压力表、水位计是保证锅炉安全运行的基本附件，常被人们称为锅炉三大安全附件。

4. 几种典型锅炉结构

（1）立式弯水管锅炉。其受压元件主要有人孔、锅壳、封头、炉胆、炉胆顶、U形下脚圈、弯水管、炉门圈、喉管。如图1-15所示。

（2）快装水、火管锅炉。其受压元件主要有锅筒、烟管、省煤器、下降管、联箱、水冷壁。如图1-16所示。

（3）偏锅筒快装水、火管锅炉。其受压元件主要有锅筒、下降管、联箱、水冷壁、烟管。如图1-17所示。

（4）单横汽包水管锅炉。其受压元件主要有锅筒、下降管、联箱、水冷壁、过热器、省煤器。如图1-18所示。

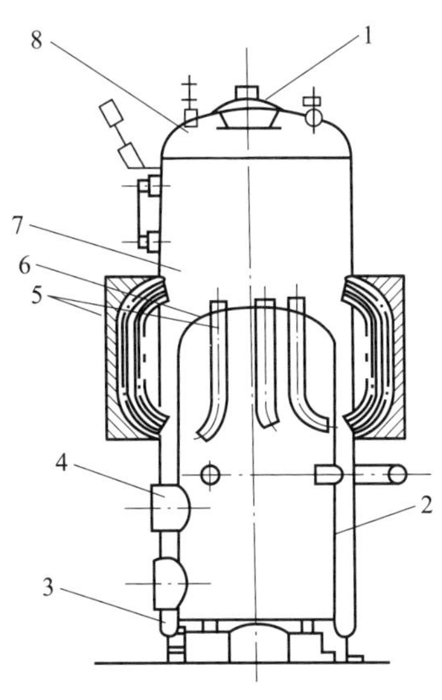

图1-15　立式弯水管锅炉

1—人孔　2—炉胆　3—U形下脚圈　4—炉门圈　5—弯水管　6—炉胆顶　7—锅壳　8—封头

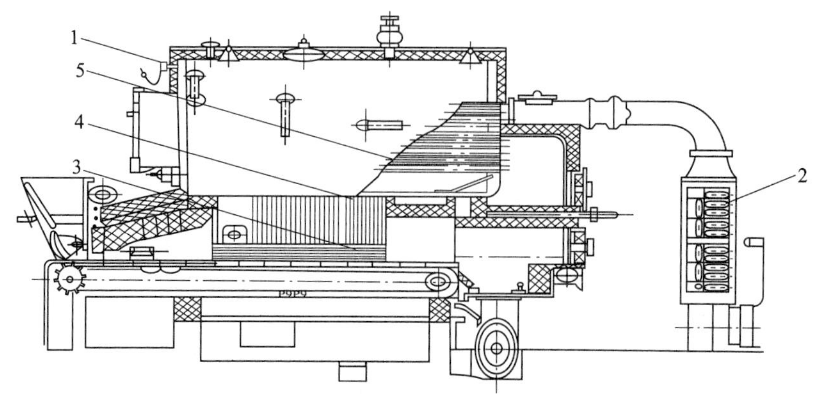

图 1-16 快装水、火管锅炉

1—锅筒 2—省煤器 3—联箱 4—水冷壁 5—烟管

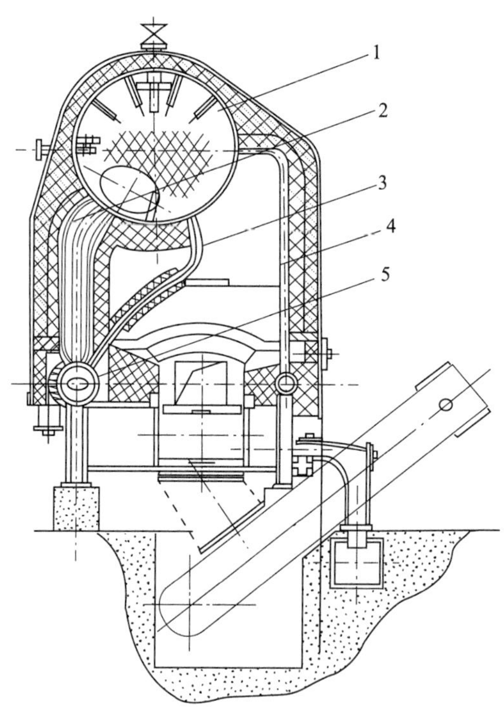

图 1-17 偏锅筒快装水、火管锅炉

1—锅筒 2—对流管束 3—下降管 4—水冷壁 5—联箱

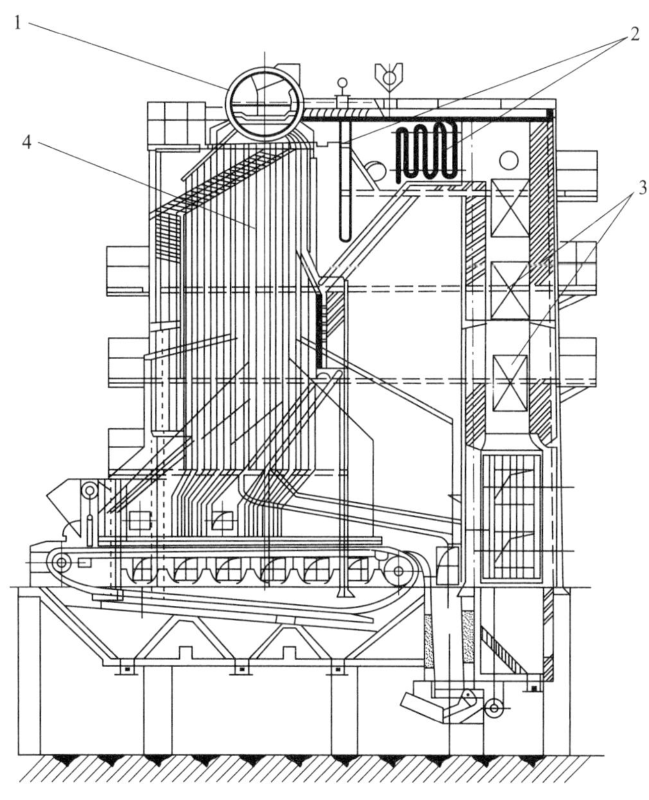

图 1-18 单横汽包水管锅炉（散装）

1—锅筒 2—过热器 3—省煤器 4—水冷壁

5. 锅炉的无损检测要求

锅炉部件无损检测的具体要求由相关规程、标准及设计图样作出具体规定，此处不再一一叙述。

6. 锅炉相关安全技术规范及标准

《锅炉安全技术规程》（TSG 11—2020）

《电力行业锅炉压力容器安全监督规程》（DL/T 612—2017）

《锅炉安装工程施工及验收标准》（GB 50273—2022）

复习思考题

1. 简述《特种设备目录》中对锅炉的定义与分类。
2. 简述工业锅炉的常见结构形式及主要受压部件。
3. 简述锅炉中常见安全附件及仪表。
4. 简述锅炉制造、安装、改造中无损检测部位、比例、检测方法的选取规定。

第四节　压力容器基本知识

一、压力容器概述

1. 压力容器的定义及用途

从广义上说，凡承受流体介质压力的密闭壳体都可称作压力容器。《固定式压力容器安全技术监察规程》(TSG 21—2016) 从安全管理角度出发，将同时具备下列 3 个条件的容器称为压力容器：

(1) 工作压力大于或者等于 0.1 MPa。

(2) 容积大于或者等于 0.03 m^3 并且内直径 (非圆形截面指截面内边界最大几何尺寸) 大于或者等于 150 mm。

(3) 盛装介质为气体、液化气体以及介质最高工作温度高于或者等于其标准沸点的液体。

《特种设备目录》中规定：压力容器是指盛装气体或者液体，承载一定压力的密闭设备，其范围规定为最高工作压力大于或者等于 0.1 MPa (表压) 的气体、液化气体和最高工作温度高于或者等于标准沸点的液体、容积大于或者等于 30 L 且内直径 (非圆形截面指截面内边界最大几何尺寸) 大于或者等于 150 mm 的固定式容器和移动式容器；盛装公称工作压力大于或者等于 0.2 MPa(表压)，且压力与容积的乘积大于或者等于 1.0 MPa · L 的气体、液化气体和标准沸点等于或者低于 60 ℃液体的气瓶；氧舱。

同时，根据《特种设备目录》，压力容器按类别分为固定式压力容器、移动式压力容器、气瓶和氧舱 4 类。固定式压力容器按品种分为超高压容器、第Ⅰ类压力容器、第Ⅱ类压力容器、第Ⅲ类压力容器。移动式压力容器按品种分为铁路罐车、汽车罐车、长管拖车、罐式集装箱、管束式集装箱。气瓶按品种分为无缝气瓶、焊接气瓶、特种气瓶 (内装填料气瓶、纤维缠绕气瓶、低温绝热气瓶)。氧舱按品种分为医用氧舱、高气压舱。

2. 压力容器的主要工艺参数

压力容器的工艺参数是进行压力容器强度计算和结构设计的主要依据。工艺参数是由生产的工艺要求确定的。影响压力容器设计的主要工艺参数有压力、温度、直径等。

(1) 压力参数。压力容器的压力参数有操作压力、工作压力、设计压力、公称压力。

1) 操作压力是指压力容器在正常的操作条件下，压力容器所承受的内 (外) 部表压力。操作压力是由生产工艺的要求决定的。

2) 工作压力是指压力容器在正常工作情况下，其顶部可能达到的最高压力 (表压力)。

3) 设计压力是指设定的容器顶部的最高压力，与相应的设计温度一起作为设计载荷条件，其值不低于工作压力。

4）公称压力。为了提高制造质量，并降低制造费用，增加零部件的互换性，使容器及其零部件的制造趋于标准化，因此把标准化后的压力数值称为公称压力，容器设计时应尽量采用标准的公称压力系列参数。容器的公称压力是指容器在规定温度下的最大操作压力，用符号 PN 来表示。

（2）温度参数。压力容器的温度参数有工作温度（操作温度）、设计温度。

1）工作温度（操作温度）是指容器在操作过程中，在工作压力（操作压力）下壳体可能达到的最高或最低温度。

2）设计温度是指容器在操作过程中，在相应的设计压力下壳体或元件可能达到的最高或最低温度。

（3）直径。一般所说的容器直径是指其内径，单位多用 mm 表示。出于标准化的需要，把容器的直径按尺寸大小排成一定数目的系列，该系列中的各尺寸称为容器的公称直径，用符号 DN 来表示。在确定容器直径时应选取与之相近的公称直径，以利于封头、法兰等零部件的标准化。

3. 压力容器的分类

压力容器的分类方法可以有很多种，例如：按压力容器的壁厚可分为薄壁容器和厚壁容器，一般认为当容器的壳体厚度大于容器内直径的 1/10 时为厚壁容器，小于或等于 1/10 至 1/20 时属于薄壁容器。按压力容器的承受压力方式可分为内压容器和外压容器，当容器内部承受压力时称内压容器，当容器外部承受压力时称外压容器，如夹套容器、真空容器等。按压力容器的工作壁温可分为高温容器［高温压力容器是指使用过程中，容器壁处于高温下的压力容器。所谓高温，通常是指壁温超过容器材料的蠕变起始温度（对于一般钢材约为 350 ℃），火力发电站的锅炉锅筒、煤转化反应器，某些核电站的反应堆压力容器都是高温压力容器］、常温容器（指温度在 −20 ～ 200 ℃条件工作的压力容器）；低温容器（指工作时壁温小于 −20 ℃时的压力容器）。根据压力容器的形状，可分为圆柱形、球形、锥形、椭圆形等，其中以圆柱形压力容器应用最多。根据压力容器的制造方法，可分为焊接、铸造、铆接、锻造等压力容器，其中以焊接压力容器应用最为普遍。

4. 压力容器安全技术规范及标准

《固定式压力容器安全技术监察规程》（TSG 21—2016）

《移动式压力容器安全技术监察规程》（TSGR 0005—2011）

《压力容器》（GB/T 150.1 ～ 150.4—2011）

《钢制压力容器——分析设计标准》（JB 4732—1995）（2005 年确认）

《超高压容器》（GB/T 34019—2017）

另外，气瓶与氧舱也有各自相应的规程。

二、压力容器的典型结构和特点

压力容器的类型虽然很多，但是它的基本构成都可以分解为筒体、端盖（封头）、法兰、开孔与接管、支座等几种元件。本部分介绍常见压力容器结构形式。

1. 低、中压压力容器的筒体结构

石油化工生产中大量采用的低、中压压力容器，一般属于薄壁容器（$D_0/D_i \leqslant 1.2$；D_0 指容器的外径，D_i 指容器的内径），它的外形结构形式大都是圆筒形和球形，在个别情况下才使用矩形、串接球形、椭圆形、扁圆形等特殊形状的容器。

（1）圆筒形。圆筒形筒体是低、中压压力容器最常见的筒体结构。该结构便于在压力容器内部装设工艺附件及使工作介质在内部相互作用，因此被广泛用作反应、换热和分离容器。图 1-19 和图 1-20 所示为常见的立式和卧式圆筒形压力容器的典型结构。

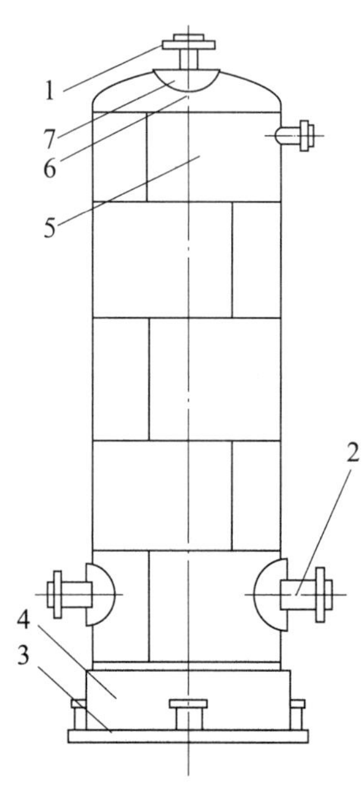

图 1-19　立式圆筒形压力容器

1—管法兰　2—接管　3—底板　4—裙座　5—筒节　6—封头　7—补强圈

圆筒形筒体除了在直径较小的情况下可以直接采用无缝钢管外，一般都是用焊接结构，即用钢板先制成圆筒形后进行焊接。

（2）球形。体积较大的压力容器一般制成球形，因为它的直径比较大，所以球形容器大多是由许多块按一定的尺寸压制成形的球面板组焊而成，其制造、安装有一定难度，特别是由于它的焊缝长，焊接工作量大，焊接质量和无损检测要求也较高。球形容器一般只用作储存容器。常见的球形储罐（≥ 50 m^3 的球形容器）结构形式如图 1-21 所示。

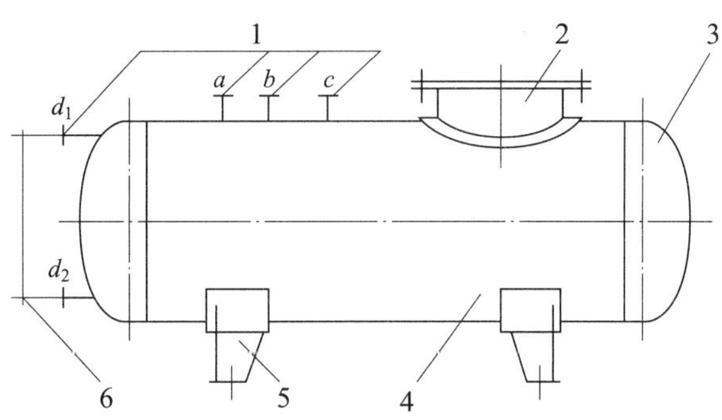

图 1-20　卧式圆筒形压力容器

1—接管　2—人孔　3—封头　4—筒身　5—支座　6—液面计

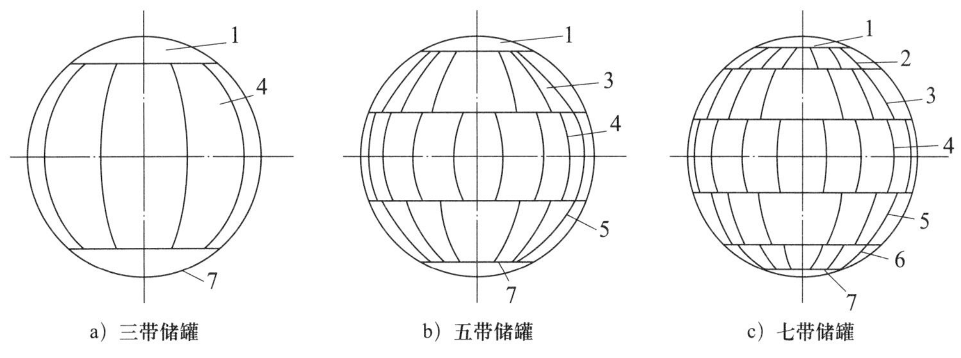

图 1-21　常见的球形储罐结构形式

1—上极　2—上寒带　3—上温带　4—赤道带　5—下温带　6—下寒带　7—下极

2. 压力容器的封头

封头（或端盖）是压力容器的重要组成部分，常见的形式有半球形、椭圆形和碟形等。

（1）半球形。半球形封头（如图 1-22 所示）的优点和球形容器相同，受力状态较好，节省材料，壁厚只需圆筒体壁厚的二分之一，半球形封头多用于高压容器，如尿素合成塔、二氧化碳汽提塔等。对于中、低压压力容器，为了焊接方便，以及考虑到封头冲压过程中的减薄量，封头和筒体通常取同一厚度。

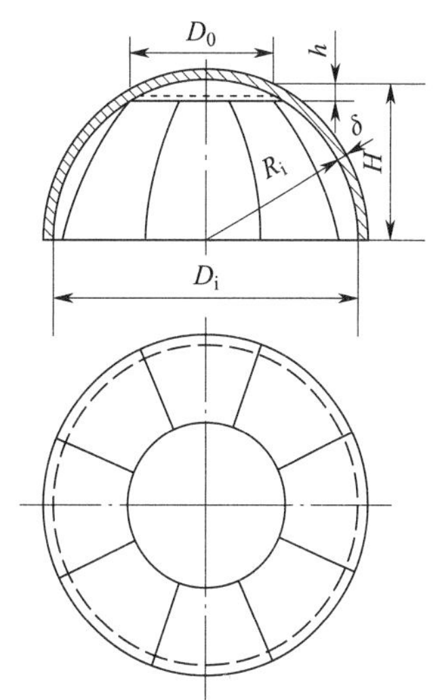

图 1-22　半球形封头

（2）椭圆形和碟形。椭圆形封头是由半个椭球壳和直边部分组成，如图 1-23 所示。椭圆曲线的曲率半径变化是连续的，所以封头中的应力分布也比较均匀，其受力情况仅次于半球形封头。它是目前中、低压压力容器中应用最广泛的封头形式。长短轴之比为 2 的椭圆形封头称为标准椭圆形封头，其封头深度（不包括直边部分）为其直径的 1/4。

碟形封头又称带折边球形封头，它由几何形状不同的 3 部分组成，如图 1–24 所示。第一部分是以 R_i 为半径的部分球面；第二部分是高度为 h 的圆筒形部分；第三部分是连接以上两部分的过渡部分，其曲率半径为 r。R_i 与 r 均以内表面作为圆基准，一般情况下，$R_i=D_i$，$r/R_i=0.15$。

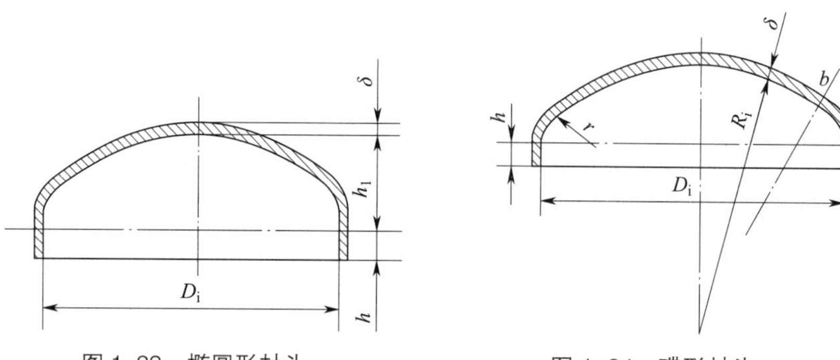

图 1–23　椭圆形封头　　图 1–24　碟形封头

从几何形状来看，由于椭圆形封头深度较浅，因而比半球形制造方便，但相比于碟形封头制造困难，为了保证椭球壳形状的准确则必须用模压。碟形封头为一个不连续曲面，在 3 部分的连接处会产生较大的边缘应力，故应力分布不像椭圆形封头那样均匀，在工程使用中不是很理想。但当椭圆形封头的模具加工有困难时，一般以碟形封头来代替。

椭圆形封头和碟形封头的圆筒部分，又称直边部分，其目的是为了使边缘应力不直接作用在封头与筒体相连接的焊缝上。直边高度一般为 25 ～ 50 mm。

3. 压力容器的开孔与接管

为了使设备能够进行正常的操作、测试和检修，压力容器的壳体和封头一般都要开孔，如物料进出口，测量压力、温度以及装设安全装置的连接孔，液面计孔、人孔和手孔等。常见的接管与壳体的焊接结构如图 1–25 所示。

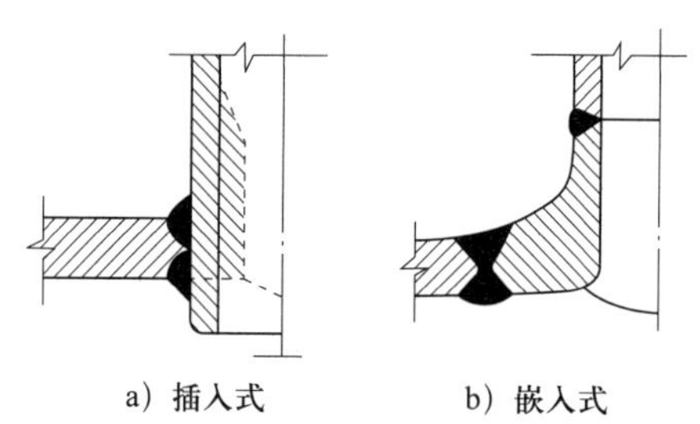

a）插入式　　b）嵌入式

图 1–25　常见的接管与壳体的焊接结构

4. 压力容器焊接接头分类及设计一般原则

（1）压力容器焊接接头分类。《压力容器》（GB/T 150.1 ～ 150.4—2011）将容器受压元件之间的焊接接头分为 A、B、C、D、E 共 5 类，如图 1–26 所示。

1）圆筒部分（包括接管）和锥壳部分的纵向接头（多层包扎容器层板层纵向接头除

外）、球形封头与圆筒连接的环向接头、各类凸形封头和平封头中的所有拼焊接头以及嵌入式接管或凸缘与壳体对接连接的接头，均属 A 类焊接接头。

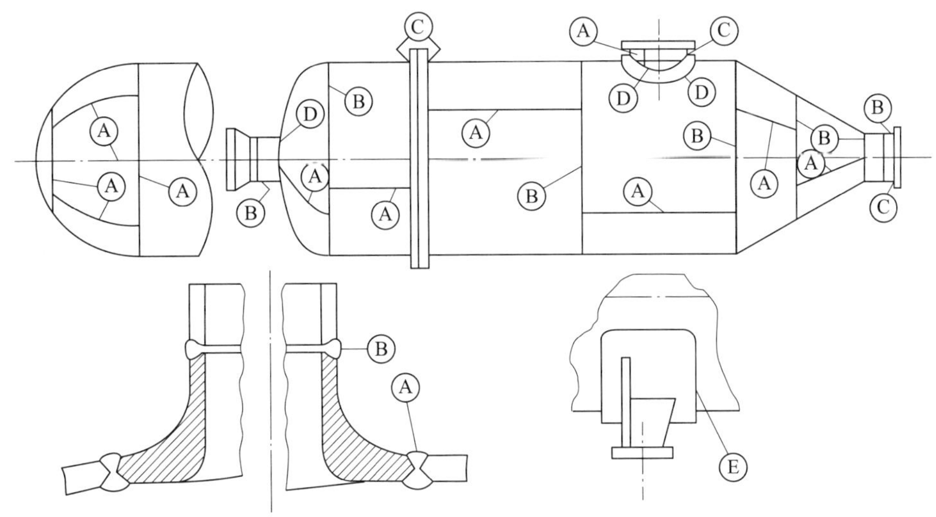

图 1-26　焊接接头分类

2）壳体部分的环向接头、锥形封头小端与接管连接的接头、长颈法兰与壳体或接管连接的接头、平盖或管板与圆筒对接连接的接头以及接管间的对接环向接头，均属 B 类焊接接头，但已规定为 A 类的焊接接头除外。

3）球冠封头、平盖、管板与圆筒非对接连接的接头，法兰与壳体或接管连接的接头，内封头与圆筒的搭接接头以及多层包扎容器层板层纵向接头，均属 C 类焊接接头，但已规定为 A、B 类的焊接接头除外。

4）接管（包括人孔圆筒）、凸缘、补强圈等与壳体连接的接头，均属 D 类焊接接头，但已规定为 A、B、C 类的焊接接头除外。

5）非受压元件与受压元件的连接接头为 E 类焊接接头。

（2）压力容器焊接接头设计一般原则。焊接是压力容器制造的重要环节，其结构设计不合理，往往在制造过程中容易产生缺陷，也不利于无损检测；此外焊接结构设计与压力容器的使用安全也有很大的关系。《固定式压力容器安全技术监察规程》（TSG 21—2016）和《压力容器》（GB/T 150.1 ～ 150.4—2011）规定如下：

1）不宜采用十字焊缝。相邻的两筒节间的纵缝和封头拼接焊缝与相邻筒节的纵缝应错开，其焊缝中心线之间一般应大于筒体厚度的 3 倍，且不小于 100 mm。

2）B 类焊接接头以及圆筒与球形封头相连的 A 类焊接接头，当两侧钢材厚度不等时，若薄板厚度不大于 10 mm，两板厚度差超过 3 mm；若薄板厚度大于 10 mm，两板厚度差大于薄板厚度的 30%，或超过 5 mm 时，均应按图 1-27 的要求单面或双面削薄厚板边缘，或按同样要求采用堆焊方法将薄板边缘焊成斜面。

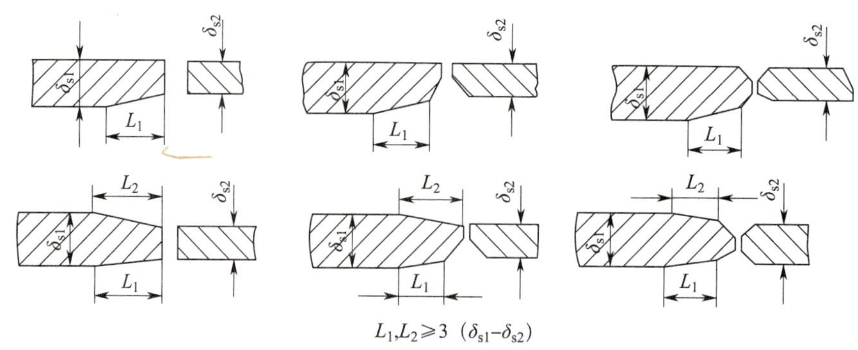

图 1-27 不等厚度板的对接

3）由于焊缝中的未焊透缺陷好像一个预制的缺口，常成为脆性破坏的起裂点，因此在焊接结构的设计时要尽量采用全焊透的结构。对于低温压力容器、受交变载荷的压力容器的焊接结构必须采用全焊透的结构。

4）不锈钢与碳钢焊接时采用过渡件，应避免在不锈钢壳体上直接焊接碳钢支座。

三、压力容器制造的无损检测

无损检测在压力容器制造过程中显得十分重要。压力容器制造时使用的无损检测方法包括射线检测、超声检测、磁粉检测、渗透检测和涡流检测等。无损检测工艺以及检测结果评级应遵照行业标准《承压设备无损检测》（NB/T 47013—2015）的规定，无损检测时机、方法、部位、比例、验收级别等均需要遵守相应的法规、标准的规定。

四、压力容器定期检验中的无损检测

压力容器定期检验中的无损检测，应当采用《承压设备无损检测》（NB/T 47013—2015）中规定的无损检测方法，具体检测方法、部位、比例由承担该设备的检验人员根据资料审查及结合设备使用情况及相关安全技术规范的规定确定。缺陷等级评定依据《固定式压力容器安全技术监察规程》（TSG 21—2016）进行。

复习思考题

1. 简述《特种设备目录》中对压力容器的定义。
2. 简述《特种设备目录》中对压力容器的分类。
3. 简述压力容器常见结构形式及特点。
4. 简述压力容器焊接接头分类。
5. 简述压力容器常见开孔补强形式。
6. 简述在用压力容器常见失效形式。

第五节　压力管道基本知识

一、压力管道的定义与分类

1. 压力管道的定义

按照《特种设备目录》的定义，压力管道是指利用一定的压力，用于输送气体或者液体的管状设备，其范围规定为最高工作压力大于或者等于 0.1 MPa（表压），介质为气体、液化气体、蒸汽或者可燃、易爆、有毒、有腐蚀性、最高工作温度高于或者等于标准沸点的液体，且公称直径大于或者等于 50 mm 的管道。公称直径小于 150 mm，且其最高工作压力小于 1.6 MPa（表压）的输送无毒、不可燃、无腐蚀性气体的管道和设备本体所属管道除外。其中，石油天然气管道的安全监督管理还应按照《安全生产法》《石油天然气管道保护法》等法律法规实施。

按照《关于压力管道气瓶安全监察工作有关问题的通知》（质检办特〔2015〕675 号）规定，《特种设备目录》的压力管道定义中“公称直径小于 150 mm，且其最高工作压力小于 1.6 MPa（表压）的输送无毒、不可燃、无腐蚀性气体的管道”所指的无毒、不可燃、无腐蚀性气体，不包括液化气体、蒸汽和氧气。

2. 压力管道的分类

压力管道品种繁多，其分类方法也有多种。

（1）按用途分类。压力管道按其用途可划分为长输（油气）管道、公用管道、工业管道和动力管道。长输（油气）管道是指产地、储存库、使用单位之间用于输送（油气）商品介质的管道。公用管道是指城市或乡镇范围内的用于公用事业或民用的燃气管道和热力管道。工业管道是指企业、事业单位所属的用于输送工艺介质的工艺管道、公用工程管道及其他辅助管道。动力管道是指火力发电厂用于输送蒸汽、汽水两相介质的管道。

（2）按设计、安装许可分类。国家市场监督管理总局 2019 年颁布了《特种设备生产和充装单位许可规则》（TSG 07—2019），其中压力管道设计、安装许可分类如下：

1）长输管道。长输管道为 GA 类，级别划分为：

①符合下列条件之一的长输管道为 GA1 级。

a. 设计压力大于或者等于 4.0 MPa（表压，下同）的长输输气管道。

b. 设计压力大于或者等于 6.3 MPa 的长输油管道。

② GA2 级。除 GA1 级以外的长输管道为 GA2 级。

2）公用管道。公用管道为 GB 类，级别划分为：燃气管道为 GB1 级、热力管道为 GB2 级。

3）工业管道。工业管道为 GC 类，级别划分为：

①符合下列条件之一的工业管道为 GC1 级

a. 输送《危险化学品目录》中规定的毒性程度为极性毒性类别 1 介质、急性毒性类别 2 气体介质和工作温度高于其标准沸点的急性毒性类别 2 液体介质的工艺管道。

b. 输送《石油化工企业设计防火规范》（GB 50160—2018）及《建筑设计防火规范》（GB 50016—2010）中规定的火灾危险性为甲、乙类可燃气体或甲类可燃液体（包括液化烃），并且设计压力大于或者等于 4.0 MPa 的工艺管道。

c. 输送流体介质，并且设计压力大于或者等于 10.0 MPa，或者设计压力大于或者等于 4.0 MPa，并且设计温度大于或者等于 400 ℃的工艺管道。

② GC2 级

a. 除 GC1 级以外的工艺管道。

b. 制冷管道。

c. 动力管道（均为 GCD 管道）。

二、压力管道的用途及特点

1. 压力管道的用途

压力管道主要用途是输送介质。除此之外，对长输管道而言，压力管道有储存功能；对工业管道而言，压力管道有热交换功能。

2. 压力管道的应用领域

压力管道应用极为广泛。管道输送是与铁路、公路、水运、航运并列的五大运输行业之一，广泛应用于石油、石化、化工、电力等行业及城市燃气和供热工程中。随着经济的发展，管道的数量越来越多。

3. 压力管道的主要特点

实际的工业生产中，所使用的压力管道种类有很多，以一套石油加工装置为例，它所包含的压力容器不过几十台，多者百余台，但它包含的压力管道多达数千条，所用到的各种管道附件达上万件，而且这些管道及其元件往往分散于几十家甚至上百家生产厂制造。另外，管道的安装又多是现场进行。因此，与压力容器相比，压力管道的安全管理要复杂得多。归纳起来，压力管道与压力容器相比较，具有以下主要特点：

（1）种类多，数量大，标准多，设计、制造、安装、应用管理环节多。环节越多，出现问题的概率就越高，影响因素也越多，从而造成压力管道安全管理复杂性高。

（2）长细比大，跨越空间大，边界条件复杂。这意味着压力管道载荷具有多样性，除介质的压力外，还有重力载荷以及位移载荷等。管道的强度计算不能仅仅根据设计条件利用成熟的薄膜应力公式或中径公式来计算，还应考虑与它相连的机械设备的相关要求、中间支承条件的影响、自身热胀冷缩和振动的要求等。

（3）布置方式多样，现场安装条件差，工作量大。压力容器基本上是在工厂制造的，其制造环境条件和制造设备保障均较好，而压力管道布置方式多样，有的架空安装，有的埋地敷设，且为现场安装，工作量大，环境条件较差，因此安装质量的影响因素较多，从而要求更严格的安全管理与监察措施。

（4）材料应用种类多，选用复杂。压力容器使用较多的是板材和锻材，而且也比较成熟。压力管道材质具有多样性，可能一条管道上就需要用几种材质。除用到板材和锻材之外，还经常配套用到管材和铸件。另外，压力容器可以采用复合板材或堆焊层来解决防腐问题，而管道则不易做到。有时，同一根管道可能同时连接两个或两个以上的不同操作条件的设备，因此管道选材要考虑到适应不同设备。

（5）失效的模式多样，失效概率大。压力管道体系庞大，由多个组成件、支承件组成，任一环节出现问题都会造成整条管线的失效；压力管道及其元件生产厂的生产规模较小，产品质量保证较差；压力管道腐蚀机理与材料损伤类型复杂，易受周围介质或设施的影响，容易受诸如腐蚀介质、杂散电流影响，而且还容易遭受意外伤害。

（6）实施检验的难度大。压力管道检验的特殊性和难点在于：管道检测作业距离长，位置变化大。检测一条管道可能要辗转数公里乃至更远，检测地点变化较大；管道沿线障碍物多、屏蔽多，很多地方无法接触和接近，例如架在高空的管道、被保温材料包覆的管道、深埋于地下的管道，以及穿越道路、堤坝的管道等，障碍和屏蔽使管道检测成本高、代价大，甚至无法实施检测；管道检验的宏观目视检查受到限制，绝大部分压力管道无法进入其内部，而外部又往往被遮蔽，这就难以掌握管道全面情况，获得更多的信息。

三、压力管道的组成及结构

1. 压力管道元件

压力管道由多种元件组成，主要有：

（1）管子。包括无缝钢管、焊接钢管、有色金属管、铸铁管、非金属材料管等。

（2）管件。包括弯头、三通、四通、大小头等许多种形式。其种类有无缝管件、有缝管件、锻制管件、铸造管件、非金属材料管件等。

（3）法兰和紧固件。包括锻造法兰、焊接法兰、非金属材料法兰等。

（4）阀门。包括安全阀、调压阀、闸阀、球阀、蝶阀、截止阀、止回阀、非金属材料壳体阀门等。

（5）膨胀节及波纹管。包括金属波纹膨胀节、金属波纹管、其他形式金属膨胀节、非金属膨胀节等。

（6）密封元件及特种元件。包括金属密封元件、非金属密封元件、防腐管道元件、阻火器等。

2. 压力管道附属设施

压力管道是由压力管道组成件和支承件组成的装配总成，管道组成件是指用于连接或装配管道的元件。它包括管子、管件、法兰、垫片、紧固件、阀门以及膨胀接头、挠性接头、耐压软管、疏水器、过滤器和分离器等。

压力管道还有一些附属设施，包括支吊架、防腐绝缘层、阴极保护装置、沿线加油站、加热站、计量站、配气站阀室及标志、拉索围栅等。

压力管道配置有各种安全保护装置，包括紧急切断装置、安全泄压装置、测漏装置、测温测压装置和报警装置等。

管道支承件是指管道安装件和附着件的总称。其中安装件是指将负荷从管子或管道附着件上传递到支承结构或设备上的元件。它包括吊杆、弹簧支吊架、斜拉杆、平衡锤、松紧螺栓、支撑杆、链条、导轨、锚固件、鞍座、垫板、滚柱、托架和滑动支架等。附着件是指用焊接、螺栓连接或夹紧等方法附装在管子上的零件，它包括管吊、吊（支）耳、圆环、夹子、吊夹、紧固夹板和裙式管座等。

四、压力管道无损检测的基本内容

压力管道部件无损检测的具体要求由相关规程、标准及设计图样作出具体规定，此处不再一一叙述。

五、压力管道相关安全技术规范及标准

《压力管道安全技术监察规程—工业管道》（TSG D0001—2009）

《压力管道规范　工业管道》（GB/T 20801.1 ～ 6—2020）

《压力管道规范　长输管道》（GB/T 34275—2017）

《压力管道规范　动力管道》（GB/T 32270—2015）

《石油化工有毒、可燃介质钢质管道工程施工及验收规范》（SH 3501—2021）

《工业金属管道工程施工规范》（GB 50235—2010）

《工业金属管道工程施工质量验收规范》（GB 50184—2011）

《现场设备、工业管道焊接工程施工规范》（GB 50236—2011）

《现场设备、工业管道焊接工程施工质量验收规范》（GB 50683—2011）

《压力管道监督检验规则》（TSG D7006—2020）

《压力管道定期检验规则　工业管道》（TSG D7005—2018）

《压力管道定期检验规则　公用管道》（TSG D7004—2010）

《压力管道定期检验规则　长输（油气）管道》（TSG D7003—2010）

复习思考题

1. 简述《特种设备目录》中对压力管道的定义。

2. 简述《压力管道规范　工业管道　第 1 部分：总则》（GB/T 20801.1—2020）中对

压力管道的分类。

3. 简述压力管道特点。

4. 简述压力管道常见失效形式。

5. 简述常见压力管道元件。

6. 简述压力管道中常见的附属设施。

第六节 无损检测基础知识

一、无损检测的定义与分类

无损检测是指在不损害被检测对象的前提下，利用材料内部结构异常或缺陷存在引起的热、声、光、电、磁等反应的变化，以物理或化学方法为手段，借助相应的设备器材，按照规定的技术要求，对检测对象的内部及表面的结构、性质或状态进行检查和测试，并对结果进行分析和评价。在无损检测技术发展过程中出现过 3 个名称，即：无损探伤（Non-destructive Inspection）、无损检测（Non-destructive Testing）、无损评价（Non-destructive Evaluation）。一般认为，这 3 个名称体现了无损检测技术发展的 3 个阶段。

承压类特种设备常规无损检测方法主要有射线检测（RT）、超声检测（UT）、磁粉检测（MT）和渗透检测（PT）4 种。到目前为止，其仍是承压类特种设备制造质量检验和在用定期检验最常用的无损检测方法。其中 RT 和 UT 主要用于探测试件内部缺陷，MT 和 PT 主要用于探测试件表面缺陷。其他无损检测方法还包括：涡流检测（ECT）、声发射检测（AE）、目视检测（VT）、泄漏试验（LT）、超声波衍射时差法（TOFD）、X 射线数字成像检测（CR、DR）、漏磁检验（MFL）、脉冲涡流检测（PECT）、相控阵检测（PUT），以及新兴的交流场测量技术（ACFMT）、远场涡流检测方法（RFT）等。

无损检测是在现代科学技术发展的基础上产生的。现代工业和科技的飞速发展，为无损检测技术提供了更加完善的理论及物质基础。怎样使用和使用什么方法来进行无损检测，要根据无损检测的目的来确定，必须根据检测目的有针对性地选择最合适的检测方法和检测标准。

二、无损检测的目的

应用无损检测技术，通常是为了达到以下目的：

1. 改进制造工艺

按规定的质量要求制造产品时，为了确定所采用的制造工艺是否适合，可先根据预定的制造工艺制作试样或试制品，对其进行无损检测。一边观察检测结果，一边改进制造工艺，并反复进行试验最后确定满足质量要求的产品制造工艺。

2. 降低生产成本

在产品制造过程中进行无损检测，往往被误认为需要增加制造成本。其实如果在制造过程中间的适当环节正确地进行无损检测，可以防止以后的工序浪费，减少返工，降低废品率，从而降低制造成本。

3. 保证产品质量

应用无损检测技术，可以探测到肉眼无法看到的试件内部的缺陷，在对试件表面质量进行检测时，通过无损检测方法可以探测出许多肉眼很难看见的细小缺陷。由于无损检测技术对缺陷检测的应用范围广，灵敏度高，检测结果可靠性好，因此在承压类特种设备和其他产品制造的过程和最终质量检测中普遍采用。与破坏性检测不同，因无损检测不需损坏试件就能完成检测过程，故能够对产品进行逐件检测。

4. 保障使用安全

即使是设计和制造质量完全符合规范要求的承压类特种设备，在经过一段时间使用后，也有可能发生破坏事故，这是由于苛刻的运行环境使设备状态发生了变化。为了保障使用安全，对在用承压类特种设备，必须定期进行检验，及时发现缺陷，避免事故发生，而无损检测就是在用承压类特种设备定期检验的主要内容和发现缺陷最有效的手段。除了承压类特种设备外，对其他使用中的重要设备、构件、零部件进行定期检验时，也经常应用无损检测手段。

三、无损检测的应用特点

1. 无损检测要与破坏性检测相配合

克服无损检测方法的局限性，需要配合开展破坏性（有损）检测，采用如力学性能测试、金相分析、成分化验、硬度测试等理化检验、打磨消除、耐压试验等方法，以便作出更为准确的判别、评定。

2. 要正确选择实施无损检测的时机

只有检测时机正确，才能顺利开展并完成无损检测，准确检测出被检对象的结构、性质或状态，并正确评价产品质量。例如：表面检测应安排在焊接完工、焊接工序完成或最终热处理之后进行；内部检测（如超声检测、射线检测）一般应安排在锻造、粗加工后、精加工前进行（紧固件、锻件等）。

3. 要正确选择最适当的无损检测方法

要克服各种无损检测方法的局限性，加强无损检测方法对不同检测对象、参数的针对性，提高实施无损检测方法的可靠性。

4. 要综合应用各种无损检测方法

应针对不同被检对象的结构、性质或状态，克服单一无损检测方法的局限性，取长补短、综合判断。

四、承压类特种设备无损检测标准

承压类特种设备无损检测执行的标准是《承压设备无损检测》（NB/T 47013—2015）等，其作为行业标准，规定了射线检测、超声检测、磁粉检测、渗透检测、涡流检测、衍射时差法超声检测、X射线数字成像检测、漏磁检测、脉冲涡流检测等无损检测方法及质量等级评定分类，适用于金属材料锅炉、压力容器（固定式、移动式）及压力管道原材料、零部件和设备的制造安装检测，也适用于以上承压设备的在用检测。这些承压设备有关的支承件和结构件，如有要求也可参照该标准进行检测。

五、对无损检测人员的基本要求

无损检测是为产品质量和生产安全把关的工作，责任重大。无损检测岗位具有特殊性。无损检测人员应严格遵守职业道德。

职业道德是社会道德在职业活动中的具体化。无损检测人员除了应该遵守公共的社会道德以外，还必须遵守特别为无损检测人员规定的道德规范。无损检测人员应遵守以下职业道德：

（1）遵守法律、法规和有关规章。

（2）忠于职守，认真履行职责。

（3）诚实守信，不弄虚作假。

（4）严格执行无损检测标准、工艺和操作程序。

（5）重视安全，坚持文明生产。

1. 遵守法律、法规和有关规章

无损检测人员在职业活动中，不仅应该遵守与被检对象检测工作直接相关的法律、法规，还应该遵守环境保护、安全生产等方面的法律、法规和有关规章。

如果不遵守相关的法律、法规和有关规章，将会对国家和人民的财产、人民的健康及生命安全造成不必要的损害。比如，射线检测就必须遵守国家有关电离辐射安全管理的有关法规，否则，将会对自己或他人的健康造成损害，甚至危及生命安全。又例如，进入现场，就必须遵守国家有关劳动保护的法规，以及企业制定的佩戴劳动防护用品、防火防爆、高处作业等安全规章，以免事故发生。

2. 忠于职守，认真履行职责

在无损检测人员考核规则中，规定了各级无损检测人员的职责。从事无损检测工作的人员必须明确自己肩负的责任，认真履行工作岗位职责。

Ⅰ级无损检测人员应履行以下职责：

（1）正确调整和使用检测仪器。

（2）按照无损检测操作指导书进行无损检测操作。

（3）记录无损检测数据，整理无损检测资料。

（4）了解和执行有关安全防护规则。

3. 诚实守信，不弄虚作假

诚实守信是最基本的社会道德之一。对无损检测人员来说，诚实守信，不弄虚作假更是职业道德的底线，绝不能违反。

无损检测工作是质量和安全的保障，如果检测结论不真实，会给产品质量和运行安全带来严重的隐患，尤其是承压特种设备，一旦发生事故，将造成人员伤亡和财产的重大损失。

国务院颁布的《特种设备安全监察条例》规定，特种设备检验检测人员出具虚假的检测结果，处 5 000 元以上 5 万元以下罚款，情节严重的，撤销其检验检测资格，触犯刑律的，依照刑法追究刑事责任；特种设备检验检测人员出具虚假的检测结果、鉴定结论或者检测结果、鉴定结论严重失实，造成损害的，应当承担赔偿责任。

4. 严格执行无损检测标准、工艺和操作程序

无损检测标准由国家主管部门颁布。无损检测工艺规程由企业中技术水平最高的Ⅲ级人员或具有 4 年以上持证经历的Ⅱ级人员根据标准制定。针对具体检测对象的操作指导书（工艺卡）则由本单位的Ⅲ级或Ⅱ级人员制定。

无损检测标准、工艺和操作程序，是理论、试验和应用经验的结晶，起草和制定经过了仔细研究和认真讨论，并且经过了审核审批程序，因此在无损检测工作中必须严格执行不得违反。执行无损检测工艺和操作程序是检测结果正确可靠的保证。Ⅰ级人员应严格按照规定的工艺参数和操作步骤进行检测，不允许背离工艺和程序。

5. 重视安全，坚持文明生产

检验工作的安全管理应坚持“安全第一、预防为主、综合治理”的安全生产方针，贯彻执行国家有关安全法律、法规、政策、标准，保障检验人员在工作过程中的安全和健康，保障各种设施、设备的安全。

检测人员的安全职责包括：

（1）自觉按规定参加并接受安全法规、知识的教育考试和安全技能的培训考核，自觉遵守单位及受检测单位各项安全管理程序、制度、规定和仪器设备的安全操作规程，在所承担的检验、检测工作中对自己和相关人员的人身安全和所使用的仪器设备安全负有直接责任。

（2）检验人员有权对本单位安全工作存在的问题提出批评、检举、控告；有权拒绝违章指挥和强令冒险作业。

（3）在检验作业时必须按规定正确穿戴劳动防护用品，采取必要的防护措施，自觉遵守受检单位的有关安全管理制度和对作业场所、受检设备的有关安全规定。

（4）检测前要检查作业环境的安全状况，对潜在的危险（如由于检测工作中人的不安全行为和物的不安全状态所引发的安全后果有触电，高处坠落，受限空间窒息，高低温介质泄漏造成的烫伤、冻伤，现场设备及障碍物造成的挤伤、压伤、砸伤、扭伤等）应排除或做好充分的准备方可进入现场。在检验区域内，对各种机动车辆要进行严格管理，对各种起重运输设施不得无证操作。检测前要做好安全用电、防火、防窒息及有毒气体伤害等安全措施，尤其是在通风条件不好或一些受限空间内作业时。检测工作要做到四不伤害，即不伤害自己、不伤害他人、不被他人伤害、保护他人不受伤害。

（5）进行射线检测时，应根据现场环境条件，选择适当的防护方法，尽量减少射线对人员造成的伤害和对环境造成的辐射污染；射线现场检测时，应划出警戒范围，悬挂警告标志并派专人警戒和巡视监护，防止无关人员误入辐射区域；暗室处理后要采取适当措施回收显影、定影等废液，防止造成环境污染。

（6）在工作中发现危及人身和仪器设备安全的情况应及时停止作业，并向有关领导报告，直到确认隐患得到消除后方可恢复检验工作。

（7）发生事故应立即上报，保护现场，如实向事故调查人员反映事故情况。

六、无损检测质量管理和安全防护要求

1. 质量管理要求

无损检测机构和承压设备产品生产单位应建立无损检测质量管理制度，加强无损检测质量控制。

2. 无损检测质量管理内容

（1）无损检测人员。

（2）无损检测设备器材。

（3）无损检测工艺文件（包括工艺规程和操作指导书的制定和实施等）。

（4）无损检测场所和环境。

（5）无损检测实施。

（6）无损检测资料和档案（包括检测记录和报告等）。

3. 安全防护措施

（1）部分无损检测方法会产生或附带产生放射性辐射、电磁辐射、紫外辐射、有毒材料、易燃或易挥发材料、粉尘等物质，这些物质对人体会有不同程度的损害。在实施无损检测时，应根据可能产生的有害物质的种类，按有关法规或标准的要求进行必要的防护和监测，对相关的无损检测人员应采取必要的防护措施。

（2）在封闭空间内进行操作时，应考虑氧气含量等相应因素，并采取必要的防护措施。

（3）在高处进行操作时，应考虑人员、检测设备器材坠落等因素，并采取必要的防护措施。

（4）在极端环境下进行操作时，如深冷、高温等条件下，应考虑冻伤、中暑等因素，并采取必要的防护措施。

（5）如存在有毒有害气体等其他可能损害人体的各种环境因素，在实施无损检测时，应仔细加以辨识，并采取必要的防护措施。

七、常用无损检测方法的使用原则

1. 每一种无损检测方法均有其能力范围和局限性，因此应保证足够的实施操作空间。

2. 仅能检测表面开口缺陷的无损检测方法包括渗透检测和目视检测。渗透检测主要用于非多孔性材料，目视检测主要用于宏观可见缺陷的检测。

3. 能检测表面开口缺陷和近表面缺陷的无损检测方法包括磁粉检测和涡流检测。磁粉检测主要用于铁磁性材料，涡流检测主要用于导电金属材料。

4. 可检测材料中任何位置缺陷的无损检测方法包括射线检测、超声检测、衍射时差法超声检测和 X 射线数字成像检测。一般而言，超声检测、衍射时差法超声检测对于表面开口缺陷或近表面缺陷的检测能力低于磁粉检测、渗透检测或涡流检测。

5. 为确定承压设备内部或表面存在的活性缺陷的强度和大致位置，可采用声发射检测。声发射检测需要对承压设备进行加压试验，发现活性缺陷时应采用其他无损检测方法进行复验。

6. 仅能检测承压设备贯穿性缺陷或整体致密性的无损检测方法为泄漏检测。

7. 对于铁磁性材料，为检测表面或近表面缺陷，应优先采用磁粉检测方法，确因结构形状等原因不能采用磁粉检测时方可采用其他无损检测方法。

8. 当采用一种无损检测方法按不同检测工艺进行检测时，如果检测结果不一致，应以危险度大的评定级别为准。

9. 当采用两种或两种以上的检测方法对承压设备的同一部位进行检测时，应按各自的方法评定级别。

八、常用无损检测方法的能力范围和局限性

1. 射线检测

（1）能力范围

1）能检测出焊接接头中存在的未焊透、气孔、夹渣、裂纹和坡口未熔合等缺陷。

2）能检测出铸件中存在的缩孔、夹杂、气孔和疏松等缺陷。

3）能确定缺陷平面投影的位置、大小以及缺陷的性质。

4）射线检测的穿透厚度，主要由射线能量确定。

（2）局限性

1）较难检测出厚锻件、管材和棒材中存在的缺陷。

2）较难检测出 T 型焊接接头和堆焊层中存在的缺陷。

3）较难检测出焊缝中存在的细小裂纹和层间未熔合。

4）当被检设备直径较大采用 γ 射线源进行中心曝光法时较难检测出焊缝中存在的面状缺陷。

5）较难检测出缺陷的自身高度和确定其深度位置。

（3）射线检测的具体要求应按照《承压设备无损检测　第2部分：射线检测》（NB/T 47013.2—2015）的规定执行。

2. 超声检测

（1）能力范围

1）能检测出原材料（板材、复合板材、管材、锻件等）和零部件中存在的缺陷。

2）能检测出焊接接头内存在的缺陷，面状缺陷检出率较高。

3）超声波穿透能力强，可用于大厚度（100 mm 以上）原材料和焊接接头的检测。

4）能确定缺陷的位置和相对尺寸。

（2）局限性

1）较难检测粗晶材料和焊接接头中存在的缺陷。

2）缺陷位置、取向和形状对检测结果有一定的影响。

3）A 型显示检测不直观，检测记录信息少。

4）较难确定体积状缺陷或面状缺陷的具体性质。

（3）超声检测的具体要求应按照《承压设备无损检测　第3部分：超声检测》（NB/T 47013.3—2015）的规定执行。

3. 磁粉检测

（1）能力范围。能检测出铁磁性材料中的表面开口缺陷和近表面缺陷。

（2）局限性

1）难以检测几何结构复杂的工件。

2）不能检测非铁磁性材料工件。

（3）磁粉检测的具体要求应按照《承压设备无损检测　第4部分：磁粉检测》（NB/T 47013.4—2015）的规定执行。

4. 渗透检测

（1）能力范围。能检测出金属材料和非金属材料中的表面开口缺陷，如气孔、夹渣、裂纹、疏松等缺陷。

（2）局限性。较难检测多孔材料。

（3）渗透检测的具体要求应按照《承压设备无损检测　第5部分：渗透检测》（NB/T 47013.5—2015）的规定执行。

5. 涡流检测

（1）能力范围

1）能检测出金属材料对接接头和母材表面、近表面存在的缺陷。

2）能检测出带非金属涂层的金属材料表面、近表面存在的缺陷。

3）能确定缺陷的位置，并给出表面开口缺陷或近表面缺陷埋深的参考值。

4）涡流检测的灵敏度和检测深度，主要由涡流激发能量和频率确定。

（2）局限性

1）较难检测出金属材料的埋藏缺陷。

2）较难检测出涂层厚度超过 3 mm 的金属材料表面、近表面的缺陷。

3）较难检测出焊缝表面存在的细微裂纹。

4）较难检测出缺陷的自身宽度和准确深度。

（3）涡流检测的具体要求应按照《承压设备无损检测　第 6 部分：涡流检测》（NB/T 47013.6—2015）的规定执行。

6. 目视检测

（1）能力范围

1）能观察出零件、部件、设备和焊接接头等的表面状态、配合面的对准、焊缝连接的几何准确度、变形或泄漏的迹象等。

2）能确定缺陷的位置、大小以及缺陷的性质。

3）目视检测的效果受人为因素影响较大。

（2）局限性

1）不能观测出有遮挡的工件表面状态。

2）较难观测出有油污等的工件表面状态。

（3）目视检测的具体要求应按照《承压设备无损检测　第 7 部分：目视检测》（NB/T 47013.7—2015）的规定执行。

7. 泄漏检测

（1）能力范围

1）能检测出压力容器、压力管道等密闭性设备的泄漏部位。

2）能检测出压力容器、压力管道等密闭性设备的泄漏率。

3）泄漏检测的准确度，主要由所采用的泄漏检测技术和检测人员视力确定。

（2）局限性

1）较难检测埋地管道的泄漏率。

2）埋地管道的内外压差对泄漏检测部位和泄漏率的确定影响较大。

（3）泄漏检测的具体要求应按照《承压设备无损检测　第 8 部分：泄漏检测》（NB/T 47013.8—2015）的规定执行。

8. 声发射检测

（1）能力范围

1）能检测出金属材料制承压设备加压试验过程的裂纹等活性缺陷的部位、活性和强度。

2）能够在一次加压试验过程中，整体检测和评价整个结构中缺陷的分布和状态。

3）能够检测出活性缺陷随载荷等外变量而变化的实时和连续信息。

（2）局限性

1）难以检测出非活性缺陷。

2）难以对检测到的活性缺陷进行定性和定量，仍需要其他无损检测方法复验。

3）对材料敏感，易受到机电噪声干扰，对数据的正确解释需有丰富的数据库和现场检测经验。

（3）声发射检测的具体要求应按照《承压设备无损检测　第9部分：声发射检测》（NB/T 47013.9—2015）的规定执行。

9. 衍射时差法超声检测

（1）能力范围

1）能检测出对接接头中存在的未焊透、气孔、夹渣、裂纹和未熔合等缺陷且检出率较高。

2）能确定缺陷的深度、长度和自身高度。

3）厚壁工件缺陷检测灵敏度较高。

4）检测结果较直观，检测数据可记录和存储。

（2）局限性

1）较难检测出扫查面表面和近表面存在的缺陷。

2）较难检测粗晶粒焊接接头中存在的缺陷。

3）较难检测复杂结构工件的焊缝。

4）较难确定缺陷的性质。

（3）衍射时差法超声检测的具体要求应按照《承压设备无损检测　第10部分：衍射时差法超声检测》（NB/T 47013.10—2015）的规定执行。

10. X射线数字成像检测

（1）能力范围

1）能检测出对接接头中存在的未焊透、气孔、夹渣、裂纹和坡口未熔合等缺陷。

2）能检测出铸件中存在的缩孔、夹杂、气孔和疏松等缺陷。

3）能确定缺陷平面投影的位置、大小以及缺陷的性质。

4）射线检测的穿透厚度，主要由射线能量确定。

5）图像分辨率主要由数字探测器的像素大小和射线机焦点尺寸决定。

6）可实现静止成像和连续成像。

7）一次透照厚度宽容度大于常规射线检测。

8）尤其适用于大批量同规格对象的检测。

（2）局限性

1）较难检测出锻件、管材和棒材中存在的缺陷。

2）较难检测出 T 型焊接接头、角焊缝存在的缺陷。

3）较难检测出焊缝中存在的细小裂纹和未熔合。

4）较难检测出缺陷的自身高度。

5）数字探测器性能受检测环境的温度和湿度影响。

（3）X 射线数字成像检测的具体要求应按照《承压设备无损检测　第 11 部分：X 射线数字成像检测》（NB/T 47013.11—2015）的规定执行。

11. 漏磁检测

（1）能力范围

1）能检测出带涂层铁磁性材料母材表面的腐蚀、机械损伤等厚度减薄类体积性缺陷。

2）能检测出带涂层铁磁性材料母材表面的裂纹等面状缺陷。

3）能确定缺陷的位置，并给出表面开口缺陷的长度或体积型缺陷的深度当量。

4）漏磁检测的灵敏度和检测深度，主要由励磁深度和传感器的分辨率决定。

（2）局限性

1）较难检测出铁磁性材料内部的埋藏缺陷。

2）较难检测出厚度超过 30 mm 工件的缺陷。

3）较难检测出与励磁方向平行的缺陷。

4）较难检测出焊接缺陷。

（3）漏磁检测的具体要求应按照《承压设备无损检测　第 12 部分：漏磁检测》（NB/T 47013.12—2015）的规定执行。

12. 脉冲涡流检测

（1）能力范围

1）能检测出非铁磁性覆盖层（保温层、保冷层壁厚减薄、保护层等）金属壁厚的腐蚀或其他厚度减薄缺陷。

2）能在设备处于运行状态（高温、低温、内有物料等）时进行检测。

3）检测结果是传感器投影面积下的平均剩余壁厚值。

（2）局限性

1）较难检出铁磁性材料内部的埋藏小体积缺陷。

2）检测精度受提离高度、电磁特性的影响。

3）难以对结构复杂、曲率较大或壁厚较大的设备进行检测。

4）难以对检出的缺陷进行定量，必要时仍需其他无损检测方法复验。

（3）脉冲涡流检测的具体要求应按照《承压设备无损检测　第 13 部分：脉冲涡流检测》（NB/T 47013.13—2015）的规定执行。

复习思考题

1. 简述无损检测的目的。
2. 简述常用无损检测方法的应用特点。
3. 简述特种设备无损检测依据的主要标准及要求。
4. 简述特种设备无损检测对检测人员的要求。
5. 简述无损检测过程中的质量控制要点。
6. 简述无损检测过程中的安全防护措施。
7. 简述常见无损检测方法的适用范围与优缺点。

第七节　无损检测中常见缺陷及类型

无损检测最主要的用途是检测出原材料和零部件中可能存在的缺欠或缺陷。不同的材料和部件，其内部含有的缺陷类型是不同的。为了选择最适当的无损检测方法，正确地分析和判断检测结果，必须了解材料和焊接接头中的缺陷种类和产生原因。

一、焊接接头中常见的缺陷

焊接接头的形式主要有对接、角接、搭接和T型连接焊接接头等。焊接接头中的常见缺陷除外观缺陷外，还包括气孔、夹渣、裂纹、未焊透、未熔合等内部缺陷。其中气孔、夹渣、未焊透、未熔合等焊接缺陷通常称为体积状缺陷，而裂纹称为面状缺陷。

1. 外观缺陷

外观缺陷（表面宏观缺陷）是指不用借助仪器，用肉眼从工件表面判断缺陷的有无。常见的外观缺陷有咬边、焊瘤、凹陷、未焊满、烧穿等。此外单面焊的根部未焊透有时也称为外观缺陷。

（1）咬边。咬边是指沿着焊趾，在母材部分形成的凹陷或沟槽，它是由于运条过快、焊接电流过大、电弧过长和各种焊接操作不当等所引起的缺陷，如图1-28所示。

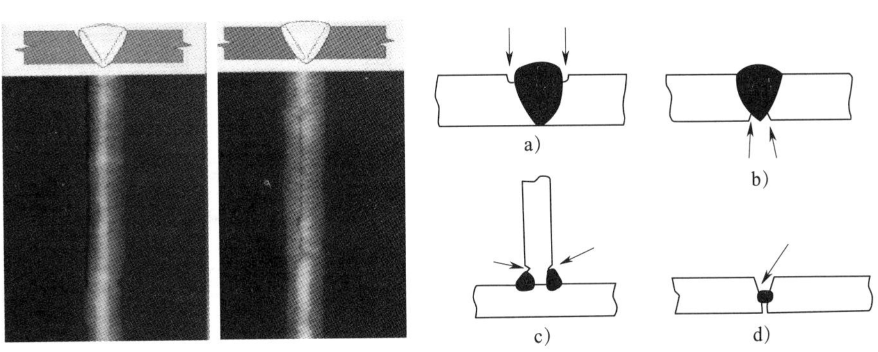

图1-28　咬边

咬边除了会减小母材的有效截面积，降低结构的承载能力之外，还会造成较大的应力集中，发展为裂纹源。

（2）焊瘤。焊缝中的液态金属流到加热不足、未熔化的母材上或从焊缝根部溢出，冷却后形成未与母材熔合的金属瘤即为焊瘤，如图 1-29 所示。

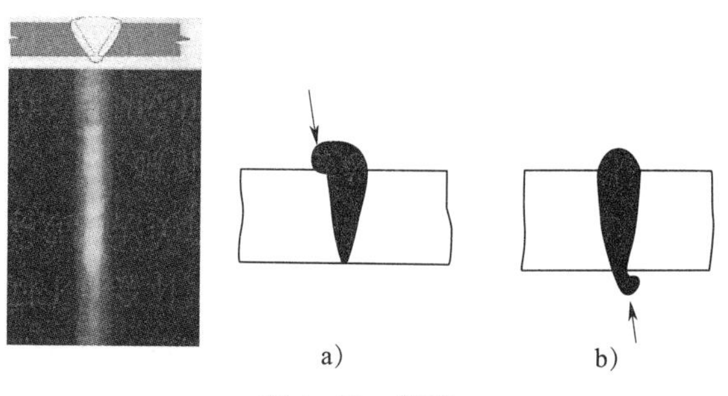

图 1-29 焊瘤

焊瘤通常伴有未熔合、夹渣缺陷。由于焊瘤改变了焊缝的实际尺寸，会带来应力集中。管子内部的焊瘤减小了内径，改变液体流速，除会造成管道堵塞，对易燃管道还可能造成静电荷聚集，引发事故。

（3）凹坑。凹坑是指焊缝表面或背面局部低于母材的部分，如图 1-30 所示。

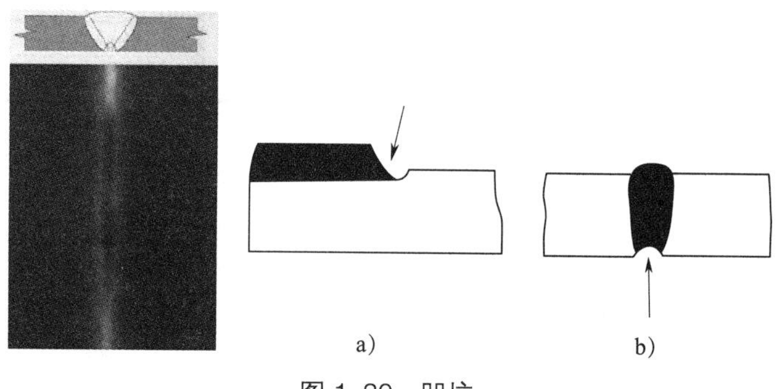

图 1-30 凹坑

凹坑多是由于收弧时焊条（焊丝）未做短时间停留造成的（此时的凹坑称为弧坑），仰、立、横焊时，常在焊缝背面根部产生内凹。

凹坑减小了焊缝的有效截面积，弧坑常带有弧坑裂纹和弧坑缩孔。

（4）未焊满。未焊满是指焊缝表面上连续的或断续的沟槽，如图 1-31 所示。

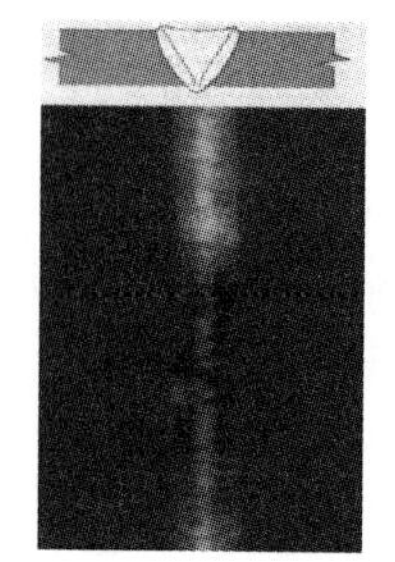
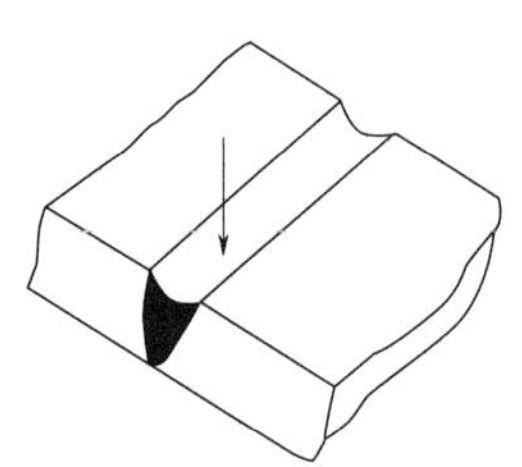

图 1-31 未焊满

填充金属不足是产生未焊满的根本原因。规范太弱、焊条过细、运条不当等均会导致未焊满。

未焊满同样减小了焊缝的有效截面积，削弱了焊缝，也会产生应力集中。同时，由于规范太弱使冷却速度增大，容易产生气孔、裂纹等缺陷。

（5）烧穿。烧穿是指焊接过程中，熔深超过工件厚度，熔化金属自焊缝背面流出，形成穿孔性缺陷，如图 1-32 所示。

焊接电流过大、焊接速度太慢、电弧在焊缝处停留过久，会产生烧穿缺陷；工件间隙太大、钝边太小也容易出现烧穿现象。烧穿是承压类特种设备产品上不允许存在的缺陷。

（6）其他表面缺陷。除上述 5 种常见的外观缺陷外，还有以下几种外观缺陷。

1）成形不良。指焊缝的外观几何尺寸不符合要求。有焊缝超高（如图 1-34a、图 1-34b 所示），表面粗糙（如图 1-34c 所示），以及焊缝过宽、焊缝向母材过渡不圆滑等。

2）错边。指两个工件在厚度方向上错开一定位置（如图 1-33、图 1-34d 所示），它既可视作焊缝表面缺陷，又可视作装配成形缺陷。

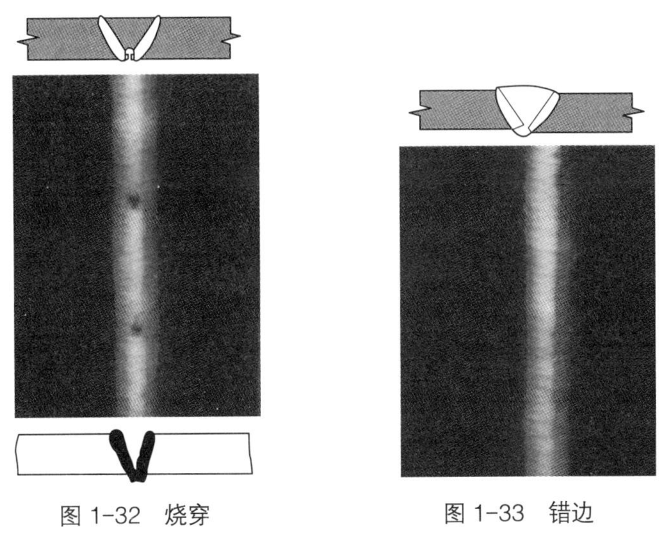

图 1-32 烧穿　　图 1-33 错边

3）塌陷。单面焊时由于输入热量过大、熔化金属过多而使液态金属向焊缝背面塌落，成形后焊缝背面突起，正面下塌。如图 1-34e 所示。

4）表面气孔及弧坑缩孔。如图 1-34f、图 1-34g 所示。

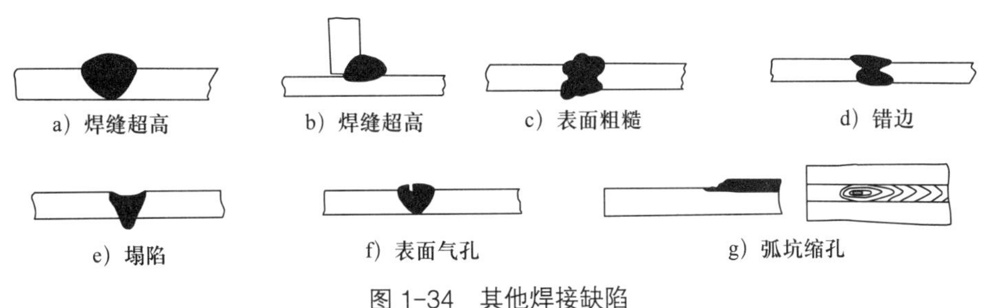

图 1-34 其他焊接缺陷

5）各种焊接变形。如角变形、扭曲、波浪变形等都属于焊接缺陷，角变形也属于装配成形缺陷。

2. 内部缺陷

（1）气孔。气孔是在焊接时，由于熔池中的高温熔融金属吸收了大量气体，在凝固和冷却过程中，随着温度的降低而溶解度降低，来不及析出而残存在焊缝中形成的。一般呈球状或椭圆状，呈单个分散状态或密集状态，如图 1–35、图 1–36 所示。

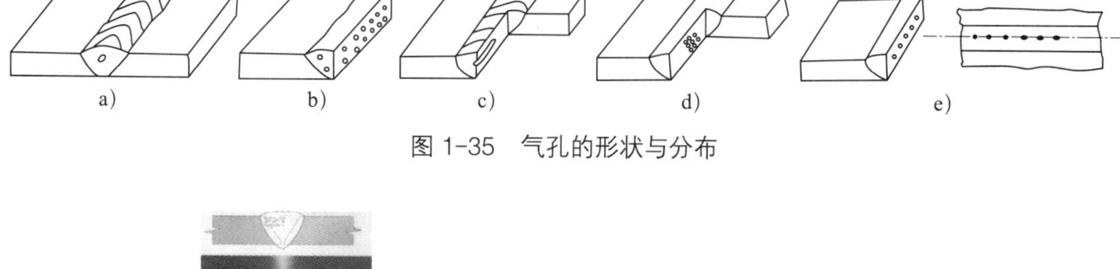

图 1–35 气孔的形状与分布

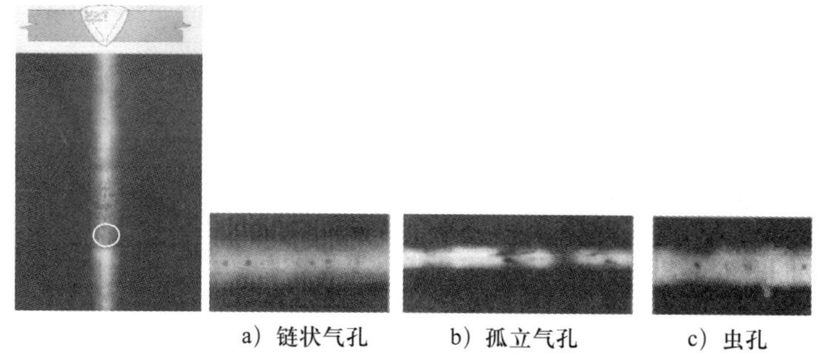

图 1–36 气孔

（2）夹渣。夹渣是由于焊接时因坡口太小、焊接电流过小、施焊操作不当等原因造成的，熔渣来不及从熔池中上浮，而残留在焊缝内部，其形态没有规律可循。钨、铜等金属颗粒残留在焊缝之中，习惯上称为夹钨、夹铜。如图 1–37、图 1–38 所示。

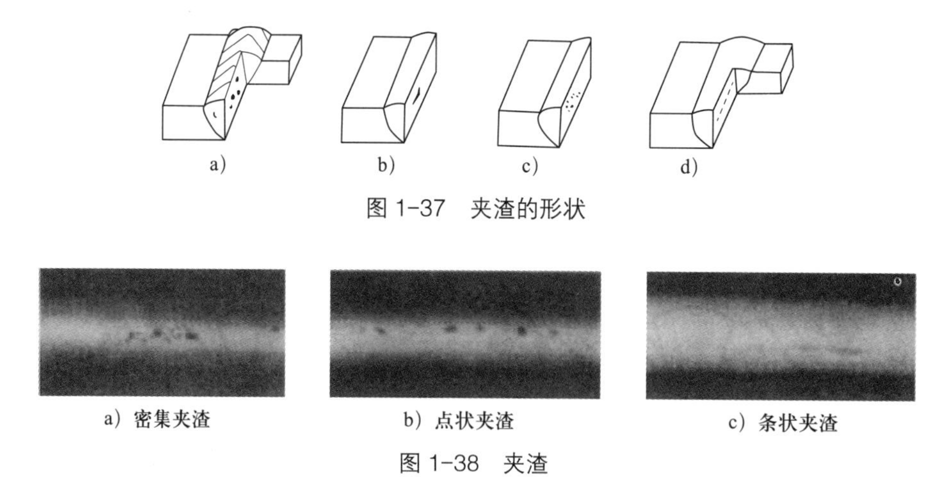

图 1–37 夹渣的形状

图 1–38 夹渣

（3）未焊透。未焊透是由于焊接工艺不当或施焊操作不当等原因，造成母体金属与焊缝金属之间或焊缝金属与焊缝金属之间未能被电弧熔化而留下的空隙。未焊透常分为中间未焊透、边缘未焊透和根部未焊透等几种，如图 1–39 所示。

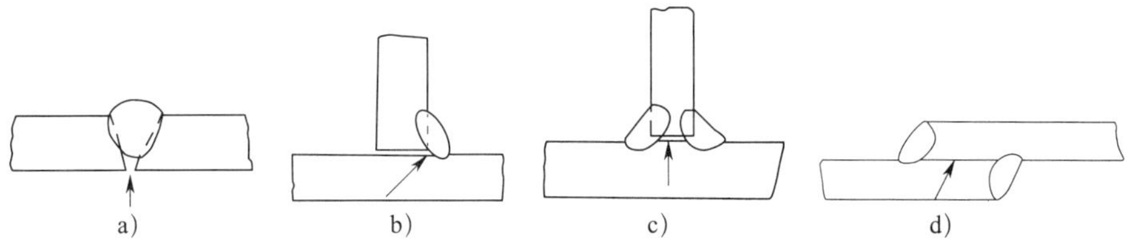

图 1-39　未焊透

（4）未熔合。木熔合是指焊缝金属与母体之间或在多层焊焊缝的层与层之间由于某种原因而没有熔合在一起。如图 1-40 所示。

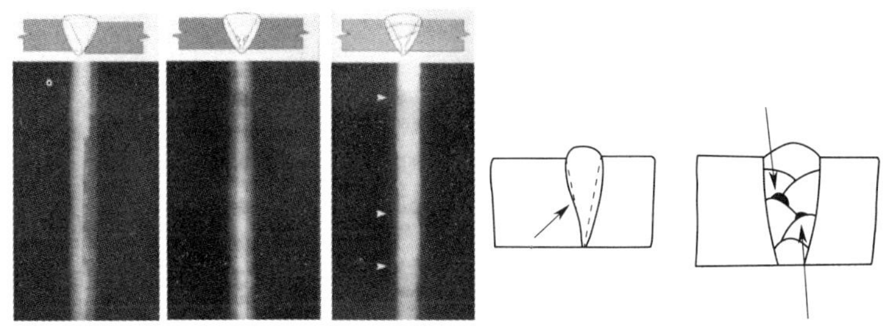

图 1-40　未熔合

（5）裂纹。因某种原因导致金属原子的结合遭到破坏，形成新的界面（缝隙称为裂纹），如图 1-41 所示。根据发生条件和时机，可分为热裂纹、冷裂纹，以及再热裂纹和层状撕裂。

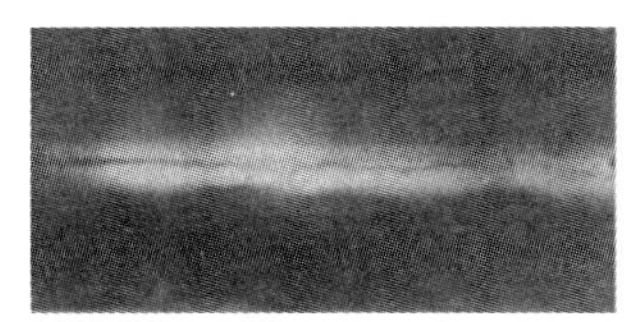

a）纵向裂纹　　b）横向裂纹

图 1-41　焊缝中的裂纹

二、铸件中常见的缺陷

铸件是金属液注入铸模中冷却凝固而成的。铸件中的缺陷通常分为平面型缺陷和非平面型缺陷两类。其中平面型缺陷主要有冷隔、未熔合、裂纹等，非平面型缺陷主要有气孔、缩孔、夹杂等。

1. 气孔

气孔是由于金属液含气量过多、模型潮湿及透气性不佳等原因而形成的空洞。根据气孔的分布形态可分为单个分散气孔和密集气孔。

2. 缩孔

缩孔是由于金属液冷却凝固时体积收缩得不到补充而形成的空洞，缩孔位于浇冒口附近和截面最大部位或截面突变处。

3. 夹杂

夹杂分为金属夹杂和非金属夹杂两类。非金属夹杂是冶炼时金属与气体发生化学反应而形成的产物或浇注时耐火材料、型砂等混入钢液形成的夹杂物。金属夹杂物是异种金属落入钢液中未熔化而形成的夹杂物。

4. 裂纹

裂纹是指钢液冷却过程中由于内应力（热应力或组织应力）过大，导致铸件局部开裂而形成的缺陷。常产生于截面几何尺寸突变处、应力集中严重处等部位。

三、锻件中常见的缺陷

常见的锻件类型有轴类、饼类、板类、筒类等。因锻件类型不同，缺陷也不尽相同。

1. 裂纹

裂纹通常是因锻造时存在较大的拉应力、切应力或附加局部应力引起的原材料或零部件局部开裂。通常发生在坯料应力最大、厚度最薄的部位。如果坯料表面或内部有微裂纹，或坯料内部存在组织缺陷，或热加工温度不当使材料塑性降低，或变形程度过大，超过材料允许的塑性指标等，则易在镦粗、拔长、冲孔、扩孔、弯曲和挤压等工序中产生裂纹。

2. 折叠

折叠形成的原因是当金属坯料在轧制过程中，由于轧辊上的型槽定径不正确，或因型槽磨损而产生的毛刺在轧制时被卷入，形成和材料表面成一定倾角的折缝。对钢材，折缝内有氧化铁夹杂，四周有脱碳。折叠若在锻造前不去除，可能引起锻件折叠或开裂。

3. 白点

白点是一种微细的裂纹，它是由于钢中含氢量较高，在锻造过程中的残余应力、热加工后的相变应力和热应力等作用下而产生的。由于在钢坯的纵向断口上通常呈银白色的圆点或椭圆形斑点，故称其为白点。在钢坯横向断口上则呈现细小的裂纹。

四、轧材中常见的缺陷

轧材的种类包括管、棒、板、丝、钢轨和各种型材，由于形状和材质的不同，出现的缺陷分布规律和缺陷特征也不同。

1. 钢管中常见的缺陷

钢管中常见的缺陷与加工方法有关，钢管中常见缺陷有裂纹、气孔、夹渣、未焊透等。锻轧管常见缺陷与锻件类似，一般为裂纹、白点、重皮等。

2. 钢棒和型材中常见的缺陷

（1）内部缺陷。钢棒内部缺陷有：钢锭中缩孔未压合、压合不当产生芯部裂纹、严重偏析、白点、非金属夹渣物等。这些缺陷都有一定的延伸性，当轧制比较大的型材时，缺陷也会变为长形，这些缺陷由于延展作用，大多变为星状或扁平状。

（2）表面缺陷。表面缺陷有材料性缺陷和轧制不当造成的缺陷两类。材料性缺陷是指由钢坯表面和近表面层的气孔和非金属夹杂物为起点造成的线状缺陷（发纹）、小裂纹以及夹杂物引起的翘皮。轧制不当引起的缺陷是指轧辊加工时造成的折叠或皱纹，以及过烧和鳞状折叠。过烧是由于加热太激烈使表面脆化，因而在压延时产生小鳞状裂纹。鳞状折叠是由于轧制的模子过紧加上材料表面粗糙而造成的。

3. 钢板中常见的缺陷

钢板是由板坯轧制而成的，而板坯又由钢锭轧制或连续浇铸而成。钢板中常见的缺陷有分层、折叠、白点等。

（1）分层。由于板坯中缩孔、夹渣等在轧制过程中未密合而形成分离层。

（2）折叠。钢板表面局部互相折合。

（3）白点。白点是因钢板在轧制后冷却过程中氢原子来不及扩散而形成的。白点断裂面呈白色，多在板厚大于 40 mm 的钢板中出现。

五、设备使用中常见的缺陷

1. 疲劳裂纹

结构材料承受交变反复载荷，当局部高应变区内的峰值应力超过材料的屈服压力时，晶粒之间发生滑移和位错，产生微裂纹并逐步扩展形成疲劳裂纹。常见的有交变工作载荷引起的疲劳裂纹，循环热应力引起的热疲劳裂纹，以及在循环应力和腐蚀介质共同作用下产生的腐蚀疲劳裂纹。

2. 应力腐蚀裂纹

处于特定腐蚀介质中的金属材料在拉应力作用下产生的裂纹称为应力腐蚀裂纹。

3. 氢损伤

在临氢工况条件下运行的设备，氢进入金属后可使材料性能变坏，造成设备损伤。例如氢脆、氢腐蚀、氢鼓泡、氢致裂纹等。

4. 晶间腐蚀

奥氏体不锈钢的晶间析出铬的碳化物导致晶间贫铬，在介质的作用下晶界发生腐蚀，产生连续性破坏。

5. 局部腐蚀

常见的有点蚀、缝隙腐蚀、腐蚀疲劳、磨损腐蚀、选择性腐蚀等。

复习思考题

1. 钢板、锻件、管材中有哪些常见的主要缺陷？

2. 焊接接头中有哪些常见的外观缺陷?

3. 焊接接头中有哪些常见的内部缺陷?

4. 在役承压类特种设备使用中经常出现哪些缺陷?

第二章　射 线 检 测

第一节　射线检测原理

一、原子与原子结构

1. 元素与原子

世界上一切物质都是由元素构成的。迄今为止，已发现的元素有 118 种，其中 94 种被认为存在于地球自然界中，其他的为人工制造。

原子是元素的具体存在，是体现元素性质的最小微粒。在化学反应中，原子的种类和性质不会发生变化。

原子由一个原子核和若干个核外电子组成。原子核带正电荷，位于原子中心，电子带负电荷，在原子核周围高速运动。原子核所带的正电荷与核外电子所带的负电荷相同，所以，整个原子呈电中性。

原子中，原子核所带的正电荷数 (简称核电荷数) 与核外电子所带的负电荷数相等。所以核外电子数就等于核电荷数。不同元素的核电荷数不同，核外电子数也不同。元素周期表中，元素的次序就是按核电荷数排列的，因此，周期表中的原子序数 Z 等于核电荷数。

原子核仍然可以再分，试验证明，原子核是由两种更小的粒子即质子和中子组成的。中子不带电，1 个质子带 1 个单位正电荷，原子核中有几个质子，就有几个核电荷，因此得到以下关系：

质子数 = 核电荷数 = 核外电子数 = 原子序数

凡是具有一定质子数、中子数并处于特定能量状态的原子或原子核称为核素。质子数相同而中子数不同的各种原子互为同位素。同位素可分为稳定和不稳定的两类，不稳定的同位素又叫作放射性同位素，它能自发地放出某些射线——α 、β 或 γ 射线，而变为另一种元素。

放射性同位素又可分为天然的和人工制造的两类，前者为自然界存在的矿物，一般 $Z \geqslant 83$ 的许多元素及其化合物都具有放射性。获得后者最常用的方法是用高能粒子轰击稳定同位素的核，使其变成放射性同位素。天然放射性同位素稀少，又不易提炼，价格昂贵，所以当前射线检测所用的均为人工放射性同位素。

2. 原子核结构

原子核的半径为 $10^{-13} \sim 10^{-12}$ cm，约为原子半径的万分之一。如果把原子设想为一个直径 10 m 的球体，那么原子核也只有针头大，所以说原子内部的绝大部分是空的。

正如原子中的电子处于运动中一样，核中的粒子、质子和中子，也处于运动中。

采用人为的方法，以中子、质子或其他基本粒子作为“炮弹”轰击原子核，从而改变核内质子或中子的数目，便可以制造出新的核素，也可以使稳定的核素变为不稳定的核素。

现已发现的约 2 000 种核素中，天然存在的有 300 多种，其中有 30 多种是不稳定的；人工制造的有 1 600 多种，其中绝大部分是不稳定的。不稳定的核素会自发蜕变，变成另一种核素，同时放出各种射线，这种现象称为放射性衰变。放射性衰变有多种模式，其中最主要的有：

（1）α 衰变。放出带两个正电荷的氦核，衰变后形成的子核，核电荷数较母核减 2，即在周期表上前移两位，而质量数较母核减 4。

（2）β 衰变。放出电子。衰变后子核的质量数不变，而核电荷数增加 1，即在周期表上后移一位。

（3）γ 衰变。放出波长很短的电磁辐射。衰变前后核的质量数和电荷数均不发生改变。

γ 衰变总是伴随着 α 衰变或 β 衰变而发生，母核经 α 或 β 衰变到子核的激发态，这种激发态的核是不稳定的，它要通过 γ 衰变过渡到正常态。所以 γ 射线是原子核由高能级跃迁到低能级而产生的。

二、射线的种类和性质

1. X 射线和 γ 射线的性质

X 射线和 γ 射线与无线电波、红外线、可见光、紫外线等属于同一范畴，都是电磁波。其区别在于波长不同以及产生的方法也不同。因此 X 射线和 γ 射线具有电磁波的共性，同时也具有不同于可见光和无线电波等其他电磁波的特性。

如图 2-1 所示的电磁波谱中可以看到各种电磁辐射所占据的波长范围。

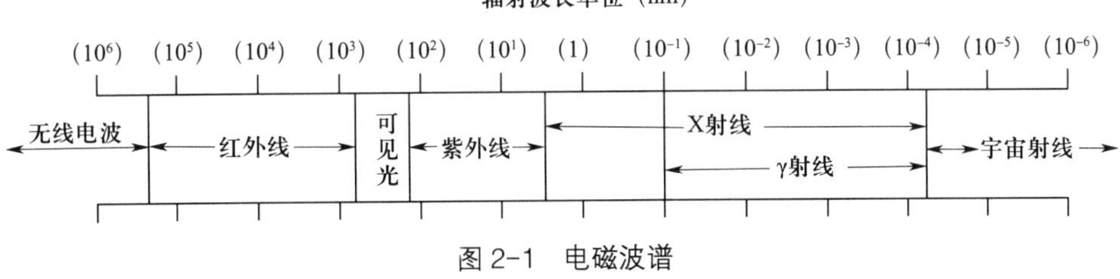

图 2-1 电磁波谱

电磁波的波长 λ 和频率 υ 以及波速（光速）c 的关系式为：

$$\upsilon=c/\lambda$$

式中 λ——波长；

υ——频率；

c——光速。

X 射线和 γ 射线具有以下性质：

（1）在真空中以光速直线传播。

（2）本身不带电，不受电场和磁场的影响。

（3）在媒质界面可以发生反射和折射，但 X 射线和 γ 射线只能发生漫反射，而不能像可见光那样产生镜面反射。X 射线和 γ 射线的折射系数非常接近于 1，所以折射的方向改变不明显。

（4）可以发生干涉和衍射现象，但只能在非常小的，如晶体组成的光栅中才能发生这种现象。

（5）不可见，能够穿透可见光不能穿透的物质。

（6）在穿透物质过程中，会与物质发生复杂的物理和化学作用，例如电离作用、荧光作用、热作用，以及光化学作用等。

（7）具有辐射生物效应，能够杀伤生物细胞，破坏生物组织。

2. X 射线的产生及其特点

X 射线实质上是波长极短（波长约为 $10^{-9}\sim10^{-10}$ m）的电磁波，X 射线是在 X 射线管中产生的，射线管是一个具有阴阳两极的真空管，阴极是钨丝，阳极是金属制成的靶。在阴阳两极之间加有很高的直流电压（管电压），当阴极加热到白炽状态时释放出大量电子，这些电子在高压电场中被加速，从阴极飞向阳极（管电流），最终以很大速度撞击在金属靶上，失去所具有的动能，这些动能绝大部分转换为热能，仅有极少一部分转换为 X 射线向四周辐射。

X 射线的产生效率与管电压和靶材料原子序数成正比。在其他条件相同的情况下，管电压越高，X 射线产生的效率越高；管电压的高压波形越接近恒压，X 射线产生的效率也越高。当电压为 100 kV 时，X 射线的转换效率为 1%，而产生 4 MeV 的 X 射线的加速器，其转换效率约为 36%。

由于输入的能量的绝大部分转换为热能，所以 X 射线管必须有良好的冷却装置，以保证阳极不被烧坏。

3. γ 射线的产生及其特点

γ 射线是放射性同位素发生 α 衰变和 β 衰变后，在激发态向稳定态过渡的过程中从原子核内发出的，这一过程称为 γ 衰变，又称 γ 跃迁。光子的能量等于跃迁前后两能级能值之差。不同的是，原子的核外电子跃迁放出的能量在几电子伏到千电子伏之间，而核内能级的跃迁放出的 γ 光子能量在千电子伏到十几兆电子伏之间。

γ 射线具有比 X 射线强得多的能量。射线检测用的 γ 射线主要来自钴 60（Co60）、铯 137（Cs137）、铱 192（Ir192）、铥 170（Tm170）等放射性同位素源。

以放射性同位素 Co60 为例，Co60 经过一次 β^- 衰变成为处于 2.5 MeV 激发态的 Ni60，随后放出能量分别为 1.17 MeV 和 1.33 MeV 的两种 γ 射线而跃迁到基态。

由此可见，γ 射线的能量是由放射性同位素的种类所决定的。一种放射性同位素可能放出许多种能量的 γ 射线，对此取其所辐射出的所有能量的平均值作为该同位素的辐射能量。例如 Co60 的平均能为 $(1.17+1.33)/2 = 1.25$ MeV。

γ 射线的光谱称为线状谱，谱线只出现在特定波长的若干点上。如图 2-2 所示。

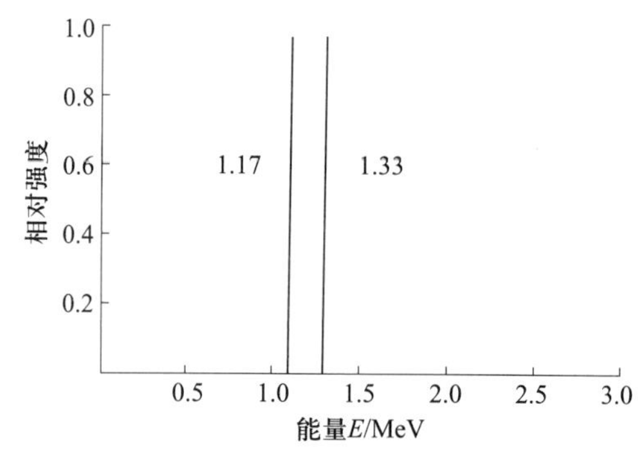

图 2-2 Co60 的 γ 射线的线状谱线

放射性同位素单位时间产生衰变的次数称为放射强度。对于同一种放射性同位素源，放射性强度大的源，其辐射的 γ 射线的强度也大。由于放射性同位素源放射强度是随时间的变化而变化的，即随放射性同位素源衰变而变化的，因此，γ 射线的强度是不能控制的。

三、射线与物质的相互作用

射线通过物质时，会与物质发生相互作用而使强度减弱。导致强度减弱的原因可分为两类，即吸收与散射。吸收是一种能量转换，光子的能量被物质吸收后变为其他形式的能量；散射会使光子的运动方向改变，其效果等于在束流中移去入射光子。

在 X 射线和 γ 射线能量范围内，光子与物质相互作用时所发生的物理效应主要有：光电效应、康普顿效应和电子对效应 3 种。

射线通过物质时的强度衰减遵循指数规律，衰减情况不仅与吸收物质的性质和厚度有关，而且还取决于辐射自身的性质。

1. 光电效应

当光子与物质原子的束缚电子作用时，光子把全部能量转移给某个束缚电子，使之发射出去，而光子本身消失掉，这一过程称为光电效应，光电效应发射出的电子叫光电子，该过程如图 2-3 所示。

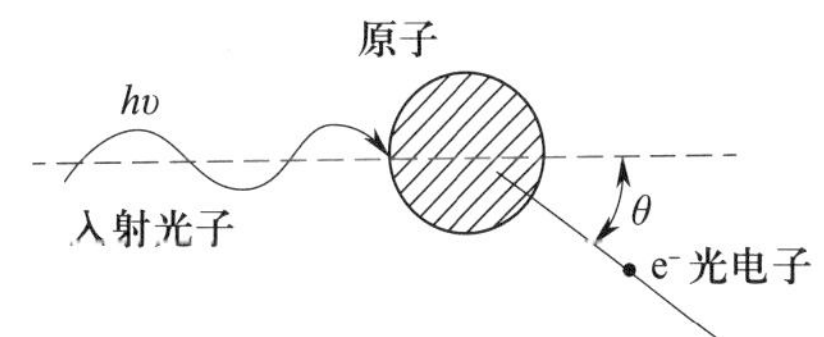

图 2-3　光电效应示意图

原子吸收了光子的全部能量，其中一部分消耗于光电子脱离原子束缚所需的电离能（电子在原子中的结合能），另一部分就作为光电子的动能。所以，发生光电效应的前提条件是光子能量必须大于电子的结合能。

光电效应的发生概率与射线能量和物质原子序数有关，它随着光子能量增大而减小，随着原子序数的增大而增大。

2. 康普顿效应

在康普顿效应中，光子与电子发生非弹性碰撞，一部分能量转移给电子，使它成为反冲电子，而散射光子的能量和运动方向发生变化，如图 2-4 所示。$h\upsilon$ 和 $h\upsilon'$ 为入射和散射光子能量，θ 为散射光子与入射光子方向间夹角，称为散射角，φ 为反冲电子的反冲角。

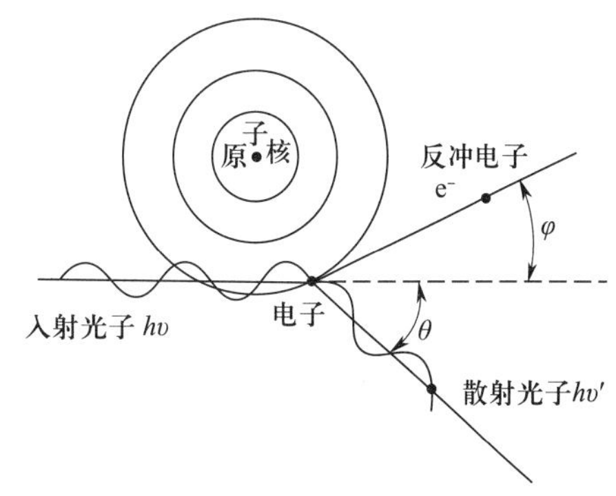

图 2-4　康普顿效应示意图

康普顿效应总是发生于自由电子或原子的束缚最松的外层电子上，入射光子的能量和动量由反冲电子和散射光子两者之间进行分配，散射角越大，散射光子的能量越小，当散射角 θ 为 180° 时，散射光子能量最小。

康普顿效应的发生概率大致与物质原子序数成正比，与光子能量成反比。

3. 电子对效应

当光子从原子核旁经过时，在原子核的库仑场作用下，光子转化为一个正电子和一个负电子，这种过程称为电子对效应，如图 2-5 所示。

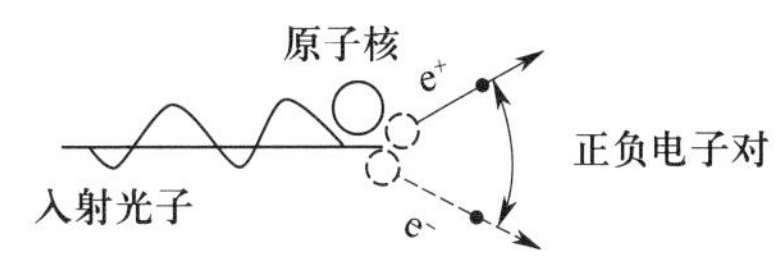

图 2-5　电子对效应示意图

根据能量守恒定律，只有当入射光子能量 $h\upsilon$ 大于 2 m_oc^2 即 $h\upsilon > 1.02$ MeV 时，才能发生电子对效应，入射光子的能量除一部分转变为正负电子对的静止质量（1.02 MeV）外，其余就作为它们的动能。

4. 各种效应的发生概率

光电效应、康普顿效应、电子对效应的发生概率与物质的原子序数和入射光子能量有关，对于不同物质和不同能量区域，这 3 种效应的相对重要性不同，各种效应占优势的区域如图 2-6 所示。

由图中可以看出：

（1）对于低能量射线和原子序数高的物质，光电效应占优势。

（2）对于中等能量射线和原子序数低的物质，康普顿效应占优势。

（3）对于高能量射线和原子序数高的物质，电子对效应占优势。

图 2-7 所示的是铁中 3 种效应的发生概率，由图中可看出：当光子能量为 10 keV 时，光电效应 δ_{ph} 占绝对优势。随着能量的增大，光电效应逐渐减少，而康普顿效应 δ_C 的影响却逐渐增大。在 100 keV，两种效应发生概率相等，瑞利散射 δ_R 在此能量附近发生概率达到最大，但也不超过 10%。在 1 MeV 左右，射线强度的衰减几乎都是康普顿效应造成的。光子能量继续增大，由电子对效应 δ_ρ 引起的吸收逐渐增大，在 10 MeV 左右，电子对效应与康普顿效应作用大致相等，超过 10 MeV 以后，电子对效应的发生概率越来越大。

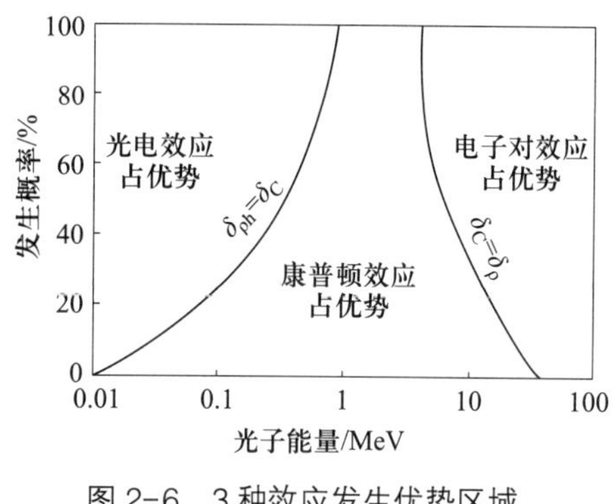

图 2-6　3 种效应发生优势区域

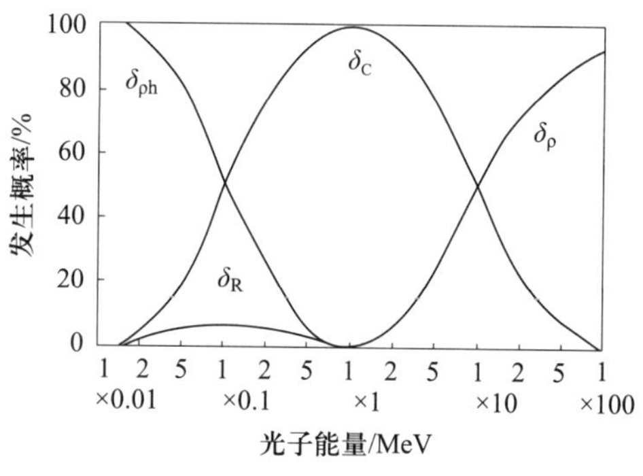

图 2-7　铁中 3 种效应的发生概率

3 种效应对射线检测质量会产生不同的影响，例如，光电效应和电子对效应引起的吸收有利于提高照相对比度，而康普顿效应产生的散射线会降低对比度。对轻金属试件照相质量往往比重金属试件照相质量差；使用 1 MeV 左右能量的射线检测，其对比度往往不如较低能量射线或更高能量射线，这些都是康普顿效应的影响造成的。

四、射线检测法的原理与特点

射线检测是工业检测的一个重要专业门类。射线检测最主要的应用是探测试件内部宏观几何缺陷。按照不同特征（如使用的射线种类、记录的器材、工艺和技术特点等），可将射线检测分为多种不同的方法。

射线照相法是指用 X 射线或 γ 射线穿透工件，以胶片作为记录信息的器材的无损检测方法，该方法是最基本、应用最广的一种射线检测方法，也是射线检测专业培训的主要内容。其他射线检测方法和技术，本部分不做介绍。

1. 射线照相法的原理

射线在穿透物体过程中会与物质发生相互作用，因吸收和散射而使其强度减弱。强度衰减程度取决于物质的衰减系数和射线在物质中穿越的厚度。如果被透照物体的局部存在缺陷，且构成缺陷的物质的衰减系数也不同于试件，则该局部区域的透过射线强度就会与周围产生差异。把胶片放在适当位置使其在透过射线的作用下感光，经暗室处理后得到底片。底片上各点的黑化程度取决于射线照射量（射线强度乘以照射时间），由于缺陷部位和完好部位的透射射线强度不同，底片上相应部位就会出现黑度差异，如图 2-8 所示。底片上相邻区域的黑度差定义为对比度。把底片放在观片灯光屏上借助光线观察，可以看到由对比度构成的不同形状的影像，评片人员据此判断缺陷情况并评价试件质量。

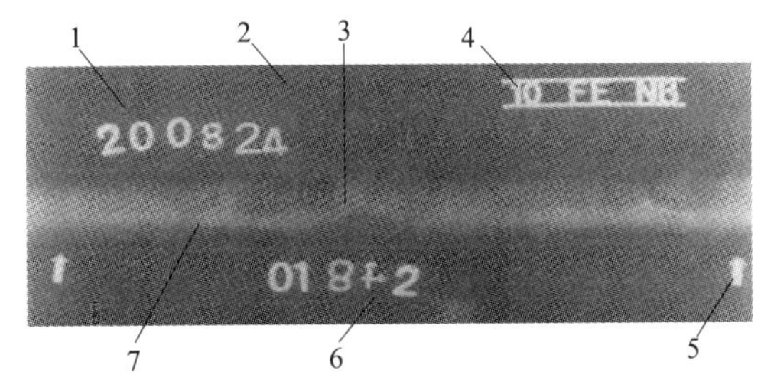

图 2-8 射线底片

1—透照日期 2—母材 3—焊接缺陷 4—像质计 5—搭接标记
6—中心标记、考核号、试板编号 7—焊缝余高

2. 射线照相法的特点

射线照相法在锅炉压力容器的制造检验和在用检验中得到广泛的应用，其适宜的检测对象是各种熔化焊接方法的对接接头，也适宜检测铸钢件，特殊情况下也可用于检测角焊缝或其他一些特殊结构试件。它一般不适合钢板、钢管、锻件的检测，也较少用于钎焊等焊接方法的接头的检测。

射线照相法用底片作为记录介质，可以直接得到缺陷的直观图像，且可以长期保存。通过观察底片能够比较准确地判断出缺陷的性质、数量、尺寸和位置。

射线照相法容易检出那些形成局部厚度差的缺陷。对气孔和夹渣之类缺陷有很高的检出率，对裂纹类缺陷的检出率则受透照角度的影响。它不能检出垂直照射方向的薄层缺陷，例如钢板的分层。

射线照相法所能检出的缺陷高度尺寸与透照厚度有关，可以达到透照厚度的 1%，甚至更小。所能检出的长度和宽度尺寸分别为毫米数量级和亚毫米数量级，甚至更小。

射线照相法检测薄工件没有困难，几乎不存在检测厚度下限，但检测厚度上限受射线穿透能力的限制，而穿透能力取决于射线光子能量。400 kV 的 X 射线机能穿透的钢厚度约 100 mm，Co60 γ 射线穿透的钢厚度约 200 mm，更大厚度的试件则需要使用特殊的设备。

射线照相法适用于几乎所有材料，在钢、钛、铜、铝等金属材料上使用均能得到良好的效果。该方法对试件的形状、表面粗糙度有严格要求，材料晶粒度对其不产生影响。

射线照相法检测成本较高，检测速度不快。射线对人体有伤害，需要采取防护措施。

复习思考题

1. 在 X 射线和 γ 射线能量范围内，光子与物质相互作用时所产生的物理效应主要有哪些？

2. 射线照相法适用的检测对象有哪些？

第二节　射线检测的设备和器材

一、X 射线机

X 射线机是高电压精密仪器，为了正确使用和充分发挥仪器的功能，顺利完成射线检测工作，应了解和掌握它的原理、结构及使用性能。

1. X 射线机的种类和特点

工业检测用 X 射线机按照其结构、使用功能、工作频率及绝缘介质种类等可分为以下几种：

（1）按结构划分

1）携带式 X 射线机。体积小、质量小、便于携带、适用于高空野外作业，其构成如图 2-9 所示。X 射线管和高压发生部分共同装在射线机头内，控制箱通过低压电缆将其连接在一起。

2）移动式 X 射线机。体积和质量都比较大，安装在移动小车上，适用于固定或半固定场合使用，其构成如图 2-10 所示。它的高压发生部分（一般是两个对称的高压发生器）和 X 射线管是分开的，其间用高压电缆连接。为了提高工作效率，一般采用强制油循环冷却。

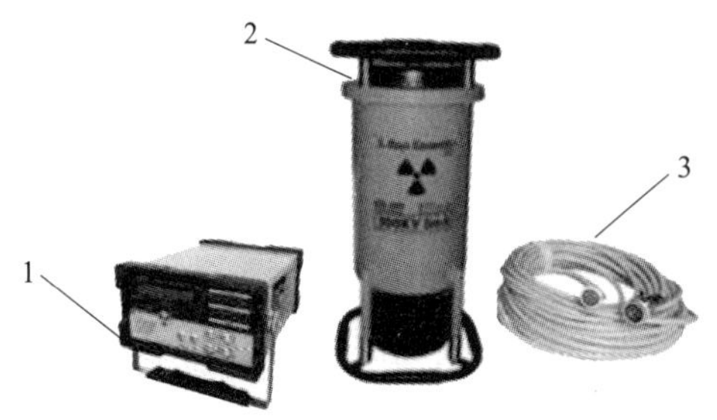

图 2-9　携带式 X 射线机

1—控制箱　2—射线机头　3—低压电缆

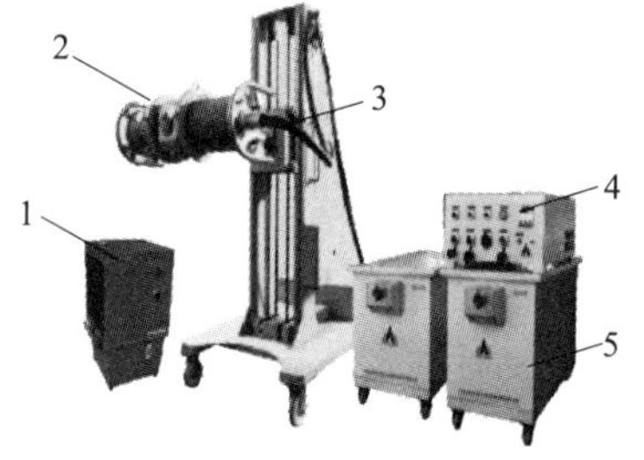

图 2-10　移动式 X 射线机

1—冷却系统　2—射线机头　3—高压电缆
4—控制箱　5—高压发生器

（2）按用途划分

1）定向 X 射线机。一种普及型、使用最多的 X 射线机，其机头产生的 X 射线辐射方向为 40° 左右的圆锥角，一般用于定向单张摄片，如图 2-11 所示。

2）周向 X 射线机。这种 X 射线机产生的 X 射线束向 360° 方向辐射，主要用于大口径管道和容器环焊缝摄片，如图 2-12 所示。

图 2-11 定向 X 射线机

图 2-12 周向 X 射线机

3）管道爬行器。这是一种为了解决长输管道焊缝拍片而设计生产的装在自动爬行装置上的 X 射线机。该机在管道内爬行时，用一根长电缆或蓄电池提供动力和 X 射线曝光电源，利用管道外放置的一个小同位素 γ 指令源或磁性指令源确定爬行器行进方向，并使 X 射线机在管道内爬行到预定位置进行拍片，辐射角大多为 360° 方向，如图 2-13 所示。

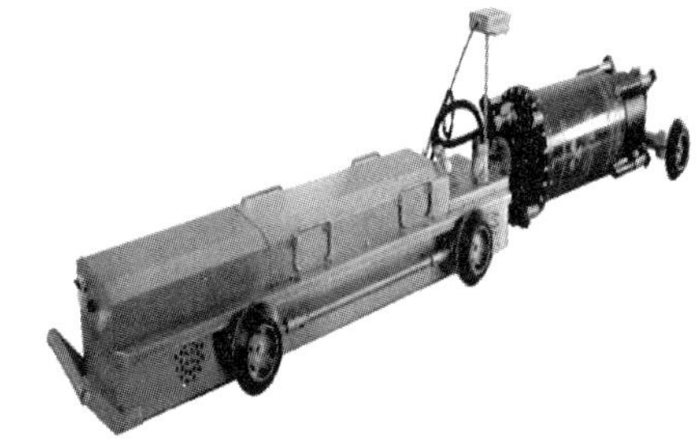

图 2-13 管道爬行器

（3）按频率划分。按供给 X 射线管高压部分交流电的频率划分，X 射线机可分为工频（50 ~ 60 Hz）X 射线机和变频（300 ~ 800 Hz）X 射线机，以及恒频（约 200 Hz）X 射线机。在同样电流、电压条件下，恒频机穿透能力最强、功耗最小、效率最高，变频机次之，工频机较差。

2. X 射线机的基本结构

一般 X 射线机的结构由高压部分、冷却部分、保护部分和控制部分组成，下面以工频 X 射线机为例说明。

（1）高压部分。X 射线机的高压部分包括 X 射线管、高压发生器（高压变压器、灯丝变压器、高压整流管和高压电容）及高压电缆等。

1）X 射线管。X 射线管的基本结构是一个真空二极管，由阴极（灯丝）、阳极（金属靶）和保持真空度的外壳构成，如图 2-14 和图 2-15 所示。

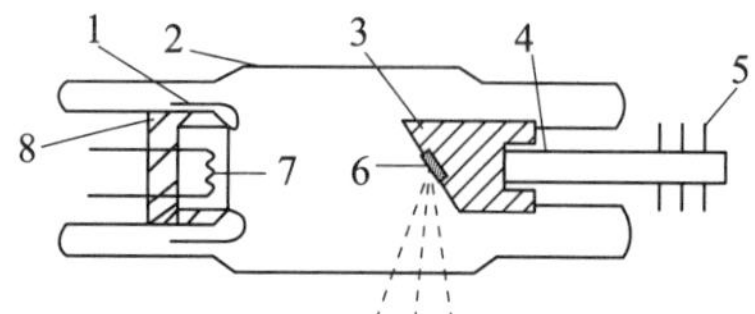

图 2-14 X 射线管示意图

1—阴极罩 2—外壳 3—阳极 4—阳极体 5—散热片 6—钨靶 7—灯丝 8—阴极

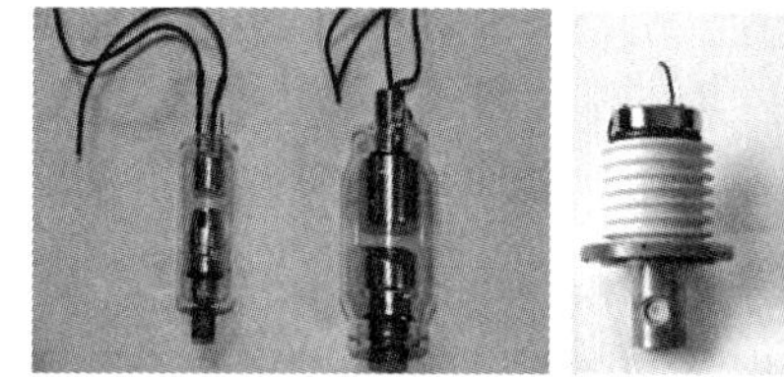

图 2-15 X 射线管实物

2）高压发生器。高压发生器的作用是将几十到几百伏的低电压通过变压器升到 X 射线管所需的高电压。它的特点是功率不大（约几千伏安），但输出电压却很高，达几百千伏。

3）高压电缆。高压电缆是移动式 X 射线机用来连接高压发生器和 X 射线机头的电缆，它的构造如图 2-16、图 2-17 所示。高压电缆的构造主要由保护层、金属网层、半导体层、绝缘层和芯线组成。在维护高压组件时，应使用无绒纸及清洁手套或指套，避免组件沾染灰尘、水、油、毛发、汗渍、布绒等，过量杂质可能导致高压故障。

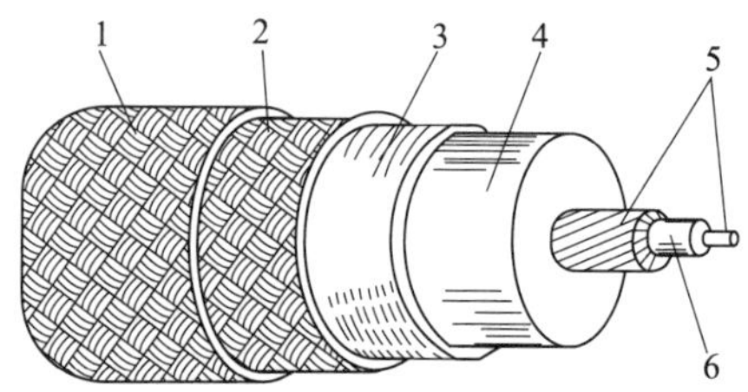

图 2-16 高压电缆结构示意图

1—保护层 2—金属网层 3—半导体层 4、6—绝缘层 5—芯线

图 2-17 高压电缆头实物

（2）冷却部分。冷却是保证 X 射线机能否长期使用的关键，冷却效果的好坏直接影响 X 射线管的寿命和连续使用时间。冷却不好，高压变压器会过热，使设备绝缘性能变坏，耐压强度降低而被击穿。X 射线管常因阳极过热而发生损坏。所以 X 射线机在设计制造时，会采取各种措施提高冷却效率。油绝缘携带式 X 射线机常采用自冷方式，移动 X 射线机多采用循环油外冷方式。

（3）保护部分。各种电气设备都有保护系统。X 射线机的保护系统主要由以下 5 个方面组成：一是每一个独立电路的短路过流保护，二是 X 射线管阳极冷却保护，三是 X 射线管的过载保护（过流或过压），四是零位保护，五是接地保护。

（4）控制部分。控制系统是指 X 射线管外部工作条件的总控制，主要包括管电压的调节，管电流的调节，以及各种操作指示。

3. X 射线机的使用与维护

正确使用和及时维护 X 射线机可以延长其使用寿命。

（1）X 射线机操作程序。各种型号的 X 射线机控制部分的电路原理有很大差别，它们的操作程序应按设备说明书的要求进行。携带式 X 射线机操作步骤及操作要点见表 2-1。

表 2-1　　携带式 X 射线机操作步骤及操作要点

序号	操作步骤及操作要点
1	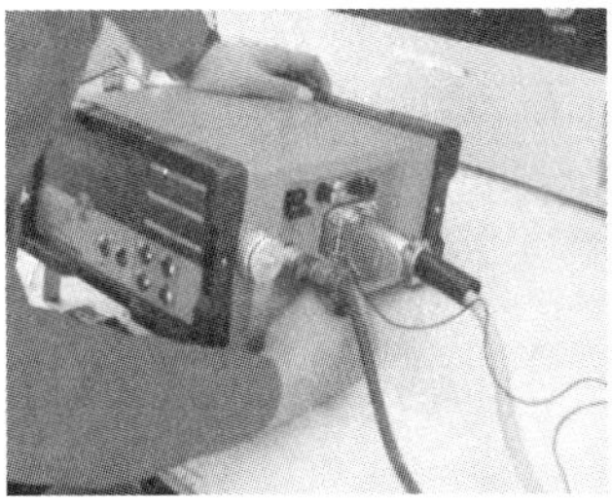 
	通电前准备： 1）用电源线、电缆线将控制箱、机头、高压发生器以及冷却系统等可靠连接，保证插头接触良好 2）检查使用电源电压是否为 220 V 3）控制箱可靠接地
2	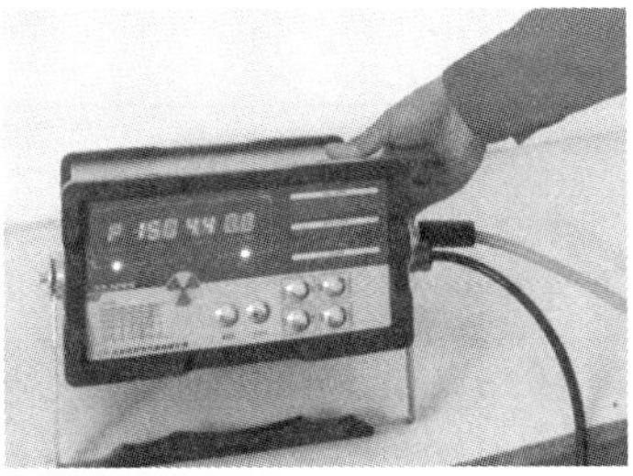 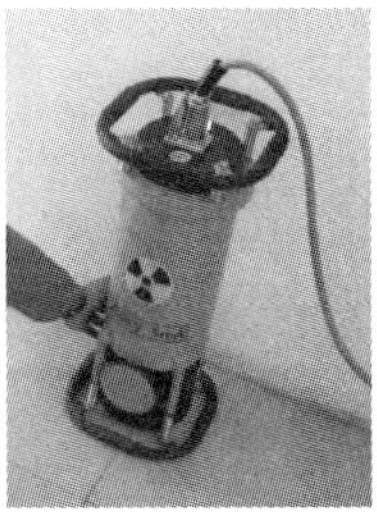
	接通电源后检查： 控制箱面板上的电源指示灯亮，冷却系统风扇是否正常工作，气绝缘机头的压力表数值不低于 0.34 MPa

续表

序号	操作步骤及操作要点
3	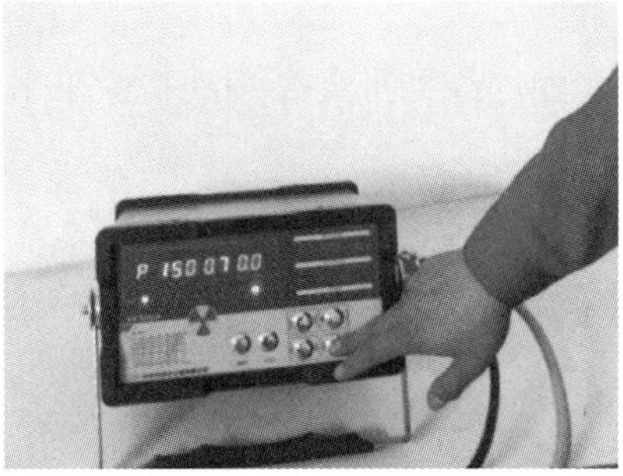 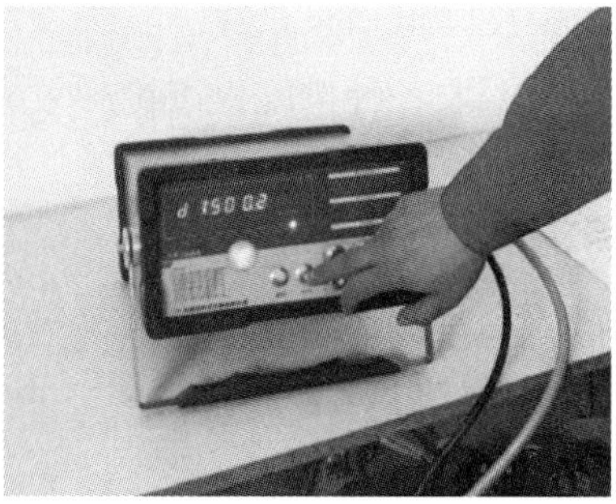
	曝光准备： 将“kV”和“时间”键预置到指定位置，按下“高压”键开关，红灯亮，表示高压已接通，开始曝光
4	
	曝光结束： 当蜂鸣器响，“kV”“mA”灯灭，高压切断，时间复位
5	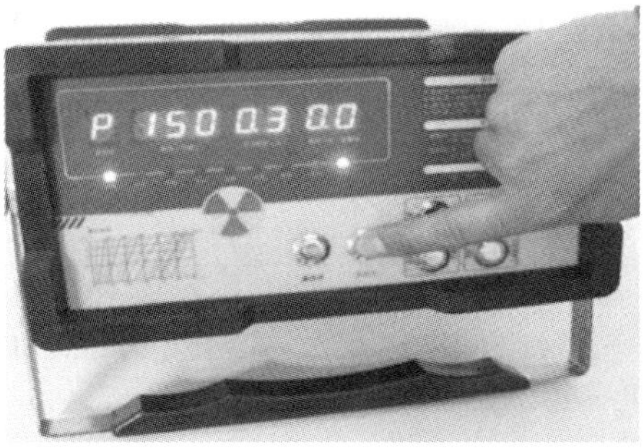
	曝光过程异常： 如发现异常，可按下“高压”键切断高压，停止曝光，分析原因后再考虑是否继续进行操作

（2）X 射线机的使用注意事项

1）认真训机。不是连续使用的 X 射线机都必须按设备说明书要求进行逐步升高电压的训练，这一过程称之为训机。训机的方法原则上按设备说明书要求进行。金属陶瓷管 X 射线机对训机的要求更加严格，这种 X 射线机控制部分一般都装了延时线路、自动训机线路等，如不按要求进行训机，则设备无法正常使用。见表 2-2。

表 2-2 金属陶瓷管训机规定

终止使用时间 /d	训机方法
1	只需自动训机到使用电压值，若使用电压较前一天高，可自动训机至前一天值后手动按 10 kV/min 升至使用值
2 ～ 7	手动训机，从最低值开始，按 10 kV/min 升至最高值（到 210 kV 时，需休息 5 min，然后继续训练），训练完毕，放置在使用值上
7 ～ 30	手动训机，从最低值开始，每 5 min 升一级，至最高值。每训机 10 min，休息 5 min
30 ～ 60	手动训机，从最低值开始，每 5 min 升一级，至最高值。每升一级休息 5 min
60 以上	按上述方法进行，但需增加休息时间和训练次数

2）可靠接地。X 射线机是高压设备，为避免漏电和感应电的影响，控制箱和高压发生器都应可靠接地。

3）电源稳定性。电源电压应符合设备说明书的要求，要求电压稳定，必要时应加调压器或稳压电源，以保证 X 射线机正常工作。

4）提前预热。X 射线机送高压前，灯丝要提前预热 2 min 以上，这对延长 X 射线管使用寿命作用很大。

5）全过程冷却。X 射线机开启后，应确认冷却系统功能是否正常工作。X 射线机在工作过程中要可靠冷却，对油绝缘机主要检查循环油泵，冷却水是否正常；对气体绝缘机主要检查机头上的冷却风扇是否工作。

6）间歇时间。X 射线机工作和休息时间比例一般要求 1∶1，以确保 X 射线管充分冷却，防止过热。

二、γ 射线机

γ 射线是由放射性同位素的原子核中放射出来的。通常放射性同位素放射出的 γ 射线只有特定的集中波长。同位素种类不同，放射出的 γ 射线能量也不同，每种同位素都具有一定半衰期。在无损检测中应用的放射源，其半衰期至少几十天，否则就没有什么实用价值了。常用的放射线源有钴 60（Co60）、铱 192（Ir192）、硒 75（Se75）等，其性能见表 2-3。

表 2-3 常用放射性同位素源性能参数

γ 射线源	钴 60（Co60）	铱 192（Ir192）	硒 75（Se75）
半衰期	5.3 年	74 天	120 天
焦点尺寸 /mm	$\phi3\times3$	$\phi3\times3$	$\phi3\times3$
放射性活度 /Ci	100	100	80
平均能量 /MeV	1.25	0.355	0.20
适用范围：钢 /mm	40 ～ 200	20 ～ 100	10 ～ 40

1. γ 射线机的工作特点

（1）主要优点

1）探测厚度大，穿透能力强。对钢工件而言，420 kV X 射线机最大穿透厚度为 100 mm 左右，而 Co60 γ 射线源最大穿透厚度可达 200 mm。

2）体积小，质量小，不用电，不用水，特别适用于野外作业和在用设备的检测。

3）效率高，对环缝和球罐可进行周向曝光和全景曝光。同 X 射线机比大大提高效率。

4）可以连续运行，且不受温度、压力、磁场等外界条件影响。

5）设备故障低，无易损部件。

6）与同等穿透力的 X 射线机相比价格较低。

（2）主要缺点

1）γ 射线源都有一定的半衰期，有些半衰期较短的射源，如 Ir192 更换频繁，给使用带来不便。

2）射源能量固定，无法根据试件厚度进行调节，当穿透厚度与能量不适配时，灵敏度下降严重。

3）放射强度随时间减弱，无法进行调节，当源强度较小时，曝光时间过长会感到不方便。

4）固有不清晰度比 X 射线机大，用同样的器材及透照技术条件，其灵敏度低于 X 射线机。

5）对安全防护要求高，管理严格。

2. γ 射线机的分类与结构

（1）γ 射线机的分类

1）按所装放射线同位素不同，可分为 Co60 γ 射线机、Cs137 γ 射线机、Ir192 γ 射线机、Se75 γ 射线机、Tm170 γ 射线机及 Yb169 γ 射线机，外观结构如图 2-18 所示。

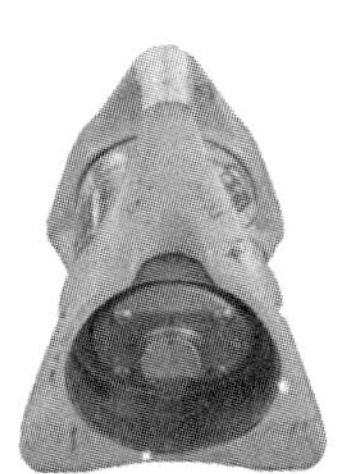

图 2-18 常用 γ 射线机

2）按机体结构可分为直通道和“S”通道形式。

3）按照使用方式可分为便携式（单独携带）、移动式（专用设备移动）、固定式（安装到特定区域）及管道爬行器。

工业 γ 射线检测主要使用便携式 Ir192 γ 射线机、Se75 γ 射线机和移动式 Co60 γ

射线机；Tm170 γ 射线机和 Yb169 γ 射线机在轻金属及薄壁工件检测上具有优势；管道爬行器则专用于管道的对接环焊缝检测。

（2）γ 射线机的结构。γ 射线机大体可分为 5 个部分：源组件、射线机机体、驱动机构、输源管、附件，如图 2-19、图 2-20 所示。

1）源组件。源组件由放射源物质、包壳和源辫子组成。放射源物质装入源包壳内，包壳采用内外两层，里层是铝包壳，外层是不锈钢包壳，并通过等离子焊封口。源包壳可防止放射性污染的扩散。源辫子连接多采用冲压方式，可以承受很大的拉力。

2）射线机机体。γ 射线机机体的外形比较小巧，机体的屏蔽容器的内部通道，主要有“S”形弯通道型和直通道型两种。其机体结构如图 2-21、图 2-22 所示。

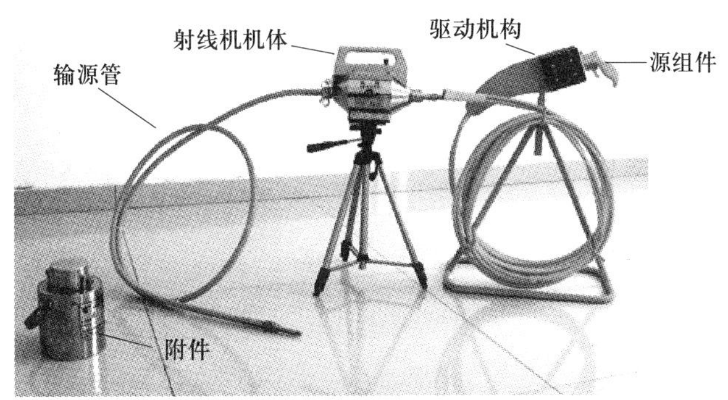

图 2-19 γ 射线机构成

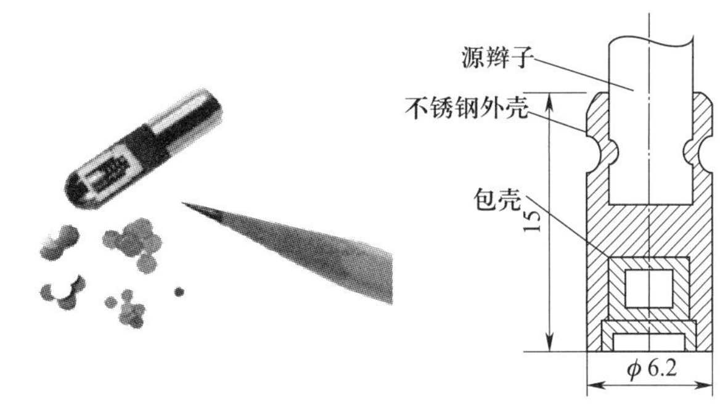

图 2-20 源组件实物图和示意图

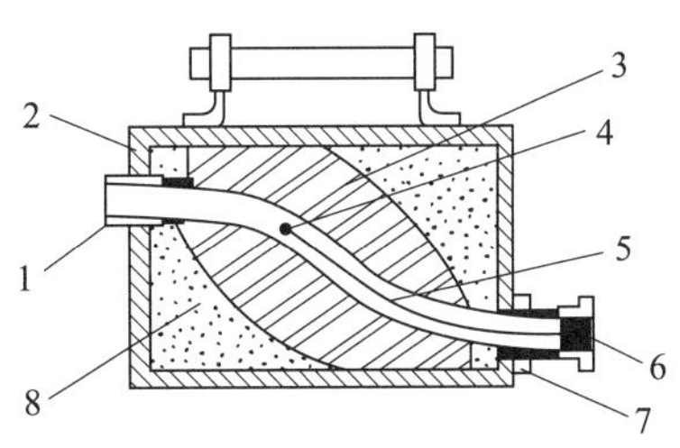

图 2-21 S 形弯通道型 γ 射线机源容器基本结构示意图和实物

1—快速连接器 2—外壳 3—贫化铀屏蔽层 4—γ 源组件 5—源托 6—安全接插器 7—密封盒 8—聚氨酯填料

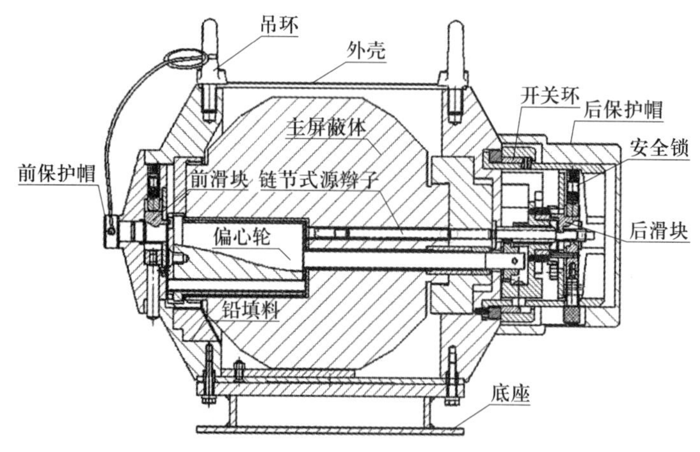

图 2-22 直通道型 γ 射线机源容器基本结构示意图和实物

"S"形弯通道型（也称迷宫式）机体结构紧凑，直通道型机体虽然比弯道型机体轻一些，但是有效屏蔽较差，结构复杂。因为其屏蔽体是"S"状，使得射线不能按直线路径从屏蔽体中透射出来，达到防护的目的。屏蔽体一般用贫化铀材料制作而成，比铅屏蔽体的体积、质量大为减小。

γ 射线机机体上还设有安全联锁装置可防止误操作，如当放射源不在安全屏蔽中心位置时无法锁定，这时需要用驱动器来调节 γ 放射源的位置使其到达屏蔽中心。因此该装置能保证 γ 放射源始终处于最佳屏蔽位置。操作时如果控制缆与源辫子未连接好，该装置可使操作者无法将 γ 放射源输出，避免了 γ 放射源失落事故的发生。

装置采用规定程序来保证操作安全可靠，其程序过程如下：

①只有专用钥匙才能打开安全锁。

②只有打开安全锁才能旋动选择环。

③只有选择环旋到"连接"位置才能卸下端盖。

④只有卸下端盖才能把控制缆上的阳接头与源辫子上的阴接头接上。

⑤只有阴阳接头连接无误，选择环才能转动到工作位置，γ 放射源才能被驱动出来。以上任一环节未完成或操作程序不对，γ 放射源就无法输出。这样可以防止意外事故的发生。

3）驱动机构。驱动机构是一套用来将放射源从机体的屏蔽储藏位置驱动到曝光焦点位置，并能将放射源收回到机体内的装置。γ 射线机及驱动机构工作情况示意图如图 2-23 所示。

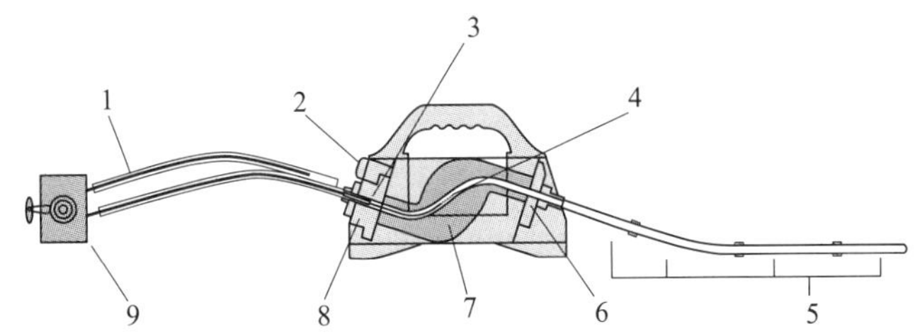

图 2-23　γ 射线机及驱动机构工作情况示意图

1—驱动缆　2—曝光装置　3—源组件　4—密封源　5—源导管　6—前连接器
7—屏蔽体（贫化铀）　8—锁定机构　9—远程控制曲柄

在现场无防护条件下进行 γ 射线检测，如用手动驱动器，操作人只能距离 γ 放射源 10 m 左右，此时的放射剂量很高。为了解决这一问题，有些 γ 射线机除手动驱动外，还提供了电动驱动器。

4）输源管。也称源导管，由一根或多根软管连接一个一头封闭的包塑不锈钢软管制成。其用途是保证 γ 放射源始终在管内移动，其长度根据不同需要可以任意选用。使用时开口一端接到机体 γ 放射源输出口，封闭的一端放在曝光焦点位置。射线检测曝光时要求 γ 放射源输送到输源管的端部，以保证与曝光焦点重合。

5）附件。为了 γ 射线机的使用安全和操作方便，一般都配套一些设备附件。常用附件有：

①各种专用准直器。用于缩小限制射线照相的范围，减少散射线，提高照相对比度，降低操作者所受放射剂量。

② γ 射线监测仪、个人剂量笔及音响报警器。用于确保操作人员的安全及证实放射源所在位置，防止放射事故的发生。

③定位架。用于固定输源管的探头。定位架有多种形式，都有一定的调节范围并能固定准直器，从而保证放射源位于曝光焦点中心。

④专用曝光计算尺。可以根据胶片感光度、源种类、源龄、工件厚度、放射性活度及焦距，快速算出最佳黑度所需的曝光时间。

⑤换源器。因为 γ 射线源都有一定的半衰期。几个半衰期后 γ 放射源的活度减小，曝光时间增加，工作效率下降，这时就需要换源。在换源过程中要把旧 γ 放射源从 γ 射线机的机体内输送到换源器内，再把新 γ 放射源从换源器内送到 γ 射线机的机体内。换源器就是用来完成这一过程的设备。它是个椭圆形的有两个 I 形孔道的由贫化铀为主要屏蔽材料制成的容器，重几十千克，也可用于 γ 放射源的运输和储存。

3. γ 射线机的操作

γ 射线机操作必须仔细，操作中一旦发生错误有可能导致严重后果。γ 射线机的操作者必须经过培训，取得《辐射安全与防护培训合格证书》才能上岗操作。

γ 射线机操作步骤及操作要点见表 2-4。

表 2-4 γ 射线机操作步骤及操作要点

序号	操作步骤及操作要点
1	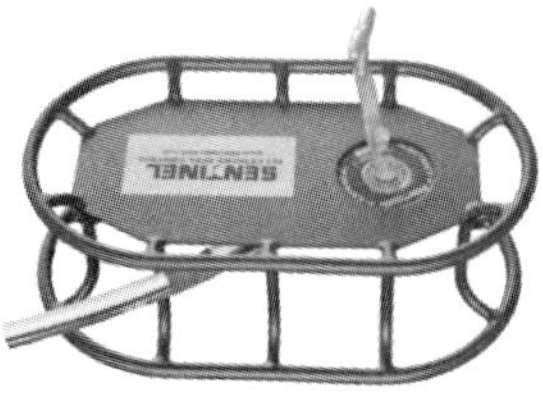 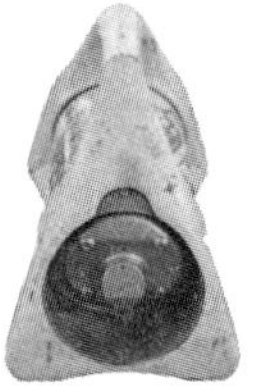  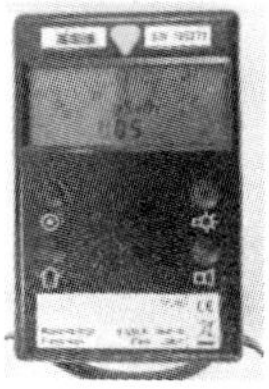 检查确认：γ 射线机有无明显损伤、驱动机构是否灵活、输源管有无明显砸扁或损坏现象、个人及辐射场剂量监测仪表工作是否正常
2	  输源管连接：将 γ 射线机平衡放置于固定位置，拔出保护盖顺时针旋转 90°，连接窗口开启
3	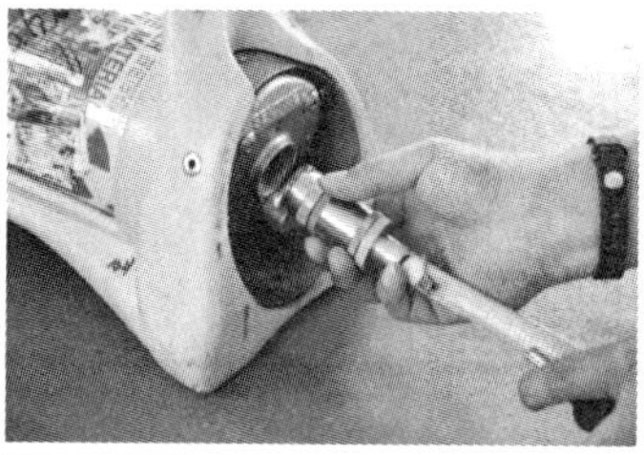 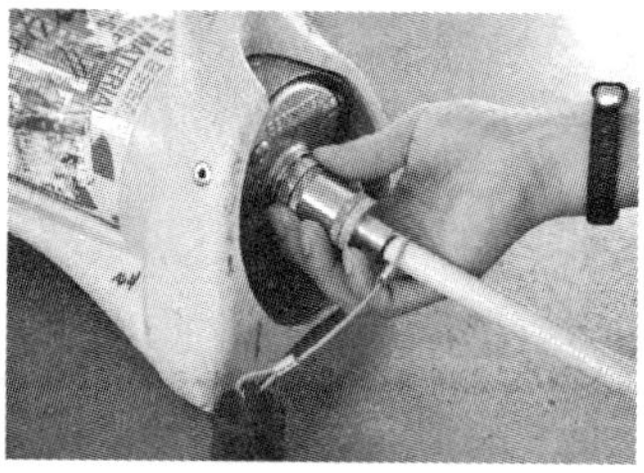 插入输源管快速接头逆时针旋转至止停位：插入输源管连接器逆时针转动，旋转到止停位
4	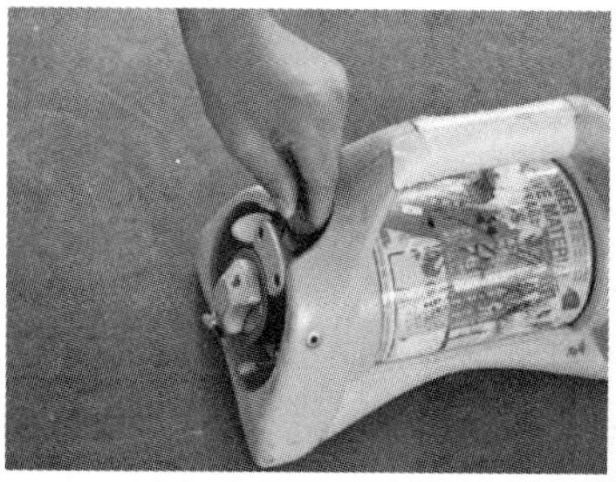 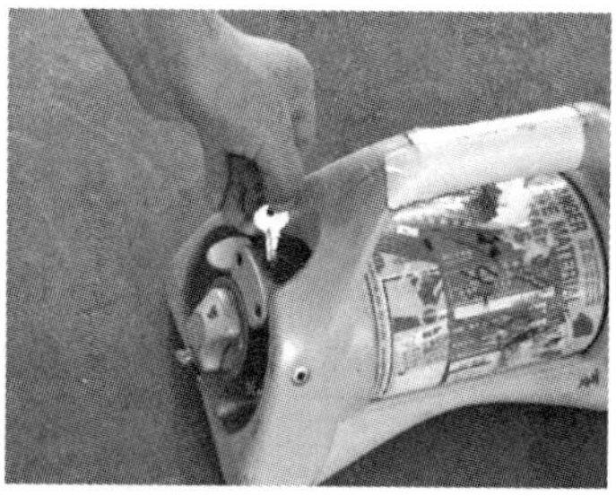 开启保护锁：插入钥匙后解锁连接器，顺时针旋转、锁自动弹起
5	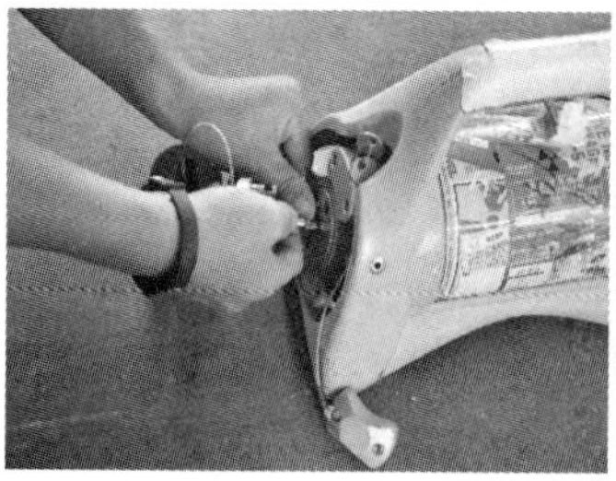 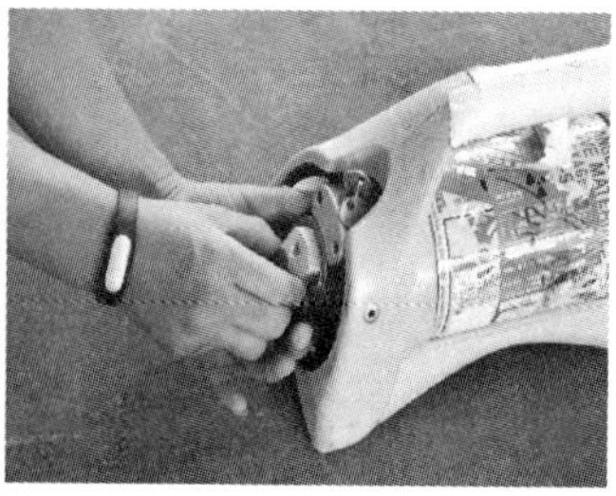 连接源辫子：解锁后取下保护帽，连接源辫子

续表

序号	操作步骤及操作要点
6	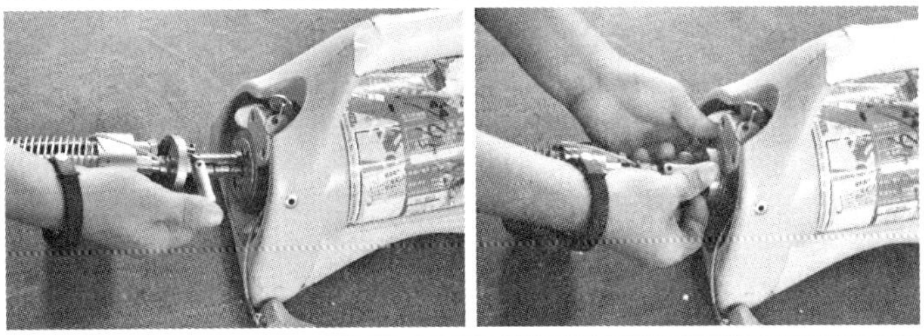 驱动器快速接头连接：确认源辫子连接有效可靠，连接器插入锁孔旋转锁环锁定
7	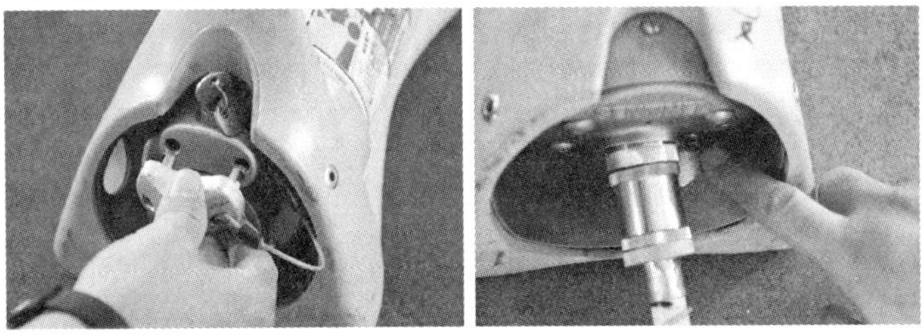 收起后保护帽并开启前部通道：将保护帽插入固定孔，开启通道（按到底）
8	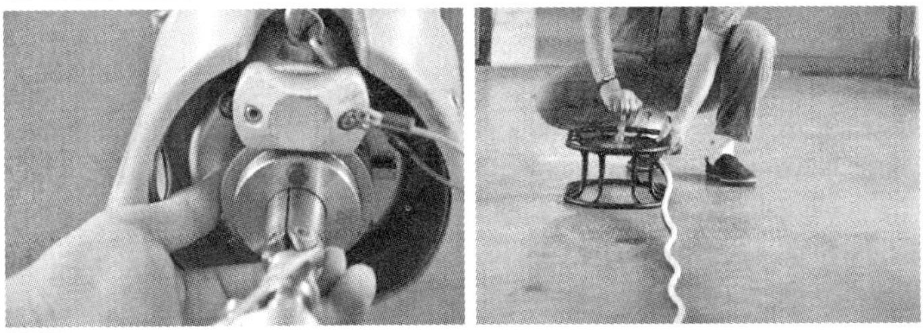 出源—曝光：按下锁定弹片解除锁定，送源
9	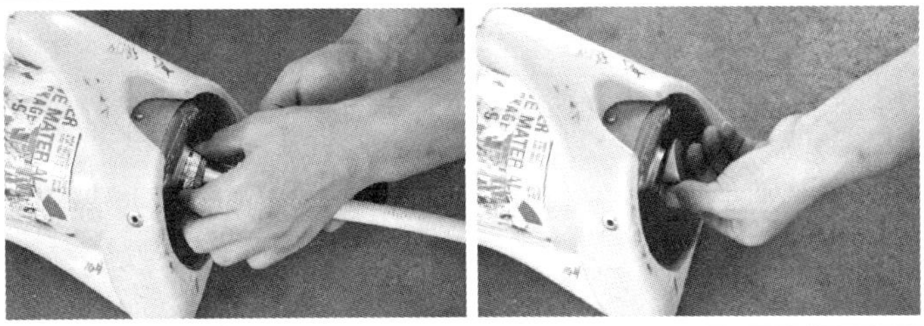 曝光结束，收回源，用辐射监测仪确定放射源回收到位后，拆卸前导管，抬起保护帽，顺时针旋转接头螺母取下导管快速接头，拉起保护帽逆时针旋转复位
10	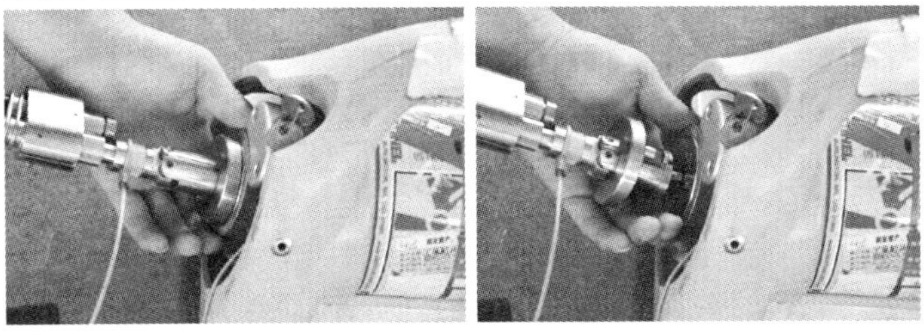 拆卸后连接器，逆时针旋转锁环至连接位置，保护锁弹开

续表

序号	操作步骤及操作要点
11	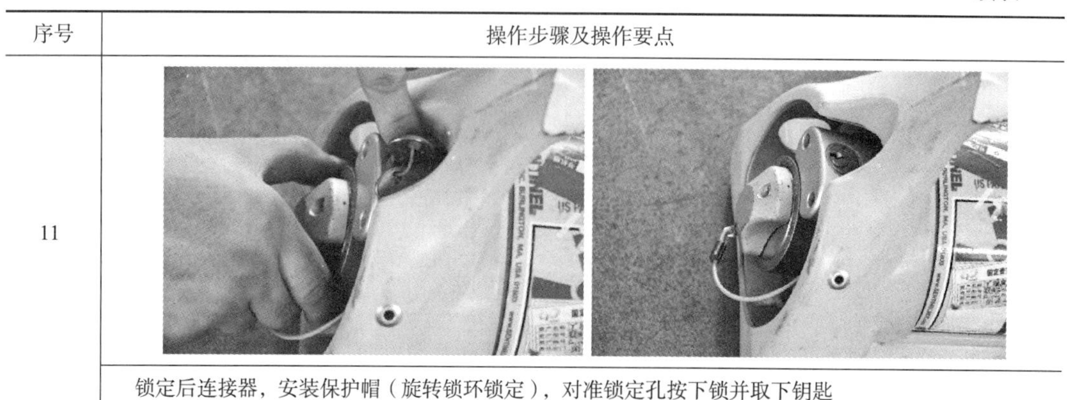
	锁定后连接器，安装保护帽（旋转锁环锁定），对准锁定孔按下锁并取下钥匙

4. γ 射线机的故障排除

γ 射线机的使用必须按程序操作。设备必须专人负责保管，单独存放在可靠的场所。使用前应进行认真的检查，如果出现问题，应暂停使用，报专门人员处理，不允许任意拆卸，以免造成放射性事故。平时在工作中对输源管应特别注意保护，严格避免重物砸扁管子，从而造成放射源不能收回的事故。

三、射线胶片

1. 射线胶片的构造与特点

射线胶片不同于一般的感光胶片，一般感光胶片只有胶片片基的一面涂布感光乳剂层，在片基的另一面涂布反光膜。射线胶片在胶片片基的两面均涂布感光乳剂层，目的是增加卤化银含量以吸收较多的穿透能力很强的 X 射线和 γ 射线，从而提高胶片的感光速度，增加底片的黑度。其结构和实物如图 2-24 所示，在 0.25 ～ 0.3 mm 的厚度中含有 7 层材料，由片基、结合层、感光乳剂层、保护层组成。

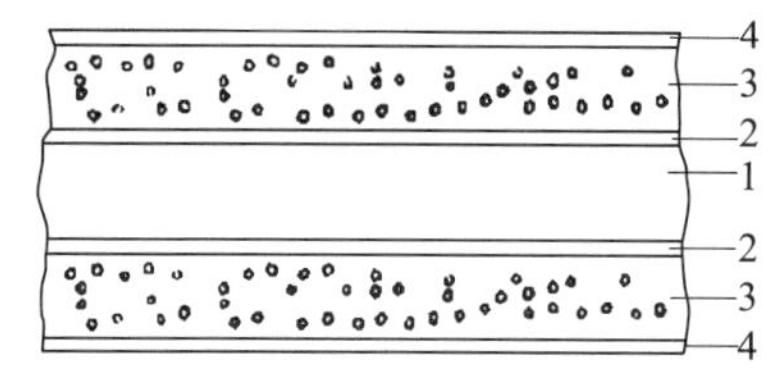

1—片基 2—结合层 3—感光乳剂层 4—保护层

图 2-24 射线胶片

射线胶片系统按照《无损检测 工业射线照相胶片 第 1 部分：工业射线照相胶片系统的分类》（GB/T 19348.1—2014）分为 6 类，即 C1、C2、C3、C4、C5 和 C6 类。C1 为最高类别，C6 为最低类别。常用射线胶片分类见表 2-5。

表 2-5 常用射线胶片分类

类别	富士（FUJI）	爱克发（AGFA）	锐柯（Carestream Industrex）
C1 类	IX25	D2	DR50
C2 类	—	D3	M100
C3 类	IX50	D4	MX125
C4 类	IX80	D5	T200
C5 类	IX100	D7	AA400
C6 类	IX150	D8	HS800

2. 射线胶片的选用、使用与保管

射线胶片的选用，应根据射线检测技术要求及射线的种类、工件厚度、材料种类等条件综合考虑，一般来说：

（1）可按像质要求高低选用，如需要较高的射线照相质量，则需使用梯噪比较大的胶片。

（2）在能满足像质要求的前提下，如需缩短曝光时间，则需使用梯噪比较小的胶片。

（3）工件厚度较小，工件材料等效系数较低或射源线质较硬时，可选用梯噪比较大的胶片。

（4）在工作环境温度较高时，宜选用抗潮性能较好的胶片；在工作环境比较干燥时，宜选用抗静电感光性能较好的胶片。

射线胶片使用与保管注意事项如下：

（1）胶片不可接近氨、硫化氢、煤气、乙炔和酸等有害气体，否则会产生灰雾。

（2）裁片时不可把胶片上的衬纸取掉裁切，以防止裁切过程中将胶片划伤。不要多层胶片同时裁切，防止轧刀，擦伤胶片。

（3）装片和取片时，胶片与增感屏应避免摩擦，否则会擦伤，显影后底片上会产生黑线。操作时还应避免胶片受压、受曲、受折，否则会在底片上出现新月形影像的折痕。

（4）开封后的胶片和装入暗盒的胶片要尽快使用，如工作量较小，一时不能用完，则要采取干燥措施。

（5）胶片宜保存在低温低湿环境中，通常以 10 ～ 15℃最好。室内湿度应保持在 55% ～ 65%之间。湿度高会使胶片与衬纸或增感屏粘在一起，但空气过于干燥，也容易使胶片产生静电感光。

（6）胶片应远离热源和射线的影响，在暗室红灯下操作不宜距离过近，暴露时间不宜过长。

（7）胶片应竖放，避免受压。

四、黑度计（光学密度计）

黑度计又名光学密度计，或简称密度计，如图 2-25 所示。射线照相底片的黑度计均采用透射式黑度计。数字式黑度计：分便携式和台式两种，可自动校准，误差小。

图 2-25 数字式黑度计

使用前应进行“校零”：光栏上不放底片，按下测量臂，入射光直接照到光传感器，按校零“ZERO”按钮，显示 0.00，此时微处理器记下入射光通量 ϕ_0，即完成“校零”。

黑度计首次使用前应使用标准密度片进行核查，核查测量误差不得超过 ±0.05，以后每隔 6 个月进行一次核查，如图 2-26 所示。

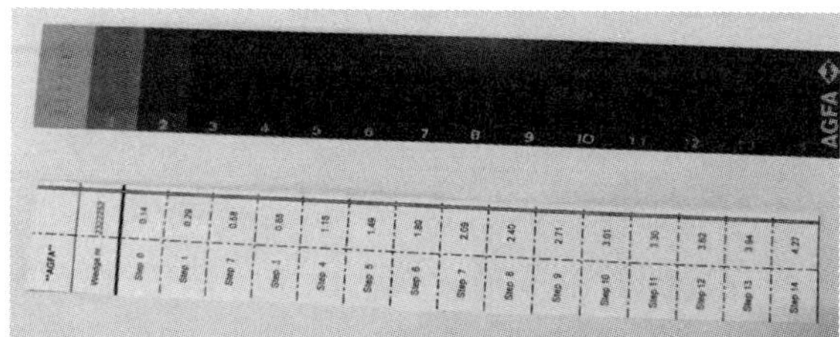

阶梯标准密度片

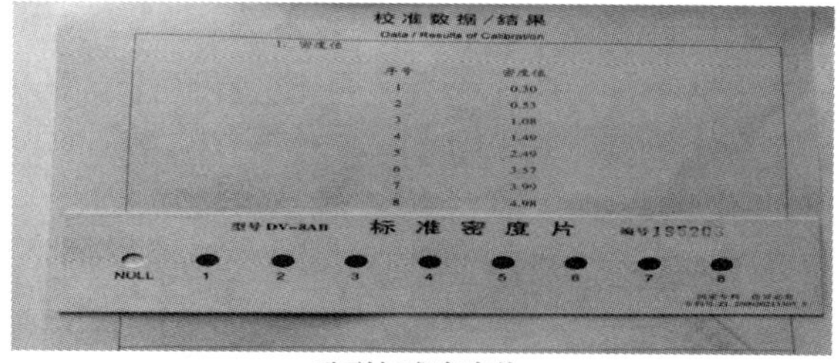

孔型标准密度片

图 2-26 不同类型标准密度片

黑度计校验流程：

（1）接通黑度计外电源和测量开关，预热 10 min 左右。

（2）用标准密度片的零黑度点调整黑度计零点，调整后顺次测量黑度片上不同黑度的各点的黑度，记录测量值。

（3）每一区域反复测量 3 次，计算出各点测量值的平均值，以平均值与黑度片该点的黑度值之差作为黑度计的测量误差。

（4）对黑度不大于 4.5 的各点的测量误差均应不超过 ±0.05，否则黑度计应重新调整、修理或报废。

五、增感屏

目前常用的增感屏有金属增感屏、荧光增感屏和金属荧光增感屏 3 种，其中以使用金属增感屏所得底片像质最佳，金属荧光增感屏次之，荧光增感屏最差，但增感系数以荧光增感屏最高，金属增感屏最低。特种设备行业射线检测一般使用金属增感屏或不用增感屏，靠近胶片侧为金属铅，与暗袋接触的部位为纸基材质，如图 2-27 所示。

图 2-27 金属增感屏

金属增感屏应按照射线能量和 γ 源种类进行选择，见表 2-6。

表 2-6 金属增感屏的选择

射线源	材料	前屏	后屏	中屏[c]
		厚度 /mm	厚度 /mm	厚度 /mm
X 射线（≤ 100 kV）	铅	不用或≤ 0.03	≤ 0.03	—
X 射线[d]（100 ～ 150 kV）	铅	0.02 ～ 0.10	0.02 ～ 0.15	2×0.02 ～ 2×0.10
X 射线[d]（150 ～ 250 kV）	铅	0.02 ～ 0.15	0.02 ～ 0.15	2×0.02 ～ 2×0.10
X 射线[d]（250 ～ 500 kV）	铅	0.02 ～ 0.20	0.02 ～ 0.20	2×0.02 ～ 2×0.10
Se75	铅	A 级 0.02 ～ 0.20	A 级 0.02 ～ 0.20	2×0.10
		AB 级、B 级 0.01 ～ 0.20[a]	AB 级、B 级 0.01 ～ 0.20	2×0.10
Ir192	铅	A 级 0.02 ～ 0.20	A 级 0.02 ～ 0.20	2×0.10
		AB 级、B 级 0.01 ～ 0.20[a]	AB 级、B 级 0.01 ～ 0.20	2×0.10
Co60	钢或铜[b]	0.25 ～ 0.70	0.25 ～ 0.70	0.25
	铅（A 级、AB 级）	0.5 ～ 2.0	0.5 ～ 2.0	2×0.10

续表

射线源	材料	前屏	后屏	中屏[c]
		厚度 /mm	厚度 /mm	厚度 /mm
X 射线（1 ～ 4 MeV）	钢或铜	0.25 ～ 0.70	0.25 ～ 0.70	0.25
	铅（A 级、AB 级）	0.5 ～ 2.0	0.5 ～ 2.0	2×0.10 或不用
X 射线（4 ～ 12MeV）	铜、钢或钽	≤ 1.0	铜、钢≤ 1.0	0.25
			钽≤ 0.5	0.25
	铅（A 级、AB 级）	0.5 ～ 1.0	0.5 ～ 1.0	2×0.10 或不用

a. 如果 AB 级、B 级使用前屏≤ 0.03 mm 的真空包装胶片，应在工件和胶片之间加 0.07 ～ 0.15 mm 厚的附加铅屏。

b. 采用 Co60 射线源透照有延迟裂纹倾向或标准抗拉强度下限值 R_m ≥ 540 MPa 材料时，AB 级和 B 级应采用钢或铜增感屏。

c. 双胶片透照技术应增加使用中屏。

d. 采用 X 射线时，每层中屏的厚度应不大于前屏厚度。

增感屏的使用注意事项。增感屏在使用过程中，其表面应保持光滑、清洁，无污秽、损伤、变形。装片后要求增感屏与胶片能紧密贴合，胶片与增感屏之间不能夹杂异物。金属增感屏不能弯曲、受折，使用过程中要注意防潮。

六、像质计

1. 像质计的作用与分类

像质计是用来检查和定量评价射线底片影像质量的工具。又称为影像质量指示器，或简称 IQI、透度计。

像质计通常用于被检工件材质相同或对射线吸收性能相似的材料制作。像质计中设有一些人为的有厚度差的结构（如孔、金属丝等），其尺寸与被检工件的厚度有一定数值关系。射线底片上的像质计影像可以作为一种永久性证据，表明射线检测是在适当条件下进行的，但像质计的指示数值并不等于被检工件中可以发现的自然缺陷的实际尺寸。常用的像质计有金属线型、孔型，如图 2-28 所示，其中金属线型应用最广。

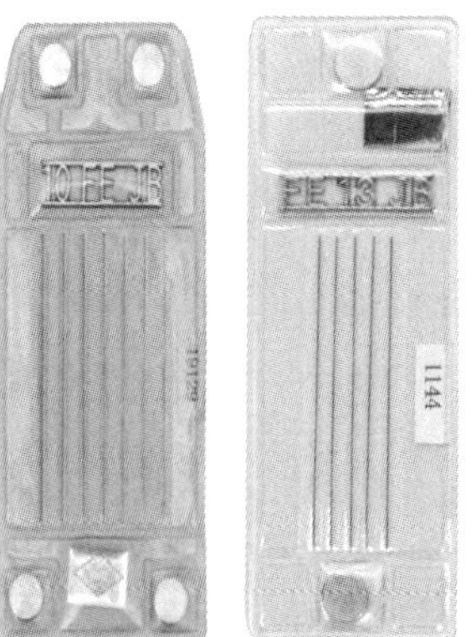

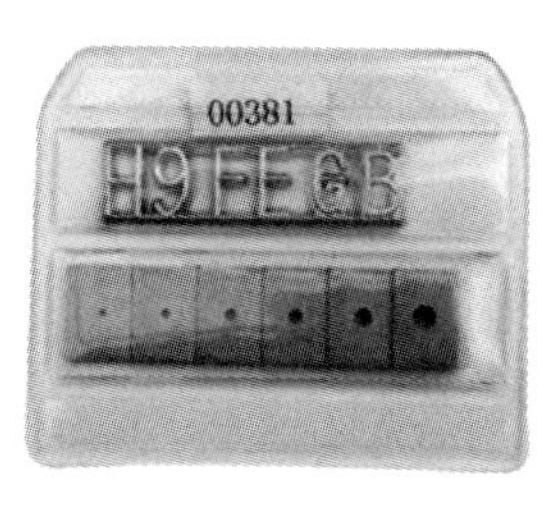

图 2-28　线型和孔型像质计

金属丝型像质计按金属丝的直径变化规律，分为等差数列、等比数列、等径、单丝等几种形式。我国标准规定在管道拍片时可采用等径像质计。

2. 像质计的使用

线型像质计一般应放置在焊接接头一端（在被检区长度的 1/4 左右位置），金属线应横跨焊缝，细金属线置于外侧；当一张胶片上同时透照多条焊接接头时，像质计应放置在透照区最边缘焊缝处。像质计放置还应满足以下规定：

（1）单壁透照规定像质计放置在射线源侧。双壁单影透照规定像质计放置在胶片侧。双壁双影透照像质计可放置在射线源侧，也可放置在胶片侧。

（2）单壁透照时，如果像质计无法放置在射线源侧，允许放置在胶片侧（球罐全景曝光除外）。

（3）单壁透照中像质计放置在胶片侧时，应进行对比试验。并在像质计上适当位置放置铅字“F”作为标记以示区别。“F”标记应与像质计标记同时出现在底片上，且应在检测报告中注明。

像质计数量的确定原则是：每张底片都应有像质计的影像。当一次曝光完成多张胶片照相时，使用的像质计数量允许减少，但应符合以下要求：

（1）环形焊接接头采用源在内中心周向曝光时，至少在圆周上等间隔放置 3 个像质计。

（2）球罐焊接接头采用源置于球心的全景曝光时，在上极和下极焊缝的每张底片上都应放置像质计，且在每带的纵缝和环缝上等间隔至少放置 3 个像质计。

（3）一次曝光连续排列的多张胶片时，至少在第一张、中间一张和最后一张各放置一个像质计。

七、其他照相辅助器材

1. 暗袋

装胶片的暗袋可采用对射线吸收少而遮光性好的黑色塑料膜或合成革制作，如图 2-29 所示，要求材料薄、软、滑。

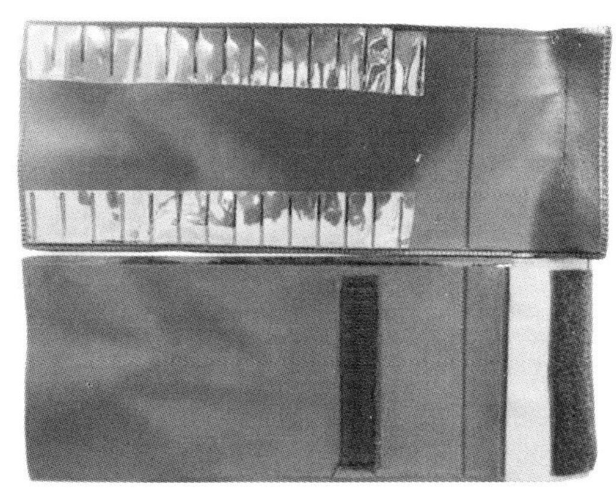

图 2-29 暗袋

暗袋的尺寸，尤其是宽度要与增感屏、胶片尺寸相匹配，即能方便地出片、装片，又能使胶片、增感屏与暗袋很好贴合。暗袋背面还应贴上铅质“B”标记，以此作为监测背散射线的附件。由于暗袋经常接触工件，极易弄脏，因此，要经常清理暗袋表面，如发现破损，应及时更换。

2. 标记

为使每张射线底片与工件部位始终可以对照，在透照过程中应将铅质识别标记和定位标记与被检区域同时透照在底片上。识别标记包括工件编号（或检测编号）、焊缝编号（纵缝、环缝或封头拼接缝等）、部位编号（或片号）。定位标记包括中心标记“+”和搭接标记“↑”（如为抽查，则为检查区段标记）。其他还有拍片日期、板厚、返修、扩探等标记，如图 2–30 所示。

图 2–30 射线检测标记

3. 屏蔽铅板

为屏蔽后方散射线，应制作一些与胶片暗袋尺寸相仿的屏蔽板，如图 2–31 所示。屏蔽板由 1 mm 厚的铅板制成。贴片时，将屏蔽铅板紧贴暗袋，以屏蔽后方散射线。

图 2–31 屏蔽铅板

4. 其他器件

射线检测辅助器材很多，除上述用品、设备、器材之外，为方便工作，还应备齐一些小器件，如卷尺、钢印、锤子、照明灯、手电筒、各种尺寸的铅遮板、补偿泥、贴片磁钢、透明胶带、各式铅字、盛放铅字的字盘、划线尺、石笔、记号笔等。射线检测常见辅助设备和器材见表 2–7。

表 2–7 射线检测常见辅助设备和器材

名称	黑度计	标准密度片	像质计	暗袋
实物	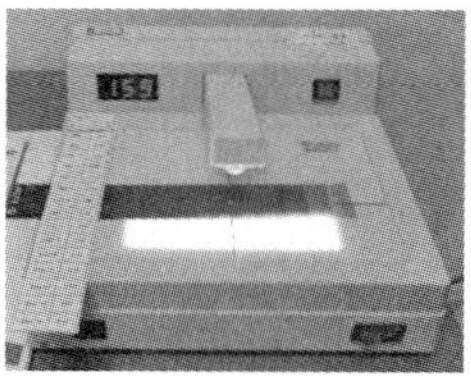	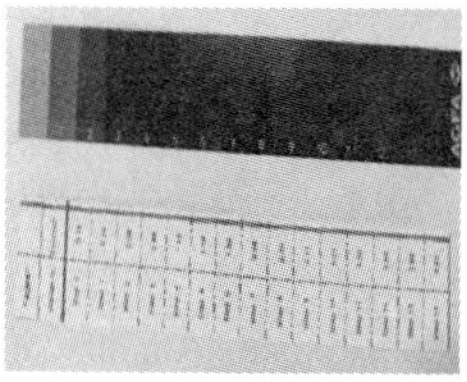		
作用	测量底片黑度	黑度计核查	反映射线检测灵敏度	防止胶片感光
名称	增感屏	背挡板	铅字“B”	铅字盒
实物		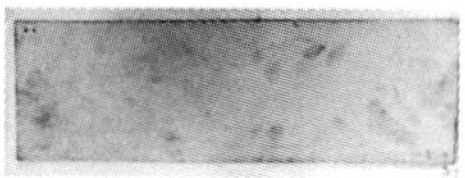		
作用	增加胶片感光，吸收散射线	背散射防护	背散射防护监测	数字、字母等标记放置

续表

名称	磁性铅字	磁性贴片框	拉环磁钢	双头磁钢
实物				
作用	标记制作	固定暗袋	固定暗袋	固定暗袋
名称	评片尺	放大镜	卷尺	钢印
实物				
作用	底片缺陷评定	缺陷辅助观察	焊缝、透照长度测量	焊缝标识
名称	榔头	石笔	透明胶带	手电筒
实物				
作用	打钢印	焊缝标识	固定暗袋	辅助照明

复习思考题

1. 携带式射线机由哪几部分组成？
2. 与 X 射线检测相比，γ 射线检测有哪些优点和缺点？
3. 金属增感屏有哪些作用？哪些金属材料可用作增感屏？
4. 线型像质计有哪几种类型？检测中应如何放置？

第三节 射线透照工艺

一、透照工艺条件的选择

射线透照工艺是指为达到一定要求而对射线透照过程规定的方法、程序、技术参数和技术措施等，也泛指详细说明上述方法、程序、参数和措施的书面文件。工艺条件是指工艺过程中的有关参变量及其组合。透照工艺条件包括设备器材、透照几何、工艺参数和工艺措施等。本节讨论一些主要的工艺条件对射线照相质量的影响及应用选择原则。

1. 射线源和能量的选择

（1）射线源的选择。选择射线源的首要因素是射线源所发出的射线对被检试件具有足够穿透力。

对 X 射线来说，穿透力取决于管电压。管电压越高则射线质越硬，在试件中的衰减系数越小，穿透厚度越大。表 2-8 为目前常用 X 射线机的穿透力数据。

表 2-8 工业 X 射线机可透照钢的最大厚度 mm

射线能量 /kV	AB 级和 B 级可穿透最大厚度	A 级可穿透最大厚度
150	15	24
200	25	35
300	40	60
400	75	100

对于 γ 射线来说，穿透力取决于放射源种类，表 2-9 给出了常用 γ 射线源适用的透照厚度范围，由于放射性同位素发出的射线能量不可改变，而用高能量射线透照薄工件时会出现灵敏度下降的情况，因此表中的透照厚度不仅规定了上限，而且规定了下限。

表 2-9 常用 γ 射线源可透照钢的最大厚度 mm

射线源种类	A 级、AB 级	B 级
Se75	≥ 10 ～ 40	≥ 14 ～ 40
Ir192	≥ 20 ～ 100	≥ 20 ～ 90
Co60	≥ 40 ～ 200	≥ 60 ～ 150

除了穿透力和灵敏度外，两类设备的不同特点也是需要考虑的因素。

1）X 射线机

①体积较大，以便携式、移动式、固定式依次增大。

②基本费用和维修费用均较大。

③能检查 40 mm 以上钢厚度的 X 射线机成本很高，其发展倾向为移动式而非便携式。

④ X 射线能量可改变，因此对一定的试件厚度可获得最佳能量。

⑤ X 射线机可用开关切断，故较易实施射线防护。

⑥曝光时间一般为几分钟。

⑦所有 X 射线机均需电源，有些还需有水源。

2）γ 射线源

①射源尺寸小，可用于 X 射线管头无法接近的现场。

②不需电源或水源。

③运行费用低。

④曝光时间长，通常需几十分钟，甚至几小时。

⑤如果要求高的检测灵敏度，一般无合适的放射性同位素可产生适于检查轻合金或

薄钢试件的射线。

综合上述各个因素，可列举出一些选择射线源的原则：

1）对轻合金和低密度材料，国内很少使用 Yb169、Tm170 作为 γ 射线源，最常用的射线源是 X 射线。

2）同样，要透检厚度小于 5 mm 的铁素体或钢合金，除非允许较低的检测灵敏度，也要选用 X 射线。

3）如要对大批量的工件实施射线照相，还是用 X 射线为好，因为曝光时间较短。

4）对厚度大于 150 mm 的钢，即使用最大的 γ 射源，曝光时间也是很长的，如工作批量大，宜用兆伏级高能 X 射线。

5）对厚度为 50 ～ 150 mm 的钢，如果使用正确的方法，用 X 射线和 γ 射线可得到相同的灵敏度，但裂纹检出率还是有差异的。

6）对厚度为 15 ～ 50 mm 的钢，用 X 射线总可获得较高的灵敏度，γ 射线源的选用则须取决于所要求的检测灵敏度。

7）对某些困难的现场透照工作，体积庞大的 X 射线机使用不方便可能成为主要问题。

8）只要与容器直径有关的焦距能满足一定的几何不清晰度要求，环形焊缝的透照应尽量选用圆锥靶周向 X 射线机做内透中心法垂直全周向曝光，以提高工效和影像质量。对直径较小的锅炉联箱管或其他管道环焊缝，也可选用小焦点（0.5 mm）的棒阳极 X 射线管或小焦点（0.5 ～ 1 mm）γ 射线源 360° 周向曝光。

9）选用平面靶周向 X 射线机对环焊缝做内透中心法倾斜全周向曝光时，必须考虑射线倾斜角度对焊缝中纵向面状缺陷的检出影响。

（2）X 射线能量的选择。X 射线机的管电压可以根据需要调节，因此，用 X 射线对试件透照，射线能量有多种选择。

选择 X 射线能量的首要条件应是具有足够的穿透力。随着管电压的升高，X 射线的平均波长变短，有效能量增大，线质变硬，在物质中的衰减系数变小，穿透能力增强。如果选择的射线能量过低，穿透力不够，会造成到达胶片的透射射线强度过小的结果，使底片黑度不足，灰雾增大，曝光时间过分延长，以至无法操作。

但是，过高的射线能量对射线照相灵敏度有不利影响，随着管电压的升高，衰减系数减小，对比度降低，固有不清晰度增大，底片颗粒度也将增大，其结果是射线照相灵敏度下降。因此，从灵敏度角度考虑 X 射线能量的选择的原则是：在保证穿透力的前提下，选择能量较低的 X 射线。

选择能量较低的射线可以获得较高的对比度，但较高的对比度却意味着较低的透照厚度宽容度，很小的透照厚度差将产生很大的底片黑度差，使得底片黑度值超出允许范围：或是厚度大的部位底片黑度太小，或是厚度小的部位底片黑度太大。因此，在有透照厚度差的情况下，选择射线能量还必须考虑能够得到合适的透照厚度宽容度。

在底片黑度不变的前提下，提高管电压便可以缩短曝光时间，从而可以提高工作效率，但其代价是灵敏度降低。为保证照相质量，标准对使用的最高管电压作出限制，并要求有适当的曝光量。图 2-32 所示为一些材料的透照厚度所对应的允许使用的最高管电压。

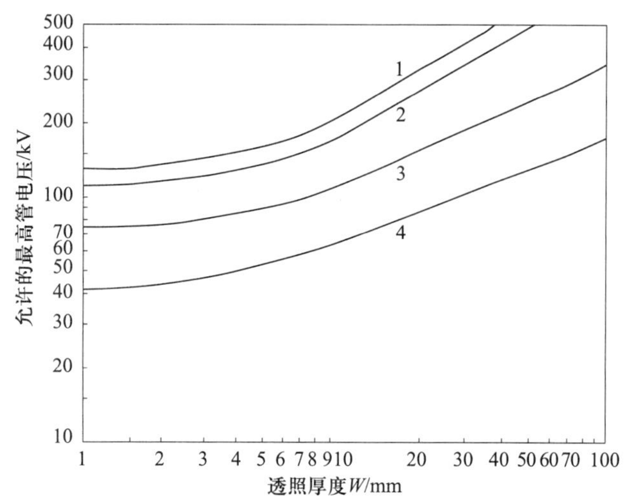

图 2-32 不同透照厚度允许的 X 射线最高透照管电压

1—铜及铜合金 2—钢 3—钛及钛合金 4—铝及铝合金

2. 焦距的选择

焦距对射线照相灵敏度的影响主要表现在几何不清晰度 U_g 上。焦距 F 等于射线源至工件距离 f 和工件至胶片距离 b 之和。即 $F=f+b$，如图 2-33 所示。

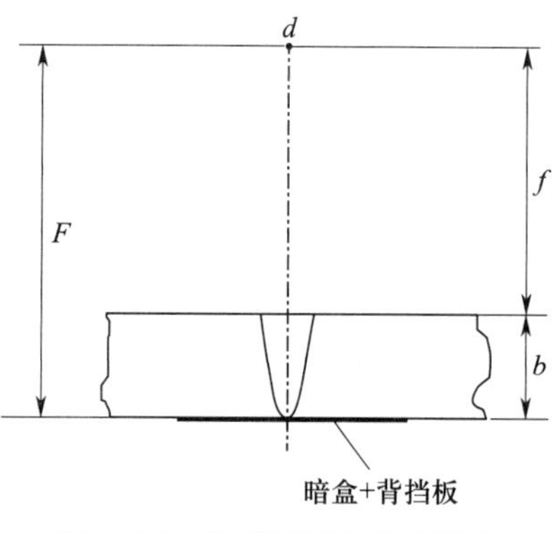

图 2-33 射线检测 F 和 f 关系

实际透照某一工件，当选定了射线源后，d 值（焦点尺寸）和 b 值均已固定，因此，要使 U_g 值发生变化，只有改变 F 或 f 的大小。焦距 F 越大，U_g 值越小，底片上的影像越清晰。为保证射线照相的清晰度，我国现行《承压设备无损检测 第 2 部分：射线检测》（NB/T 47013.2—2015）标准中，规定了 f 与 d 和 b 应满足表 2-10 要求。

表 2-10 最小 f 规定 mm

射线检测技术等级	透照距离 f
A 级	$f \geqslant 7.5d \cdot b^{2/3}$
AB 级	$f \geqslant 10d \cdot b^{2/3}$
B 级	$f \geqslant 15d \cdot b^{2/3}$

实际透照时一般并不采用最小焦距值，所用的焦距比最小焦距要大得多。这是因为透照场的大小与焦距相关。焦距增大后，匀强透照场范围增大，这样可以得到较大的有效透照长度，同时影像清晰度也进一步提高。

焦距的选择还与试件的几何形状以及透照方式有关。为得到较大的一次透照长度和较小的横向裂纹检出角，在采用双壁单影法透照环缝时，往往选择较小的焦距；而当采用源在内中心透照法和源在内单壁透照法时，在保证底片质量符合有关要求的前提下，可以适量减小，这是因为单壁透照比双壁透照灵敏度高得多，其灵敏度增量足以弥补因 f 值减小，几何部清晰度增大造成的灵敏度损失；而源在内单壁透照法比源在外单壁透照法有更小的横向裂纹检出角和更大的一次透照长度，底片上的黑度也更均匀，这对照相灵敏度和缺陷检出是有利的。《承压设备无损检测　第 2 部分：射线检测》(NB/T 47013.2—2015) 规定，采用源在内中心透照法和源在内单壁透照法时，在保证底片黑度和像质计灵敏度符合要求的前提下，f 值可分别减小规定值的 50% 和 20%。

3. 曝光量的选择

(1) 曝光量的概念及推荐值。曝光量可定义为射线源发出的射线强度与照射时间的乘积。对于 X 射线来说，曝光量是指管电流 i 与透照时间 t 的乘积 ($E=it$)；对于 γ 射线来说，曝光量是指放射性活度 A 与照射时间 t 的乘积 ($E=At$)。

曝光量是射线检测工艺中的一项重要参数。射线照相底片影像的黑度与胶片感光乳剂吸收的射线量有直接的关系。在透照时，如果固定射线源、试件厚度、焦距、胶片系统和给定的放射线源或管电压，那么底片黑度与曝光量有很好的对应关系，因此可以通过改变曝光量来控制底片黑度。我们知道，X 射线的总强度与管电压的平方成正比，采用较高的管电压进行透照，需要的曝光量必然较小。而管电压的提高直接影响影像的对比度、颗粒度，降低底片灵敏度，因此为保证 X 射线照相质量，防止采用高电压短时间的曝光参数，《承压设备无损检测　第 2 部分：射线检测》(NB/T 47013.2—2015) 推荐的曝光量见表 2-11。

表 2-11　X 射线照相推荐的曝光量

技术等级	曝光量	
A 级和 AB 级	15 mA · min	注：推荐值指焦距 700 mm 时的曝光量。当焦距改变时可按平方反比定律对曝光量进行换算
B 级	20 mA · min	

采用 γ 射线源透照时，《承压设备无损检测　第 2 部分：射线检测》(NB/T 47013.2—2015) 规定，总的曝光时间应不少于输送源往返所需时间的 10 倍。之所以这样规定，是因为 γ 射线源种类决定其能量且不可调，当采用较大的源强透照较薄的工件时，曝光时间必然很短。源在输送往返时间里均能使胶片感光，相当于源的尺寸加大，造成缺陷边缘的半影加大，影响底片的清晰度，降低底片灵敏度。因此，应控制采用强度大的源透

照厚度较薄工件。

（2）互易律、平方反比定律和曝光因子

1）互易律。互易律是光化学反应的一条基本定律，它指出，决定光化学反应产物质量的条件，只与总曝光量相关，即取决于辐射强度和时间的乘积，而与这两个因素的单独作用无关。如果不考虑光解银对感光乳剂显影的引发作用的差异，互易律可引申为底片黑度只与总的曝光量相关，而与辐射强度和时间分别作用无关。

在射线照相中，当采用铅箔增感或无增感的条件时，遵守互易定律。设产生一定影像黑度的曝光量 $E=It$，当射线强度 I 和时间 t 相应变化时，只要两者乘积 E 值不变，底片黑度不变。而当采用荧光增感条件时，不遵守互易定律，即 I 和 t 的乘积不变，底片的黑度仍会改变，此现象称为互易律失效。

2）平方反比定律。平方反比定律是物理光学的一条基本定律。它指出：从一点源发出的辐射，强度 I 与距离 F 的平方成反比，即存在以下关系：$I_1/F_1^2=I_2/F_2^2$。其原理是：在点源的照射方向上任意立体角内取任意垂直截面，单位时间内通过的光量子总数是不变的，但由于截面面积与到点源的距离平方成正比，所以单位面积的光量子密度，即辐射强度与距离平方成反比，如图 2-34 所示。

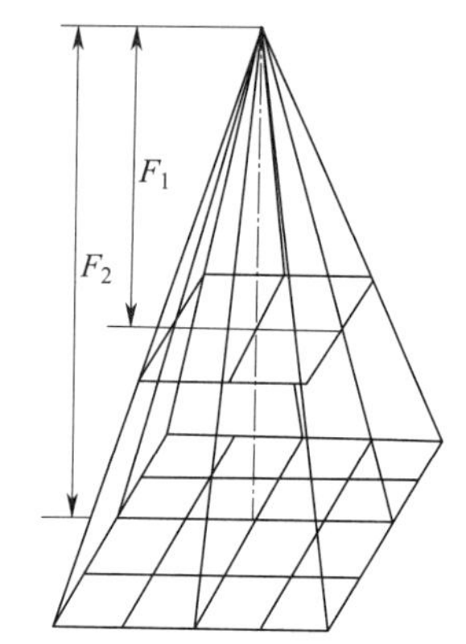

图 2-34 平方反比定律示意图

二、透照方式的选择

对接焊接接头射线照相的基本透照方式主要有 10 种，如图 2-35 和表 2-12 所示。这些透照方式分别适用于不同的场合，其中单壁透照是最常用的透照方式，双壁透照一般用在射线源或胶片无法进入内部的小直径容器和管道的焊缝透照，双壁双影法一般只用于外直径 D_0 在 100 mm 以下且 g（焊缝宽度）≤ $D_0/4$ 的管子环焊缝透照，双壁双影直透法则多用于 T（壁厚）＞ 8 mm 或 g（焊缝宽度）＞ $D_0/4$ 的管子环焊缝透照。

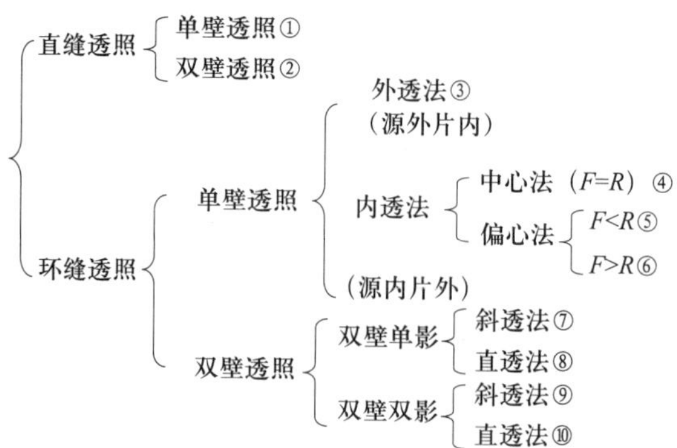

图 2-35 常用对接焊接接头射线透照方式分类

表 2-12 常用透照方式展示

序号	透照方式	透照示意图	实际透照布置
1	直缝单壁透照	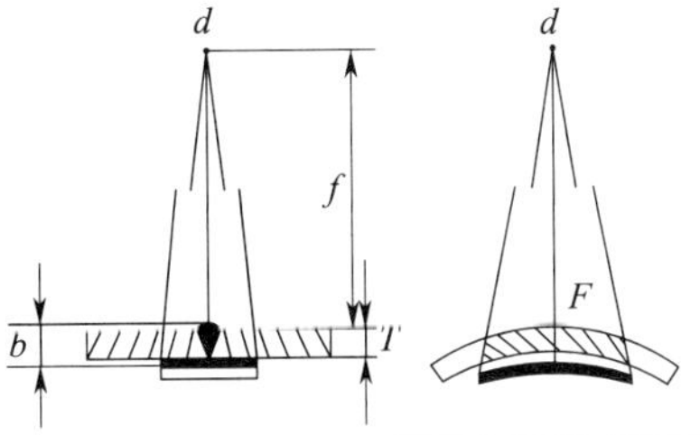 d; f; F; b; T	
2	直缝双壁透照	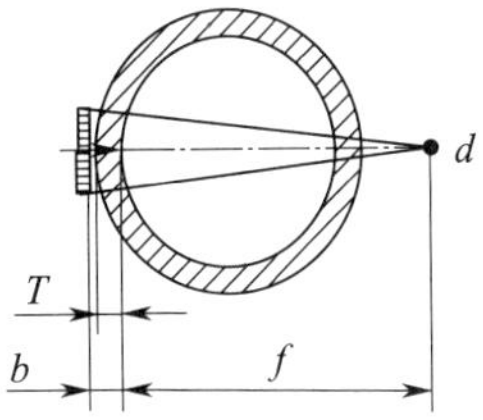 d; T; b; f	
3	环缝单壁透照（外透法）	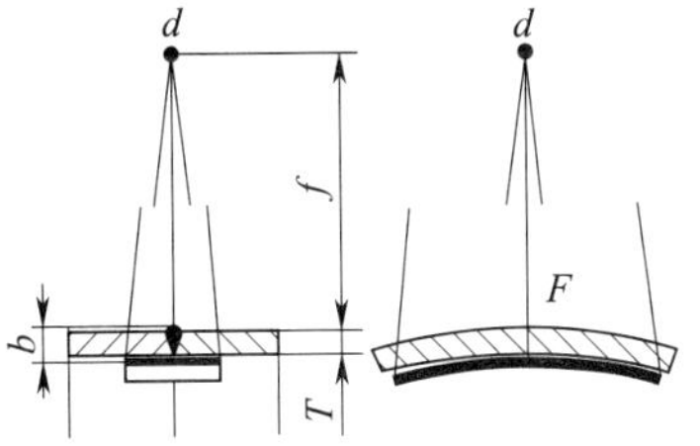 d; f; F; b; T	
4	环缝单壁透照（内透法）中心透照	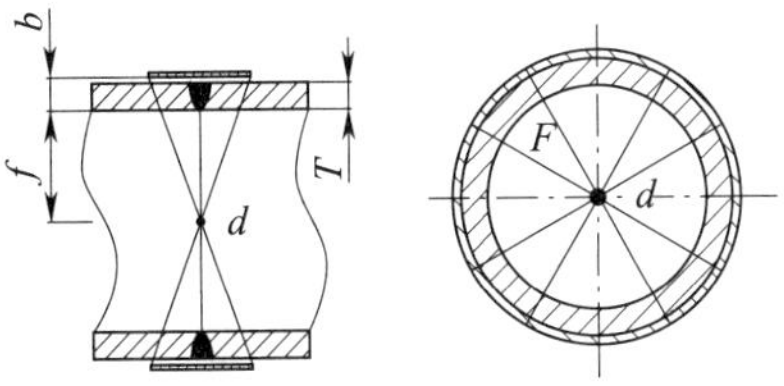 b; f; T; d; F	
	环缝单壁透照（内透法）	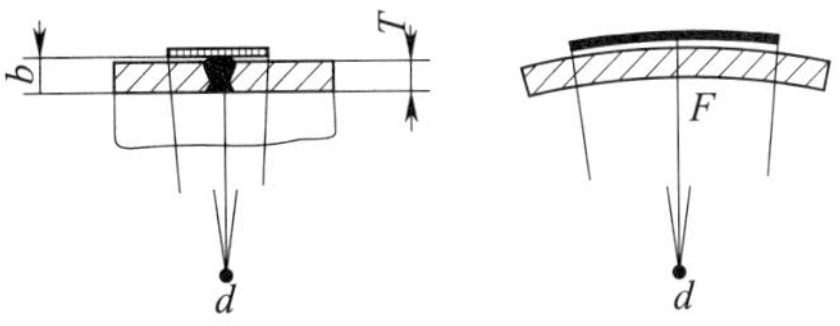 T; b; F; d	
5	环缝双壁单影斜透法	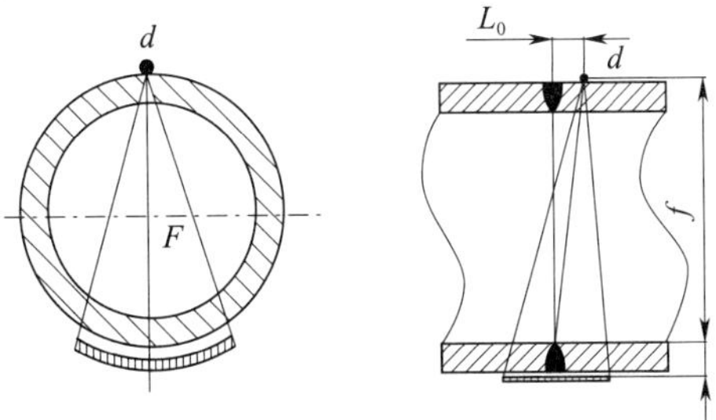 d; F; L_0; f; b	

续表

序号	透照方式	透照示意图	实际透照布置
6	小径管环缝双壁双影（斜透法）	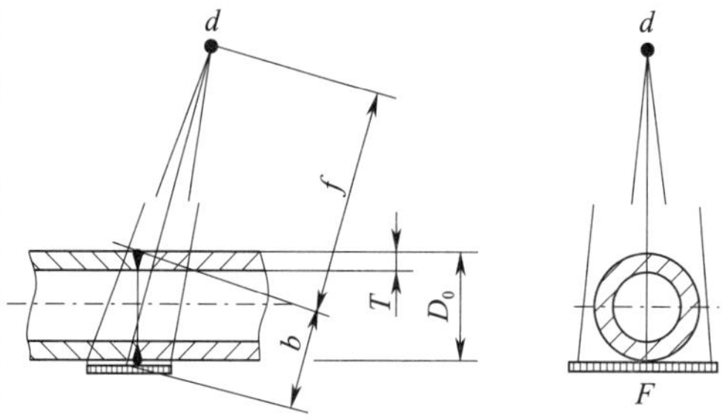	
	小径管环缝双壁双影（直透法）	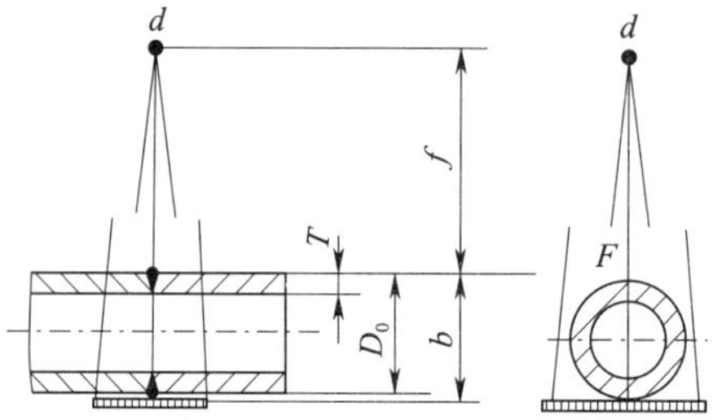	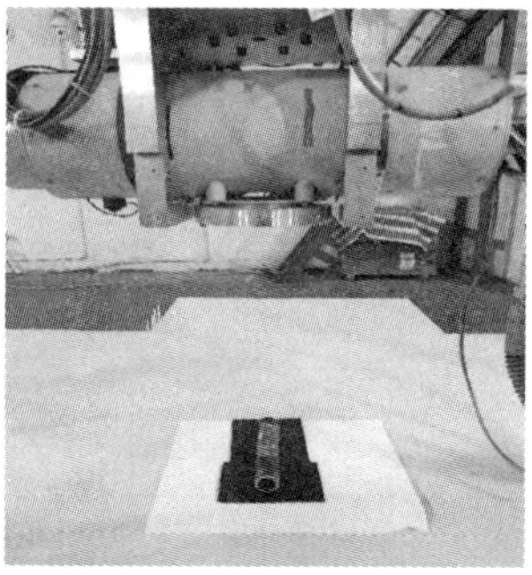

选择透照方式时，应综合考虑各方面的因素，权衡择优。有关因素包括：

（1）照相灵敏度。在照相灵敏度存在明显差异的情况下，应选择有利于提高灵敏度的透照方式。例如单壁透照的灵敏度明显高于双壁透照，在两种方式都能使用的情况下应选择前者。

（2）缺陷检出特点。有些透照方式特别适合于检出某些种类的缺陷，可根据检出缺陷要求的实际情况选择。例如，源在外的透照方式与源在内的透照方式相比，前者对容器内壁表面裂纹有更高的检出率；双壁透照的直透法比斜透法更容易检出未焊透或根部未熔合缺陷。

（3）透照厚度差和横向裂纹检出角。较小的透照厚度差和横向裂纹检出角有利于提高底片质量和裂纹检出率。环缝透照时，在焦距和一次透照长度相同的情况下，源在内透照法比源在外透照法具有更小的透照厚度差和横裂检出角，从这一点看，前者比后者优越。

（4）一次透照长度。各种透照方式的一次透照长度各不相同，选择一次透照长度较大的透照方式可以提高检测速度和工作效率。

（5）操作方便性。一般来说，对容器透照，源在外的操作更方便一些。而球罐的X射线透照，上半球位置源在外透照较方便，下半球位置源在内透照较方便。

（6）试件及检测设备具体情况。透照方式的选择还与试件及检测设备情况有关。例如，当试件直径过小时，源在内透照可能不能满足几何不清晰度的要求，因而不得不采用源在外的透照方式。使用移动式 X 射线机只能采用源在外的透照方式。使用 γ 射线源或周向 X 射线机时，选择源在内中心透照法对环焊缝周向曝光，更能发挥设备的优点。

值得强调的是，在可以实施的情况下应优先选用单壁透照方式，在单壁透照不能实施时才允许采用双壁透照方式。对环焊缝的各种透照方式中，以源在内中心透照周向曝光法为最佳，该方法透照厚度均一，横裂检出角为 0°，底片黑度、灵敏度俱佳，缺陷检出率高，且一次透照整条环缝，工作效率高，应尽可能选用。

三、曝光曲线的制作及应用

在实际工作中，通常根据工件的材质与厚度来选取射线能量、曝光量以及焦距等工艺参数，上述参数一般是通过查曝光曲线来确定的。曝光曲线是表示工件（材质、厚度）与工艺规范（管电压、管电流、曝光时间、焦距、暗室处理条件等）之间相关性的曲线图示。但通常只选择工件厚度、管电压和曝光量作为可变参数，其他条件必须相对固定。

曝光曲线必须通过试验制作，且每台 X 射线机的曝光曲线各不相同，不能通用。因为即使管电压、管电流相同，如果不是同一台 X 射线机，其线质和照射率是不同的。

此外，即使是同一台 X 射线机，随着使用时间的增加，管子的灯丝和靶也可能老化，从而引起射线照射率的变化。

因此，每台 X 射线机都应制作曝光曲线，作为日常透照控制线质和照射率，即控制能量和曝光量的依据，并且实际使用中还要根据具体情况作适当修正。

1. 曝光曲线的构成和使用条件

（1）曝光曲线的构成。横坐标表示射线穿透工件的厚度，纵坐标用对数刻度表示曝光量，管电压变化参数，所构成的曲线则称为曝光量-厚度（E-T）曲线；若纵坐标表示管电压、曝光量为变化参数的曲线则称为管电压-厚度（kV-T）曝光曲线。图 2-36 为一般形式的 X 射线曝光曲线图；图 2-37 为一种实用的 γ 射线曝光曲线图。

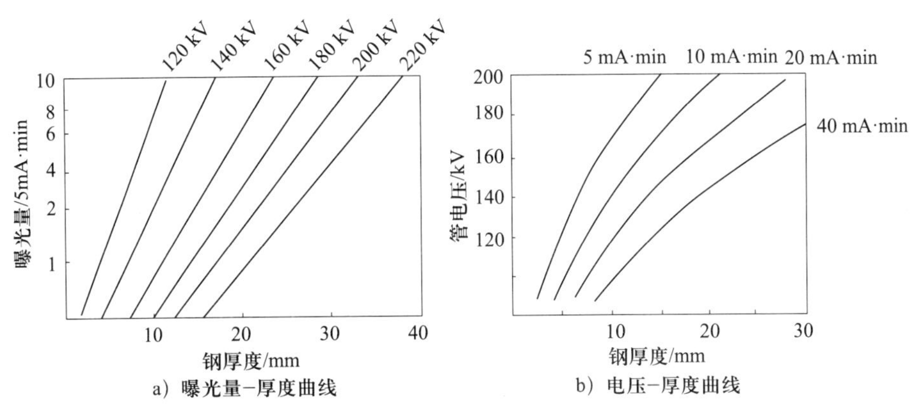

图 2-36 X 射线曝光曲线图

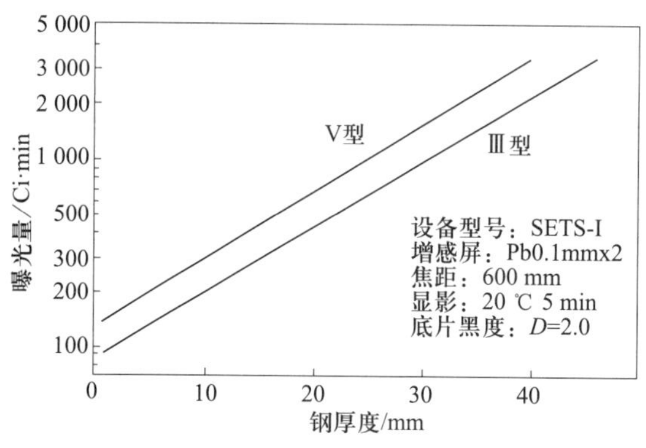

图 2-37 Se75 γ 射线曝光曲线图

（2）曝光曲线的使用条件。任何曝光曲线只适用于一组特定的条件，这些条件包括：

1）所使用的 X 射线机（相关条件：高压发生线路及施加波形、射线源焦点尺寸及固有滤波）。

2）一定的焦距（常取 600 ～ 800 mm）。

3）一定的胶片类型（通常为 C5 或 C4 类胶片）。

4）一定的增感方式（屏型及前后屏厚度）。

5）所使用的冲洗条件（显影配方、温度、时间）。

6）基准黑度（通常取 3.0）。

上述条件必须在曝光曲线图上予以注明。

当实际拍片所使用的条件与制作曝光曲线的条件不一致时，必须对曝光量作相应修正。

这类曝光曲线一般只适用于透照厚度均匀的平板工件，而对厚度变化较大的工件如形状复杂的铸件等，只能作为参考。

2. 曝光曲线的制作

曝光曲线是在机型、胶片、增感屏、焦距等条件一定的前提下，通过改变曝光参数（固定“kV”、改变“mA · min”或固定“mA · min”、改变“kV”）透照由不同厚度组成的钢阶梯试块，根据给定冲洗条件洗出的底片所达到的某一基准黑度（如为 1.8 或 2.0），来求得“kV”、“mA · min”、T 三者之间关系的曲线。

所使用的阶梯块面积不可太小，其最小尺寸应为阶梯厚度的 5 倍，否则散射线将明显不同于均匀厚度平板中的情况。另外，阶梯块的尺寸应明显大于胶片尺寸，否则要做适当遮边，如图 2-38 所示。

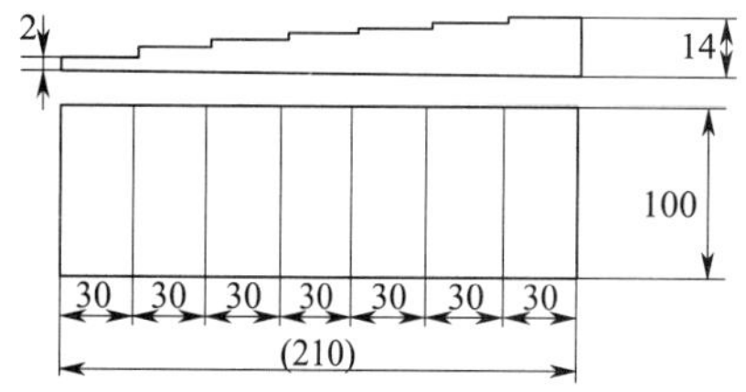

图 2-38 制作曝光曲线的阶梯试块

按有关透照结果绘制曝光曲线的过程如下：

（1）绘制 D-T 曲线。采用较小曝光量、不同管电压透照阶梯试块，获得第一组底片。再采用较大曝光量、不同管电压拍摄阶梯试块，获得第二组底片，用黑度计测定获得穿透厚度与对应黑度的两组数据，绘制出 D-T 曲线图，如图 2-39 所示。

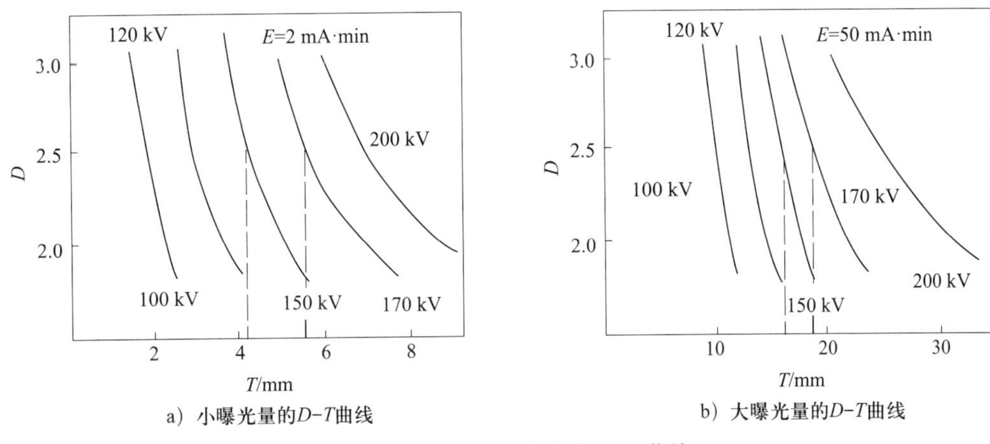

图 2-39 制作曝光曲线的 D-T 曲线

（2）绘制 E-T 曲线。选定一基准黑度值，从两张 D-T 曲线图中分别查出某一管电压下对应于该黑度的透照厚度值。在 E-T 图上标出这两点，并以直线连接即得该管电压的曝光曲线，如图 2-40 所示。

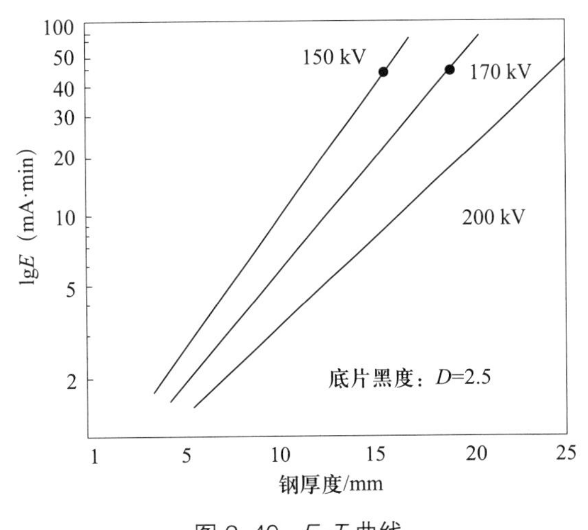

图 2-40 E-T 曲线

3. 曝光曲线的一般使用方法

从 E-T 曝光线上求取透照给定厚度所需要的曝光量，一般都采用所谓“一点法”，即按射线中心穿透最大厚度确定与某一“kV”相对应的 E。

例如，最大穿透厚度为 12 mm 时，查图 2-40 的曝光曲线，可使用的曝光参数有三组：150 kV，18 mA · min；或 170 kV，10 mA · min；或 200 kV，5 mA · min。具体选择

哪一组参数，则应根据工件厚度是否均匀，宽容度是否满足，以及照相灵敏度、工作时间、效率等因素，选择高能量小曝光量的组合，或低能量大曝光量的组合。

四、散射线的控制

1. 散射线的来源和分类

射线在穿透物质的过程中与物质相互作用会产生吸收和散射，其中散射主要是由康普顿效应造成的。与一次射线相比，散射线的能量减小，波长变长，运动方向改变。

产生散射线的物体称作散射线源，在射线透照时，凡是被射线照射到的物体，例如试件、暗盒、桌面、墙壁、地面，甚至空气都会成为散射线源。其中最大的散射线源往往是试件本身，如图 2-41 所示。

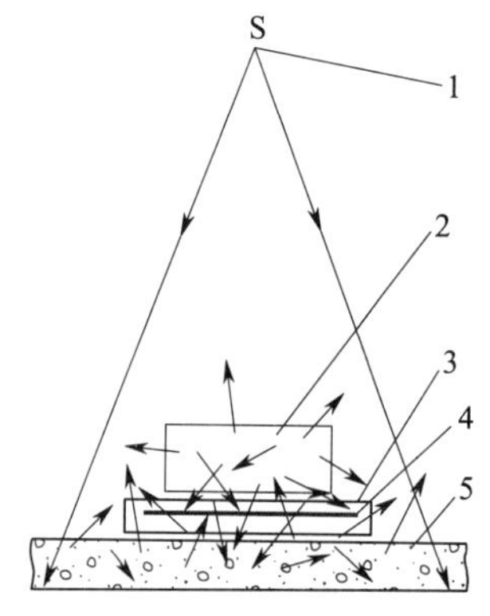

图 2-41　散射线产生示意图

1—射线源　2—工件　3—暗袋
4—胶片　5—地面

按散射的方向对散射线分类，可将来自暗盒正面的散射称为“前散射”，将来自暗盒背面的散射称为“背散射”，还有一种散射称为“边蚀散射”，是指试件周围的射线向试件背后的胶片散射，或试件中的较薄部位的射线向较厚部位散射，这种散射会导致影像边界模糊，产生低黑度区域的周边被侵蚀，面积缩小的所谓“边蚀”现象。

2. 散射线的控制措施

散射线会使射线底片的灰雾黑度增大，影像对比度降低，对射线照相质量是有害的。但由于受射线照射的一切物体都是散射线源，所以实际上散射是无法消除的，只能尽量设法减少而已。控制散射线的措施有许多种，其中有些措施对照相质量产生多方面的影响，对这些措施要综合考虑，权衡选择。这些措施包括：

（1）选择合适的射线能量。对厚度差较大的工件，例如余高较高的焊缝或小径管透照时，散射比随射线能量的增大而减小，因此可以通过提高射线能量的方法来减少散射线。但射线能量值只能适当提高。以免对主因对比度和固有不清晰度产生明显不利的影响。

（2）使用铅箔增感屏。铅箔增感屏除了具有增感作用外，还具有吸收低能散射线的作用，使用增感屏是减少散射线最方便、最经济，也是最常用的方法。选择较厚的铅箔减少散射线的效果较好，但会使增感效率降低，因此铅箔厚度也不能过大。实际使用的铅箔厚度与射线能量有关，且后屏的厚度一般大于前屏。

五、焊缝透照常规工艺

射线照相应用最多的对象是焊接接头的缺陷检测，下面主要讨论对接焊缝检测的射线照相工艺。

常规工艺是指适用于一般的钢制承压设备对接焊缝检测的射线照相工艺。被检试件的材质、形状、结构、尺寸不具有特殊性。

工艺内容应符合有关法规、标准及有关设计文件和管理制度的要求。工艺条件和参数的选择首先考虑检测工作质量，即缺陷检出率、照相灵敏度和底片质量，但检测速度、工作效率和检测成本也是必须考虑的重要因素。

1. 透照工艺分类和内容

射线透照工艺分为通用工艺规程和专用操作指导书两种，两者都是必须遵循的规定性文件。

（1）通用工艺规程。无损检测通用工艺规程应根据相关法规、产品标准、有关技术文件和现行的无损检测标准的要求，结合无损检测单位（机构）的特点、设备技术条件和人员条件，针对本单位产品的特点进行编制。无损检测通用工艺规程应涵盖本单位（制造、安装或检测单位）产品的检测范围。通用工艺规程应详细、明确、便于操作且具有可选择性。射线检测通用工艺规程的主要内容除满足《承压设备无损检测 第 1 部分：通用要求》（NB/T 47013.1—2018）的要求外，还应规定下列相关因素的具体范围或要求，如相关因素的变化超出规定时，应重新编制或修订工艺规程：

1）适用范围中的结构、材料类别及厚度。

2）射线源种类、能量及焦点尺寸。

3）检测技术等级。

4）透照技术。

5）透照方式。

6）胶片型号及等级。

7）像质计种类。

8）增感屏和滤光板型号（如使用）。

9）暗室处理方法或条件。

10）底片观察技术。

（2）专用操作指导书。射线检测操作指导书是指以表卡形式出现的，针对某一具体检测对象的射线检测工序做出具体参数和技术措施的规定性工艺文件。操作指导书适用对象可能是某一具体产品，或产品上的某一部件，或部件上的某一具体结构。

应针对具体检测对象根据标准和工艺规程编写操作指导书，其内容应至少包括下列具体范围或要求：

1）编制依据。

2）适用范围。被检测工件的类型（形状、结构等）、尺寸范围（厚度及其他几何尺寸）、所用材料的种类。

3）检测设备器材。射线源（种类、型号、焦点尺寸）、胶片（牌号及其分类等级）、增感屏（类型、数量和厚度）、像质计（种类和型号）、滤光板、背散射屏蔽铅板、标记、胶片暗室处理和观察设备等。

4）检测技术与工艺。采用的检测技术等级、透照技术（单或双胶片）、透照方式（源—工件—胶片相对位置）、射线源、胶片、曝光参数、像质计的类型、摆放位置和数量、标记符号类型和放置、布片原则等。

5）胶片暗室处理方法和条件要求。

6）底片观察技术（双片叠加或单片观察评定）。

7）底片质量要求：几何不清晰度、黑度、像质计灵敏度、标记等。

8）验收标准。

9）操作指导书的验证要求。

首次使用的操作指导书应进行工艺验证，以验证底片质量是否能达到标准规定的要求。验证可通过专门的透照试验进行，或以产品的第一批底片作为验证依据。在这两种情况下，作为依据的验证底片应做出标识。

2. 典型对接焊缝检测工艺

（1）平板对接焊缝透照工艺。某化工压力容器试板，焊缝结构如图 2-42 所示，材质 Q345R，规格 300 mm × 200 mm × 8 mm，焊接方法为手工电弧焊，焊缝余高 2 mm，试板编号 1 号。用 X 射线机 XXG2505，焦点尺寸 2 mm × 2 mm，曝光曲线如图 2-43 所示。按附录提供的操作指导书对焊缝进行射线检测。

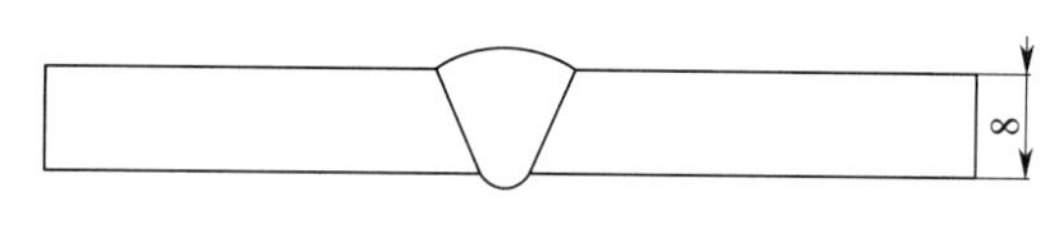

图 2-42　容器试板焊缝结构示意图

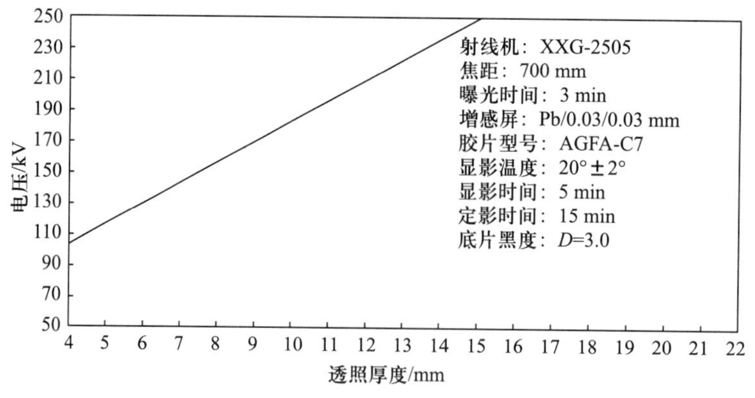

图 2-43　XXG-2505 X 射线机曝光曲线图

透照操作时应严格遵守工艺规定，操作步骤、内容及有关要求见表 2-13。

表 2-13　平板对接焊缝透照的基本操作步骤

步骤	操作过程	操作说明
1	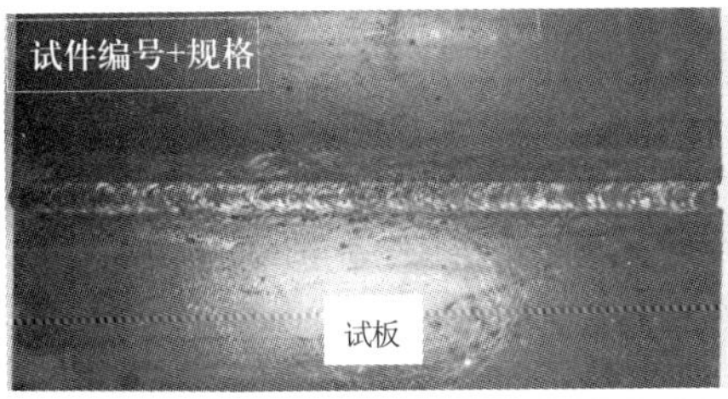试件编号+规格 试板	1. 观察试板表面状态，去除影响射线检测的异物和飞溅等 2. 了解被检对象材质和规格
2	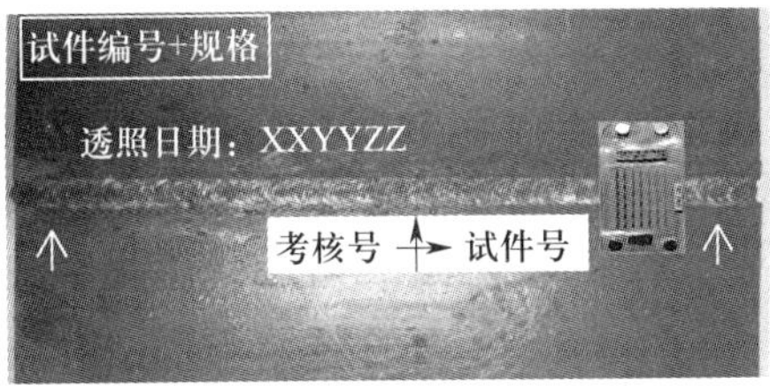试件编号+规格 透照日期：XXYYZZ 考核号 试件号	1. 制作标识，包括考核号、试件号、透照日期、中心标记和搭接标记 2. 根据透照试件公称厚度选择像质计
3	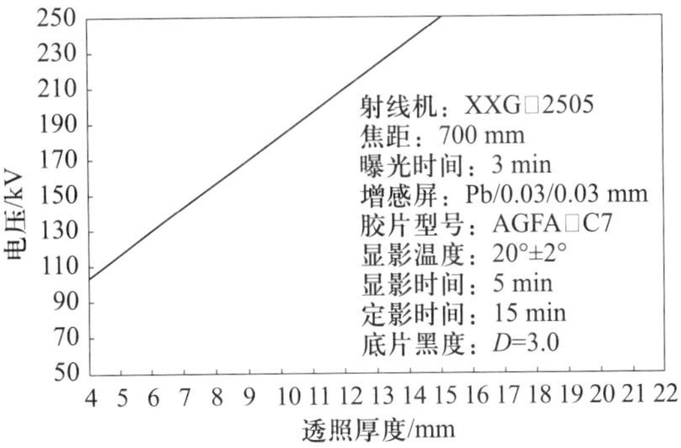射线机：XXG□2505 焦距：700 mm 曝光时间：3 min 增感屏：Pb/0.03/0.03 mm 胶片型号：AGFA□C7 显影温度：20°±2° 显影时间：5 min 定影时间：15 min 底片黑度：D=3.0 电压/kV 250 230 210 190 170 150 130 110 90 70 50 4 5 6 7 8 9 10 11 12 13 14 15 16 17 18 19 20 21 22 透照厚度/mm	1. 按照操作指导书，选择 AGFA-C7 胶片、增感屏 Pb 0.03 mm 2. 确定曝光参数： F=700 mm，I=5 mA，t=3 min 3. 根据平板工件透照厚度 8 mm，查阅曝光曲线确定管电压 158 kV
4	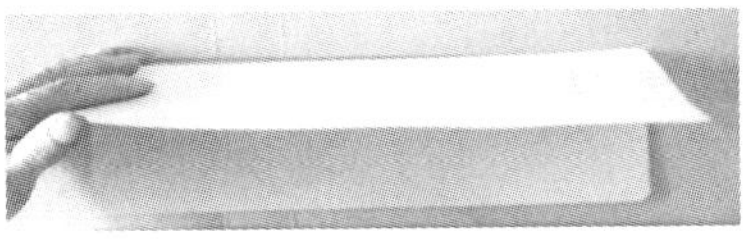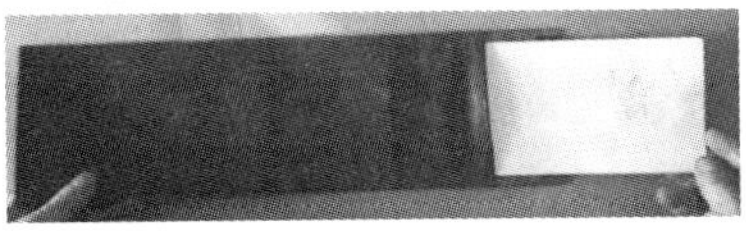	1. 根据工件规格，确定胶片规格：300 mm × 80 mm 2. 在暗室对胶片分切成指定规格后，与同规格的增感屏共同装入暗袋 3. 胶片夹入增感屏之间，其中增感屏金属面与胶片紧密贴合
5	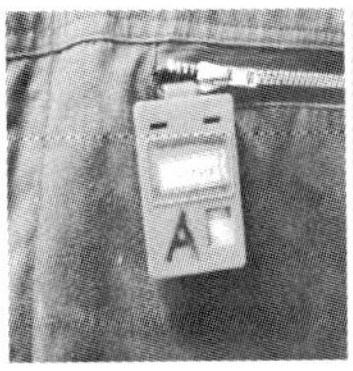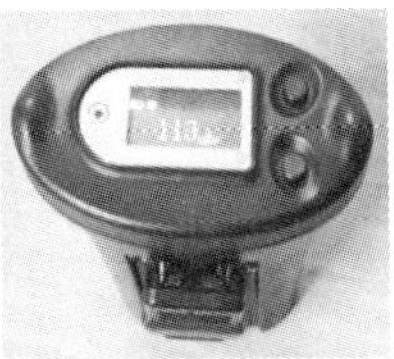	1. 进入曝光间之前，操作人员应佩戴个人剂量仪和射线监测设备 2. 检查曝光间曝光状态，停止曝光后开启铅门，进入曝光间
6	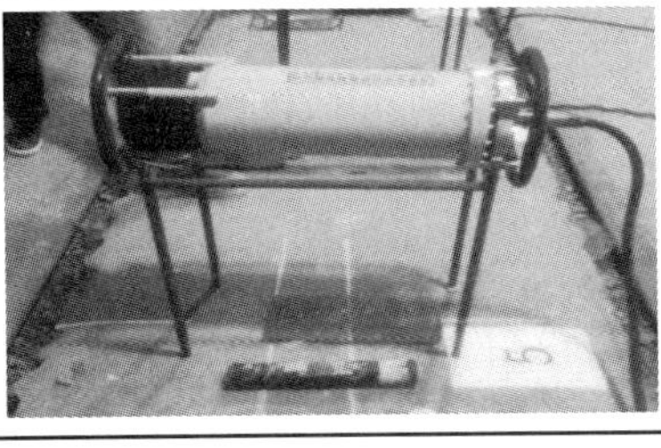	1. 查看选定射线机辐射场的划线标识，射线机窗口是否处于划线中心位置，有无偏转 2. 用卷尺确定曝光焦距 F=700 mm

续表

步骤	操作过程	操作说明
7		1. 将背防护铅板放置在两条中心线位置 2. 将装有胶片的暗袋放置在背防护铅板正上方 3. 将试件按图示放置在背防护铅板和暗袋上方 4. 按图示要求摆放好标记和像质计 5. 像质计摆放在工件左端 1/4 位置，细丝朝外
8		1. 确保曝光间人员全部退出后，关闭曝光间防护铅门 2. 按照曝光曲线选择参数，在控制台设置曝光参数 3. 开启高压进行曝光
9		1. 曝光结束后，曝光间射线监测红灯停止闪烁后，开启曝光间防护铅门，取出曝光后的胶片拿到暗室处理 2. 胶片从曝光间取出到暗室过程中不得打开暗袋，防止曝光

（2）小径管的透照技术与工艺。外径 $D_0 \leqslant 100$ mm 的管子称为小径管，一般采用双壁双影法透照其对接环缝。

按照被检焊缝在底片上的影像特征，有分椭圆成像和重叠成像两种方法。同时满足两条件，即 T（壁厚）$\leqslant 8$ mm；g（焊缝宽度）$\leqslant D_0/4$ 时，采用倾斜透照方式椭圆成像。不满足上述条件，或椭圆成像有困难，或为适应特殊需要（如特意要检出焊缝根部的面状缺陷）时，可采用垂直透照方式重叠成像。

1）透照布置

①椭圆成像法。胶片暗袋平放，射线源焦点偏离焊缝中心平面一定距离（称为偏心距 L_0），以射线束的中心部分或边缘部分透照被检焊缝，如图 2-44 所示。

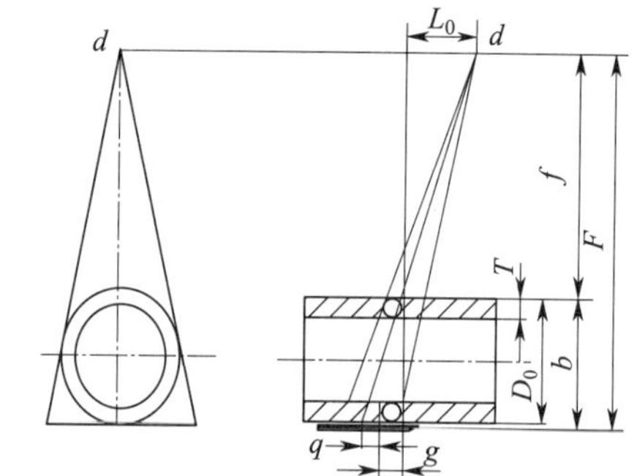

图 2-44 小径管椭圆透照布置

偏心距应适当，可按椭圆开口宽度（q）的大小算出。

$$L_0=(g+q)L_1/L_2=\frac{F-(D_0+\Delta h)}{D_0+\Delta h}(b+q) \tag{2-1}$$

式中 Δh——焊缝余高，mm；

g——焊缝宽度，mm；

q——椭圆开口宽度（椭圆影像短轴方向间距），mm。

应控制椭圆影像的开口宽度（上下焊缝投影最大间距）在1倍焊缝宽度左右。如偏心距太大，椭圆开口宽度过大，窄小的根部缺陷（裂纹、未焊透等）有可能漏检，或者因影像畸变过大，难于评判。偏心距太小，椭圆开口宽度过小，又会使源侧焊缝与片侧焊缝根部缺陷不易分开。

②重叠成像法。对直径小（$D_0 \leqslant 20$ mm），或壁厚大（$T > 8$ mm），或焊缝宽度（$g > D_0/4$）的管子，或是为了重点检测根部裂纹和未焊透等特殊情况下，可使射线垂直透照焊缝，此时胶片宜弯曲贴合焊缝表面，以尽量减少缺陷到胶片的距离。当发现不合格缺陷后，由于不能分清缺陷是处于射线源侧或胶片侧焊缝中，一般多做整圈返修处理。

2）透照次数。为了对小径管的整圈环焊缝进行有效检测，通常要根据成像方式和壁厚外径之比 T/D_0 确定透照次数。有关标准规定了小径管环向对接焊缝接头100%检测的透照次数：采用倾斜透照椭圆成像，当 $T/D_0 \leqslant 0.12$ 时，相隔90° 透照2次。当 $T/D_0 > 0.12$ 时，相隔120° 或60° 透照3次。垂直透照重叠成像时，一般应相隔120° 或60° 透照3次。

规定 $T/D_0 \leqslant 0.12$ 透照2次，$T/D_0 > 0.12$ 透照3次，主要是为了限制透照厚度比。

3）像质要求。由于小径管透照截面厚度变化很大，又采用双壁双影透照，影像畸变较大，且源侧焊缝和片侧焊缝相对于胶片的距离变化较大，影像各处几何不清晰度和散射比不一，因此影像质量和缺陷检出灵敏度与其他透照方式相比都要差些。即使底片黑度范围符合要求，基本问题仍然存在。

4）像质计的形式及摆放。对小径管透照使用的像质计，不同的标准规定了不同的形式和摆放方法。主要有以下3种：

①等比丝像质计。像质计可放在射线源侧管子表面或置于胶片侧，丝的长度方向与焊缝走向垂直。置于胶片侧要有附加标记，其像质计显示丝号要求与放在射线源侧不一样。

②等径丝像质计。置于射线源侧管子表面，丝的长度方向与焊缝走向相垂直。其优点是评价有效评定范围准确，能显示等径丝的焊缝长度范围即为有效评定范围。

③单丝像质计。置于管子环缝中心，金属丝绕管一圈，以显示丝的长度范围作为有效评定范围。应用此法时，应防止丝的影像掩盖焊缝根部缺陷的显示。

5）像质计灵敏度。小径管的椭圆透照工艺中，灵敏度与宽容度的矛盾尤为突出，为兼顾较大的厚度宽容度，灵敏度将受到一定损失。

6）黑度范围。小径管对接接头和热影响区的黑度范围可控制在1.5～4.5。当有意提高局部区域的检出灵敏度时，可将该区域黑度控制在 2.5 ～ 3.5。

7）椭圆开口度。射线底片上椭圆开口度太小会使源侧与胶片侧焊缝根部热影响区缺陷产生混淆，开口度太大又不利于根部裂纹、未焊透之类面状缺陷的检出。通常椭圆开口度应大致为一个焊缝宽度。

8）标记。小径管透照必须放置片号、中心定位标记及透照顺序号（表明某一接头的透照次数）等识别标记。

[示例] 小径管对接焊缝透照

某电站锅炉水冷壁对接焊口试样如步骤 3 图所示，材质：20，规格：ϕ57 mm × 4 mm。焊接方法为手工氩弧焊，焊缝余高 2 mm，焊缝宽度 8 mm。用 X 射线机 XXG2505，焦点尺寸 2 mm × 2 mm，曝光曲线如步骤 3 图所示。

透照操作时应严格遵守工艺规定，操作步骤、内容及有关要求见表 2-14。

表 2-14　小径管对接焊缝透照的基本操作步骤

步骤	操作过程	操作说明
1	 试件 编号 规格 试管	1. 观察工件表面状态，去除影响射线检测的异物和飞溅等 2. 了解被检对象材质和规格 3. 确定管径、焊缝余高、焊缝宽度
2	 考核号 试件号 透照日期 xxyyzz 试件 编号 规格	1. 制作标识，包括考核号、试件号、透照日期、中心标记和搭接标记 2. 根据透照试件公称厚度选择像质计
3	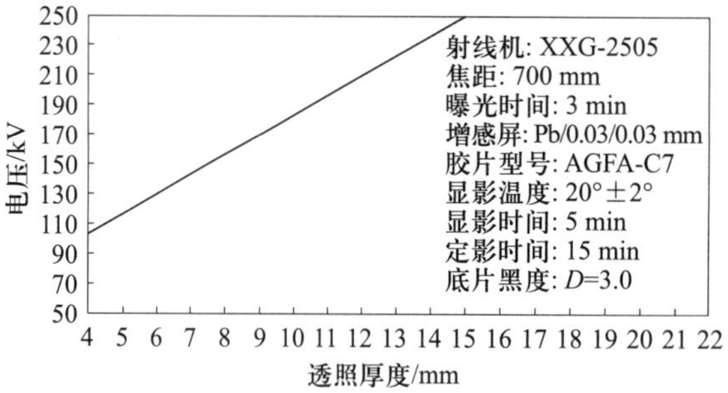 射线机: XXG-2505 焦距: 700 mm 曝光时间: 3 min 增感屏: Pb/0.03/0.03 mm 胶片型号: AGFA-C7 显影温度: 20°±2° 显影时间: 5 min 定影时间: 15 min 底片黑度: D=3.0 电压/kV: 50 70 90 110 130 150 170 190 210 230 250 透照厚度/mm: 4 5 6 7 8 9 10 11 12 13 14 15 16 17 18 19 20 21 22	1. 按照操作指导书，选择 AGFA-C7 胶片、增感屏 Pb 0.03 mm 2. 确定曝光参数： F=700 mm，I=5 mA，t=3 min 3. 管子对接焊缝按照管子 2 倍壁等于 8 mm 确定管电压为 158 kV 4. 椭圆成像偏移距离计算
4		1. 根据工件规格，确定胶片规格：300 mm × 80 mm 2. 在暗室对胶片分切成指定规格后，与同规格的增感屏共同装入暗袋 3. 胶片夹入增感屏之间，其中增感屏金属面与胶片紧密贴合

续表

步骤	操作过程	操作说明
5	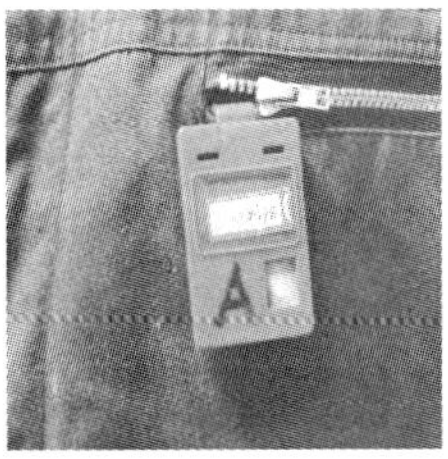 	1. 进入曝光间之前，操作人员应佩戴个人剂量仪和射线监测设备 2. 检查曝光间曝光状态，停止曝光后开启铅门，进入曝光间
6		1. 查看选定射线机辐射场的划线标识，射线机窗口是否处于划线中心位置，有无偏转 2. 用卷尺确定曝光焦距 F=700 mm
7	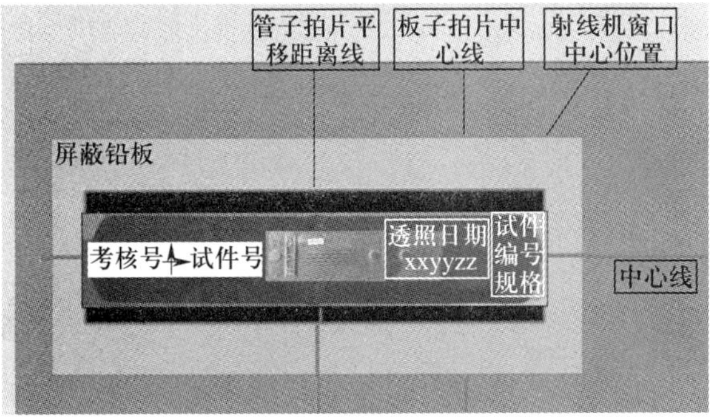 管子拍片平移距离线 板子拍片中心线 射线机窗口中心位置 屏蔽铅板 考核号 试件号 透照日期 xxyyzz 试件编号规格 中心线	1. 将背散射防护铅板放置在两条中心线位置 2. 将装有胶片的暗袋放置在背防护铅板正上方 3. 将试件按图示放置在背防护铅板和暗袋上方 4. 按图示要求摆放好标记和像质计 5. 小径管透照可采用等径像质计横跨焊缝
8	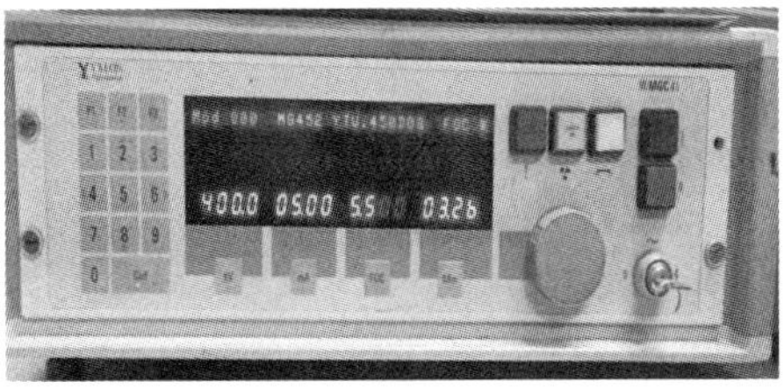	1. 确保曝光间人员全部退出后，关闭曝光间防护铅门 2. 按照曝光曲线选择参数，在控制台设置曝光参数 3. 开启高压进行曝光
9		1. 曝光结束后，曝光间射线监测红灯停止闪烁后，开启曝光间防护铅门，取出曝光后的胶片拿到暗室处理 2. 胶片从曝光间取出到暗室过程中不得打开暗袋，防止曝光

透照结束后按照表 2-15 的流程对胶片进行暗室处理。

表 2-15　胶片暗室处理

步骤	操作过程	操作说明
1		进入暗室，关闭光源，只保留暗室红灯后打开密封暗袋，分开增感屏，手拿胶片两侧，取出曝光胶片
2		1. 手拿胶片两侧，取出已曝光的胶片放入洗片夹 2. 胶片取出后，暗袋和增感屏分别放好，方便下次使用 3. 放置过程要小心轻放，避免产生划痕伪缺陷
3	 	1. 将装有胶片的洗片架预先水浸 2. 胶片润湿后放入显影液槽，并不断进行搅动，保证显影均匀，显影 5 min 3. 在显定影过程中可采用红灯倒计时功能
4	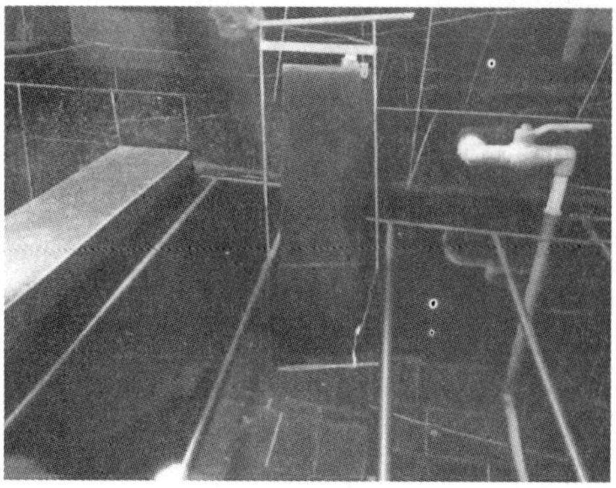	显影结束后，将胶片放入停显液后，不断搅动 1 min，去除胶片表面多余显影液

续表

步骤	操作过程	操作说明
5		1. 停显结束后，将胶片放入定影液，刚放入应做多次抖动 2. 定影过程中，每隔两分钟搅动一次 3. 定影时间 15 min
6		定影结束后，将胶片采用流动清水漂洗 30 min
7	 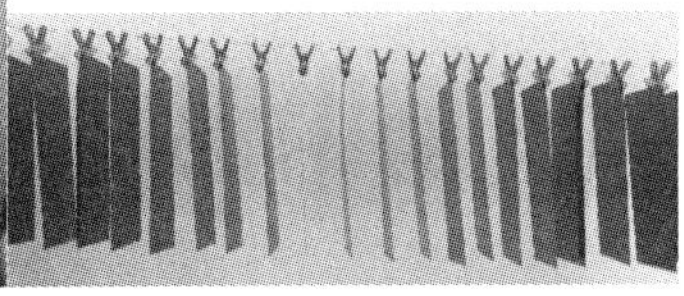	将暗室处理后的底片采用烘箱烘干或自然晾干
8	 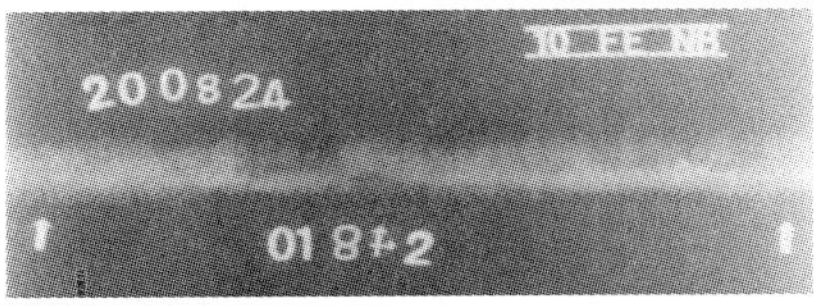 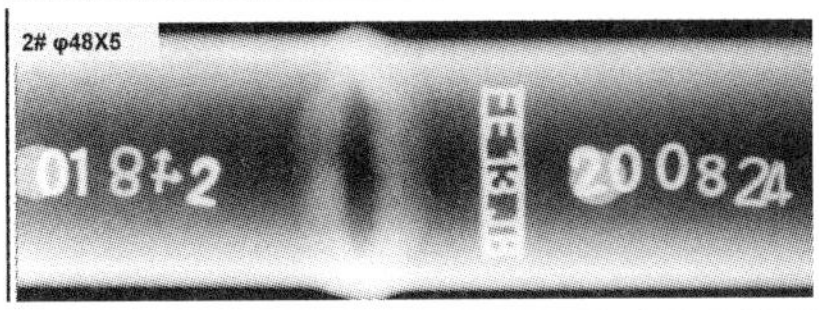	1. 通览底片，查看底片标记、底片黑度和灵敏度是否满足要求 2. 底片影像细节观察，出具评片记录

复习思考题

1. 小径管双壁双影椭圆成像时，透照厚度如何选择？
2. 选择透照焦距时应考虑哪些因素？
3. 选择透照方式时，应考虑哪些因素？
4. 曝光曲线只适用于一组特定的条件，具体条件包括哪些？

第四节　暗室处理技术

暗室处理是射线检测检验的一道重要工序，被射线曝光的带有潜影的胶片经过暗室处理后变为带有可见影像的底片。底片质量好坏与暗室工作的技术水平以及操作正确与否密切相关。作为射线检测人员，应该熟练掌握暗室操作技术以及有关知识。

一、暗室基本知识

1. 暗室设备器材使用知识

暗室常用的设备器材包括安全灯、温度计、洗片槽、烘片箱等，有的还配有自动洗片机，设备使用应注意以下几点：

（1）安全灯用于胶片冲洗过程中的照明，在使用开始之前需要通过试验确定安全照射时间。

（2）温度计用于配液和显影操作时测量药液温度。

（3）胶片手工处理多采用槽式处理。洗片槽用不锈钢或塑料制成，其深度应超过底片长度 20% 以上，使用时应将药液装满洗片槽，并随时用盖将洗片槽盖好，以减少药液氧化。洗片槽应定期清洗，保持清洁。

2. 药液配制注意事项

图 2-45　显定影液

（1）显定影液。可以采用显定影药粉或浓缩药水按说明书要求进行配制，如图 2-45 所示。

（2）配液的容器应使用玻璃、搪瓷、塑料、不锈钢制品，搅拌棒也应用上述材料制作，切忌使用铜、铁、铝制品，这些制品会加速显影剂的氧化。

（3）配液用水可使用蒸馏水、去离子水、煮沸后冷却水或自来水，对井水或河水应进行再制，以降低硬度、提高纯度。

（4）配制显影液的水温一般在 30 ～ 50 ℃，水温太高会促使某些药品氧化，太低又会使某些药品不易溶解。配制定影液的水温可升至 60 ～ 70 ℃，因为硫代硫酸钠溶解时会大量吸热。

（5）配液时应按配方中规定的次序进行，不可随意颠倒次序。

（6）配液时应不停地搅拌，以加速溶解。但显影液的搅拌不宜过于激烈，且应朝一个方向进行，以免发生显影剂氧化现象。

（7）配液时宜先取总体积四分之三的水量，待全部药品溶解后再加水至所要求的体积，配好的药液应静置 24 h 后再使用。

3. 胶片处理程序及操作要点

胶片手工处理过程可分为显影、停显、定影、水洗和干燥 5 个步骤，各个步骤的标准操作条件见表 2-16。

表 2-16　胶片处理程序及操作要点

步骤	温度 /℃	时间 /min	药液	操作要点
显影	20 ± 2	4 ～ 6	显影液（标准配方）	预先水浸，显影过程中适当搅动
停显	16 ～ 24	约 0.5	停显液	充分搅动
定影	16 ～ 24	5 ～ 15	定影液	适当搅动
水洗	—	30 ～ 60	水	流动水漂洗
干燥	≤ 40	—	—	去除表面水滴后干燥

有关说明如下：

（1）显影温度对底片质量影响很大，需严格按照推荐温度进行。

（2）胶片放入显影液之前，应先在清水中预浸一下，使胶片表面润湿，避免胶片表面附有气泡，造成显影不均匀。

（3）显影时正确的搅动方法：在最初 30 s 内不间断地搅动，以后每隔 30 s 搅动一次。

（4）停显阶段应不间断地充分搅动。

（5）停显温度最好与显影温度相近，停显温度过高，可能会产生网纹、皱褶等缺陷。

（6）定影总的时间为通透时间的 2 倍，所谓通透时间是指胶片放进定影液开始到乳剂的乳白色消失为止的时间，并做适当搅动。

（7）水洗应使用清洁的流水漂洗，水洗不充分的底片长期保存后会发生变色现象。水温高时水洗效率也高，但药膜高度膨胀易产生划伤、药膜脱落等缺陷。

（8）水洗后的底片表面附有许多水滴，可用湿海绵擦去水滴，或浸入脱水剂溶液，使水从底片表面快速流尽，然后自然干燥或使用烘片箱烘干。

二、自动洗片机

自动洗片机采用连续冲洗方式，能自动完成显影、定影、水洗、烘干整个暗室处理过程，它与手工处理胶片相比有以下优点：

1. 速度快

自动洗片机能在 8 ～ 12 min 内提供干燥好的可供评定的射线照相底片。

2. 效率高

每小时约可处理 360 mm × 100 mm 胶片 100 ～ 200 张。

3. 质量好

只要透照条件正确，通过自动洗片机处理的底片表面光洁、性能稳定、像质好。

4. 劳动强度低

操作者只需将胶片逐张输入自动洗片机即可，对操作者的技术要求不高。

复习思考题

1. 暗室处理的药液有哪些？分别有什么作用？
2. 暗室显影处理过程为什么需要频繁搅动？
3. 胶片处理有哪几个步骤？

第五节　辐射防护

一、辐射量的定义、单位与标准

辐射效应的研究和应用，离不开对电离辐射的计量，需要规定各种辐射量的定义和单位，用以表征辐射特征，描述辐射场性质，度量电离辐射与物质相互作用时的能量传递及受照物体内部的变化程度和规律。

从放射防护角度出发，可将描述 X 射线和 γ 射线的辐射量分为电离辐射常用辐射量和辐射防护常用辐射量两类。前者包括照射量、比释动能、吸收剂量等；后者包括当量剂量、有效剂量等。

辐射防护中使用的辐射量有很多种，本节介绍与人体有关的辐射量、当量剂量和有效剂量。

1. 当量剂量及单位

（1）当量剂量 H_T。吸收剂量只反映被照射物质吸收了多少电离辐射的能量，吸收能量越多产生的生物效应就越强烈。同样的吸收剂量由于射线的种类不同和能量不同，引起的生物效应就不同，改变这一因素，应该有一个与辐射种类和能量有关的因子对吸收剂量进行修正，这个因子叫作辐射权重因子。

在辐射防护中，我们关心的往往不是受照体某点的吸收剂量，而是某个器官或组织吸收剂量的平均值。辐射权重因子正是用来对某组织或器官的平均吸收剂量进行修正的。用辐射权重因子修正的平均吸收剂量即为当量剂量。

如果某一器官或组织受到几种不同种类和能量的辐射的照射，则应分别将吸收剂量用不同的所对应的辐射种类进行修正，而后相加即可得出总的当量剂量。

（2）当量剂量的单位。辐射权重因子 W_R 是无量纲的，当量剂量的 SI 单位与吸收剂量的 SI 单位相同，为 J/kg，专用名称是希沃特（Sv），因此：1 Sv=1 J/kg。

此外还有厘希沃特（cSv）、毫希沃特（mSv）和微希沃特（μSv）等单位，它们之间的关系为：$1\ Sv=10^2\ cSv=10^3\ mSv=10^6\ \mu Sv$。

2. 当量剂量率及单位

当量剂量率是单位时间内的当量剂量。当量剂量率的 SI 单位为希沃特 / 秒。

二、剂量测定方法和仪器

1. 辐射监测的内容及分类

辐射监测是放射防护的一项重要技术，其主要目的是保护工作人员和居民免受辐射的有害影响。因此，辐射监测的内容包括辐射测量和参照放射卫生防护标准对测定结果进行卫生学评价两个方面。

工业射线照相使用的是 X 射线和 γ 射线，工作人员处于辐射场中，主要受外照射，所以辐射监测的主要内容是防护监测，按监测的对象可分为工作场所和个人剂量监测两大类。

（1）工作场所辐射监测。工作场所辐射监测包括透照室内的辐射场测定和周围环境的剂量场分布测定两部分。

1）透照室内辐射场测定。在透照室内辐射场测定中，需测定不同射线源在不同条件下射线直接输出剂量、散射线量及有散射体存在时剂量场的分布情况，如图 2-46 所示。以便及时发现潜在的高剂量区，从而采取必要的防护措施。根据剂量场的分布

图 2-46　X、γ 辐射场报警装置

资料，可以计算工作人员的允许连续工作时间，估计工作人员在给定条件下将受到的照射剂量。另外，还可测定增添防护设施后剂量场的分布情况，以便评定防护设施的性能。

2）周围环境剂量场分布测定。周围环境剂量场分布测定包括透照室门口、窗口、走廊、楼上、楼下和其他相邻房间以及周围环境的照射剂量，它可为改善防护条件提供有价值的数据，保证环境剂量水平符合放射卫生防护要求，常用测量装置如图 2-47 所示。

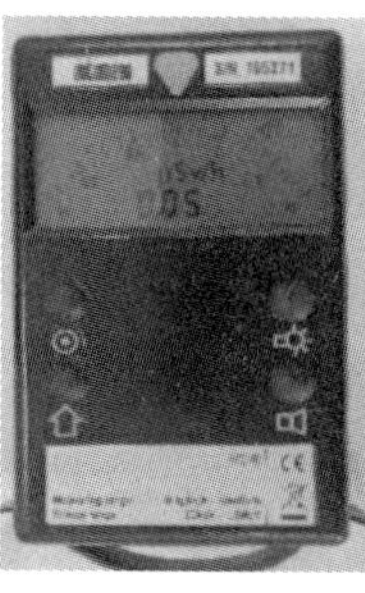
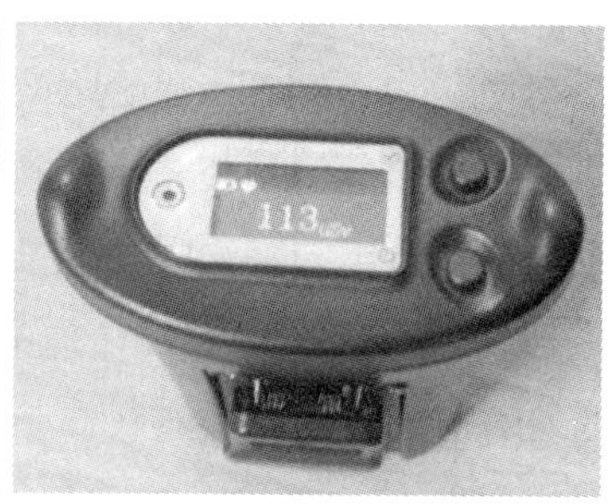

图 2-47 X、γ 辐射周围环境测量装置

3）控制区和监督区剂量场分布。现场透照时，应根据剂量水平划分控制区和监督（管理）区。控制区是指在辐射工作场所划分的一种区域，在该区域内要求采取专门的防护手段和安全措施，以便在正常工作条件下能有效控制照射剂量和防止潜在照射。监督（管理）区是指辐射工作场所控制区以外、通常不需要采取专门防护手段和安全措施，但要不断检查其职业照射条件的区域。

现行标准规定的 X 射线现场作业控制区与监督区如图 2-48 所示，γ 射线现场作业控制区与监督区如图 2-49 所示。

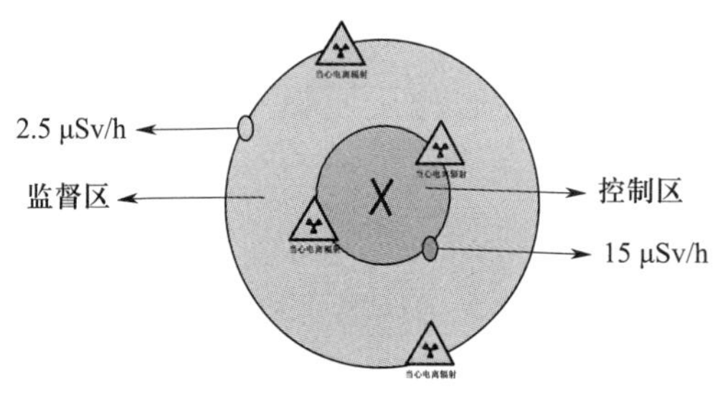

图 2-48 X 射线现场作业控制区与监督区

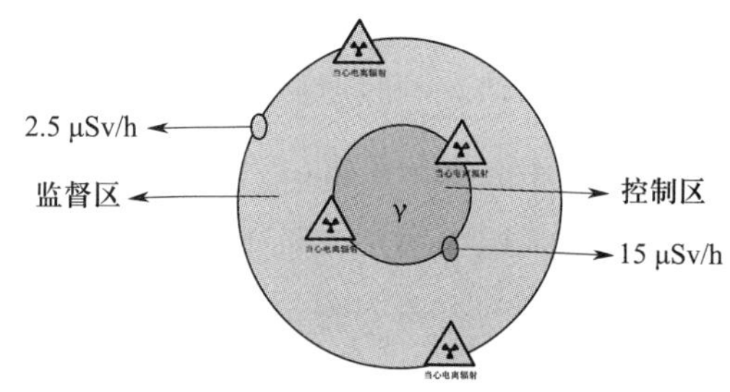

图 2-49 γ 射线现场作业控制区与监督区

（2）个人剂量监测。个人剂量监测是测量被射线照射的个人所接受的剂量，这是一种控制性的测量。它可以告知在辐射场的工作人员直到某一时刻为止已经接受了多少照射量或吸收剂量，因此就可以控制以后的照射。如果被照射者接受了超剂量的照射，个人剂量监测不仅有助于分析超剂量的原因，还可以为医生治疗被照射者提供有价值的数据。当然，个人剂量监测和工作场所检测是相辅相成的。并且个人剂量监测对加强管理、积累资料、研究剂量与效应关系有很大的作用。

实际上，并不是任何外照射条件下都需要进行个人剂量监测。通常只有受照射剂量达到某一水平的地方或偶尔可能发生大剂量照射的地方，才需要进行个人剂量监测。

辐射监测是放射防护的一项重要技术，其主要目的是保护工作人员和居民免受辐射的有害影响。因此，辐射监测的内容包括辐射测量和参照放射卫生防护标准对测定结果进行卫生学评价两个方面。

2. 个人剂量监测仪器

个人剂量监测仪的探测器件通常佩戴在人身上，以监测个人受到的总照射量或者组织的吸收剂量。因此，探测元件或仪器必须非常小巧、轻便、牢固、容易使用、佩戴舒适，而且能量响应要好，并不受所受辐射以外的因素干扰。

常用的个人剂量监测仪有电离式剂量笔、胶片剂量计，以及属于固体剂量仪的玻璃剂量计和热释光剂量计，目前使用较多的是固体剂量仪。

（1）个人剂量笔。个人剂量笔，实际上是一种直读式袖珍电离室，又叫携带剂量表。是一种形似钢笔的小型电器，如图 2-50 所示。其基本结构包括两个电极，一个带正电即中心电极，一个带负电即外电极。

这种个人剂量笔，具有读数迅速、简便的优点，但它对能量响应较差，并且常由于绝缘性能不良或受到冲撞震动而引起错误的读数，目前已很少使用。

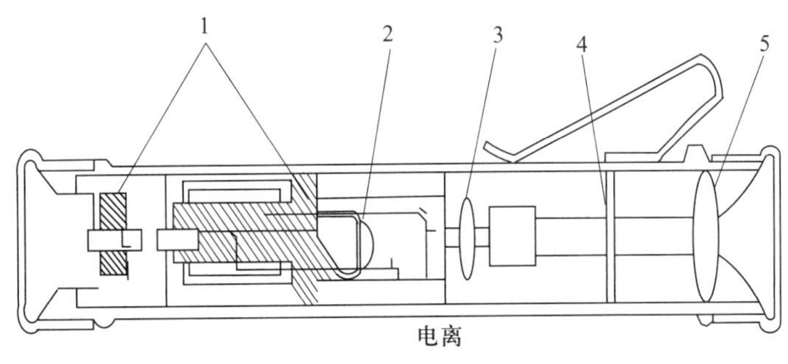

图 2-50 个人剂量笔

1—绝缘体 2—可动纤维 3—物镜 4—刻度 5—目镜

（2）热释光剂量计。热释光剂量计和荧光玻璃剂量计都是固体发光剂量计，这是 20 世纪 50 年代以来迅速发展起来的剂量测量仪器。热释光剂量计具有较高的灵敏度和精确度，剂量元件可做得很小，有的加工成小徽章，有的还可加工成一定形状的指环戴在手上，如图 2-51 所示。热释光剂量计的缺点是不能直接显示读数，需要通过专门的加热读出装置读取剂量值。

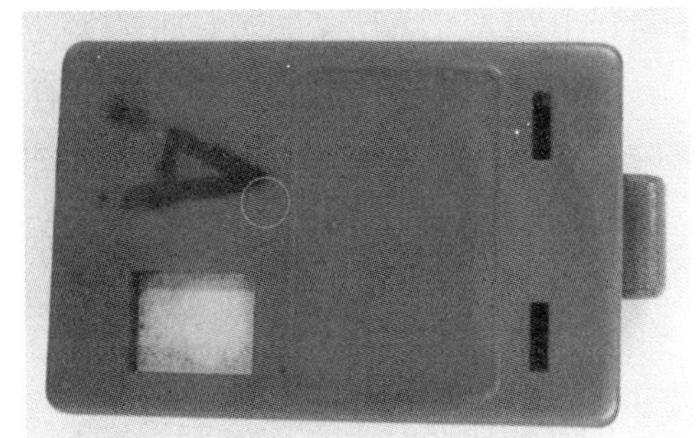

图 2-51 热释光剂量计

热释光剂量元件的品种很多，目前最常用的热释光材料是氟化锂，也有用硼酸锂和氟化钙的。热释光剂量元件，一经加热读数，其内部储存的辐射信息随即消失，因而它不具备复测性，但作为剂量元件可重复投入使用，按规定至少每 3 个月对剂量元件检测一次。

三、辐射防护的原则、标准和辐射损伤机理

1. 辐射防护的目的和基本原则

要正确实施辐射防护，必须明确辐射防护的目的和基本原则。这些目的和基本原则基于以下事实：

（1）电离辐射是不能够完全避免的，因此盲目增加防护成本是没有意义的。在人类生活环境中，天然存在多种射线和放射性物质，称为天然本底辐射。据报道，世界上多数地区的人的年平均天然本底辐射剂量水平为 1 ～ 6 mSv。此外各种人工辐射也不可避免，以医疗照射为例，一次诊断过程病人受到的局部剂量大约相当于天然辐射年剂量的 1 ～ 50 倍，辐射治疗应用剂量往往超过几个 Gy。

（2）电离辐射所致随机效应是“线性无阈”的，因此应避免任何不合理的照射。所谓“无阈”，是指不存在一个在其以下不产生人体伤害的阈值。所谓“线性”，是指随机效应发生概率随剂量的增加而增大。因此，应尽量减少不必要的照射。

辐射防护的目的有两方面：一方面，防止有害的确定性效应；另一方面，限制随机性效应的发生率，使之达到被认为可以接受的水平。

因此，辐射防护应遵循以下 3 个基本原则：

（1）辐射实践的正当化，即辐射实践所致的电离辐射危害同社会和个人从中获得的利益相比是可接受的，这种实践具有正当理由，获得的利益超过付出的代价。

（2）辐射防护的最优化，即应当避免一切不必要的照射。在考虑经济和社会因素的条件下，所有辐射照射都应该保持在可合理达到的尽可能低的水平。

（3）个人剂量限值，即在实施辐射实践的正当化和辐射防护最优化原则的同时，应用剂量限值对个人所受的照射加以限制，使之不超过规定。

辐射防护的 3 个基本原则是一个有机的统一整体，在实际工作中，应同时予以考虑，只有这样才能保证辐射防护正常和合理进行。

2. 剂量限值规定

我国现行放射防护标准《电离辐射防护与辐射源安全基本标准》（GB 18871—2002）规定的剂量限值如下：

（1）职业照射剂量限值

1）应对任何工作人员的职业水平进行控制，使之不超过下述限值：

①由审管部门决定的连续 5 年的年平均有效剂量（但不可做任何追溯性平均）：20 mSv。

②任何一年中的有效剂量：50 mSv。

③眼晶体的年当量剂量：150 mSv。

④四肢（手和足）或皮肤的年当量剂量：500 mSv。

2）对于年龄为16～18岁接受涉及辐射照射就业培训的徒工和年龄为16～18岁在学习过程中需要使用放射源的学生，应控制其职业照射不超过下述限值：

①年有效剂量：6 mSv。

②眼晶体的年当量剂量：50 mSv。

③四肢或皮肤的年当量剂量：150 mSv。

3）特殊情况照射

①依照审管部门的规定，可将剂量平均期由5个连续年延长到10个连续年。并且，在此期间内，任何工作人员所接受的平均有效剂量不应超过20 mSv，任何单一年份不应超过50 mSv。此外，当任何一个工作人员自此延长平均期开始以来所接受的剂量累计达到100 mSv时，应进行审查。

②剂量限制的临时变更应遵循审管部门的规定，但任何一年内不得超过50 mSv，临时变更的期限不得超过5年。

（2）公众照射剂量限值

1）年有效剂量：1 mSv。

2）特殊情况下如果5个连续年的平均剂量不超过1 mSv，则某一单一年份的有效剂量可提高到5 mSv。

3）眼晶体的年当量剂量：15 mSv。

4）四肢（手和足）或皮肤的年当量剂量：50 mSv。

3. 辐射损伤的机理

辐射对机体带来的损害分为确定性效应和随机性效应。确定性效应是指射线剂量高于某一个剂量值时，临床上即可观察到这种效应，而射线剂量低于该值时，就不会产生这种效应。随机性效应不存在剂量阈值，它的发生概率随着剂量的增大而增大。

（1）确定性效应。当器官或组织中有足够多的细胞被杀死或不能正常地增殖时，就会出现临床上能观察到的、反映器官或组织功能丧失的损害。在剂量比较小时，这种损害不会发生，即发生的概率为0；当剂量达到某一水平（阈剂量）以上时，发生的概率将迅速增加到1（100%）。在阈剂量以上，损害的严重程度将随剂量的增加而增加，反映了受损害的细胞越多，功能的丧失就越严重。就这种效应的发生来说，虽然单个细胞被辐射照射所杀死具有随机的性质，但当有大量细胞被杀死时，效应的发生就是必然的。因此这种效应被称为确定性效应，其特点就是上面提到的其严重程度在阈剂量以上随剂量的增加而增加。

（2）随机性效应。如果受到照射的细胞不是被杀死而是仍然存活但发生了变化，则所产生的效应将与确定性效应有很大的不同。随机性效应分为两大类，第一类发生在体细胞内，当电离辐射使细胞发生变异（基因突变或染色体畸变）而未被杀死，这些存活着的但发生变异的细胞能继续繁殖，经过长短不一的潜伏期，可能在受照射体内诱发癌症，此种随机效应称为致癌效应。第二类发生在生殖组织细胞内，当电离辐射使生殖细胞发生变异，就可能传给受照者的后代，使其后裔出现遗传疾患，这种随机效应称为遗传效应。

随机性效应的发生概率与照射剂量的大小呈线性关系，而效应的严重程度与剂量无关，且随机性效应不存在剂量的阈值。放射性致癌、放射性诱发各种遗传疾病均属随机性效应。

四、辐射防护的基本方法和防护计算

辐射防护的目的在于控制辐射对人体的照射，使之保持在可以合理做到的最低水平，保证个人所受到的剂量当量不超过国家规定的标准。

对于工业射线检测而言，只需要考虑外照射的防护。总的来说，外照射的防护比内照射的防护容易解决。外照射防护的基本因素有以下 3 点：

（1）时间——要控制射线对人体的曝光时间。在具有恒定剂量率的区域里工作的人，其累积剂量正比于他在该区域内停留的时间。

$$剂量 = 剂量率 \times 时间$$

从上式可见，在照射率不变的情况下，照射时间越长，工作人员所接受的剂量越大。为了控制剂量，对个人来说，就要求操作熟练，动作尽量简单迅速，减少不必要的照射时间。为确保每个工作人员的累计剂量在允许的剂量限值以下，有时一项工作需要几个人轮换操作，从而达到缩短照射时间的目的。

（2）距离——要控制射线源到人体间的距离。增大与辐射源之间的距离可以降低受照剂量。这是因为，在辐射源一定时，照射剂量或剂量率与离源的距离的平方成反比。即

$$\frac{D_1}{D_2}=\frac{R_2^{\ 2}}{R_1^{\ 2}} \tag{2-2}$$

式中 D_1——距离辐射源 R_1 处的剂量或剂量率，mSv 或 mSv/h；

D_2——距离辐射源 R_2 处的剂量或剂量率，mSv 或 mSv/h；

R_1——辐射源到点 1 的距离，mm；

R_2——辐射源到点 2 的距离，mm。

从式 2-2 可见，距离增加一倍时，剂量或剂量率减少到原来的 1/4。在实际工作中，为减少工作人员所接受的剂量，在条件允许的情况下，应尽量增大人与辐射源之间的距离，尤其是在无屏蔽的室外工作，应尽量利用连接电缆长度达到距离防护的目的。无论

何时何种情况，不得用手直接抓取放射源。

（3）屏蔽——在人体和射线源之间隔一层吸收物质。在实际工作中，当人与辐射源之间的距离无法改变，而时间又受到工艺操作的限制时，欲降低工作人员的受照剂量水平，只有采用屏蔽防护。屏蔽防护就是根据辐射通过物质时强度被减弱的原理，在人与辐射源之间加一层足够厚的屏蔽，把照射剂量减少到容许剂量水平以下。

1）屏蔽方式。根据防护要求不同，屏蔽物可以是固定的，也可以是移动的。属于固定式的屏蔽物是指防护墙、地板、天花板、防护门等。属于移动式的如容器、防护屏及铅房等。

2）屏蔽材料。用作 γ 射线和 X 射线的屏蔽材料多种多样。按道理讲，任何材料对射线强度都有程度不同的削弱，但原子序数高或密度大的防护材料，其防护效果更好。在实践中，铅和混凝土是最常用的防护材料。

总之，屏蔽材料必须是根据辐射源的能量、强度、用途和工作性质来具体选择的，同时还必须考虑材料来源和成本。

五、屏蔽防护常用材料

1. 对屏蔽材料的要求

（1）防护性能。防护性能主要指材料对辐射的衰减能力，也就是说，为达到某一预定的屏蔽效果所需材料的厚度和质量。在屏蔽效果相当的情况下，成本差别不大，厚度最薄，质量最轻的材料最理想。

（2）结构性能。屏蔽材料除具有很好的屏蔽性能，还应成为建筑结构的一部分。因此，屏蔽材料应具有一定的结构性能，包括材料的物理形态、力学特性和机械强度等。

（3）稳定性能。为保持屏蔽效果的持久性，要求屏蔽材料稳定性能好，也就是材料具有抗辐射的能力，而且当材料处于水、汽、酸碱、高温环境时，能够耐高温、抗腐蚀。

（4）经济成本。所选材料应成本低、来源广泛、易加工，且安装、维修方便。

2. 常用屏蔽防护材料及特点

（1）铅。原子序数 82，密度 11 350 kg/m。耐腐蚀、强衰减，但价格贵、强度差、不耐高温、有化学毒性、对低能 X 射线散射大。

（2）铁。原子序数 26，密度 7 800 kg/m。力学性能好、价廉、有较好防护性能。

（3）砖。价廉、通用、来源广，24 cm 的实心砖墙约有 2 mm 的铅当量。对低能 X 射线散射小，故是屏蔽防护的好材料。

（4）混凝土。由水、石子、沙子和水泥混合而成，密度约 2 300 kg/m，含多种元素，成本低，有良好结构性能。用作固定防护屏蔽。如特殊需要，可通过加进重骨料（如重晶石、铁砂石、铸铁块等）以制成密度较大的重混凝土，其成本较高，浇注时必须保证重骨料在整个屏蔽层均匀分布。

六、辐射防护安全管理

1. 辐射防护法规与标准

辐射防护法规与标准是指国务院及有关部委颁布的监督管理放射安全的法规与标准。

与工业射线照相有关的放射卫生防护法规有：

（1）《中华人民共和国放射性污染防治法》

（2）《中华人民共和国职业病防治法》

（3）《放射性同位素与射线装置安全和防护条例》

（4）《放射性废物安全管理条例》

（5）《放射性同位素与射线装置安全许可管理办法》

（6）《放射性同位素与射线装置安全和防护管理办法》

（7）《放射事故管理规定》

标准是对重复性事物和概念所做的统一规定，它以科学技术和实践经验的综合成果为基础，经有关方面协商一致，由主管机构批准，以特定形式发布，作为共同遵守的守则和依据。放射防护标准属于技术性规范，与工业射线照相有关的放射防护标准有：

（1）《电离辐射防护及辐射源安全基本标准》（GB 18871—2002）

（2）《工业 γ 射线探伤放射防护标准》（GBZ 132—2008）

（3）《工业 X 射线探伤放射防护要求》（GBZ 117—2015）

2. 辐射防护培训

辐射防护培训是为了提高放射工作人员对放射安全重要性的认识，增强防护意识，掌握防护技术，最大限度地减少不必要的照射，避免事故发生，保障工作人员和公众的健康与安全的必要措施。

放射工作人员上岗前必须接受放射防护培训，经考试合格后才有资格参加相应的工作，上岗后应定期接受再培训。

3. 辐射工作人员证书与健康的管理

（1）放射工作人员上岗前，必须由所在单位向省级生态环境厅申请报名，经培训考试合格后，发放《辐射安全与防护合格证书》方可从事所限定的放射工作。

（2）放射工作人员健康的管理。

（3）体检。

（4）放射工作人员健康要求。

（5）不宜从事放射工作的条件。

（6）医学随访。

（7）保健津贴。

（8）休假。

4. 放射事故管理的主要内容

（1）放射事故按其性质可分为责任事故、技术事故和其他事故；按类别可分为人员受超剂量照射事故、放射性物质污染事故和丢失放射性物质事故。

（2）人员受超剂量照射事故发生后，肇事单位应立即将事故情况报告主管部门和所在地区的环保、卫生、公安部门，并及时采取妥善措施，尽量减少和消除事故的危害和影响，接受当地放射卫生防护机构的监督及有关部门的指导。

（3）对事故中受照人员，可通过个人剂量计、模拟实验等方法迅速估算受照剂量。对一次受照有效剂量超过 0.05 Sv 者，应给予医学检查；对一次受照有效剂量超过 0.25 Sv 者，应及时给予医学检查和必要的医学处理。

（4）放射事故应按《放射事故管理规定》处理。

复习思考题

1. 辐射防护遵循的基本原则有哪些？
2. 辐射防护的基本方法有哪些？
3. 个人辐射监测仪器有哪几种？
4. 我国现行辐射防护标准对放射性工作人员的剂量当量限值有哪些规定？

第六节 质量控制与安全防护

一、质量控制

射线检测产品质量控制应从人员，设备，材料，过程和环境等五大要素进行控制。

1. 检测人员

（1）从事射线检测人员必须经过培训考核取得国家颁发的射线胶片照相检测资格证书。

（2）射线检测人员在上岗之前应进行辐射安全知识培训，并按照法规要求取得相应证书。

（3）评片人员应每年检查一次视力，视力应不低于 5.0。

2. 检测设备

（1）根据每台检测设备，应制作经常检测材料的曝光曲线，按照曝光曲线确定曝光参数。使用中的曝光曲线每年至少核查一次。

（2）观片灯的亮度应满足评片要求，当底片评定范围内的黑度 $D \leqslant 2.5$ 时，透过底片评定范围亮度不低于 30 cd/m^2；当底片评定范围内的黑度 $D > 2.5$ 时，透过底片评定范围亮度不低于 10 cd/m^2。

（3）黑度计的测量值误差应不超过 ±0.05，至少每 6 个月核查一次，标准密度片至少每 2 年校准一次。

（4）个人剂量计至少 3 个月、剂量报警仪每年要定期送检。

（5）Co60 γ 射线源透照时，曝光时间不应超过 12 h，Ir192 γ 射线源透照时，曝光时间不超过 8 h，且不得采用多个源捆绑方式透照。

3. 检测材料

（1）检测之前检查暗袋是否漏光和增感屏是否划伤，检测过程胶片和增感屏要接触良好。

（2）暗室显定影液温度应控制在 20 ℃左右，且不得采用电加热器直接对显定影液加热。

（3）对使用中的显定影液应注意检查，当效力下降时应及时补充或更换。

（4）胶片的类型应与检测技术级别对应。

（5）增感屏的材质和规格应与射线能量、射线源种类相对应。

4. 检测过程

（1）检测过程应根据委托单，选择对应的操作指导书进行检测，首次使用的操作指导书应进行工艺验证。

（2）对有延迟裂纹倾向材料检测应安排在 24 h 以后。

（3）射线检测之前，焊接接头表面应经过目视检测合格，不规则的表面应进行适当修整。

（4）胶片应在曝光后 8 h 内完成，最长不超过 24 h。

（5）底片评定范围内不应存在影响影像观察的灰雾、干扰缺陷识别的水迹、划痕、显影条纹、静电斑纹、压痕等伪缺陷影像，以及增感屏缺陷带来的各种伪缺陷影像。

5. 检测环境

（1）胶片储存环境的温度和湿度应满足胶片储存要求。

（2）评片室应整洁、安静、温度适宜，光线应暗且柔和。

（3）显定影液的温度应严格控制在 20 ℃左右。

（4）暗室要干区和湿区分开，安全灯的亮度要满足胶片处理要求。

二、安全防护

除公共安全防护及工作场所安全以外还应遵守本专业安全防护要求。

（1）射线检测操作人员应配备防护服、剂量报警仪及个人剂量仪。

（2）在现场射线检测时，应划定控制区、管理区 / 监督区、设置警告，检测时应佩戴个人剂量计，并携带剂量报警仪；现场应清除与射线作业的无关人员，在控制区边界设置警戒线和警示标识，要求出入口有专人把关，防止无关人员误入。

（3）X 射线机应摆放在通风干燥处，以免降低绝缘性能，造成短路。

（4）X 射线机运输时应采取防震措施，避免震动造成接头松动、高压包移位、X 射线管破损。

（5）γ 源故障时，应暂停使用，报专门人员处理，不得任意拆卸，以免造成放射性事故。

（6）暗室处理后的显定影液不得任意排放，需由具有资质的专业公司回收，避免环境污染。

第三章 超声检测

第一节 超声检测的物理基础和原理

一、超声检测的定义和作用

超声检测一般是指超声波与工件相互作用，就反射、透射和散射的波进行研究，对工件进行宏观缺陷检测、几何特性测量、组织结构和力学性能变化的检测和表征，并进而对其特定应用性进行评定的技术。在特种设备行业中，超声检测通常指宏观缺陷检测和材料厚度测量。

超声检测是五大常规无损检测技术之一，是目前国内外应用最广泛、使用频率最高且发展较快的一种无损检测技术。超声检测是产品制造中实现质量控制、节约原材料、改进工艺、提高劳动生产率的重要手段，也是设备维护中不可或缺的手段之一。我国特种设备相关法规标准，如《固定式压力容器安全技术监察规程》《锅炉安全技术监察规程》等都对特种设备的制造、安装、修理改造或定期检验等环节提出了超声检测的要求。

超声波是一种机械波，机械振动与波动是超声检测的物理基础。超声检测中，主要涉及几何声学和物理声学中的一些基本定律和概念，如几何声学中的反射、折射定律及波型转换，物理声学中波的叠加、干涉、绕射及惠更斯原理等。深入理解几何声学和物理声学中的有关概念，掌握其中的基本定律，对于灵活运用超声波理论去解决实际检测中的各种问题无疑是十分有益的。

二、超声检测的基础知识

1. 次声波、声波和超声波

（1）次声波、声波和超声波的划分。次声波、声波和超声波都是在弹性介质中传播的机械波，它们的区别主要在于频率不同。人们把能引起听觉的机械波称为声波，频率在 20 ～ 20 000 Hz 之间。频率低于 20 Hz 的机械波称为次声波，频率高于 20 000 Hz 的机械波称为超声波。次声波、超声波人耳无法听到。

（2）超声波的应用。超声检测所用的频率一般在 0.5 ～ 10 MHz 之间。对钢等金属材料的检测，超声检测所用的频率为 1 ～ 5 MHz。超声波波长很短，由此决定了超声波具有一些重要特性，使其能广泛用于无损检测。

1）超声波方向性好。超声波是频率很高、波长很短的机械波，在无损检测中使用的波长为毫米数量级。超声波像光波一样具有良好的方向性，可以定向发射，犹如一束手电筒灯光可以在黑暗中寻找物品一样在被检材料中发现缺陷。

2）超声波能量高。用于检测的超声波，其频率远高于声波，而能量（声强）与频率的平方成正比。因此超声波的能量远大于声波的能量。如 1 MHz 的超声波的能量相当于 1 kHz 的声波的 100 万倍。

3）能在界面上产生反射、折射和波型转换。在超声检测中，特别是在超声波脉冲反射法检测中，利用了超声波具有几何声学的一些特点，如在介质中直线传播，遇界面产生反射、折射和波型转换等。

4）超声波穿透能力强。在一些金属材料中超声波穿透能力可达数米，这是其他检测手段所无法比拟的。

超声波除用于无损检测外，还可以用于机械加工，如加工红宝石、金刚石、陶瓷石英、玻璃等硬度特别高的材料，也可以用于焊接，如焊接钛、钍、锝等难焊金属。此外，在化学工业上可利用超声波作催化剂，在农业上可利用超声波促进种子发芽，在医学上可利用超声波进行诊断、消毒等。

2. 超声检测工作原理

超声检测主要是基于超声波在工件中的传播特性，如声波在通过材料时能量会损失，在遇到声阻抗不同的两种介质界面时会发生反射等。其工作原理是：

（1）声源产生超声波，采用一定方式使超声波进入工件。

（2）超声波在工件中传播并与工件材料以及其中的缺陷相互作用，改变其传播方向或特征。

（3）改变后的超声波被检测设备接收，并可对其进行处理和分析。

（4）根据接收的超声波的特征，评估工件本身及其内部是否存在缺陷及缺陷的特性。

3. 超声检测的优点和局限性

（1）优点。与其他无损检测方法相比，超声检测方法的优点有：

1）适用于金属、非金属和复合材料等多种制件的无损检测。

2）穿透能力强，可对较大厚度范围内的工件内部缺陷进行检测。如对金属材料，可检测厚度为 1 ～ 2 mm 的薄壁管材和板材，也可检测几米长的钢锻件。

3）缺陷定位较准确。

4）对面积性缺陷的检出率较高。

5）灵敏度较高，可检测工件内部尺寸很小的缺陷。

6）检测成本低、速度快、设备轻便，对人体及环境无害，现场使用较方便等。

（2）局限性

1）较难对工件中的缺陷进行精确的定性、定量判定。

2）不易对具有复杂形状或不规则外形的工件进行超声检测。

3）缺陷的位置、取向和形状对检测结果有一定影响。

4）工件材质、晶粒度等对检测结果有较大影响。

5）常用的手工 A 型脉冲反射法不能直观显示检测结果。

4. 超声检测的适用范围

超声检测的适用范围非常广，从检测对象的材料来说，可用于金属、非金属和复合材料；从检测对象的制造工艺来说，可用于锻件、铸件、焊接件、胶结件等；从检测对象的形状来说，可用于板材、棒材、管材等；从检测对象的尺寸来说，检测厚度可从 1 mm 至几米；从检测缺陷部位来说，既可以是表面缺陷，也可以是内部缺陷。

在特种设备行业中，超声检测为常用的无损检测手段，其典型应用见《承压设备无损检测　第 3 部分：超声检测》（NB/T 47013.3—2015）。

三、机械振动与机械波

1. 机械振动

物体沿着直线或曲线在某一平衡位置附近作往复周期性的运动，称为机械振动。

日常生活中经常可以见到振动现象，如弹簧的运动、钟摆的运动和汽缸中活塞运动等都是可以直接观察到的振动现象。另外，如固体分子的热运动，一切发声物体的运动以及超声波波源的运动等则是人们难以觉察到的振动现象。

（1）周期 T。振动物体完成一次全振动所需要的时间，称为振动周期，用 T 表示。常用单位为秒（s）。

（2）频率 f。振动物体在单位时间内完成全振动的次数，称为振动频率，用 f 表示。常用单位为赫兹（Hz），1 赫兹表示 1 秒钟内完成全振动，即 1 Hz=1 次 / 秒。此外还有千赫（kHz）、兆赫（MHz）。1 MHz=10^3 kHz=10^6 Hz，由周期和频率的定义可知，二者互为倒数：

$$T=\frac{1}{f} \tag{3-1}$$

如某人说话的频率 f=1 000 Hz，表示其声带振动为 1 000 次 / 秒，声带振动周期 T=1/f=1/1 000=0.001 s。

谐振动方程描述了谐振动物体在任一时刻的位移情况，如图 3-1 ～图 3-3 所示。

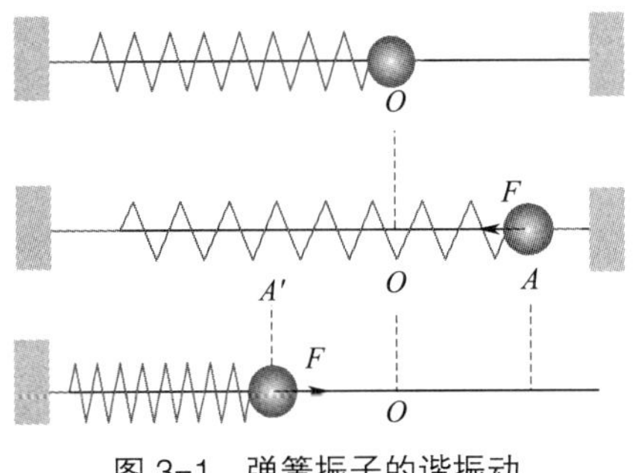

图 3-1 弹簧振子的谐振动

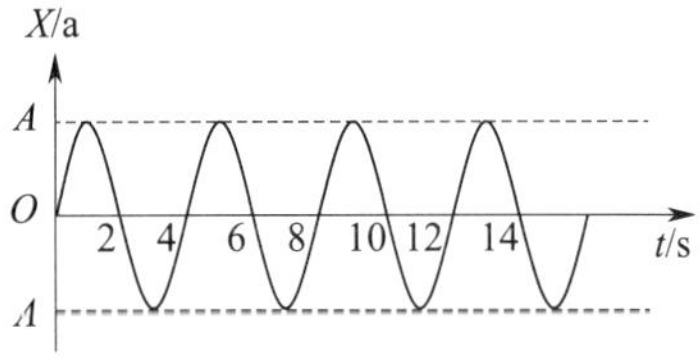

图 3-2 谐振动图像

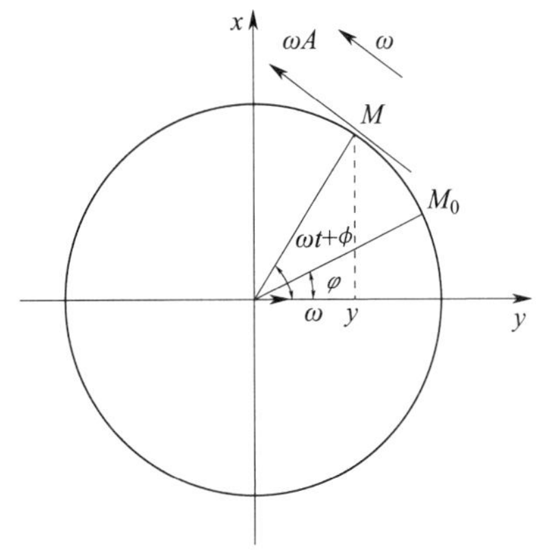

图 3-3 质点谐振动等效图

$$y = A\cos(\omega t+\phi) \tag{3-2}$$

式中 y——任意时刻的位移，mm；

A——振幅，即最大水平位移，mm；

ω——角频率，rad/s；

ϕ——初相位，即 t=0 时质点 M 的相位，rad；

$\omega t+\phi$——质点 M 在 t 时刻的相位，rad。

2. 机械波

（1）机械波的产生与传播。振动的传播过程，称为波动，波动分为机械波和电磁波两大类。机械波是机械振动在弹性介质中的传播过程，如水波、声波、超声波等。电磁波是交变电磁场在空间的传播过程，如无线电波、红外线、可见光、紫外线、X 射线、γ 射线等。

由于这里研究的超声波是机械波，因此下面只讨论机械波。

为了简单说明机械波的产生和传播，不妨建立如图 3-4 所示的弹性模型。图中质点间以小弹簧联系在一起，这种质点间以弹性力联系在一起的介质称为弹性介质。一般固体、液体、气体都可视为弹性介质。

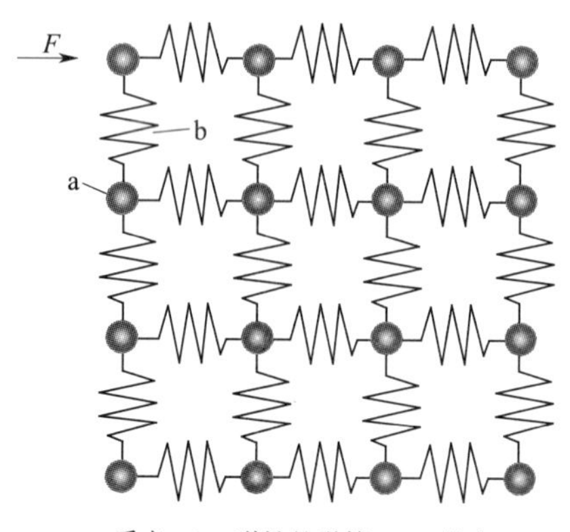

a—质点　b—弹性的弹簧　F—外力

图 3-4　弹性介质模型

当外力 F 作用于质点 a 时，a 就会离开平衡位置，这时 a 周围的质点将对 a 产生弹性力使 a 回到平衡位置。当 a 回到平衡位置时具有一定的速度，由于惯性，a 不会停在平衡位置，而会继续向前运动，并沿相反方向离开平衡位置，这时 a 又会受到反向弹性力，使 a 又回到平衡位置。这样质点 a 在平衡位置来回往复运动，产生振动。与此同时，a 周围的质点也会受到大小相等方向相反的弹性力的作用，使它们离开平衡位置，并在各自的平衡位置附近振动。这样弹性介质中一个质点的振动就会引起邻近质点的振动，邻近质点的振动又会引起较远质点的振动，于是振动就以一定的速度由近及远地向各个方向传播开来，从而形成机械波。

由此可见，产生机械波必须具备以下两个条件：

1）要有做机械振动的波源。

2）要有能传播机械振动的弹性介质。

机械振动与机械波是互相关联的，机械振动是产生机械波的根源，机械波是机械振动状态的传播。波动中介质的各质点并不随波前进，只是以波源相同的振动频率在各自的平衡位置附近往复运动。

波动是振动状态的传播过程，也是振动能量的传播过程。但这种能量的传播，不是靠物质的迁移来实现的，也不是靠相邻质点的弹性碰撞来完成的，而是由各质点的位移连续变化来逐渐传递出去的，犹如人们传递砖块一样。

（2）波长、频率和波速

1）波长 λ。同一波线上相邻两振动相位相同的质点间的距离，称为波长，用 λ 表示。

波源或介质中任意一质点完成一次全振动，波正好前进一个波长的距离。波长的常用单位为毫米（mm）或米（m）。

2）频率 f。波动过程中，任一给定点在 1 秒钟内所通过的完整波的个数，称为波动频率。

波动频率在数值上同振动频率，单位为赫兹（Hz）。

3）波速 c。波动中，波在单位时间内所传播的距离称为波速，用 c 表示。常用单位为：米 / 秒（m/s）或千米 / 秒（km/s）。

由波速、波长和频率的定义可得：

$$c=\lambda f \text{ 或 } \lambda=c/f \quad (3\text{–}3)$$

由式 3-3 可知，波长与波速成正比，与频率成反比。当频率一定时，波速越大，波长就越长；当波速一定时，频率越低，波长就越长。

四、超声波的传播、反射、透射和折射

1. 超声场的特征值

充满超声波的空间或超声振动所波及的部分介质，叫超声场，如图 3-5 所示。超声场具有一定的空间大小和形状，只有当缺陷位于超声场内时，才有可能被发现，描述超声场的物理量主要有声压、声强和声阻抗。

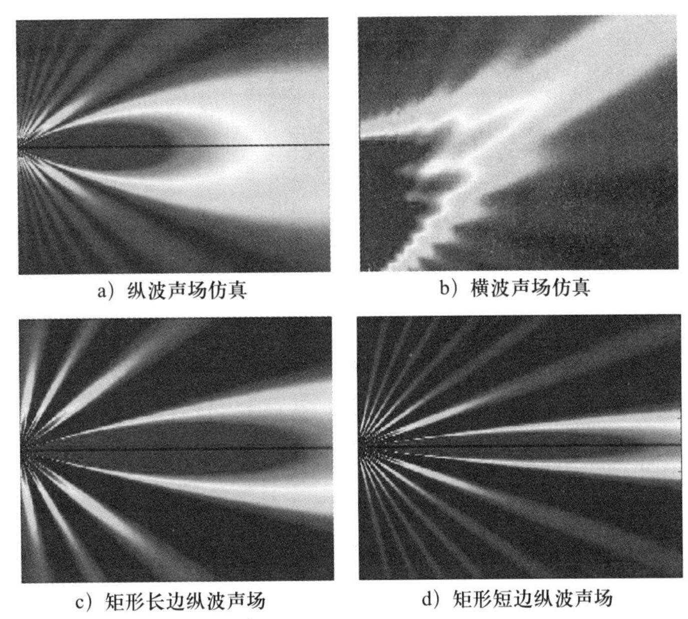

a）纵波声场仿真　b）横波声场仿真

c）矩形长边纵波声场　d）矩形短边纵波声场

图 3-5　超声场仿真示意图

（1）声压 P。超声场中某一点在某一时刻所具有的压强 P_1 与没有超声波存在时的静态压强 P_0 之差称为该点的声压，用 P 表示。

$$P=P_1-P_0 \quad (3\text{–}4)$$

声压单位：帕斯卡（Pa）、微帕 (μPa）

$$1\ \text{Pa}=1\ \text{N/m}^2=10^6\ \mu\text{Pa}$$

超声检测仪器显示的信号幅值的本质就是声压 P，示波屏上的波高与声压成正比。在超声检测中，就缺陷而论，声压值反映缺陷的大小。

（2）声阻抗 Z。超声场中任一点的声压与该处质点振动速度之比称为声阻抗，常用 Z 表示。

$$Z=P/u=\rho cu/u=\rho c \tag{3-5}$$

声阻抗的单位为克 / 厘米^2·秒（$g/cm^2\cdot s$）或千克 / 米^2·秒（$kg/m^2\cdot s$）。

由式 3-5 可知，声阻抗的大小等于介质的密度与波速的乘积。由 $u=P/Z$ 不难看出，在同一声压下，Z 增加，质点的振动速度下降。因此声阻抗 Z 可理解为介质对质点振动的阻碍作用。

声阻抗是表征介质声学性质的重要物理量。超声波在两种介质组成的界面上的反射和透射情况与两种介质的声阻抗密切相关。

材料的声阻抗与温度有关，一般材料的声阻抗随温度升高而降低。这是因为声阻抗 $Z=\rho c$，大多数材料的密度和声速随温度增加而减小。

（3）声强 I。单位时间内垂直通过单位面积的声能称为声强，常用 I 表示，单位是瓦 / 厘米^2（W/cm^2）或焦耳 / 厘米^2·秒（$J/cm^2\cdot s$）。

当超声波传播到介质中某处时，该处原来静止不动的质点开始振动，因而具有动能。同时该处介质产生弹性变形，因而也具有弹性位能，其总能量为二者之和。

（4）分贝与奈培

1）分贝与奈培的概念。在生产和科学实验中，所遇到的声强数量级往往相差悬殊，如引起听觉的声强范围为 $10^{-16}\sim10^{-4}$ W/cm^2，最大值与最小值相差 12 个数量级。显然采用绝对值来度量是不方便的，但如果对其比值（相对量）取对数来比较计算则可大大简化运算。分贝与奈培就是两个同量纲的量之比取对数后的单位。

通常规定引起听觉的最弱声强为 $I_1=10^{-16}$ W/cm^2 作为声强的标准，另一声强 I_2 与标准声强 I_1 之比的常用对数称为声强级，单位为贝（尔）（B）。

$$\Delta=\lg(I_2/I_1)\ (B) \tag{3-6}$$

实际应用时贝尔数值较大，故常取其 1/10 即分贝（dB）来作单位：

$$\Delta=10\lg(I_2/I_1)=20\lg(P_2/P_1)\ (dB) \tag{3-7}$$

通常说某处的噪声为多少分贝，就是以 10^{-16} W/cm^2 为标准利用式 3-7 计算得到的。几种声音的声强及声强级见表 3-1。

表 3-1　　声强及声强级

声音	声强	声强级
引起听觉的声音	10^{-16} W/cm^2	0 dB

续表

声音	声强	声强级
树叶沙沙声	10^{-15} W/cm^2	10 dB
耳语	10^{-14} W/cm^2	20 dB
谈话	10^{-11} W/cm^2	50 dB
炮声	10^{-6} W/cm^2	100 dB
超声波	10^{4} W/cm^2	200 dB

在超声检测中，当超声检测仪的垂直线性较好时，仪器示波屏上的波高与声压成正比。这时有：

$$\Delta = 20\lg(P_2/P_1) = 20\lg(H_2/H_1)\ (\text{dB}) \tag{3-8}$$

这里声压基准 P_1 或波高基准 H_1 可以任意选取。

当 $H_2/H_1 = 1$ 时，$\Delta = 0$ dB，说明两波高相等时，二者的分贝差为零。

当 $H_2/H_1 = 2$ 时，$\Delta = 6$ dB，说明 H_2 为 H_1 的 2 倍时，H_2 比 H_1 高 6 dB。

当 $H_2/H_1 = 1/2$ 时，$\Delta = -6$ dB，说明 H_2 为 H_1 的 1/2 倍时，H_2 比 H_1 低 6 dB。

P_2/P_1 或 H_2/H_1 与 dB 值的换算关系如图 3-6 所示，常用声压比（波高比）对应的 dB 值见表 3-2。

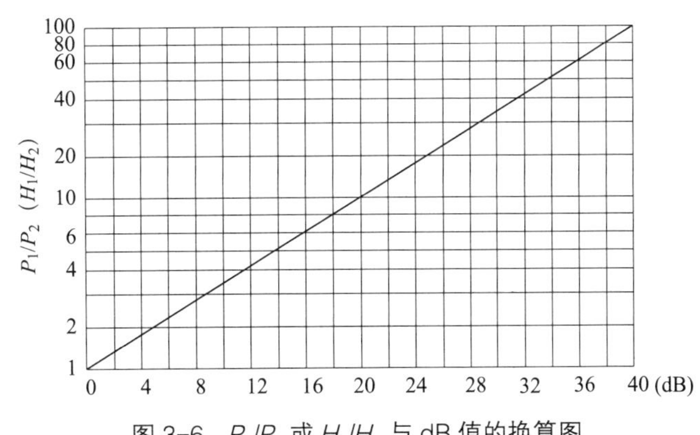

图 3-6　P_2/P_1 或 H_2/H_1 与 dB 值的换算图

表 3-2　　常用声压比（波高比）对应的 dB 值

P_2/P_1 或 H_2/H_1	10	4	2	1	1/2	1/4	1/10
dB	20	12	6	0	−6	−12	−20

若对 P_2/P_1 或 H_2/H_1 取自然对数，则其单位为奈培（NP）。

$$\Delta = \ln(P_2/P_1) = \ln(H_2/H_1)\ (\text{NP}) \tag{3-9}$$

$$1\ \text{NP} = 8.68\ \text{dB} \quad 1\ \text{dB} = 0.115\ \text{NP}$$

2）分贝与奈培的应用。分贝与奈培用于表示两个相差很大的量之比，使用较方便，在声学和电学中都得到广泛的应用，特别是在超声检测中应用更为广泛。例如示波屏上两波高的比较就常常用 dB 表示。

例 1 示波屏上一波高为 80 mm，另一波高为 20 mm，问前者比后者高多少 dB？

解：$\Delta = 20\lg(H_2/H_1) = 20\lg(80/20) = 12\ (\text{dB})$

答：前者比后者高 12 dB。

例 2 示波屏上有 A、B、C 三个波，其中 A 波比 B 波高 3 dB，C 波比 B 波低 3 dB，已知 B 波高为 50 mm，求 A、C 的波高各为多少？

解：由已知得 $\Delta = 20\lg A/B = 3$

所以，$A = 10^{0.15} \times B = 1.4 \times 50 = 70\ (\text{mm})$

又，$\Delta = 20\lg(C/B) = -3$

所以，$C = 10^{-0.15} \times B = 0.7 \times 50 = 35\ (\text{mm})$

答：A、C 波高分别为 70 mm 和 35 mm。

用分贝值表示回波幅度的相互关系，不仅可以简化运算，而且在确定基准波高以后，可直接用仪器衰减器的读数表示缺陷波相对波高。因此，分贝概念的引用对超声检测有很重要的实用价值。此外在超声波的定量计算中和衰减系数的测定中也常常用到分贝。

2. 超声波垂直入射到界面时的反射和透射

超声波从一种介质传播到另一种介质时，在两种介质的分界面上，一部分能量反射回原介质内，称为反射波；另一部分能量透过界面在另一种介质内传播，称为透射波，在界面上声能（声压、声强）的分配和传播方向的变化都将遵循一定的规律。

当超声波垂直入射到光滑平界面时，将在第一介质中产生一个与入射波方向相反的反射波，在第二介质中产生一个与入射波方向相同的透射波，如图 3-7 所示。

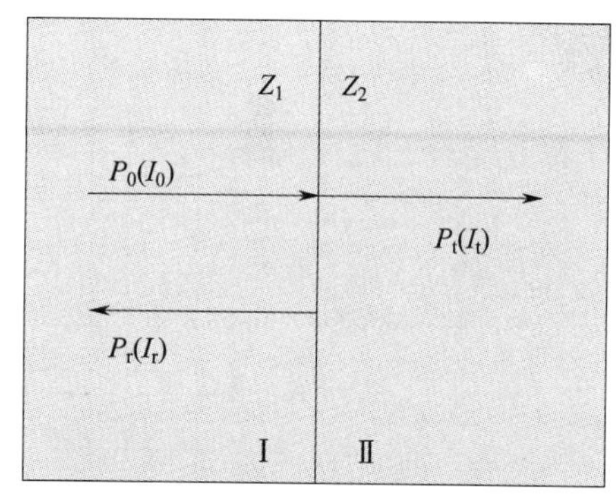

图 3-7 垂直入射到单一平界面

设入射波的声压为 P_0（声强为 I_0），反射波的声压为 P_r（声强为 I_r），透射波的声压为 P_t（声强为 I_t）。

界面上反射波声压 P_r 与入身波声压 P_0 之比，称为界面的声压反射率，用 r 表示，即 $r = P_r / P_0$。

界面上透射波声压 P_t 与入射波声压 P_0 之比，称为界面的声压透射率，用 t 表示，即 $t = P_t / P_0$。

在界面两侧的声波，必须符合下列两个条件：

界面两侧的总声压相等，即 $P_0 + P_r = P_t$。

界面两侧质点振动速度幅值相等，即（P_0-P_t）$/Z_1$=P_t/Z_2。

由上述两边界条件和声压反射率、透射率定义得：

$$\begin{cases} 1+r=t \\ (1-r)\ Z_1=t/Z_2 \end{cases}$$

解上述联立方程得声压反射率 r 和透射率 t 分别为：

$$\begin{cases} r=\dfrac{P_r}{P_0}=\dfrac{Z_2-Z_1}{Z_2+Z_1} \\ t=\dfrac{P_t}{P_0}=\dfrac{2Z_2}{Z_2+Z_1} \end{cases} \qquad (3\text{-}10)$$

式中 Z_1—— 第一种介质的声阻抗；

Z_2—— 第二种介质的声阻抗。

界面上反射波声强 I_r 与入射波声强 I_0 之比，称为声强反射率，用 R 表示。

$$R=\frac{I_r}{I_0}=\frac{\dfrac{P_r^2}{2Z_1}}{\dfrac{P_0^2}{2Z_1}}=\frac{P_r^2}{P_0^2}=r^2=\left(\frac{Z_2-Z_1}{Z_2+Z_1}\right)^2 \qquad (3\text{-}11)$$

界面上透射波声强 I_t 与入射波声强 I_0 之比，称为声强透射率，用 T 表示。

$$T=\frac{I_t}{I_0}=\frac{\dfrac{P_t^2}{2Z_2}}{\dfrac{P_0^2}{2Z_1}}=\frac{Z_1}{Z_2}\times\frac{P_t^2}{P_0^2}=\frac{4Z_1Z_2}{(Z_2+Z_1)^2} \qquad (3\text{-}12)$$

以上各式说明超声波垂直入射到平界面上时，声压或声强的分配比例仅与界面两侧介质的声阻抗有关。

由以上几个公式可以导出：

$$T+R=1 \qquad t-r=1 \qquad (3\text{-}13)$$

常用物质界面的纵波声压反射率见表 3-3。

表 3-3　　常用物质界面的纵波声压反射率

种类	声阻抗 Z（$\times 10^6$ g/cm^2·s）	空气 24℃	酒精	变压器油	水（20℃）	甘油	聚苯乙烯	环氧树脂	有机玻璃	铝	铜	钢
钢	4.53	100	95	94	94	90	88	87	86	45	4	0
铜	4.18	100	95	94	93	89	87	85	85	42	0	
铝	1.69	100	88	86	84	75	72	69	68	0		
有机玻璃	0.33	100	50	44	37	16	8	2	0			

续表

种类	声阻抗 Z （$\times 10^6\ g/cm^2 \cdot s$）	空气 24℃	酒精	变压器油	水（20℃）	甘油	聚苯乙烯	环氧树脂	有机玻璃	铝	铜	钢
环氧树脂	0.32	100	49	42	36	14	7	0				
聚苯乙烯	0.25	100	44	37	30	8	0					
甘油	0.24	100	37	30	23	0						
水（20℃）	0.15	100	15	7	0							
变压器油	0.13	100	8	0								
酒精	0.11	100	0									
空气（24℃）	0.000 04	0										

$$r=\frac{Z_2-Z_1}{Z_2+Z_1}\times 100\%$$

以上讨论的超声波纵波垂直到单一平界面上的声压、声强反射率和透射率公式同样适用于横波入射的情况，但必须注意的是在固体 / 液体或固体 / 气体界面上，横波全反射。因为横波不能在液体和气体中传播。

3. 超声波倾斜入射到界面时的反射和折射

如图 3-8 所示，当超声波倾斜入射到界面时，除产生同种类型的反射和折射波外，还会产生不同类型的反射和折射波，这种现象称为波型转换。

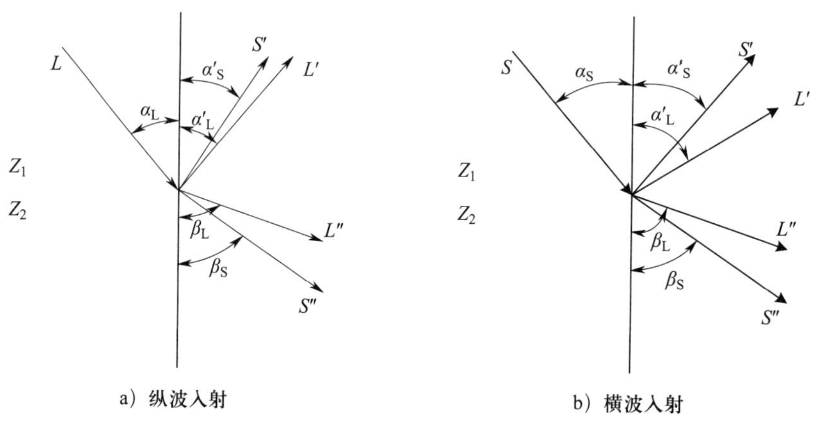

图 3-8　倾斜入射

（1）纵波斜入射。当纵波 L 倾斜入射到界面时，除产生反射纵波 L' 和折射纵波 L'' 外，还会产生反射横波 S' 和折射横波 S''，如图 3-8a 所示。各种反射波和折射波方向符合反射、折射定律：

$$\frac{\sin\alpha_L}{c_{L1}}=\frac{\sin\alpha'_L}{c_{L1}}=\frac{\sin\alpha'_S}{c_{S1}}=\frac{\sin\beta_L}{c_{L2}}=\frac{\sin\beta_S}{c_{S2}} \tag{3-14}$$

式中　c_{L1}、c_{S1}——第一介质中的纵波、横波波速；

c_{L2}、c_{S2}——第二介质中的纵波、横波波速；

α_L、α'_L——纵波入射角、反射角；

β_L、β_S——纵波、横波折射角；

α'_S——横波反射角。

由于在同一介质中纵波波速不变，因此，$\alpha'_L=\alpha_L$。又由于在同一介质中纵波波速大于横波波速，因此 $\alpha'_L > \alpha'_S$，$\beta_L > \beta_S$。

1）第一临界角 α_{I}。由式 3-14 可以看出，$\frac{\sin\alpha_L}{c_{L1}}=\frac{\sin\beta_L}{c_{L2}}$，当 $c_{L2} > c_{L1}$ 时，随着入射角角度增加，折射角角度也增加，当入射角角度增加到一定程度时，折射角角度 $\beta_L=90°$，这时所对应的纵波入射角称为第一临界角，用 α_{I} 表示。如图 3-9a 所示。

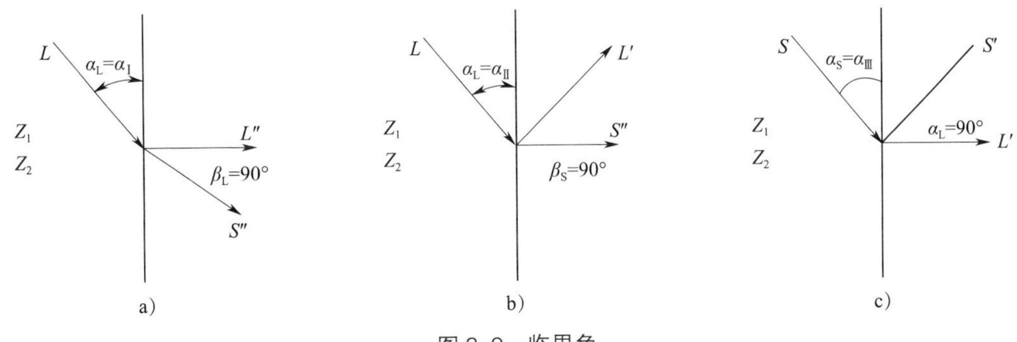

图 3-9 临界角

$$\alpha_{\mathrm{I}}=\arcsin\frac{c_{L1}}{c_{L2}} \tag{3-15}$$

2）第二临界角 α_{II}。由式 3-15 可知：$\frac{\sin\alpha_L}{c_{L1}}=\frac{\sin\beta_S}{c_{S2}}$，当 $c_{S2} > c_{L1}$ 时，$\beta_S > \alpha_L$，随着入射角角度增加，横波折射角角度也增加，当入射角角度增加到一定程度时，$\beta_S= 90°$，这时所对应的纵波入射角称为第二临界角，用 α_{II} 表示，如图 3-9b 所示。

$$\alpha_{\mathrm{II}}=\arcsin\frac{c_{L1}}{c_{S2}} \tag{3-16}$$

由 α_{I}、α_{II} 的定义可知：

当 $\alpha_L > \alpha_{\mathrm{I}}$ 时，第二介质中既有折射纵波又有折射横波。

当 $\alpha_{\mathrm{I}} \leqslant \alpha_L < \alpha_{\mathrm{II}}$ 时，第二介质中只有折射横波，没有折射纵波。这就是常用横波探头的制作和横波检测的原理。

当 $\alpha_L \geqslant \alpha_{\mathrm{II}}$，第一介质中既无折射纵波又无折射横波。这时在其介质的表面存在表向波 R，这就是常用表面波探头的制作原理。

例如，纵波倾斜入射到有机玻璃 / 钢界面时，有机玻璃中：c_{L1}=2 730 m/s；钢中：c_{L2} = 5 900 m/s，c_{S2} = 3 230 m/s。则第一 、二临界角分别为：

$$\alpha_{\mathrm{I}}=\arcsin\frac{c_{L1}}{c_{L2}}=\arcsin\frac{2\,730}{5\,900}=27.6°$$

$$\alpha_{\mathrm{II}}=\arcsin\frac{c_{L1}}{c_{S2}}=\arcsin\frac{2\,730}{3\,230}=57.7°$$

由此可见，有机玻璃横波探头楔块角度应在 27.6° ～ 57.7°，有机玻璃表面波探头楔块角度应≥ 57.7°。

（2）横波斜入射。当横波倾斜入射到界面时，同样会产生波型转换，如图 3-9c 所示。各反射、折射波的方向符合反射、折射定律：

$$\frac{\sin\alpha_S}{c_{S1}}=\frac{\sin\alpha'_S}{c_{S1}}=\frac{\sin\alpha'_L}{c_{L1}}=\frac{\sin\beta_L}{c_{L2}}=\frac{\sin\beta_S}{c_{S2}} \tag{3-17}$$

不难看出，横波倾斜入射时，同样存在第一、二临界角，由于在实际检测中无太大实际意义，故这里不再讨论。

4. 超声波的聚集与发散

超声波是一种频率很高、波长很短的机械波，它与可见光一样具有聚集和发散的特性。由于超声波还可能产生波型转换，因此超声波的聚集与发散更为复杂。

（1）声压距离公式

1）平面波。平面波波束不扩散，而是互相平行，因此声压不随距离而变化。

2）球面波声压距离公式。球面波的波阵面为同心球面。球面波声场中的某处质点的振幅与该点至波源的距离成反比，而声压又与振幅成正比，因此球面波的声压与距离成反比。

$$P=\frac{P_1}{x} \tag{3-18}$$

式中　P_1—— 距离为单位 1 处的声压，Pa；

　　　x—— 某点至波源的距离，m。

3）柱面波声压距离公式。柱面波的波阵面为同轴柱面，柱面波声场中某处质点的振幅与该点至波源的距离的平方根成反比，而声压与振幅成正比，因此柱面波的声压与距离的平方根成反比。

$$P=\frac{P_1}{\sqrt{x}} \tag{3-19}$$

（2）球面波在平界面上的反射与折射

1）单一的平界面上的反射。如图 3-10 所示，球面波入射到平界面上，其反射波仍为球面波，且波源与入射波源对称，反射波声压为：

$$P = r\frac{P_1}{x} \tag{3-20}$$

式中　r——声压反射率；

x——为从虚拟波源 O' 算起的距离。

2）双界面的反射。如图 3-11 所示，球面波在互相平行的双界面间的多次反射仍符合球向波变化规律。当入射角较小，声压反射率 $r = 1.0$ 时，对于脉冲波，双界面距离 d 较大时不产生干涉，这时前壁各次反射波声压比为：

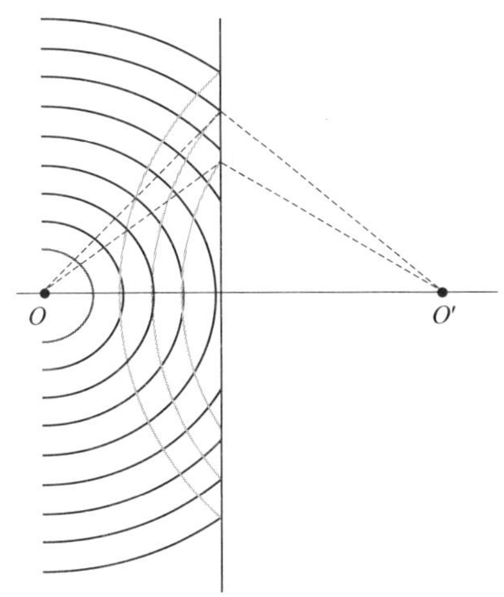

图 3-10　球面波在平界面上的反射

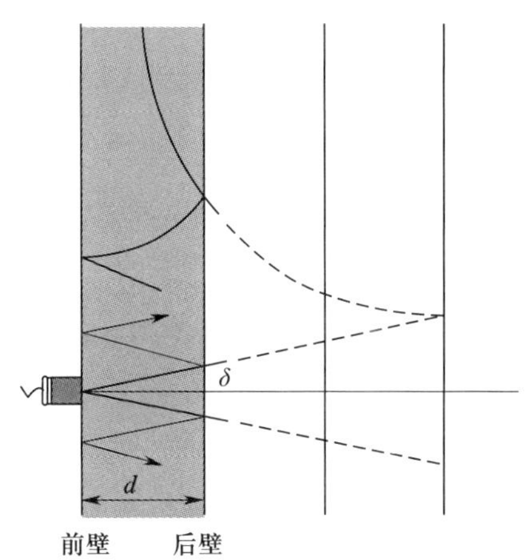

图 3-11　球面波在双界面上的反射

$$\frac{P_1}{2d}:\frac{P_1}{4d}:\frac{P_1}{6d}:\cdots = 1:\frac{1}{2}:\frac{1}{3}:\cdots$$

后壁各次波的声压比为：

$$\frac{P_1}{d}:\frac{P_1}{3d}:\frac{P_1}{5d}:\cdots = 1:\frac{1}{3}:\frac{1}{5}:\cdots$$

实际检测中，当 d 较大时，超声波探头发出的超声波可视为球面波，示波屏上各次底面反射波的高度之比近似符合 $1:\frac{1}{2}:\frac{1}{3}:\cdots$ 的规律。

3）单一平界面上的折射。如图 3-12 所示，球面波入射到平界面上时，其折射波不再是严格的球面波了，只有当其张角 δ 较小时，可视为近似的球面波。

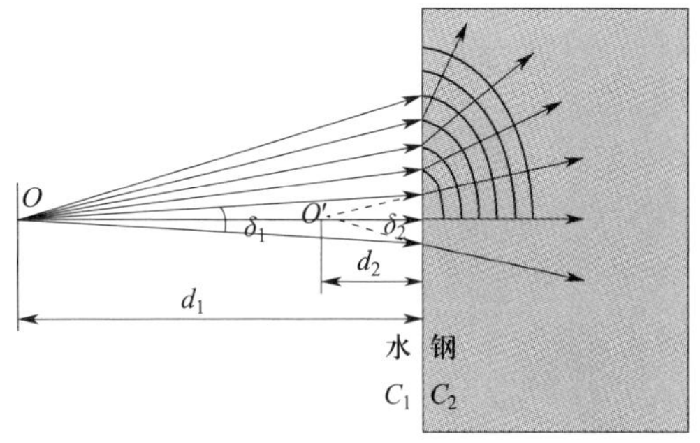

图 3-12　球面波在水钢界面上的折射

五、超声波的圆盘声场

1. 波源轴线上声压分布

在连续简谐纵波且不考虑介质衰减的条件下，图 3-13 所示的液体介质中圆盘源上一点波源 d_s 辐射的球面波在波源轴线上 Q 点引起的声压为：

$$\mathrm{d}P=\frac{P_0 d_s}{\lambda r}\sin(\omega t-kr) \tag{3-21}$$

式中 P_0 —— 波源的起始声压，Pa；

d_s —— 点波源的面积，m^2；

λ —— 波长，m；

r —— 点波源至 Q 点的距离，m；

k —— 波数，$k=\frac{\omega}{c}=\frac{2\pi}{\lambda}$；

ω —— 圆频率，$\omega=2\pi f$；

t —— 时间，s。

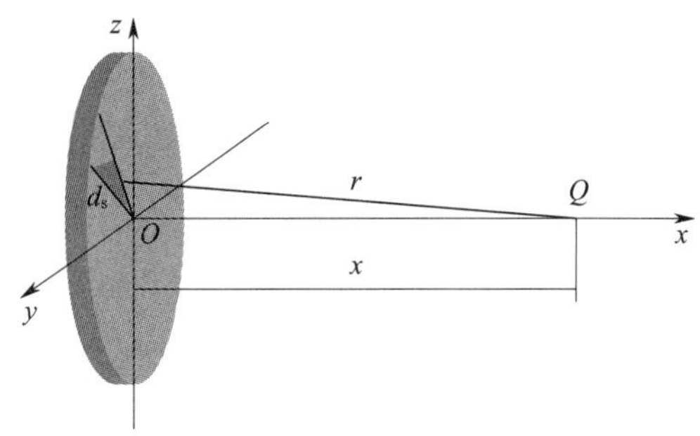

图 3-13 圆盘源轴线上声压推导图

根据波的叠加原理，作活塞振动的圆盘波源上各点波源在轴线上 Q 点引起的声压可以线性叠加，所以对整个波源面积进行积分就可以得到波源轴线上的任意一点声压，其声压幅值经进一步简化为：

$$P\approx\frac{P_0\pi R_s^{\ 2}}{\lambda x}=\frac{P_0 F_s}{\lambda x} \tag{3-22}$$

式中 F_s——波源面积。

式 3-22 表明，当 $x\geqslant 3R_s/\lambda$ 时，圆盘源轴线上的声压与距离成反比，与波源面积成正比。

波源轴线上的声压随距离变化的情况如图 3-14 中实线所示。

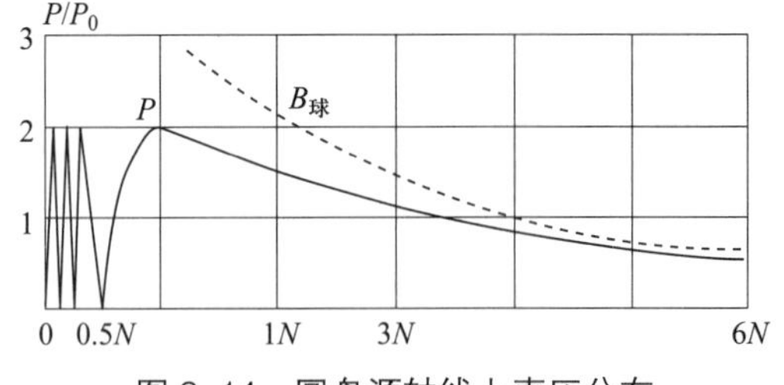

图 3-14 圆盘源轴线上声压分布

（1）近场区。波源附近由于波的干涉而出现一系列声压极大极小值的区域，称为超声场的近场区，又叫菲涅耳区。近场区声压分布不均，是由于波源各点至轴线上某点的距离不同，存在波程差，互相叠加时存在相位差而互相干涉，使某些地方声压互相加强，另一些地方互相减弱，于是就出现声压极大极小值的点。

波源轴线上最后一个声压极大值至波源的距离称为近场区长度，用 N 表示，其表达式为：

$$N=\frac{D_s^2-\lambda^2}{4\lambda}\approx\frac{D_s^2}{4\lambda}=\frac{R_s^2}{\lambda}=\frac{F_s}{\pi\lambda} \qquad (3-23)$$

（2）远场区。波源轴线上至波源的距离 $x>N$ 的区域称为远场区。远场区轴线上的声压随距离增加单调减小，当 $x>3N$ 时，声压与距离成反比，近似球面波的衰减规律，如图 3-15 中虚线所示。这是因为距离 x 足够大时，波源各点至轴线上某一点的波程差很小，引起的相位差也很小，这时干涉现象可忽略不计。所以远场区轴线上不会出现声压极大极小值。

2. 波束指向性和半扩散角

至波源充分远处任意一点的声压如图 3-15 所示。

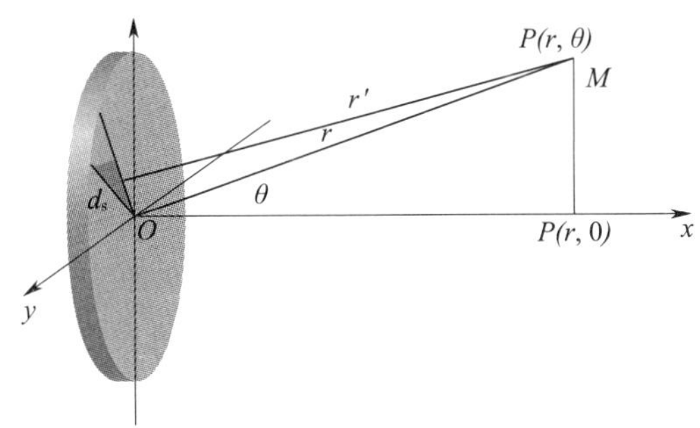

图 3-15 远场中任意一点声压推导图

点波源 d_s 在至波源距离充分远处任意一点 M（r，θ）处引起的声压为：

$$dP=\frac{D_0d_s}{\lambda r'}\sin(\omega t-kr') \qquad (3-24)$$

将上式进行积分处理，将波源前充分远处任意一点的声压 P（r,θ）与波源轴线上同距离处声压 $P(r,0)$ 之比称为指向性系数，用 D_c 表示。

圆盘源辐射的声束截面声场中存在一些声压为零的点，声场中波源轴线与零值边界线间的夹角，代表了该声场声强的分布特征。纵波声场的第一零值发散角，称半扩散角。

$$\theta_0=\arcsin1.22\frac{\lambda}{D_S}\approx70\frac{\lambda}{D_S}(°) \qquad (3-25)$$

3. 波束未扩散区与扩散区

超声波波源辐射的超声波是以特定的角度向外扩散出去的，但并不是从波源开始扩散的，而是在波源附近存在一个未扩散区 b，其理想化的形状如图 3-16 所示。

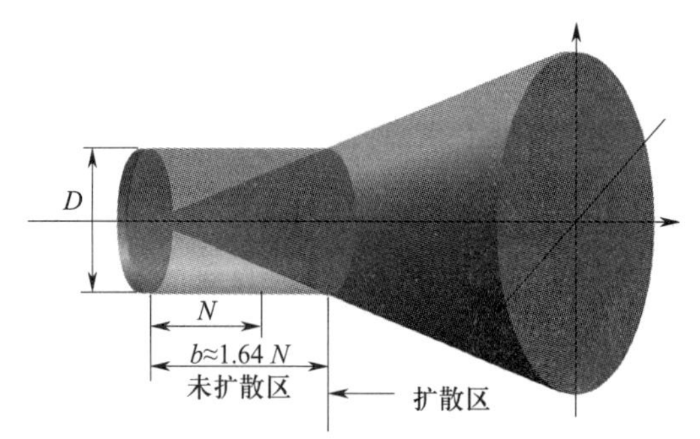

图 3-16 圆盘源理想化声场中的波束未扩散区和扩散区

$$b = 1.64\,N \tag{3-26}$$

在波束未扩散区 b 内，波束不扩散，不存在扩散衰减，各截面平均声压基本相同。因此，对于薄板，其前几次底波波高相差无几。

到波源的距离 $x > b$ 的区域称为扩散区，扩散区内波束扩散，存在扩散衰减。

六、超声波的衰减

超声波在介质中传播时，随着距离的增加，超声波能量逐渐减弱的现象叫作超声波衰减。

引起超声波衰减的主要原因是波束扩散、晶粒散射和介质吸收。

1. 扩散衰减

超声波在传播过程中，由于波束的扩散，使超声波的能量随距离增加而逐渐减弱的现象称为扩散衰减。超声波的扩散衰减仅取决于波阵面的形状，与介质的性质无关。平面波波阵面为平面，波束不扩散，不存在扩散衰减。柱面波波阵面为同轴圆柱面，波束向四周扩散，存在扩散衰减，声压与距离的平方根成反比。球面波波阵面为同心球面，波束向四面八方扩散，存在扩散衰减，声压与距离成反比。

2. 散射衰减

超声波在介质中传播时，遇到声阻抗不同的界面产生散乱反射引起衰减的现象，称为散射衰减。散射衰减与材质的晶粒密切相关，当材质晶粒粗大时，散射衰减严重，被散射的超声波沿着复杂的路径传播到探头，在示波屏上引起草状回波（又叫草波），使信噪比下降，严重时噪声会淹没缺陷波。

3. 吸收衰减

超声波在介质中传播时，由于介质中质点间内摩擦（即黏滞性）和热传导引起超声波的衰减，称为吸收衰减或黏滞衰减。

除了以上 3 种衰减外，还有位错引起的衰减，磁畴壁引起的衰减和残余应力引起的衰减等。

通常所说的介质衰减是指吸收衰减与散射衰减，不包括扩散衰减。

复习思考题

1. 什么是机械振动和机械波？二者有何关系？

2. 什么是振动周期和振动频率？二者有何关系？

3. 什么是弹性介质？简述超声波在弹性介质中的传播过程。

4. 什么是波动频率、波速和波长？三者有何关系？

5. 什么是超声波？产生超声波的条件是什么？在超声检测中应用了超声波的哪些主要性质？

6. 何谓纵波、横波和表面波？在固体和液体介质中各可以传播何种类型的波？为什么？

7. 什么是波线、波阵面和波前？它们之间有何关系？

8. 什么是平面波、柱面波和球面波？各有何特点？实际应用的超声波探头发出的波属于什么波？

9. 超声波在介质中的传播速度与哪些因素有关？钢中纵波、横波和表面波的波速有何关系？

10. 什么是波的叠加原理？什么是波的干涉现象？两列波相遇时，在什么情况下互相加强？在什么情况下互相减弱？

11. 什么是波的绕射（衍射）？波的绕射对超声检测有何影响？

12. 什么是超声场？描述超声场的物理量有哪些？

13. 什么是声压？声压的常用单位是什么？

14. 什么是声强？声强的常用单位是什么？声强与哪些因素有关？

15. 什么是声阻抗？声阻抗的常用单位是什么？声阻抗与哪些因素有关？

16. 什么是分贝和奈培？二者有何关系？平常说某人讲话的声音为 50 dB 是相对于什么而言的？

17. 什么是声压反射率和透射率？超声波垂直入射到 Z_1/Z_2 界面时，其声压反射率和透射率与哪些因素有关？在什么情况下声压反射率最高？

18. 何谓波型转换？产生波型转换的条件是什么？

19. 说明超声波反射、折射定律和式中各参数的物理意义。

20. 什么是第一、二临界角？产生第一、二临界角的条件是什么？并说明常用横波和表面波探头的制作原理。

21. 什么是超声波的衰减？引起超声波衰减的主要原因是什么？平常所说的介质衰减是指什么衰减？

22. 画图说明纵波、横波垂直入射到固 / 液、固 / 固界面上时的反射波和透射波。

23. 画图说明纵波倾斜入射到固 / 固、固 / 液、液 / 固、液 / 液界面上时的反射波和折射波。

24. 画图说明横波倾斜入射到固 / 固、固 / 液界面上时的反射波和折射波。

25. 画出第一、二临界角对应的入射波、反射波和折射波。

26. 什么是超声场的近场区和近场区长度？近场区长度与哪些因素有关？为什么要尽量避免在近场区进行检测？

27. 什么是超声场的远场区？远场区内波源轴线上的声压变化有何特点？

28. 近场区内存在声压极大极小值，为什么薄板试块前几次底波却相差无几？

29. 什么是波束指向性？什么是主波束和副波束？为什么副波束总是出现在波源的附近？

30. 什么是半扩散角？半扩散角与哪些因素有关？为什么半扩散角以外的缺陷都难以发现？

31. 实际声场（固体介质中的脉冲波声场）波源轴线上的声压分布与理想声场（液体介质中的连续声场）有何不同？为什么？

32. 什么是缺陷的当量尺寸？在超声检测中为什么要引进当量的概念？

第二节　超声检测系统

超声检测设备与器材包括超声检测仪、探头、试块、耦合剂和机械扫查装置等，其中仪器和探头对超声检测系统的能力起关键性作用。了解其原理、构造和作用及其主要性能，是正确选择检测设备与器材并进行有效检测的保证。

一、超声检测仪

超声检测仪是超声检测的主体设备，它的作用是产生电振荡并施加于换能器（探头）上，激励探头发射超声波，同时接收来自探头的电信号，将其放大后以一定方式显示出来，从而得到被检工件中有关缺陷的信息。

1. 超声检测仪的分类

（1）概述。常用超声检测仪指示的是脉冲波的幅度和运行时间，称为脉冲反射式超声检测仪。仪器通过探头向工件周期性地发射一持续时间很短的电脉冲，激励探头发射脉冲超声波，并接收从工件中反射回来的脉冲波信号，通过检测信号的返回时间和幅度判断是否存在缺陷和缺陷大小等情况。目前还出现了采用一发一收双探头方式，接收从工件中衍射回来的脉冲波信号，通过检测信号的返回时间来判断是否存在缺陷和缺陷大小等情况，称为衍射时差法超声检测仪，这种检测仪在迅速发展并被广泛应用。脉冲波检测仪的信号显示方式可分为A型显示和超声成像显示，其中超声成像显示又可分为B、C、D、S、P型显示。其中A型脉冲反射式超声检测仪是使用范围最广、最基本的一种类型。

根据采用的信号处理技术，超声检测仪还可分为模拟式和数字式仪器，目前广泛使用的超声检测仪如CTS-22、CTS-23等是A型显示脉冲反射式模拟检测仪，而HS-600、CTS3000等则是A型显示脉冲反射式数字检测仪。按照不同的用途，人们制造了非金属检测仪、超声测厚仪等。按超声波的通道数，分为单通道和多通道。

相控阵超声检测技术是采用多阵元的阵列换能器，依靠计算机技术控制阵列中各阵元发射超声波的时间来控制各阵元的声束在声场中偏转，聚焦或控制接收阵列换能器中各阵元接收回波信号的时间，进行偏转、聚焦，再按一定的延迟法则接收超声信号并以图像的方式显示被检对象的内部状态的超声成像检测技术，由于其声束偏转角度、聚焦位置等参数可以在一定范围内连续、动态可调，从而使相控阵超声检测更快捷、高效。目前相控阵超声检测技术在核电、航空航天、石油化工等领域已有广泛应用。

（2）A型显示。A型显示是一种波形显示，是将超声信号的幅度与传播时间的关系以直角坐标的形式显示出来，如图3-17所示。横坐标代表声波的传播时间，纵坐标代表信号幅度，如果超声波在均质材料中传播，声速是恒定的，则传播时间可转变为传播距离。从声波的传播时间可以确定缺陷位置，由回波幅度可以估算缺陷当量尺寸。

图3-17所示为脉冲反射法检测的典型A型显示图形，左侧幅度很高的脉冲T称为始脉冲或始波，是发射脉冲直接进入接收电路后，在屏幕上的起始位置显示出来的脉冲信号；右侧的高回波B称为底波或底面回波，是超声波传播到与入射面相对的工件底面产生的反射波；中间的回波F则为缺陷的反射回波。

A型显示具有检波与非检波两种形式，如图3-18所示。非检波信号又称射频信号，是探头输出的脉冲信号的原始形式，可用于分析信号特征；检波形式是探头输出的脉冲信号经检波后显示的形式。由于检波形式可将时基线从屏幕中间移到刻度板底线，可观察的幅度范围增加了一倍，同时，图形较为清晰简单，便于判断信号的存在及读出信号幅度，但检波形式与非检波形式相比，失去了其中的相位信息。

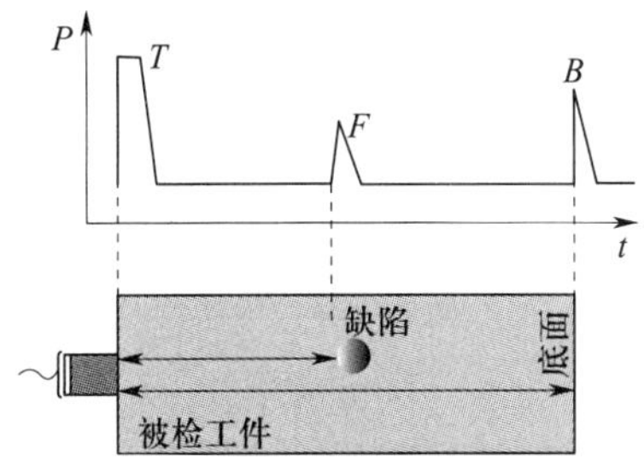

图3-17 A型显示原理（T—始波 F—缺陷波 B—底波）

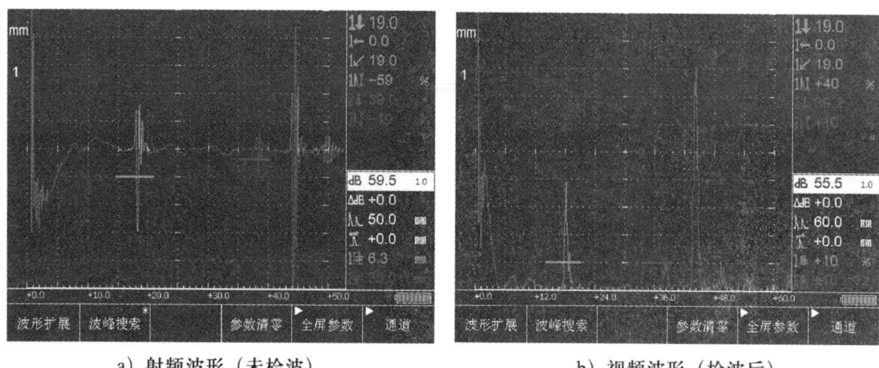

a）射频波形（未检波）　　b）视频波形（检波后）

图 3-18　A 型显示波形

2. 模拟式超声检测仪

（1）仪器电路方框图和工作原理。A 型脉冲反射式模拟超声检测仪的主要组成部分是：同步电路、扫描电路、发射电路、接收放大电路、显示电路和电源电路等。电路方框图如图 3-19 所示。

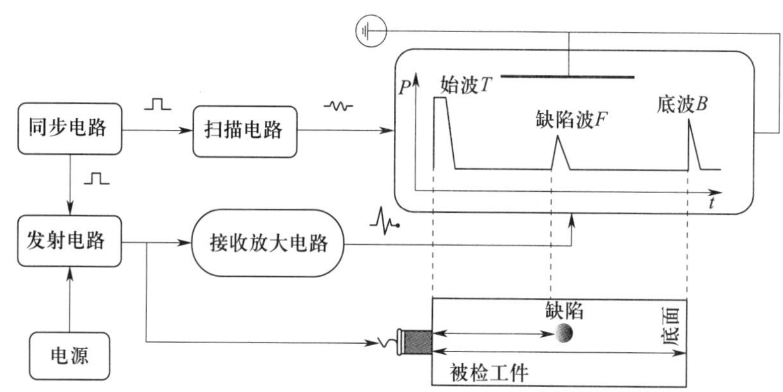

图 3-19　A 型脉冲反射式模拟超声波检测仪电路框图

除此之外，检测仪还有延时电路、报警电路、深度补偿电路、标记电路、跟踪及记录等附加装置。

仪器工作原理：同步电路产生的触发脉冲同时加至扫描电路和发射电路，扫描电路受触发开始工作，产生锯齿波扫描电压，加至示波管水平偏转板，使电子束发生水平偏转，在荧光屏上产生一条水平扫描线，与此同时，发射电路受触发产生高频脉冲，施加至探头，激励压电晶片振动，在工件中产生超声波，超声波在工件中传播，遇缺陷或底面产生反射，返回探头时，又被压电晶片转变为电信号，经接收电路放大和检波，加至示波管垂直偏转板上，使电子束发生垂直偏转，在水平扫描线的相应位置上产生缺陷回波和底波。

（2）仪器主要开关旋钮的作用及其调整。检测仪面板上有许多开关和旋钮，用于调节检测仪的功能和工作状态。图 3-20 所示为 CTS-22 型检测仪的面板示意图，下面以这种仪器为例，说明各主要开关的作用及调整方法。

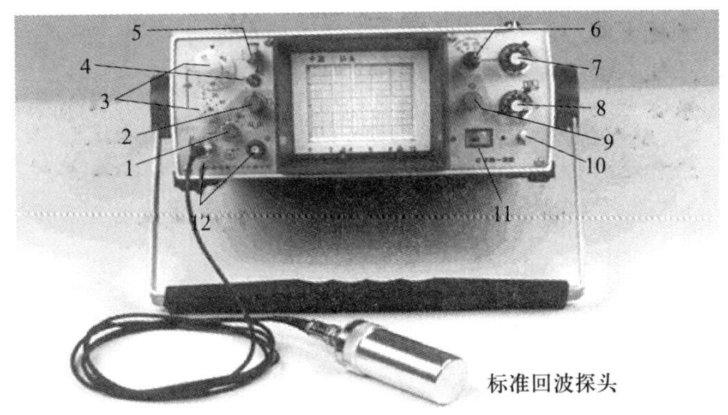

图 3-20 CTS-22 型检测仪面板示意图

1—工作方式选择 2—发射强度 3—衰减器 4—抑制 5—增益微调 6—深度范围 7—深度微调 8—脉冲位移 9—聚焦 10—电源开关 11—电压指示 12—探头插座

1）工作方式选择旋钮。工作方式选择旋钮的作用是选择检测方式，即“双探”或“单探”方式。当开关置于位置“双探”时，为双探头一发一收工作状态，可用一个双晶探头或两个单探头检测，发射探头和接收探头分别连接到发射插座和接收插座。当开关置于位置“单探”时，为单探头自发自收工作状态，此时发射插座和接收插座从内部连通，探头可插入任一插座。

检测仪“单探”方式有两个位置，一个位置为中等发射强度挡，旋钮置于该位置时，发射强度不可变，仪器具有较高的灵敏度和分辨力。另一个位置的发射强度是可变的，旋钮置于该位置时，可用发射强度旋钮调节仪器发射强度，同时改变仪器的灵敏度和分辨力。

2）发射强度旋钮。发射强度旋钮的作用是改变仪器发射脉冲功率，从而改变仪器的发射强度。增大发射强度时，可提高仪器灵敏度，但脉冲变宽，分辨力变差，因此，在检测灵敏度能满足要求的情况下，发射强度旋钮应尽量放在较低的位置。

3）衰减器。衰减器的作用是调节检测灵敏度和测量回波振幅。调节灵敏度时，衰减读数大，灵敏度低；反之，衰减读数小，灵敏度高。测量回波振幅时，衰减读数大，回波幅度高；反之，衰减读数小，回波幅度低。一般检测仪的衰减器分粗调和细调两种，粗调每挡 10 dB 或 20 dB，细调每挡 2 dB 或 1 dB，总衰减量为 80 dB 左右。

由缺陷回波引起的压电晶片产生的射频电压通常只有几十毫伏到数百毫伏，而示波管显示所需电压需上百伏，所以接收电路必须具有约 105 倍的放大能力。一般把放大器的电压放大倍数用 dB（分贝）来表示：

$$K_v = 20\lg\frac{U_{出}}{U_{入}}(\text{dB}) \tag{3-27}$$

式中 K_{v}——电压放大倍数的分贝值，dB；

$U_{出}$——放大器的输出电压，V；

$U_{入}$——放大器的输入电压，V。

一般检测仪的电压放大倍数可达 104 ～ 105 倍，相当于 80 ～ 100 dB。

4）增益旋钮。增益旋钮也称增益微调旋钮，其作用是改变接收放大器的放大倍数，进而连续改变检测仪的灵敏度。使用时将反射波高度精确地调节到某一指定高度，仪器灵敏度确定以后，检测过程中，一般不再调整增益旋钮。

5）抑制旋钮。抑制的作用是抑制荧光屏上幅度较低或认为不必要的杂乱反射波，使之不予显示，从而使荧光屏显示的波形清晰。

值得注意的是，使用抑制时，仪器垂直线性和动态范围将被改变。抑制作用越大，仪器动态范围越小，从而在实际检测中容易漏掉小的缺陷，因此，除非十分必要，一般不使用抑制。

6）深度范围旋钮。深度范围旋钮也称深度粗调旋钮，其作用是粗调荧光屏扫描线所代表的检测范围，调节深度范围旋钮，可较大幅度地改变时间扫描线的扫描速度。从而使荧光屏上回波间距大幅度地压缩或扩展。

粗调旋钮一般都分为若干挡，检测时应视被探工件厚度选择合适挡位。厚度大的工件，选择数值较大的挡；厚度小的工件，选择数值较小的挡。

7）深度微调旋钮。深度微调旋钮的作用是精确调整检测范围。调节微调旋钮，可连续改变扫描线的扫描速度，从而使荧光屏上的回波间距在一定范围内连续变化。

调整检测范围时，先将深度粗调旋钮置于合适的挡，然后调节微调旋钮，使反射波的间距与反射体的距离成一定比例。

8）延迟旋钮。延迟旋钮（或称脉冲位移旋钮）用于调节开始发射脉冲时刻与开始扫描时刻之间的时间差。调节延迟旋钮可使扫描线上的回波位置大幅度左右移动，而不改变回波之间的距离。

调节检测范围时，用延迟旋钮可进行零位校正，即用深度粗调和微调旋钮调节好回波间距后，再用延迟旋钮将反射波调至正确位置，使声程原点与水平刻度的零点重合。水浸检测中，用延迟旋钮可将不需要观察的图形（水中部分）调到荧光屏外，以充分利用荧光屏的有效观察范围。

9）聚焦旋钮。聚焦旋钮的作用是调节电子束的聚焦程度，使荧光屏显示的波形清晰。除聚焦旋钮外，许多仪器还有辅助聚焦旋钮。当调节聚焦旋钮不能使波形清晰时，可配合调节“聚焦”与“辅助聚焦”，调至波形最清晰状态。

10）频率选择旋钮。宽频带检测仪的放大器频率范围宽，覆盖了整个检测所需的频率范围，检测仪面板上没有频率选择旋钮，检测频率由探头频率决定。

窄频带检测仪设有频率选择开关，用以使发射电路与所用探头相匹配，并改变放大器的通频带，使用时开关指示的频率范围应与所选用探头相一致。

11）水平旋钮。水平旋钮也称零位调节旋钮，用于调节水平，可使扫描线与扫描线上的回波一起左右移动一段距离，但不改变回波间距。调节检测范围时，用深度粗调和微调旋钮调好回波间距，用水平旋钮进行零位校正。

12）重复频率旋钮。重复频率旋钮的作用是调节脉冲重复频率。即改变发射电路每秒钟发射脉冲的次数。重复频率低时，荧光屏图形较暗，仪器灵敏度有所提高，重复频率高时，荧光屏图形较亮，这对露天检测观察波形是有利的。应该指出，重复频率要视被探工件厚度进行调节，厚度大，应使用较低的重复频率；厚度小，可使用较高的重复频率。但重复频率过高时，易出现幻象波。有些检测仪的重复频率开关与深度范围旋钮联动，调节深度范围旋钮时，重复频率随之调节到适合于所探厚度的数值。

13）垂直旋钮。垂直旋钮用于调节扫描线的垂直位置。调节垂直旋钮，可使扫描线上下移动。

14）辉度旋钮。辉度旋钮用于调节波形的亮度。当波形亮度过高或过低时，可调节辉度旋钮，使亮度适中，但要兼顾聚焦性能。一般辉度调整后应重新调节聚焦和辅助聚焦等旋钮。

15）深度补偿开关。有些检测仪设有深度补偿开关或“距离振幅校正”（DAC）旋钮，它们的作用是改变放大器的性能，使位于不同深度的相同尺寸缺陷的回波高度差异减小。

16）显示选择开关。显示选择开关用于选择“检波”或“不检波”显示。开关置于“检波”位置时，荧光屏显示为检波信号显示（或称视频显示）；开关置于“不检波”位置，荧光屏显示为不检波信号显示（或称射频显示）。便携式检测仪大多不具备这种开关。

3. 仪器的维护保养

超声检测仪是一种比较精密的电子仪器，为减少仪器故障的发生，延长仪器使用寿命，使仪器保持良好的工作状态，应注意对仪器的维护保养，仪器的维护应注意以下几点：

（1）使用仪器前，应仔细阅读仪器使用说明书，了解仪器的性能特点，熟悉仪器各控制开关和旋钮的位置、操作方法和注意事项，严格按说明书要求操作。

（2）搬动仪器时应防止强烈震动，现场检测尤其在高处作业时，应采取可靠的保护措施，防止仪器摔碰。

（3）尽量避免在靠近强磁场、灰尘多、电源波动大、有强烈震动及温度过高或过低的场合使用仪器。

（4）仪器工作时应防止雨、雪、水、机油等进入仪器内部，以免损坏仪器线路和元件。

（5）连接交流电源时，应仔细核对仪器额定电源电压，防止错接电源，烧毁元件。使用蓄电池供电的仪器，应严格按照说明书进行充电操作。放电后的蓄电池应及时充电，存放较久的蓄电池也应定期充电，否则会影响蓄电池容量甚至无法重新充电。

（6）转或按旋钮时不宜用力过猛，尤其是旋钮在极端位置时更应注意，否则会使旋钮错位甚至损坏。

（7）拔插电源插头或探头插头时，应用手抓住插头壳体操作，不要抓住电缆线拔插。探头线和电源线应理顺，不要弯折扭曲。

（8）仪器每次用完后，应及时擦去表面灰尘、油污，放置在干燥地点。

（9）在气候潮湿地区或潮湿季节，仪器长期不用时，应定期接通电源开机一次，开机时间约半小时，以驱除潮气，防止仪器内部短路或击穿。

（10）仪器出现故障，应立即关闭电源，及时请维修人员检查修理。切忌随意拆卸，以免故障扩大或发生事故。

4. 超声波测厚仪

测厚仪有多种，各种测厚仪的调整与使用不完全相同。一般在使用前要认真阅读说明书，按说明书要求使用。这里以脉冲反射式测厚仪为例作简要说明。

（1）用测厚仪测厚前，要先校准仪器的下限和线性。仪器的测量下限要用一块厚度为下限的试块来校准。例如下限为 1 mm 的仪器要有一块 1 mm 厚的试块。调整时将探头对准该试块底面，使仪器显示厚度为 1 mm 即可。仪器的线性要用厚度不同的试块来校正。调整时将探头分别对准厚度不同的试块底面，使仪器显示相应的试块厚度。

（2）选择测厚方法。首先要根据工件厚度情况和精度要求来选择探头。工件较薄时宜选用双晶探头或带延迟块探头，工件较厚时宜选用单晶探头。

（3）测量时先对工件进行表面处理。

（4）测厚时，探头放置要平稳、压力要适当，每个测试位置尽量在互相垂直的方向上各测试一次。

（5）对于高温工件，要用高温探头和特殊耦合剂。

（6）对于管道中的沉积物，当沉积物声阻抗与工件相差不大时，要先用小锤敲击几下管壁后再测，以免误判。

（7）当使用水玻璃作为耦合剂时，用后要及时用湿布擦去探头表面的水玻璃，以免干结后不便清除，甚至损坏探头。

二、超声波探头

凡能将任何其他形式能量转换成超音频振动形式能量的器件均可用来发射超声波，具有可逆效应时又可用来接收超声波，这类元件称为超声换能器。以换能器为主要元件组装成具有一定特性的超声波发射、接收器件，常称为探头，超声波探头是组成超声检测系统的最重要的组件之一。探头的性能直接影响超声检测能力和效果。

当前超声检测中采用的超声换能器主要有压电换能器、磁致伸缩换能器、电磁声换能器和激光超声换能器。其中最常用的是压电换能器探头，其关键部件是压电晶片，是一个具有压电特性的单晶或多晶体薄片，其作用是将电能转换为声能，再将声能转换为电能。

1. 探头的主要种类

超声检测用探头的种类很多，根据波型不同，可分为纵波探头、横波探头、表面波探头、板波探头等。根据耦合方式分为接触式探头和液（水）浸探头。根据波束分为聚焦探头与非聚焦探头。根据晶片数不同分为单晶探头、双晶探头等。此外还有高温探头、微型探头等特殊用途的探头，探头的基本结构如图 3-21 所示。下面介绍几种典型探头，如图 3-22 所示。

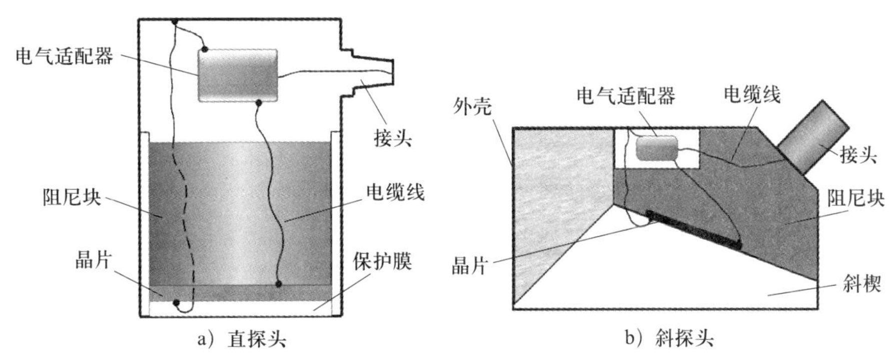

图 3-21 压电换能器探头的基本结构

（1）接触式纵波直探头。直探头用于发射垂直于探头表面传播的纵波，以探头直接接触工件表面的方式进行垂直入射纵波检测，简称纵波直探头。直探头主要用于检测与检测面平行或近似平行的缺陷，如板材、锻件检测等。

纵波直探头的主要参数是频率和晶片尺寸。

（2）接触式斜探头。接触式斜探头可分为纵波斜探头、横波斜探头、表面波探头、兰姆波探头及可变角探头等。其共同特点是：压电晶片贴在一斜楔晶片与探头表面成一定倾角。

纵波斜探头是入射角（$\alpha_L < \alpha_I$）的探头。目的是：利用小角度的纵波进行缺陷检测，或在横波衰减过大的情况下，利用纵波穿透能力强的特点进行纵波斜入射检测。使用时应注意工件中同时存在的横波的干扰。

横波斜探头是入射角 $\alpha_I \leqslant \alpha < \alpha_{II}$ 且折波为纯横波的探头，横波斜探头实际上是直探头加斜楔组成的。主要用于检测与检测面成一定角度的缺陷，如焊缝检测、汽轮机叶轮检测等。横波斜探头的标称方式有 3 种：一是以纵波入射角来标称，常用 α_L= 30°、40°、45°、50° 等，如前苏联和我国有些探头。二是以横波折射角 β_s 来标称，常用 β_s = 40°、45°、50°、60°、70° 等，如西方国家。三是我国提出来的以钢中折射角的正切值 $K = \tan\beta_s$ 来标称，常用 K = 0.8、1.0、1.5、2.0、2.5 等，在计算钢中缺陷位置时比较方便。

a）直探头　b）斜探头　c）小径管斜探头

d）双晶斜探头　e）双晶直探头　f）水浸探头

g）测厚仪用探头　h）可变角斜探头　i）TOFD探头

j）相控阵探头

图 3-22　常用典型探头

目前国产横波斜探头大多采用 K 值标称系列。横波斜探头上的主要参数为工作频率、晶片尺寸和 K 值。

K 值与 α_L、β_s 的换算关系见表 3-4。注意此表只适用于有机玻璃 / 钢界面。

表 3-4　常用 K 值对应的 β_s 和 α_L（有机玻璃 / 钢）

K 值	1.0	1.5	2.0	2.5	3.0
α_L	45°	56.3°	63.4°	68.2°	71.6°
β_s	36.7°	41.6°	49.1°	51.6°	53.5°

可变角探头的入射角是可变的，其结构如图 3-23 所示。转动压电晶片可使入射角连续变化，一般变化范围为 0° ～ 70°，可实现纵波、横波、表面波或兰姆波检测。

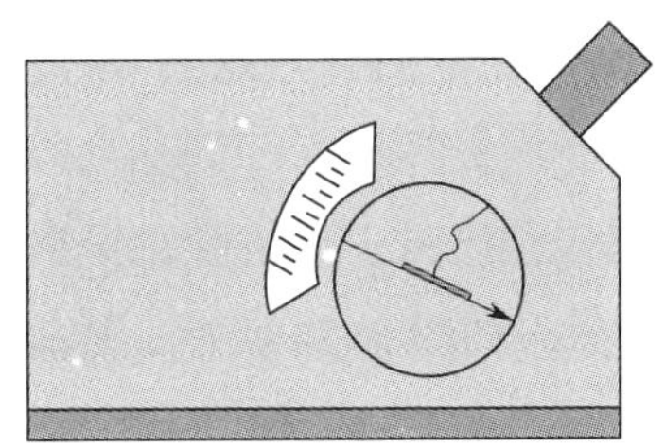

图 3-23 可变角探头结构示意图

（3）双晶探头（分割探头）。双晶探头有两块压电晶片，一块用于发射超声波，另一块用于接收超声波，中间夹有隔声层。根据入射角不同，分为双晶纵波探头和双晶横波探头。双晶探头的结构如图 3-24 所示。

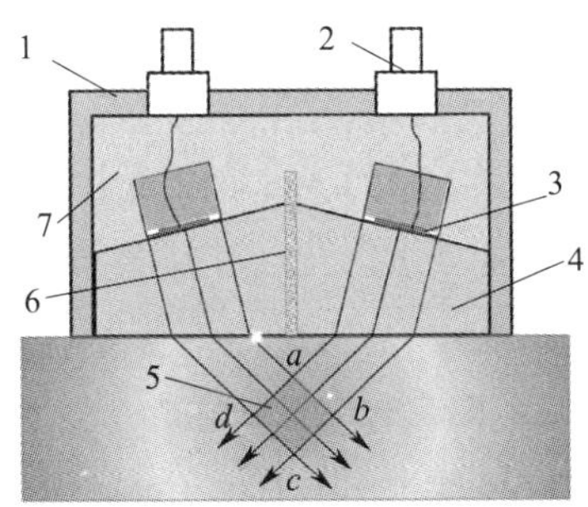

图 3-24 双晶探头的结构

1—外壳 2—接头 3—压电晶片 4—延迟块 5—探伤区 6—隔声层 7—吸声材料

双晶探头具有以下优点：

1）灵敏度高。双晶探头的两块晶片，一发一收，发射晶片用发射灵敏度高的压电材料制成，如 PZT。接收晶片由接收灵敏度高的压电材料制成，如硫酸锂。这样探头发射和接收灵敏度都高，这是单晶探头无法比拟的。

2）杂波少盲区小。双晶探头的发射与接收分开，消除了发射压电晶片与延迟块之间的反射杂波，同时由于始脉冲未进入放大器，克服了阻塞现象，使盲区大大减小，为检测近表面缺陷提供了有利条件。

3）工件中近场区长度小。双晶探头采用了延迟块，缩短了工件中的近场区长度，有利于检测。

4）检测范围可调。双晶探头检测时，对于位于棱形 *abcd* 内的缺陷灵敏度较高。而棱形 *abcd* 是可调的，可以通过改变入射角来调整。入射角增大，棱形 *abcd* 向表面移动，在水平方向变扁。入射角减小，棱形向内部移动，在垂直方向变扁。

双晶探头主要用于检测近表面缺陷和已知缺陷的定点测量。

双晶探头的主要参数为频率、晶片尺寸和声束汇聚区的范围。

（4）接触式聚焦探头。聚焦探头种类较多。根据焦点形状不同分为点聚焦和线聚焦，点聚焦的理想焦点为一点，其声透镜为球面；线聚焦的理想焦点为一条线，其声透镜为柱面。根据耦合情况不同分为水浸聚焦与接触聚焦，水浸聚焦以水为耦合介质，探头不与工件直接接触。

接触聚焦是探头通过薄层耦合介质与工件接触，根据聚焦方式不同又分为透镜式聚焦、反射式聚焦和曲面晶片式聚焦，如图 3-25 所示。透镜式聚焦是平面晶片发射超声波通过声透镜和透声楔块来实现聚集，如图 3-25a 所示。反射式聚焦是平面晶片发射超声波通过曲面楔块反射来实现聚焦，如图 3-25b 所示。曲面晶片式聚集探头的晶片为曲面，通过曲面楔块实现聚焦，如图 3-25c 所示，但曲面晶片很难制作，目前已很少采用。

接触式聚焦探头的主要参数为频率、晶片尺寸和焦距。

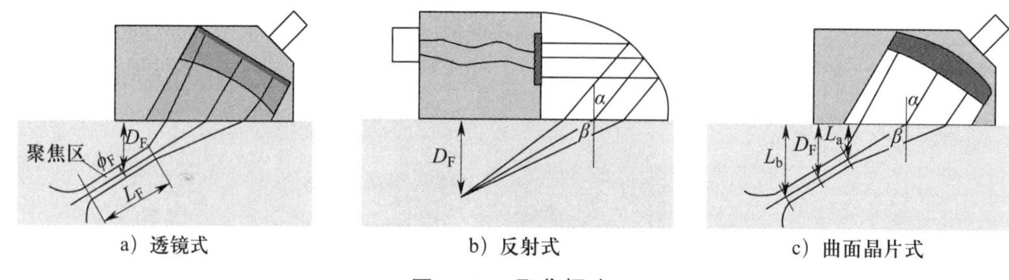

a）透镜式　　b）反射式　　c）曲面晶片式

图 3-25　聚焦探头

（5）水浸探头。水浸平探头相当于可在水中使用的纵波直探头，用于水浸法检测。当改变探头倾角使声束从水中倾斜入射至工件表面时，也可通过折射在工件中产生纯横波。

在水浸平探头前加上声透镜则可产生聚焦声束，称为水浸聚焦探头。声透镜的作用就是实现声束聚焦。

2. 探头型号

（1）探头型号的组成项目。探头型号组成项目及排列顺序如下：

基本频率→晶片材料→晶片尺寸→探头种类→探头特征

1）基本频率。用阿拉伯数字表示，单位为 MHz。

2）晶片材料。用化学元素缩写符号表示，见表 3-5。

表 3-5　晶片材料代号

晶片材料	代号
锆钛酸铅陶瓷	P
钛酸钡陶瓷	B
钛酸铅陶瓷	T
铌酸锂单晶	L
碘酸锂单晶	I
石英单晶	Q
其他晶片材料	N

3）晶片尺寸。用阿拉伯数字表示，单位为mm。其中圆晶片用直径表示；矩形晶片用长 × 宽表示；双晶探头为圆形的用分割前的直径表示，两片矩形晶片用长 × 宽 ×2 表示。

4）探头种类。用汉语拼音缩写字母表示，见表 3-6。直探头也可不标出。

表 3-6　　探头种类代号

种类	代号
直探头	Z
斜探头（用 *K* 值表示）	K
斜探头（用折角表示）	X
分割探头	FG
水浸聚焦探头	SJ
表面波探头	BM
可变角探头	KB

5）探头特征。斜探头钢中折射角正切值（*K* 值）用阿拉伯数字表示。钢中折射角用阿拉伯数字表示，单位为“°”。双晶探头钢中声束汇聚区深度用阿拉伯数字表示，单位为 mm。水浸聚焦探头水中焦距用阿拉伯数字表示，单位为 mm。DJ 表示点聚焦，XJ 表示线聚焦。

（2）举例

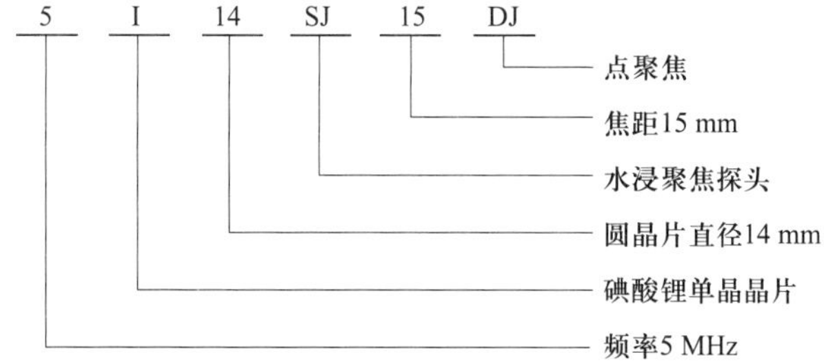

三、电缆

探头与检测仪间的连接需采用高频同轴电缆，这种电缆可消除外来电波对探头的激励脉冲及回波脉冲的影响，并防止这种高频脉冲以电波形式向外辐射。图 3-26 所示为同轴电缆的截面图。电缆线的中心是单股或多股芯线，芯线的外面是聚乙烯隔层，聚乙烯隔层的外面是金属丝编织的屏蔽层，电缆线的最外层是外皮。

对于石英、硫酸锂等介电常数很低的压电晶片制成的探头，电缆的长度、种类的变化会引起探头与检测仪间阻抗匹配情况的较大改变，从而影响检测灵敏度，因此，应选用专用电缆，且在检测过程中不可任意更换，如果更换，应考虑重新进行仪器状态调整，同轴电缆比一般电缆脆弱，弯曲过大时容易损坏，因此，使用探头电缆线要注意，应将电缆线理顺，不可扭折电缆线。

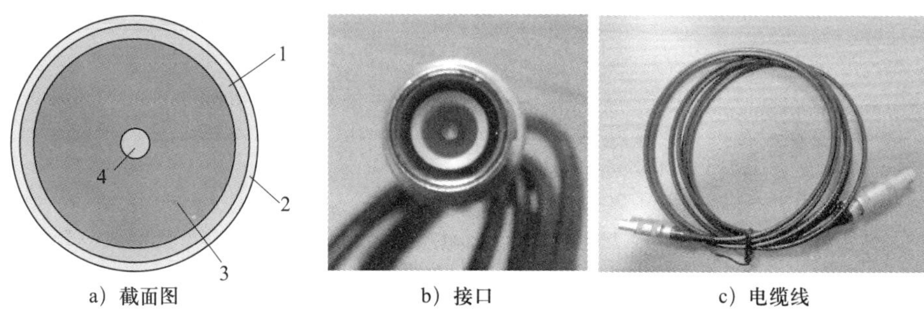

a）截面图　b）接口　c）电缆线

图 3-26　同轴电缆

1—金属丝屏蔽层　2—外皮　3—聚乙烯隔层　4—芯线

四、试块

与一般的测量方式一样，为了保证检测结果的准确性、可重复性和可比性，必须用一个具有已知固定特性的试样对检测系统进行校准。这种按一定用途设计制作的具有简单几何形状人工反射体或模拟缺陷的试样，通常称为试块。试块和仪器、探头一样，是超声检测中的重要器材。

1. 试块的分类和作用

超声检测用试块通常分为标准试块、对比试块和模拟试块三大类，如图 3-27 ～ 图 3-29 所示。

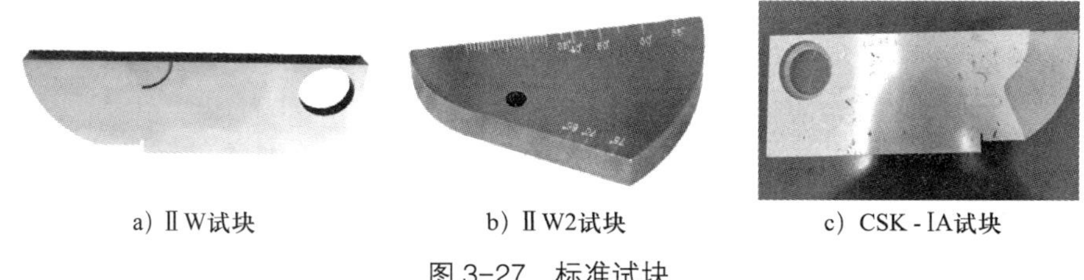

a）ⅡW试块　b）ⅡW2试块　c）CSK - ⅠA试块

图 3-27　标准试块

图 3-28　对比试块（CSK-IIA）

图 3-29　模拟试块（对接焊接试板）

（1）标准试块。标准试块通常是由权威机构制作的试块，其特性与制作要求有专门的标准规定。标准试块通常具有规定的材质、形状、尺寸及表面状态。标准试块用于仪器探头系统性能测试校准和检测校准，如ⅡW 试块，为《承压设备无损检测 第 3 部分：超声检测》（NB/T 47013.3—2015）标准中采用的 CSK-ⅠA 试块。

1）ⅡW 试块。ⅡW 是国际焊接学会的英文缩写。该试块是荷兰代表首先提出来的，故称荷兰试块。该试块形状似船形，因此又叫船形试块。ⅡW 试块结构尺寸如图 3-30 所示。

ⅡW 试块材质相当于我国 20 号钢，正火处理，晶粒度 7～8 级。

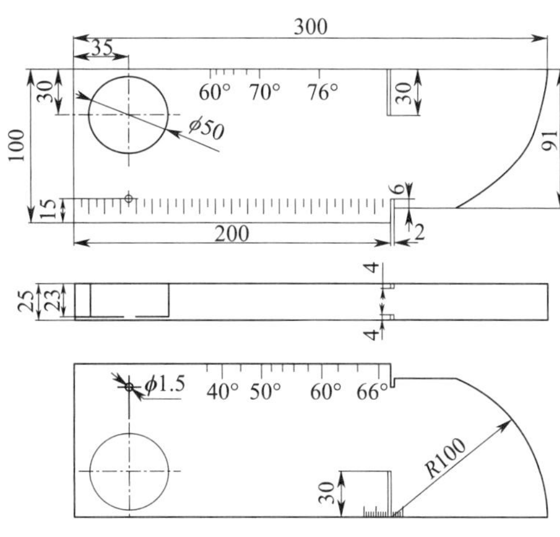

图 3-30 ⅡW 试块结构尺寸

ⅡW 试块的主要用途如下：

①调整纵波检测范围和扫描速度（时基线比例）。利用试块上 25 mm 和 100 mm 尺寸。

②校验仪器的水平线性、垂直线性和动态范围。利用试块上 25 mm、100 mm 尺寸。

③测定直探头和仪器组合的远场分辨力。利用试块上 85 mm、91 mm 和 100 mm 尺寸。

④测定直探头和仪器组合后的最大穿透能力。利用 ϕ50 mm 有机玻璃块底面的多次反射波。

⑤测定直探头与仪器组合的盲区。利用试块上 ϕ50 mm 有机玻璃圆弧面至侧面间距 5 mm 和 10 mm。

⑥测定斜探头的入射点。利用 R100 圆弧面。

⑦测定斜探头的折射角。折射角在 35°～76° 范围内用 ϕ50 mm 孔测；折射角在 74°～80° 范围内用 ϕ1.5 mm 圆孔测。

⑧测定斜探头和仪器组合的灵敏度余量。利用试块 R100 或 ϕ1.5 mm 测。

⑨调整横波检测范围和扫描速度。由于纵波声程 91 mm 相当于横波声程 50 mm，因此可以利用试块上 91 mm 来调整横波的检测范围和扫描速度，例如横波 1∶1，先用直探头对准 91 mm 底面，使底波 B_1、B_2 分别对准 50 mm、100 mm，然后换上横波探头并对准 R100 圆弧面，找到最高回波，并调至 100 mm 即可。

⑩测定斜探头声束轴线的偏离。利用试块的直角棱边测。

ⅡW 试块用途较广，但也有一些不足，对此一些国家做了小的修改作为本国的标准试块。如德国和日本在 *R*100 圆心处两侧加开宽为 0.5 mm、深为 2 mm 的沟槽，借以获得 *R*100 圆弧面的多次反射，克服了ⅡW 试块调整横波检测范围和扫描速度不便的缺点。

2）ⅡW2 试块。ⅡW2 试块也是荷兰代表提出来的国际焊接学会标准试块，由于外形类似牛角，故又称牛角试块。与ⅡW 试块相比，ⅡW2 试块质量小、尺寸小、形状简单、容易加工和便于携带，但功能不及ⅡW 试块。ⅡW2 试块的材质与ⅡW 相同，结构尺寸和反射特点如图 3-31 所示。

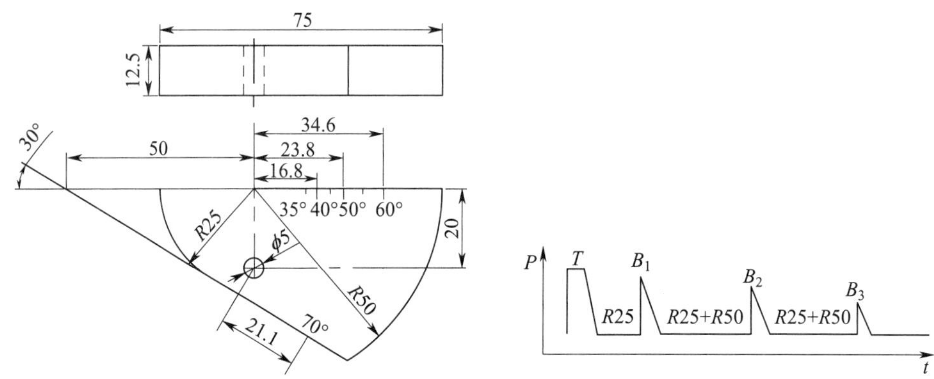

图 3-31 ⅡW2 试块结构尺寸和反射特点

当斜探头对准 *R*25 时，*R*25 反射回波一部分被探头接收，显示 B_1，另一部分反射至 *R*50，然后又返回探头，但这时不能被接收，因此无回波。当此反射波再次经 *R*25 反射回到探头时才能被接收，这时显示 B_2，它与 B_1 的间距为 *R*25+*R*50。以后各次回波间距均为 *R*25+*R*50。

ⅡW2 试块的主要用途如下：

①测定斜探头的入射点。利用 *R*25 与 *R*50 圆弧反射面测。

②测定斜探头的折射角。利用 ϕ5 mm 横通孔测。

③测定仪器水平、垂直线性和动态范围。利用厚度 12.5 mm 测。

④调整检测范围和扫描速度。纵波直探头利用 12.5 mm 底面的多次反射波调整，横波斜探头利用 *R*25 和 *R*50 调整。

⑤测定仪器和探头的组合灵敏度。利用 ϕ5 mm 或 *R*50 圆弧面测。

3）CSK-ⅠA 试块。CSK-ⅠA 试块是我国《承压设备无损检测　第 3 部分：超声检测》（NB/T 47013.3—2015）中规定的标准试块，是在ⅡW 试块基础上改进后得到的，其结构及主要尺寸如图 3-32 所示。

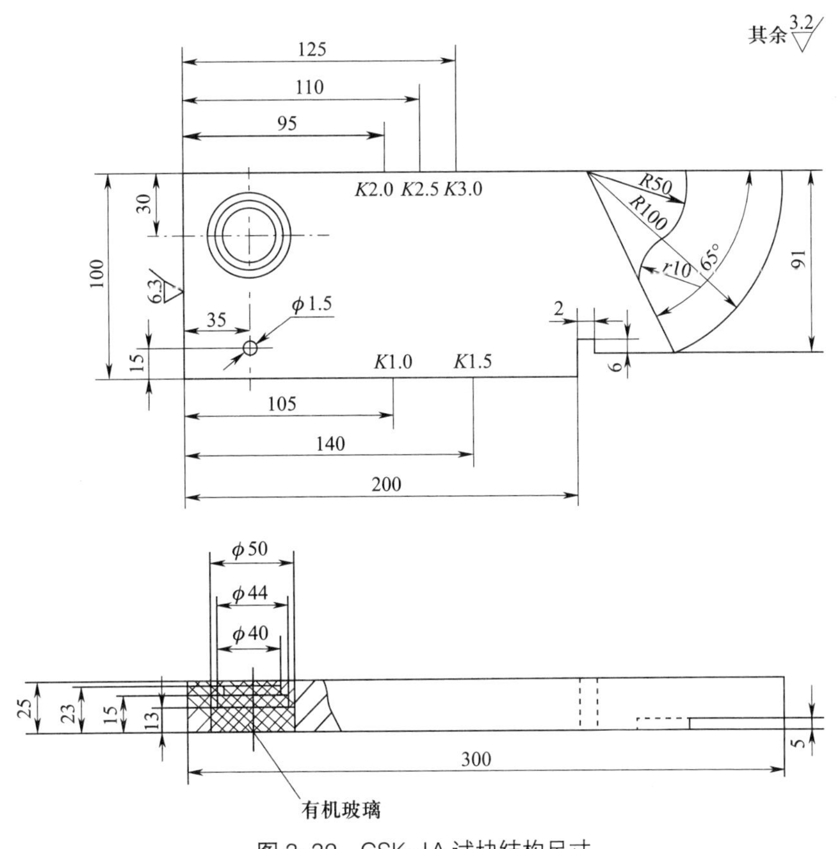

图 3-32 CSK-ⅠA 试块结构尺寸

CSK-ⅠA 试块有 3 点改进：

①将直孔 ϕ50 mm 改为 ϕ50 mm、ϕ44 mm、ϕ40 mm 台阶孔，以便于测定横波斜探头的分辨力。

②将 R100 改为 R100、R50 阶梯圆弧，以便于调整横波扫描速度和检测范围。

③将试块上标定的折射角改为 K 值（$K=\tan\beta$），从而可直接测出横波斜探头的 K 值。

CSK-ⅠA 试块的其他功能与ⅡW 试块相同，材质一般与被检工件相同。

（2）对比试块。对比试块是以特定方法检测特定工件时采用的试块，含有意义明确的人工反射体（平底孔、长横孔、槽等）。它与被检工件材料声学特性相似，其外形尺寸应能代表被检工件的特征。试块厚度应与被检工件的厚度相对应。对比试块主要用于检测校准和评估缺陷的当量尺寸，以及将所检出的不连续信号与试块中已知反射体产生的信号相比较。如标准中采用的：钢板用试块 CBⅠ、CBⅡ，锻件用试块 CSⅠ、CSⅡ、CSⅢ，焊接接头用试块 CSK-ⅠA、CSK-ⅡA、CSK-ⅢA、CSK-ⅣA，等。

《承压设备无损检测　第 3 部分：超声检测》（NB/T 47013.3—2015）标准中规定和采用的对比试块主要有：

1）板材检测对比试块。

2）锻件检测对比试块。

3）螺栓坯件径向检测对比试块。

4）奥氏体钢锻件检测对比试块。

5）焊接接头检测对比试块。

6）无缝钢管检测对比试块：纵向人工缺陷试块、横向人工缺陷试块。

7）声能传输损耗超声检测对比试块。

8）压力管道和管子焊接接头检测对比试块。

9）奥氏体不锈钢对接接头对比试块。

对比试块的主要用途：

1）调节时基线比例和检测范围。

2）测定斜探头的 K 值。

3）测定横波 AVG 曲线。

4）调节检测灵敏度。

5）进行缺陷定量。

（3）模拟试块。模拟试块是含模拟缺陷的试块，是以模拟工件中实际缺陷而制作的样件，或者是在以往检测中所发现含自然缺陷的样件。模拟试块主要用于检测方法的研究、无损检测人员资格考核和评定、评价和验证仪器探头系统的检测能力和检测工艺等。

2. 试块的使用和维护

（1）试块应在适当部位编号，以防混淆。

（2）试块在使用和搬运过程中应注意保护，防止碰伤或擦伤。

（3）使用试块时应注意清除反射体内的油污和锈蚀，常用蘸油细布将锈蚀部位抛光，或用合适的去锈剂处理。平底孔在清洗干燥后用尼龙塞或胶合剂封口。

（4）注意防止试块锈蚀，若使用后停放时间长，要涂敷防锈剂。

（5）要注意防止试块变形，如避免火烤，平板试块尽可能立放，防止重压。

五、超声检测系统的性能

仪器和探头的性能包括仪器的性能、探头的性能以及仪器与探头的组合性能，了解这些性能，对正确选用检测设备，确保检测结果的可靠性，保证超声检测工作的质量，是十分必要的。

1. 超声检测仪的主要性能

超声检测仪各部分电路的主要性能见表 3-7。

表 3-7 超声检测仪的主要性能

项目	具体性能
脉冲发射部分	脉冲重复频率
	发射脉冲频谱
	发射电压幅度（发射脉冲幅度）
	脉冲上升时同
	脉冲持续时间
接收部分（包括与示波管结合的性能）	垂直线性
	频率响应
	噪声电平
	最大使用灵敏度
	衰减器准确度
	垂直偏转极限
	垂直线性范围
	动态范围
	水平线性
	水平偏转极限
	水平线性范围
数字式超声仪器额外的性能	数字采样率和采样位数
	数字采样误差
	A 型显示的像素数量
	数字式超声仪器的响应时间

（1）脉冲发射部分。这部分性能主要有发射电压幅度、发射脉冲上升时间、发射脉冲宽度和发射脉冲频谱。其中脉冲频谱与前几个参数相关，脉冲上升时间直接与频谱的带宽相关，脉冲上升时间越短，则频带越宽。在仪器技术指标中，常给出发射电压幅度和脉冲上升时间，作为发射部分的性能指标。

发射电压幅度也就是发射脉冲幅度，它的高低主要影响发射的超声波能量；脉冲上升时间则与可用的超声波频率有关，上升时间短、频带宽，频率上限也高，则可配用的探头频率相应也高。同时，脉冲上升时间短，脉冲宽度也可减小，从而可减小盲区，提高分辨力。

（2）接收部分。接收部分的性能主要有垂直线性、频率响应、噪声电平、最大使用灵敏度、衰减器准确度以及与示波管结合的性能，包括垂直偏转极限、垂直线性范围和动态范围。

垂直线性是指输入到超声检测仪接收电路的信号幅度与其在超声检测仪显示器上所显示的幅度成正比关系的程度。在用波幅评定缺陷尺寸的时候，垂直线性对测试准确度影响较大。

频率响应又称接收电路带宽，常用频带的上、下限频率表示。采用宽带探头时，接收电路的频带要包含探头的频带，才能保证波形不失真。

噪声电平是指空载时最大灵敏度下的电噪声的幅度，其大小会限制仪器可用的最大灵敏度。

最大使用灵敏度是指信噪比大于6 dB时可检测的最小信号的峰值电压。它表示的是系统接收微弱信号的能力。

衰减器准确度反映的是衰减器读数的增减与显示的信号幅度变化之间的对应关系。它对仪器灵敏度调整、缺陷当量的评定均有重要意义。

垂直偏转极限是指示波管上 *Y* 偏转最大时，对应的刻度值。通常要求大于满刻度值（100%）。

垂直线性范围是在规定了垂直线性误差值后，垂直线性在误差范围内的显示屏上的信号幅度范围。通常用上、下限刻度值（%）表示。

动态范围是指在增益不变的情况下，超声检测仪可运用的一段信号幅度范围，在此范围内信号不会过载或畸变，也不会因信号过小而难以观测。动态范围通常用满足上述条件的最大输入信号与最小输入信号之比的分贝值表示。

（3）时基部分。时基部分的性能包括水平线性、脉冲重复频率以及与示波管结合的性能，包括水平偏转极限和线性范围。

水平线性又称时基线性，或者扫描线性。水平线性指的是输入到超声检测仪中的不同回波的时间间隔与超声检测仪显示屏时基线上回波的间隔成正比关系的程度。水平线性主要取决于扫描电路产生的锯齿波的线性。水平线性影响缺陷位置确定的准确度。

脉冲重复频率在前节已有描述。

水平偏转极限是示波管上 *X* 偏转最大时，对应的刻度值，通常要求大于满刻度值（100%）。

水平线性范围是水平线性在规定误差范围内的时基线刻度范围。在使用时可根据水平线性范围调整仪器的时基线，使要测量的信号位于该范围内。

2. 探头的主要性能

探头的主要性能包括频率响应、相对灵敏度、时间域响应、电阻抗、距离幅度特性、声束扩散特性、斜探头的入射点和折射角、声轴偏斜角和双峰等。

频率响应是在给定的反射体上测得的探头的脉冲回波频率特征。

相对灵敏度是以脉冲回波方式，在规定的介质、声程和反射体上，衡量探头电声转换效率的一种度量，具体表达方式在不同标准中有不同的规定。

时间域响应是通过回波脉冲的形状、脉冲宽度（长度）、峰数等特征来评价探头的性能。脉冲宽度与峰数是以不同形式来表示所接收回波信号的持续时间，脉冲宽度为在低于峰值幅度的规定水平上所测得的脉冲(回波)前沿和后沿之间的时间间隔,峰数为在所接收信号的波形持续时间内、幅度超过最大幅度的20%(-14 dB)的周数。脉冲宽度越窄、峰数越少,则探头阻尼效果越好。这样的探头分辨力好,但灵敏度略低。

距离幅度特性、声束扩散特性、声轴偏斜角和双峰,均属于探头的声场特性,前面已介绍了近场区长度、扩散角和远场区声压分布的公式,但由于介质衰减以及探头频率成分的非单一性等原因,实际声场测量结果与理论计算结果会有所差异,因此,进行声场的实际测量是有必要的。

距离幅度特性是探头声轴上规定反射体回波声压随距离变化的曲线。距离幅度特性可测出声场的最大峰值距探头的距离、远场区幅度随距离下降的快慢等。

声束扩散特性是指不同距离处横截面上声压下降至声轴上声压值的 -6 dB 时的声束宽度。由于声束扩散,所以不同距离处声束宽度也不同。相同距离处不同探头的声束宽度变化情况与半扩散角有关。

声轴偏斜角反映的是声束轴线与探头的几何轴线偏斜的程度,双峰是指声束轴线沿横向移动时,同一反射体产生两个波峰的现象,声轴偏斜角和双峰均是与声束横截面上的声压分布相关的性能,反映的是最大峰值偏离探头中心轴线的情况。此性能将会影响到缺陷水平位置的确定。

斜探头的入射点和折射角是实际超声检测中经常用到的参数,每次检测时均要进行测量。入射点指斜楔中纵波声轴入射到探头底面的交点;折射角的标称值指钢中横波的折射角,由斜楔的角度决定。两者均是探头制作完成时的固定参数,但随着使用中探头斜楔的磨损,两个参数均会改变。

3. 超声检测仪和探头的组合性能

组合性能包括灵敏度(或灵敏度余量)、分辨力、信噪比和频率等。

(1)灵敏度。超声检测中灵敏度广义的含义是指整个检测系统(仪器与探头)发现最小缺陷的能力,发现的缺陷越小,灵敏度就越高。

仪器与探头的灵敏度常用灵敏度余量来衡量,灵敏度余量是指仪器最大输出时(增益、发射强度最大,衰减和抑制为零),使规定反射体回波达基准高所需衰减的衰减总量。灵敏度余量大,说明仪器与探头的灵敏度高。灵敏度余量与仪器和探头的综合性能有关,因此又叫仪器与探头的综合灵敏度。

(2)分辨力。超声检测系统的分辨力是指能够对一定大小的两个相邻反射体提供可分离指示时两者的最小距离。由于超声脉冲自身有一定宽度,在深度方向上分辨两个相邻信号的能力有一个最小限度(最小距离),称为纵向分辨力。在工件的入射面和底面附近,可分辨的缺陷和相邻界面间的距离,称为入射面分辨力和底面分辨力,又称上表面分辨力和下表面分辨力。实际检测时,入射面分辨力和底面分辨力与所用的检测灵敏度有关,检测灵敏度高时,界面脉冲或始波宽度会增大,使得分辨力变差,探头平移时,分辨两个相邻反射体的能力称为横向分辨力。横向分辨力取决于声束的宽度。

（3）信噪比。信噪比是指示波屏上有用的最小缺陷信号幅度与无用的最大噪声幅度之比，由于噪声的存在会掩盖幅度低的小缺陷信号，容易引起漏检或误判，严重时甚至无法进行检测。因此，信噪比对缺陷的检测起关键作用。

（4）频率。频率是超声仪器和探头组合后的一个重要参数，很多物理量的计算都与频率有关，例如超声场近场区长度、半扩散角、规则反射体的回波声压等。探头的公称频率是制造厂在探头上标出的频率，该频率是根据驻波共振理论设计的。仪器和探头的组合频率取决于仪器的发射电路与探头的组合性能，与公称频率之间往往存在一定的差值，为衡量该差值，实践中往往采用回波频率误差表征。回波频率误差是指当仪器与探头组合使用时，经工件底面反射回的超声波的频率与探头公称频率间的误差极限。

六、耦合剂

1. 耦合剂的作用

超声耦合是指超声波在检测面上的声强透射率。声强透射率高，超声耦合好。为了改善探头与工件间声能的传递，加在探头和检测面之间的液体薄层称为耦合剂。在液浸法检测中，通过液体实现耦合，此时液体也是耦合剂。

当探头和工件之间有一层空气时，超声波的反射率几乎为100%，即使很薄的一层空气也可以阻止超声波传入工件。因此，排除探头和工件之间的空气非常重要。耦合剂可以填充探头与工件间的空气间隙，使超声波能够传入工件，这是使用耦合剂的主要目的。除此之外，耦合剂还有润滑作用，可以减小探头和工件之间的摩擦，防止工件表面磨损探头，并使探头便于移动。

2. 常用耦合剂

常用耦合剂有水、甘油、机油、变压器油、化学浆糊等。

一般耦合剂应满足以下要求：

（1）能润湿工件和探头表面，流动性、黏度和附着力适当，不难清洗。

（2）声阻抗高，透声性能好。

（3）来源广，价格便宜。

（4）对工件无腐蚀，对人体无害，不污染环境。

（5）性能稳定，不易变质，能长期保存。

水的优点是来源方便、缺点是容易流失，容易使工件生锈，有时不易润湿工件。液浸检测中最常使用水作耦合剂、使用时可加入润湿剂和防腐剂等。

甘油的优点是声阻抗大，耦合效果好，缺点是要用水稀释，容易使工件形成腐蚀坑，价格较贵。

机油和变压器油的附着力、黏度、润湿性都较适当，也无腐蚀性，价格又不贵，因此是最常用的耦合剂。

化学浆糊的耦合效果比较好，也是一种常用的耦合剂。

3. 影响声耦合的主要因素

影响声耦合的主要因素有：耦合层的厚度，耦合剂的声阻抗，工件表面粗糙度和工件表面形状。

（1）耦合层厚度的影响。如图 3-33 所示，耦合层厚度对耦合有较大的影响。当耦合层厚度为 $\lambda/4$ 的奇数倍时，透声效果差，耦合不好，反射回波低。当耦合层厚度为 $\lambda/2$ 的整数倍或很薄时，透声效果好，反射回波高。

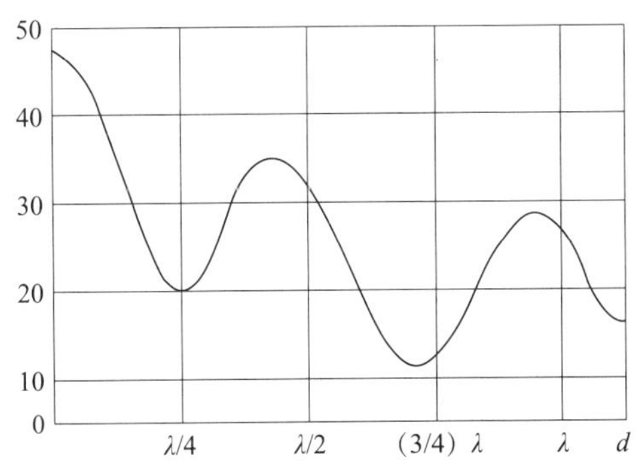

图 3-33 耦合层厚度对耦合的影响

（2）表面粗糙度的影响。由图 3-34 可知，工件表面粗糙度对声耦合有明显的影响。对于同一耦合剂，表面粗糙度大，耦合效果差，反射回波低。声阻抗低的耦合剂，随粗糙度的变大，耦合效果会降低得更快。但若粗糙度太小，即表面很光滑时，耦合效果将不会有明显增加，而且会使探头因吸附力大而移动困难。

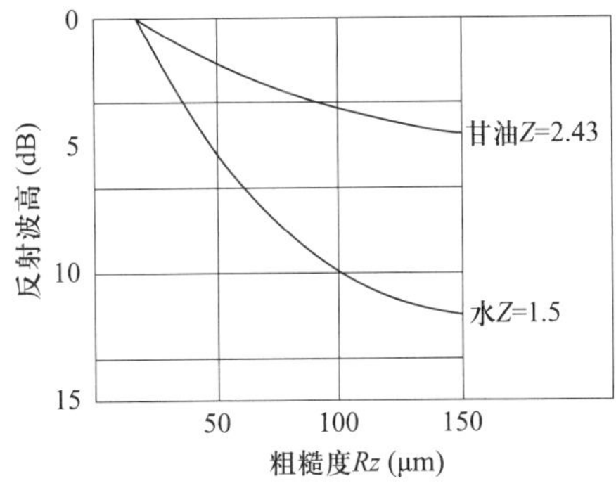

图 3-34 表面粗糙度对耦合的影响

一般要求工件的检测面的粗糙度 *Ra* 不高于 6.3 μm。

（3）耦合剂声阻抗的影响。耦合剂的声阻抗对耦合效果也有较大的影响。对于同一检测面，耦合剂声阻抗越大，耦合效果越好，反射回波也就越高，例如表面粗糙度 Rz = 100 μm 时，Z=2.43 的甘油耦合回波比 Z=1.5 的水耦合回波高 6 ～ 7 dB。

（4）工件表面形状的影响。若工件表面形状不同，耦合效果也不一样，其中平面耦合效果最好，凸曲面次之，凹曲面最差，因为常用探头表面为平面，与凸曲面接触为点接触或线接触，耦合效果变差。但是凹曲面，由于探头中心不接触，因此耦合效果很差。

不同曲率半径的耦合效果也不相同，曲率半径越大，耦合效果越好。

复习思考题

1. 试用方框原理图简单说明 A 型脉冲反射式超声波检测仪的工件原理和各部分电路的主要作用。

2. 一般 A 型脉冲反射式超声波检测仪有哪些主要旋钮？各有什么作用？

3. 试说明超声波测厚仪的种类、工件原理及调整测试方法。

4. 超声波探头的主要作用是什么？简述超声波探头发射和接收超声波的原理。

5. 简述超声波探头的分类和应用。
6. 画图说明纵波直探头的主要结构和各部分的主要作用。
7. 画图说明横波斜探头的主要结构和各部分的主要作用。
8. 画图说明双晶探头的主要结构和各部分的主要作用。
9. 画图说明聚焦探头的主要结构和各部分的主要作用。
10. 什么是试块？试块的主要作用是什么？
11. 试块有哪几种分类方法？我国常用试块有哪几种？
12. 试块应满足哪些基本要求？使用试块时应注意什么？
13. 画图说明ⅡW 和 ⅡW2 试块的主要结构和用途。
14. 我国的 CSK-ⅠA 试块与ⅡW 试块有何不同？
15. 超声检测仪和探头的主要性能指标有哪些？
16. 什么是斜探头的入射角和 K 值？如何测定？
17. 什么是探头波束轴线的偏离和探头的双峰？如何测定？
18. 什么是仪器和探头的灵敏度余量（综合或组合灵敏度）？如何测定？

第三节 脉冲反射法超声检测技术

脉冲反射法超声检测在检测条件、耦合与补偿、仪器的调节、缺陷的定位、定量、定性等方面都有一些通用的技术，掌握这些通用技术对于发现缺陷并正确评价是很重要的。

脉冲反射法超声检测的基本步骤是：检测前的准备，仪器、探头、试块的选择，仪器调节与检测灵敏度确定，耦合补偿，扫查方式，缺陷的测定、记录和等级评定，仪器和探头系统复核等。

一、检测面的选择和准备

针对一个确定的工件，当存在多个可能的声波入射面时，检测面的选择首先要考虑缺陷的最大可能取向，如果缺陷的主反射面与工件的某一表面近似平行，则选用从该表面入射的垂直入射纵波，这样能使声束轴线与缺陷的主反射面接近垂直，这对缺陷的检测是最为有利的，缺陷的最大可能取向应根据材料、坡口形式、焊接工艺等综合分析。

很多情况下，工件上可以放置探头的平面或规则圆周面是有限的，超声波的进入面并没有可以选择的余地，只能根据缺陷的可能取向，选择入射超声波的方向。因此，检测面的选择是应该与检测技术的选择结合起来进行的。例如，对于锻件中冶金缺陷的检测，由于缺陷大多平行于锻造表面，通常采用纵波垂直入射检测，检测面可选为与锻件流线相平行的表面。再考虑棒材检测的情况，可能的入射面只有圆周面，采用纵波检测可以检出位于棒材中心区的、延伸方向与棒材轴向平行的缺陷。若要检测位于棒材表面附近垂直于表面的裂纹，或沿圆周延伸的缺陷，由于检测面仍是圆周面，所以仍需采用斜射声束沿周向或轴向入射。

有些情况下，需要从多个检测面入射进行检测。如：变形过程使缺陷有多种取向时；单面检测存在盲区，而另一面检测可以弥补时；单面检测灵敏度不能在整个工件厚度范围内实现时。

为了保证检测面能提供良好的声耦合，进行超声检测前应目视检查工件表面，去除松动的氧化皮、毛刺、油污、切削或磨削颗粒等。如果个别部位不可能清除，应作出标记并留下记录，供质量评定时参考。

二、仪器与探头的选择

正确选择仪器和探头对于有效地发现缺陷，并对缺陷定位、定量和定性是至关重要的。实际检测中要根据工件结构形状、加工工艺和技术要求来选择仪器与探头。

1. 检测仪器的选择

目前国内外检测仪种类繁多，性能各异，检测前应根据检测要求和现场条件来选择检测仪器，一般根据以下情况来选择：

（1）对于定位要求高的情况，应选择水平线性误差小的仪器。

（2）对于定量要求高的情况，应选择垂直线性好、衰减器精度高的仪器。

（3）对于大型零件的检测，应选择灵敏度余量高、信噪比高、功率大的仪器。

（4）为了有效地发现近表面缺陷和区分相邻缺陷，应选择盲区小、分辨力好的仪器。

（5）对于室外现场检测，应选择质量轻、荧光屏亮度好、抗干扰能力强的携带式仪器。

此外，要求选择性能稳定、重复性好和可靠性好的仪器。

2. 探头的选择

超声检测中，超声波的发射和接收都是通过探头来实现的。探头的种类很多，结构形式也不一样，检测前应根据被检对象的形状、声学特点和技术要求来选择探头。探头的选择包括探头的形式、频率、带宽、晶片尺寸和横波斜探头 K 值的选择等。

（1）探头形式的选择。常用的探头形式有纵波直探头、横波斜探头、纵波斜探头、双晶探头、聚焦探头等。一般根据工件的形状和可能出现缺陷的部位、方向等来选择探头的形式，使声束轴线尽量与缺陷垂直。

纵波直探头波束轴线垂直于检测面，主要用于检测与检测面平行或近似平行的缺陷，如锻件、钢板中的夹层、折叠等缺陷。

横波斜探头是通过波型转换来实现横波检测的。横波波长短，检测灵敏度高，主要用于检测与检测面垂直或成一定角度的缺陷，如焊缝中的未焊透、夹渣、裂纹、未熔合等缺陷。

纵波斜探头主要是利用小角度的纵波进行检测，或在横波衰减过大的情况下，利用纵波穿透能力强的特点进行斜入射纵波检测。此时工件中既有纵波也有横波，使用时需注意横波干扰，可利用纵波和横波的速度不同加以识别。

双晶探头用于检测薄壁工件或近表面缺陷。

水浸聚焦探头可用于检测管材或板材；接触聚焦探头可有效提高信噪比，但检测范围较小，可用于已发现缺陷的精确定量等目的。

（2）探头频率的选择。超声波检测频率一般在 0.5 ～ 10 MHz 之间，选择范围大。在选择频率时应明确以下几点：

1）波的绕射使超声检测灵敏度约为 $\lambda/2$，因此提高频率，有利于发现更小的缺陷。

2）频率越高，脉冲宽度越小，分辨力也就越高，有利于区分相邻缺陷且缺陷定位精度高。

3）频率越高，波长越短，半扩散角就越小，声束指向性也就越好，能量集中，发现小缺陷的能力也就越强，但是相对的检测区域也就越小，仅能发现声束轴线附近的缺陷。

频率越高，近场区长度越大，对检测不利。

频率越高，衰减越大。对于金属材料，若频率过高或晶粒粗大时，衰减很显著，此时由于晶界的散射还会出现草状回波，信噪比下降，从而导致缺陷检出困难。

对于面积状缺陷，如果频率太高则会形成显著的反射指向性，如果超声波不是近于垂直入射到面状缺陷表面，在检测方向上可能不会产生足够大的回波，检出率将会降低。

由以上分析可知，频率对检测有较大的影响。实际检测中要全面分析各方面的因素，合理选择频率以取得最佳平衡。

一般而言，频率的选择可这样考虑：对于小缺陷、厚度不大的工件，宜选择较高频率，对于大厚度工件、高衰减材料，应选择较低频率。如对于晶粒较细的锻件、轧制件和焊接件等，一般选用较高的频率，常用 2.5 ～ 10.0 MHz。对晶粒较粗大的铸件、奥氏体钢等宜选用较低的频率，常用 0.5 ～ 2.5 MHz。

（3）探头带宽的选择。探头发射的超声脉冲频率都不是单一的，而是有一定带宽的。宽带探头对应的脉冲宽度较小，深度分辨力好，盲区小，但由于探头使用的阻尼较大，通常灵敏度较低；窄带探头则脉冲较宽，深度分辨力变差，盲区大，但灵敏度较高，穿透能力强。

宽带探头由于脉冲短，在材料内部散射噪声较高的情况下，具有比窄带探头信噪比好的优点。如对晶粒较粗大的铸件、奥氏体钢等宜选用宽带探头。

（4）探头晶片尺寸的选择。探头晶片面积一般不大于 900 mm^2，圆晶片直径一般不大于 ϕ30 mm，晶片尺寸对检测也有一定的影响，选择晶片尺寸时要考虑以下因素：

1）晶片尺寸越大，半扩散角越小，波束指向性越好，超声波能量就会越集中，这对声束轴线附近的缺陷检出十分有利。

2）随着晶片尺寸的增大，近场区长度也将迅速增大，对检测不利。

3）晶片尺寸越大，辐射的超声波能量也就越大，探头未扩散区扫查范围也将变大，而远距离扫查范围就会相对变小，发现远距离缺陷的能力就会增强。

以上分析说明晶片尺寸对声束指向性、近场区长度、近距离扫查范围和远距离缺陷检出能力有较大影响。实际检测中，检测面积大的工件时，为了提高检测效率宜选用大晶片探头。检测厚度大的工件时，为了有效地发现远距离的缺陷宜选用大晶片探头。检测小型工件时，为了提高缺陷定位、定量精度，宜选用小晶片探头。检测表面不太平整或曲率较大的工件时，为了减少耦合损失宜选用小晶片探头。

（5）横波斜探头 K 值的选择。在横波检测中，探头的 K 值对缺陷检出率、检测灵敏度、声束轴线的方向、一次波的声程（入射点至底面反射点的距离）有较大的影响。K 值越大，一次波的声程也就越大。

因此在实际检测中，当工件厚度较小时，应选用较大的 K 值，以便增加一次波的声程，避免近场区检测。当工件厚度较大时，应选用较小的 K 值，以减小声程过大引起的衰减，便于发现深度较大处的缺陷。

在焊缝检测中，K 值的选择既要考虑到可能产生的缺陷与检测面形成的角度，还要保证主声束能扫查整个焊缝截面。为了检测单面焊根部是否焊透，还应考虑端角反射问题，使 $K=0.7\sim1.5$，因为折射角过大或过小时，端角反射率都很低，容易引起漏检。

三、耦合剂的选用

超声检测中常用耦合剂有机油、变压器油、甘油、水、水玻璃和化学浆糊等。

甘油声阻抗高，耦合性能好，常用于一些重要工件的精确检测，但价格较贵，对工件有腐蚀作用。水玻璃的声阻抗较高，常用于表面粗糙的工件检测，但清洗不太方便，且对工件有腐蚀作用。水的来源广、价格低，常用于水浸检测，但容易流失，易使工件生锈，有时不易润湿工件。机油和变压器油黏度、流动性、附着力适当，对工件无腐蚀、价格也不贵，因此是目前在实验室里使用最多的耦合剂。

近年来，化学浆糊也常用来作耦合剂，耦合效果比较好，因其成本低、使用方便，故大量用于现场检测。

四、超声检测仪的调节

1. 纵波直探头检测设备的调节

主要是对仪器进行扫描速度调节和检测灵敏度调节，以保证在确定的检测范围内发现规定尺寸的缺陷，并确定缺陷的位置和大小。

（1）时基线的调节。调节的目的：一是使时基线显示的范围足以包含需检测的深度范围；二是使时基线刻度与在材料中声传播的距离成一定比例，以便准确测定缺陷的深度位置。

调节的内容，一是调节仪器示波屏上时基线的水平刻度值 τ 与实际声程 x（单程）的比例关系，即 $\tau:x=1:n$ 称为扫描速度或时基扫描线比例。它类似于地图比例尺，如扫描速度 1∶2 表示仪器示波屏上水平刻度 1 mm、实际声程 2 mm。通常扫描速度的调节是根据所需扫描声程范围确定的。二是扫描速度确定后，还需采用延迟旋钮，将声程零位设置在所选定的水平刻度线上，称为零位调节。通常接触法中，声程零位放在时基线的零点，时基线的读数直接对应反射回波的深度。

调节的一般方法是根据检测范围，利用已知尺寸的试块或工件上的两次不同反射波，通过调节仪器上的扫描范围和延迟旋钮，使两个信号的前沿分别位于相应的水平刻度值处。不能利用始波和一个反射波来调节，因为始波与反射波之间的时间包括超声波通过保护膜、耦合剂的时间，始波起始点不等于工件中的距离零点，这样扫描速度误差大。

用来调节的两个已知声程的信号可以是同材料的试块中的人工反射体信号，也可是工件本身已知厚度的平行面的反射信号。需注意的是，调节扫描速度用的试块应与被检工件具有相同的声速，否则调定的比例与实际不符。

例如，检测厚度为 400 mm 的锻件，应如何调节扫描速度?

检测仪示波屏满刻度为 100 格，扫描速度可考虑调节为 1∶4。

如图 3-35 所示，采用ⅡW 试块，将探头对准试块上厚为 100 mm 的底面，重复调节仪器上深度微调旋钮和延迟旋钮，使底波 B_2、B_4 分别对准水平刻度 50、100，这时扫描线水平刻度值与实际声程的比例正好为 1∶4，同时实现了声程零位和时基线零位的重合。

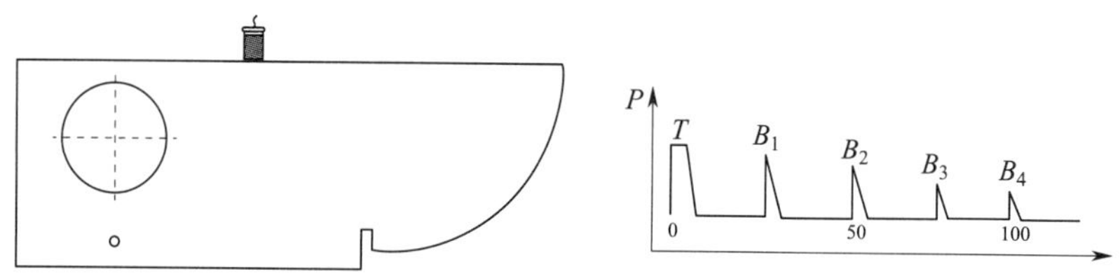

图 3-35 纵波直探头扫描速度调节

（2）检测灵敏度的调节。检测灵敏度是指在确定的声程范围内发现规定尺寸缺陷的能力。一般根据产品技术要求或有关标准确定，可通过调节仪器上的增益、衰减器、发射强度等灵敏度旋钮来实现。

调节检测灵敏度的目的在于发现工件中规定尺寸的缺陷，并对缺陷定量，检测灵敏度太高或太低都对检测不利。灵敏度太高，示波屏上杂波多，缺陷判断困难。灵敏度太低，容易发生漏检。

调节检测灵敏度的常用方法有试块调整法和工件底波调节法两种。

1）试块调节法。对于工件厚度 $x<3N$ 或不能获得底波时，采用试块调节法较为适宜，因为 $x<3N$ 时不符合计算法的适用条件，而且幅度随距离的变化不是单调的。如部分钢板检测、锻件检测等。

根据工件的厚度和对灵敏度的要求选择相应的试块，将探头对准试块上的人工反射体，调节仪器上的有关灵敏度旋钮，使示波屏上人工反射体的最高反射回波达到基准高度。同时，在采用试块调节法必须考虑一个问题：试块的表面状态和材质衰减等是否与被检工件相近，在选取试块之后，必须考虑因两者的差异引起的反射波高差异值，并对灵敏度进行补偿。

例如：超声检测厚度为 100 mm 的锻件，检测灵敏度要求是：不允许存在 ϕ2 mm 平底孔当量大小的缺陷，假定传输修正值为 3 dB。

检测灵敏度的调节方法是：选用 CS－2 标准试块，该试块中有一位于 100 mm 深度的 ϕ2 mm 平底孔。将探头对准 ϕ2 mm 平底孔，仪器保留一定的衰减余量，将抑制旋钮调节至衰减（或增益）旋钮，使 ϕ2 mm 平底孔的最高回波达 80% 或 60% 高。完成上述调节后，再用衰减（或增益）旋钮将幅度显示提高 3 dB，以进行传输修正。

2）工件底波调节法。利用试块调节灵敏度，操作简单方便，但需要加工不同声程不同当量尺寸的试块，成本高、携带不便，同时还要考虑工件与试块因耦合和衰减不同进行补偿，如果利用工件底波来调节检测灵敏度，那么既不要加工任何试块，又不需要进行传输修正。工件底波调节法只能用于厚度 $x \geqslant 3N$ 的工件，同时要求工件具有平行底面或圆柱曲底面，且底面光洁干净，如锻件检测，若底面粗糙或有水、油，将使底面反射率降低，底波下降，这样调节的灵敏度将会偏高。

利用工件底波调节检测灵敏度是根据工件底面回波与同深度的人工缺陷（如平底孔）回波分贝差为定值的原理进行的，这个定值可以由公式 3–28 计算出来。

$$\Delta=20\lg\frac{P_2}{P_1}=20\lg\frac{2\lambda x}{\pi D_f^2}(x\geqslant 3N) \tag{3-28}$$

式中　x——工件厚度，mm；

D_f——要求探出的最小平底孔尺寸，mm。

利用底波调节灵敏度时，将探头对准工件底面，仪器保留足够的衰减余量，一般大于 Δ+（6～10）dB（考虑扫查灵敏度），将抑制旋钮调节至“0”，调增益旋钮使底波 B_1 最高达到基准高度（如 80%），然后用衰减器增益 ΔdB（即衰减余量减小 ΔdB）。

例如，用 2.5 P20Z（2.5 MHz ϕ20 mm 直探头）检测厚度 x = 400 mm 的饼形钢制工件，钢中 c_L=5 900 mm/s，检测灵敏度为 400 mm/ϕ2 mm 平底孔（在 400 mm 处发现 ϕ2 mm 平底孔缺陷）。

利用工件底波调节灵敏度的方法如下。

①计算。利用理论计算公式算出 400 mm 处大平底与 ϕ2 mm 平底孔回波的分贝差 Δ 为：

$$\begin{aligned}\Delta&=20\lg\frac{P_2}{P_1}=20\lg\frac{2\lambda x}{\pi D_f^2}\\&=20\lg\frac{2\times 2.36\times 400}{3.14\times 2^2}=43.5\approx 44\text{ dB}\end{aligned}$$

分贝差 Δ 也可由纵波平底孔 AVG 曲线得到。

②调节。将探头对准工件大平底面，调节衰减（或增益）旋钮使底波 B_1 达到 80 %；然后调节衰减（或增益）旋钮使幅度显示提高 44 dB，这时 ϕ2 mm 灵敏度就调好了，也就是说这时 400 mm 处的 ϕ2 mm 平底孔回波正好达基准高，如果为了粗探时便于发现缺陷，可调节衰减旋钮使衰减量再减小 6 dB 作为扫查灵敏度。但当发现缺陷以后对缺陷定量时，应调回 6 dB。

2. 纵波直探头检测的扫查

将一个探头放到工件上，其所产生的声束范围是它可以检测到的部分。扫查就是移动探头使声束覆盖到工件上需检测的所有体积的过程，因此，扫查的方式，包括探头移动方式、扫查速度、扫查间距等就是为保证扫查的完整而做出的具体规定。另外，为了保证缺陷的检出，防止因耦合不稳使缺陷显示幅度低而漏检，扫查时还常将调节好的仪器灵敏度再增益 4 ～ 6 dB，作为扫查灵敏度。但为避免噪声过高和近表面盲区增大，扫查灵敏度也不可任意增高。

（1）扫查方式。扫查方式按探头移动方向、移动轨迹来描述，纵波直探头检测的扫查方式一方面要考虑声束覆盖范围，另一方面，还要根据受检工件的形状、缺陷的可能取向和延伸方向，尽量使缺陷能够重复显现，并使动态波形容易判别。

根据工件的使用要求不同，有时要求对工件全部体积进行扫查，即探头在整个检测面上沿一定的方向移动，移动时相邻的间距需保证声束有一定重叠量，称为全面扫查；有时，则可以间隔较大的间距进行扫查，或只扫查工件的某些部位，称为局部扫查。

用双晶探头检测时，需要考虑扫查方向与隔声层方向平行或垂直进行，其扫查方法如图 3-36 所示。为了增加缺陷显现次数和反射幅度，检测细长形缺陷时，应使探头隔声层与缺陷主延伸方向平行，探头垂直于缺陷主延伸方向移动（如图 3-36 所示）。测定缺陷纵向长度时，探头隔声层应与缺陷主延伸方向垂直放置，并沿缺陷的纵向移动（如图 3-36 所示）。

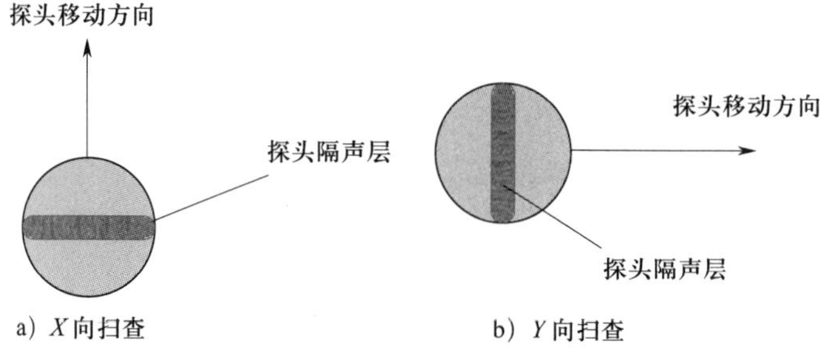

图 3-36　双晶探头扫查

对于体积大、形状复杂的工件，还可以将工件分成几个部分（区），分别进行扫查，称为分区扫查。

对于不同形状工件，有不同的扫查方式，如：对于圆盘形工件，多沿圆周方向在平表面进行扫查，沿径向等间隔前进；对于大型轴类，则常在外圆周作螺旋线扫查。

轴、管类件的螺旋线扫查在自动检测系统中有不同的设计。第一种是工件不动，探头在外圆表面上按螺旋线轨迹移动。第二种是探头不动，工件在旋转的同时做轴向直线进给运动。第三种是探头沿工件轴向做直线进给运动，同时，工件做旋转运动；或者是探头做旋转周向运动，工件做直线进给运动。

（2）扫查速度。扫查速度指的是探头在检测面上移动的相对速度，扫查速度应适当，在目视观察时应能保证缺陷回波能清楚地看到，在自动记录时，则要保证记录装置能有明确的记录。

扫查速度的上限与探头的有效声束宽度和重复频率有关。如果从发射脉冲发出到探头接收到缺陷回波的时间很短，这段时间内探头与工件相对运动的距离可以忽略不计，设重复频率为 f，那么，一次触发后扫描持续的时间为 $1/f$。若扫描重复 n 次才能使人看清楚荧光屏上显示的缺陷回波信号，或者使记录仪明确地记录下缺陷回波信号，则需要的时间为（$1/f$）$\times n$，此期间内，缺陷应处在探头的有效直径 D 之下，扫查速度 v 应为：

$$v \leqslant \frac{Df}{n} \tag{3-29}$$

式中　n——一般取 3 以上的数值。

由此可见，如果探头的有效直径大，仪器的重复频率高，则扫查速度可以快一点。如果探头的有效直径小，仪器的重复频率低，则扫查速度必须放慢。

（3）扫查间距。扫查间距指的是相邻扫查线之间的距离（锯齿形扫查为齿距，螺旋线扫查为螺距等）。扫查的间距通常根据探头的最小声束宽度来衡量，保证两次扫查之间有一定比例的覆盖。要求较高的工件，扫查间距常要求不大于探头有效声束宽度的 1/2 或 1/3。对于板材等扫查面积大的工件，有时仅要求 10% ～ 20% 的覆盖。

探头有效声束宽度的测定：

接触法检测时，根据探头的特点，选择检测深度范围中声束直径最小的深度处，取埋深与之相等并含有所要求直径的平底孔的试块，调节仪器，使平底孔反射波高为荧光屏满刻度的 80%，然后找出探头沿平底孔直径方向移动时反射波高下降 6 dB 的两点间的距离，此距离即为探头有效声束宽度。

3. 横波斜探头检测设备的调节

（1）探头入射点和折射角的测定。由于有机玻璃楔块容易磨损，所以在每次检测前应进行入射点和折射角的测定。

（2）扫描速度的调节。如图 3-37 所示，横波检测时，缺陷位置可由折射角和声程来确定，也可由缺陷的水平距离和深度来确定。

一般横波扫描速度的调节方法有 3 种：声程调节法、水平调节法和深度调节法。

1）声程调节法。声程调节法是使示波屏上的水平刻度值与横波声程成比例，这时仪器示波屏上直接显示横波声程。

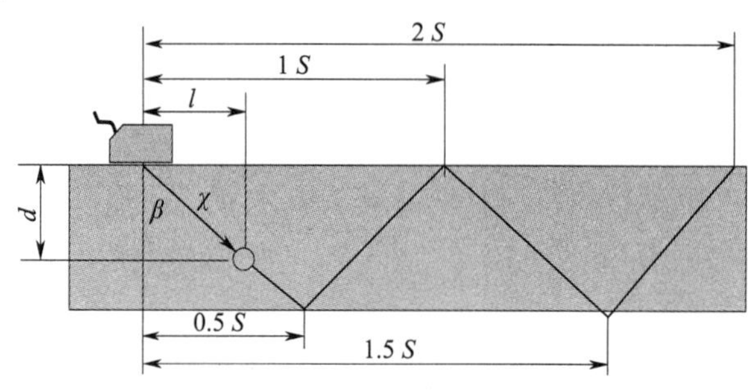

图 3-37　横波检测缺陷位置的确定

按声程调节横波扫描速度可在ⅡW、CSK-ⅠA、ⅡW 2、半圆试块以及其他试块或工件上进行。

利用ⅡW 试块或 CSK-ⅠA 试块调节ⅡW 试块 R100 mm 圆心处未切槽，因此横波不能在 R100 mm 圆弧面上形成多次反射，这样也就不能直接利用 R100 mm 来调节横波扫描速度。但ⅡW 试块上有 91 mm 尺寸，钢中纵波声程 91 mm 相当于横波声程 50 mm 的时间。因此利用 91 mm 可以调节横波扫描速度。

下面以横波 1∶1 为例进行说明。如图 3-38 所示，先将直探头对准 91 mm 底面，调节仪器使底波 B_1、B_2 分别对准水平刻度 50、100，这时扫描线与横波声程的比例正好为 1∶1。然后换上横波探头，并使探头入射点对准 R100 mm 圆心，调脉冲移位使 R100 mm 圆弧面回波 B_1 对准水平刻度 100，这时零位才算校准。即这时水平刻度“0”对应于斜探头的入射点，始波的前沿位于“0”的左侧。

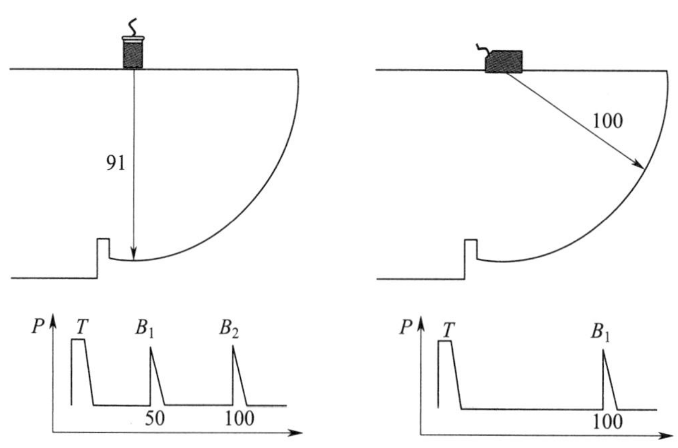

图 3-38　用 IIW 试块按声程调节横波扫描速度

以上调节方法比较麻烦，针对这一情况，我国的 CSK-ⅠA 试块在 R100 圆弧处增加了一个 R50 的同心圆弧面，这样就可以将横波探头直接对准 R50 和 R100 圆弧面，使回波

B_1（$R50$）对 50，B_2（$R100$）对 100，于是横波扫描速度 1：1 和“0”点同时调好校准。

2）水平调节法。水平调节法是指示波屏上水平刻度值与反射体的水平距离成比例。这时示波屏水平刻度值直接显示反射体的水平投影距离（简称水平距离），这种方法多用于薄板工件焊缝横波检测。

按水平距离调节横波扫描速度可在 CSK-ⅠA 试块、半圆试块、横孔试块上进行。

①利用 CSK－ⅠA 试块调节。先计算 $R50$、$R100$ 对应的水平距离 l_1、l_2：

$$\begin{cases} l_1=\dfrac{50K}{\sqrt{1+K^2}} \\ l_2=\dfrac{100K}{\sqrt{1+K^2}}=2l_1 \end{cases} \tag{3-30}$$

式中 K—— 斜探头的 K 值（实测值）。

然后将探头对准 $R50$、$R100$，调节仪器使 B_1、B_2 分别对准水平刻度 l_1、l_2。当 $K=1.0$ 时，l_1=35 mm，l_2= 70 mm，若使 B_1、B_2 分别对准 35、70，则水平距离扫描速度为 1：1。

②利用横孔试块调节。以 CSK-ⅡA-2 试块为例。

设探头的 $K=1.5$，并计算深度为 20 mm、60 mm 的 $\phi 2$ mm × 60 mm 横孔对应的水平距离 l_1、l_2：

$$l_1=Kd_1=1.5\times 20=30$$
$$l_2=Kd_2=1.5\times 60=90$$

调节仪器使深度为 20 mm、60 mm 的 $\phi 2$ mm × 60 mm 横孔的回波 H_1、H_2 分别对准水平刻度 30、90，这时水平距离扫描速度 1：1 就调好了。需要指出的是，这里 H_1、H_2 不是同时出现的，当对准 30 时，H_2 不一定正好对准 90，因此往往要反复调试，直至 H_1 对准 30、H_2 正好对准 90。

3）深度调节法。深度调节法是使示波屏上的水平刻度值与反射体深度成比例。这时示波屏水平刻度值直接显示深度距离。常用于较厚工件焊缝的横波检测。按深度调节横波扫描速度可在 CSK-ⅠA 试块、半圆试块和 CSK-ⅢA 试块等试块上调节。

①利用 CSK-ⅠA 试块调节。先计算 $R50$ mm、$R100$ mm 圆弧反射波 B_1、B_2 对应的深度 d_1、d_2：

$$\begin{aligned} d_1&=\frac{R50}{\sqrt{1+K^2}} \\ d_2&=\frac{R100}{\sqrt{1+K^2}}=2d_1 \end{aligned} \tag{3-31}$$

然后调节仪器使 B_1、B_2 分别对准水平刻度值 d_1、d_2。当 $K=2.0$ 时，$d_1=22.4$ mm，$d_2=44.8$ mm，调节仪器使 B_1、B_2 分别对准水平刻度 22.4、44.8，则深度 1：1 就调好了。

②利用横孔试块调节。探头分别对准深度 d_1=40 mm，d_2 = 80 mm 的 CSK-ⅡA-2 试块

上的 $\phi 2$ mm × 60 mm 横孔，调行仪器使 d_1、d_2 对应的 $\phi 2$ mm × 60 mm 横孔回波 H_1、H_2 分别对准水平刻度 40、80，这时深度 1∶1 就调好了，这里同样要注意反复调试，使 H_1 对准 40 时的 H_2 正好对准 80。

（3）距离—波幅曲线的制作和灵敏度调整。横波距离—波幅曲线是相同大小的反射体随距探头距离的变化其反射波高的变化曲线。需采用检测用的特定探头，在含不同深度人工反射体的试块上实测（如 CSK-ⅡA 试块）横波距离—波幅曲线。根据时基线调节的三种方法，距离—波幅曲线也可按声程、水平距离和深度绘制。

在横波检测中常采用距离—波幅曲线进行缺陷尺寸的评定，尤其在焊缝检测中使用极为广泛，并形成了一定的通用做法，在标准中也有相应的规定。焊缝检测距离—波幅曲线的具体做法，参见 NB/T 47013.3—2015 标准中“承压设备焊接接头超声波检测方法和质量分级”等相关章节。

4. 横波斜探头检测扫查

横波斜探头扫查时，扫查速度和扫查间距的要求与纵波检测时相似。但扫查方式有其独特点，不仅要考虑探头相对于工件的移动方向、移动轨迹，还要考虑探头的朝向。声束方向是根据拟检测缺陷的取向确定的，声束方向确定之后，探头移动就有了前后左右之分。

4 种基本的扫查方式如图 3-39 所示。通常前后左右扫查用于发现缺陷的存在，寻找缺陷的最大峰值，左右扫查可用于缺陷横向长度的测定、转动扫查和环绕扫查则为了确定缺陷的形状。

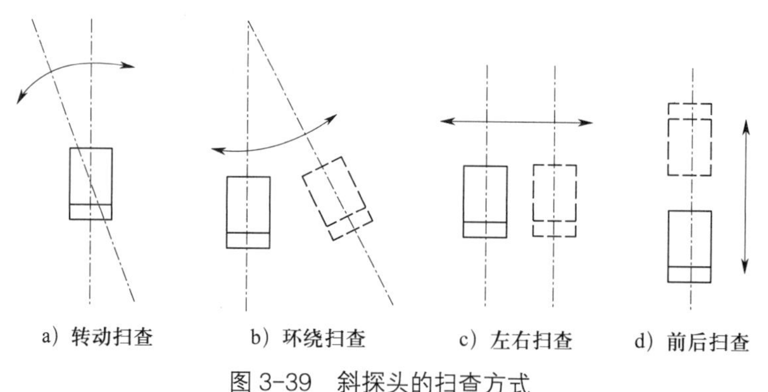

图 3-39 斜探头的扫查方式

根据基本扫查方式的不同组合，扫查方式可分为两大类：锯齿形扫查和栅格扫查。前者适用了手工检测，而后者主要适用于自动检测。

五、缺陷的测量

当超声检测发现缺陷显示信号之后，要对缺陷进行测量评定，以判断是否危害使用，缺陷测评的内容主要是缺陷位置的确定和缺陷尺寸的测评，缺陷位置的确定包括缺陷平面位置和埋藏深度的确定；缺陷尺寸的测评包括缺陷回波幅度的测量、当量尺寸的计算及缺陷延伸长度（或面积）的测量与评定。

1. 纵波直探头检测缺陷的测量

（1）缺陷位置的确定

1）缺陷平面位置的确定。纵波直探头检测时，发现缺陷后，首先找到缺陷波为最大幅度的位置，则缺陷通常位于探头的正下方。由于声束通常有一定的宽度，这种方法确定的缺陷平面位置并不是十分精确的。

确定平面位置时需考虑探头声束是否有偏离，如果在近场区，需考虑是否有双峰，这些因素可能使得信号幅度最大时，缺陷不在探头的正下方。

水浸法检测时，由于探头不直接与检测面接触，要获得缺陷在工件上的平面位置有一定难度。特别是水槽或工件较大时，操作者无法在工件表面上作出标记。因此，常常需要在水浸检测发现缺陷后，用接触法进行定位。C 扫描检测时，若图像有明确的起始点，则可通过图像上的相对距离确定。

2）缺陷埋藏深度的确定。用纵波直探头进行直接接触法检测时，如果超声检测仪的时基线是按 1∶n 的比例调节的，观察到缺陷回波前沿所对的水平刻度值为 τ_f，则缺陷至探头的距离 x_f 为：

$$x_f=n\tau_f \tag{3-32}$$

例如：用纵波直探头检测，时基线比例为 1∶2 在水平刻度 50 处有一缺陷回波，则缺陷至探头的距离 $x_f = 50 \times 2 = 100$ mm。

在声速均匀的情况下，反射回波的时间间隔与传播距离是严格成正比的，因此，在经过校正的时基线上读出的缺陷埋深可以是很精确的。

水浸法确定缺陷深度的原理与接触法相同，只要以水与工件的界面回波作为深度读数的零点，按工件声程进行时基线比例调节即可。

（2）缺陷尺寸的测量与评定。在实际检测中，由于自然缺陷的形状、性质等是多种多样的，要通过超声回波信号确定缺陷的真实尺寸还是比较困难的。目前主要是利用来自缺陷的反射波高、沿工件表面测出的缺陷延伸范围以及存在缺陷时底面回波的变化等信息，对缺陷的尺寸进行测评。方法包括回波高度法、当量评定法和长度测量法。当缺陷尺寸小于声束截面时，可用缺陷回波幅度当量直接表示缺陷的大小；当缺陷大于声束截面时，幅度当量不能表示出缺陷的尺寸，则需用缺陷指示长度测定方法确定缺陷的延伸长度。

1）回波高度法。根据回波高度给缺陷定量的方法称为回波高度法。回波高度法有缺陷回波高度法和底面回波高度法两种。常把回波高度法称为波高法。

①缺陷回波高度法。在确定的检测条件下，缺陷的尺寸越大，反射声压越大。对于

垂直线性好的仪器，声压与回波高度成正比，因此，缺陷的大小可以用缺陷回波高度来表示。

缺陷回波高度的一种表示方法是，在调定的灵敏度下，缺陷回波峰值相对于荧光屏垂直满刻度的百分比，时基线位于垂直零位时，可由垂直刻度线直接读出。另一种表示方法是用回波峰值下降或上升至基准高度所需衰减（或增益）的分贝数来表示缺陷回波的高度，在调定的灵敏度下，回波高于基准高度记为正分贝，回波低于基准高度记为负分贝。

缺陷回波高度法在自动化或半自动化检测时十分方便。在实际检测时，用规定的反射体调好检测灵敏度后，以缺陷回波高度是否高于基准回波高度，作为判定工件是否合格的依据，通过闸门高度的设定，可以进行自动报警与记录。

②底面回波高度法。当工件上、下面与入射声束垂直且缺陷反射面小于入射声束截面时可用底面回波高度法。

当工件中有缺陷时，由于部分声能被缺陷反射，使传到底面的声能减小，从而底面回波高度比无缺陷时降低。底面回波高度降低的多少与缺陷的大小有关，缺陷越大，底面回波高度下降得越多；反之，缺陷越小，底面回波高度下降的越少。因此，可用底面回波高度来表示缺陷大小。

底面回波高度法表示缺陷相对大小可有以下不同的方法：

a. B/B_F 法。B/B_F 法就是在一定的检测灵敏度条件下，用无缺陷时的工件底面回波高度 B 与有缺陷时的工件底面回波高度 B_F 相比较来确定缺陷相对大小的方法。检测时，观察工件底面回波的降低情况，缺陷的大小用 B/B_F 值来表示，无缺陷时，B/B_F 值为 1，有缺陷时 B/B_F 值大于 1，B/B_F 值越大，则缺陷越大。

b. F/B_F 法。F/B_F 法就是用缺陷回波的高度 F 与缺陷处工件底面回波的高度 B_F 相比较来确定缺陷相对大小的方法。缺陷的存在使得底波降低，缺陷越大，则 F 越高，B_F 越低。缺陷的大小用 F/B_F 值来表示。F/B_F 值越大，缺陷越大。与 B/B_F 值相比，F/B_F 值不仅和缺陷面积有关，还和缺陷的反射情况有关。

c. F/B 法。F/B 法是用缺陷回波的高度 F 与无缺陷处工件底面回波的高度 B 相比较来确定缺陷相对大小的方法。这种方法底波高度 B 是一个不变的量。同样的工件，F/B 值仅与缺陷回波高度有关。

底面回波高度法的优点是不需要对比试块和复杂的计算，而且可利用缺陷的阴影对缺陷大小进行评价，有助于检测因缺陷形状、反射率等原因使反射信号较弱的大缺陷。底波高度的降低主要与缺陷的大小有关。

底面回波高度法的缺点是不能明确地给出缺陷的尺寸，未考虑缺陷深度、声束直径等对检测结果的影响。因此，底波高度法常用于对缺陷定量要求不严格的工件或粗略评定工件质量的情况，底面回波高度法不适用于对形状复杂而无底面回波的工件进行检测。

2）当量评定法。当量评定法是将缺陷的回波幅度与规则形状的人工反射体的回波幅度进行比较的方法，如果两者的埋深相同，反射波高相等，则称该人工反射体的反射面尺寸为缺陷的当量尺寸，典型表述为：缺陷当量平底孔尺寸为 ϕ2 mm，或缺陷尺寸为 ϕ2 mm 平底孔当量，当量评定法适用于面积小于声束截面的缺陷的尺寸评定。

当量评定法的理论基础是规则反射体回波声压规律。但是由于影响缺陷反射回波幅度的因素很多，所以当量法确定的当量尺寸并不是缺陷的真实尺寸。因为人工反射体是一个规则形状缺陷，且界面反射率较大，通常情况下实际缺陷的实际尺寸要大于当量尺寸。

当量评定的方法有试块对比法、当量计算法和 AVG 曲线法。

3）缺陷延伸长度的测定。对于面积大于声束截面或长度大于声束截面直径的缺陷，可根据可检测到缺陷的探头移动范围来确定缺陷的大小，通常称为缺陷指示长度的测定。

缺陷指示长度测定的原理是：当声束整个宽度全部入射到大于声束截面的缺陷上时，缺陷的反射幅度为其最大值，而当声束的一部分离开缺陷时，缺陷反射面积减小，回波幅度降低，完全离开时，缺陷回波不再显现，这样，就可以根据缺陷最大回波高度降低的情况和探头移动的距离来确定缺陷的边缘范围或长度。实际检测时，缺陷的回波高度完全消失的临界位置难以界定，所以，按规定的方法测定的缺陷长度称为缺陷的指示长度。由于实际工件中缺陷的取向、性质、表面状态等都会影响缺陷回波高度，因此缺陷的指示长度总是与缺陷的实际长度有一定的差别。

根据测定缺陷长度时的灵敏度基准不同，可以将测长法分为相对灵敏度法、绝对灵敏度法和端点峰值法。

①相对灵敏度测长法。相对灵敏度测长法是以缺陷最高回波为相对基准，沿缺陷的长度方向移动探头，降低一定的 dB 值来测定缺陷的长度。降低的分贝值有 3 dB、6 dB、10 dB、12 dB、20 dB 等几种。相对灵敏度测长法的操作过程是，发现缺陷回波时，找到缺陷最大回波高度，以此为基准，然后沿缺陷长度方向的一侧移动探头，使缺陷回波下降到相对于最大高度的某一确定值，记下此时的探头位置。再沿着相反的方向移动探头，使缺陷回波在另一侧下降到同样高度时，记下探头的位置。量出两个位置间探头移动的距离，即为缺陷的指示长度。

根据缺陷回波相对于其最大高度降低的 dB 值，相对灵敏度测长法使用较多的是 6 dB 法和端点 6 dB 法。

a. 6 dB 法（半波高度法）。由于波高降低 6 dB 后正好为原来的一半，因此 6 dB 法又称为半波高度法。

半波高度法具体做法是：移动探头找到缺陷的最大反射波（调节增益或衰减使其不能达到 100%），然后沿缺陷方向左右移动探头，当缺陷波高降低一半时，探头中心线之间距离就是缺陷的指示长度。

6 dB 法的具体做法是：移动探头找到缺陷的最大反射波后，调节衰减器，使缺陷波高降至基准波高。然后用衰减器将仪器灵敏度提高 6 dB，沿缺陷方向移动探头，当缺陷波高降至基准波高时，探头中心线之间距离就是缺陷的指示长度 l_f，如图 3-40 所示。

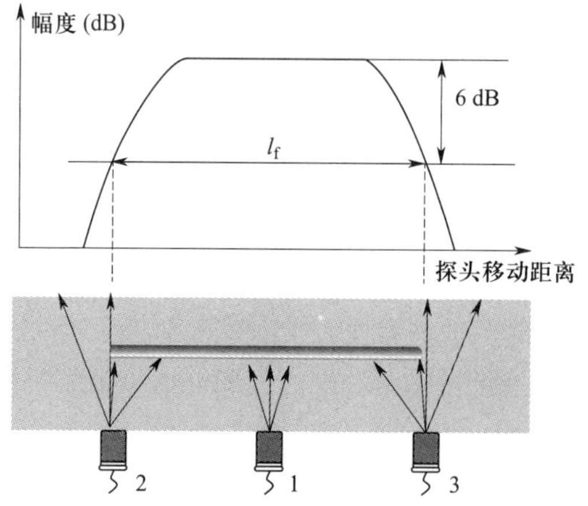

图 3-40 半波高度法测长（6 dB 法）

半波高度法（6 dB 法）是用来对缺陷测量长度常用的一种方法。适用于测长扫查过程中缺陷波只有一个高点的情况。

b. 端点 6 dB 法（端点半波高度法）。当扫查过程中缺陷反射波有多个高点时，测长采用端点 6 dB 法。

端点 6 dB 法测长的具体做法是。当发现缺陷后，探头沿着缺陷方向左右移动，找到缺陷两端的最大反射波，分别以这两个端点反射波高为基准，继续向左、向右移动探头，当端点反射波高降低一半时（即 6 dB 时），探头中心线之间的距离即为缺陷的指示长度，如图 3-41 所示。

半波高度法和端点 6 dB 法都属于相对灵敏度法，因为它们是以被测缺陷本身的最大反射波或以缺陷本身两端最大反射波为基准来测定缺陷长度的。

②绝对灵敏度测长法。绝对灵敏度测长法是在仪器灵敏度一定的条件下，探头沿缺陷长度方向平行移动，当缺陷波高降到规定位置时（如图 3-42 中的 B 线），将此时探头移动的距离作为缺陷的指示长度。

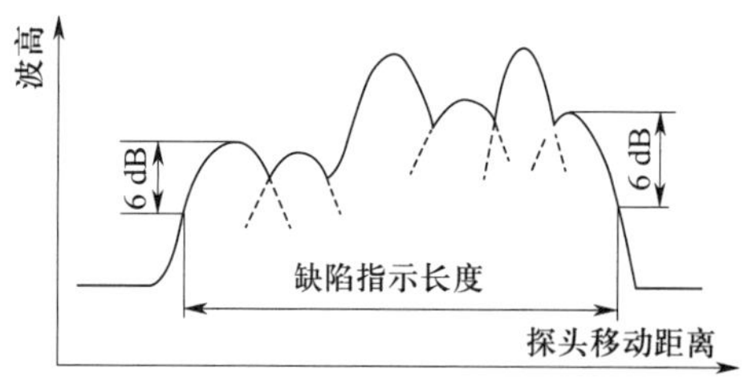

图 3-41 端点 6 dB 法测长

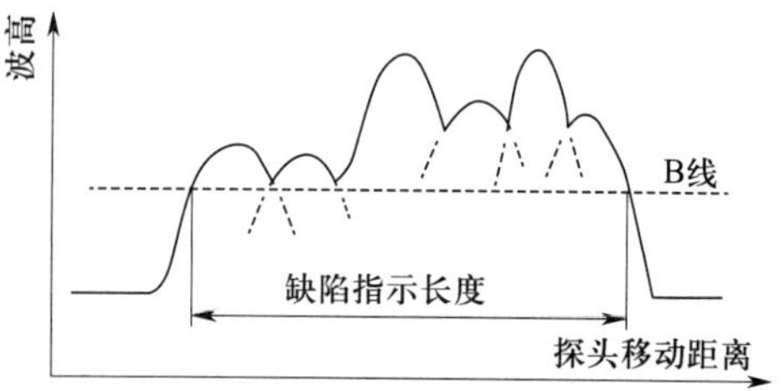

图 3-42 绝对灵敏度测长法

绝对灵敏度测长法测得的缺陷指示长度与测长灵敏度有关，测长灵敏度高，缺陷长度大。在自动检测中常用绝对灵敏度法测长。

③端点峰值法。探头在测长扫查过程中，如发现缺陷反射波峰值起伏变化，有多个高点时，则可以将缺陷两端反射波极大值之间探头的移动长度作为缺陷指示长度，如图 3-43 所示。这种方法称为端点峰值法。

端点峰值法测得的缺陷长度比端点法测得的指示长度要小一些。同样，端点峰值法适用于测长扫查过程中，缺陷反射波有多个高点的情况。

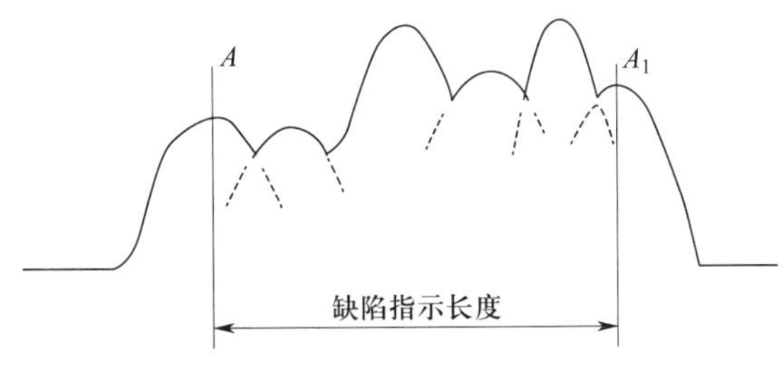

图 3-43　端点峰值法测长

2. 横波斜探头检测缺陷的测量

横波斜探头检测中缺陷的测量与评定包括缺陷水平位置和垂直深度的确定以及缺陷的尺寸测量评定。

缺陷的水平位置和垂直深度是根据缺陷反射回波幅度最大时，在经校准的荧光屏时基线上缺陷回波的前沿位置所读出的声程距离或水平、垂直距离，再按已知的探头折射角计算得到的。与纵波直射法不同，横波斜射法时基线上最大峰值的位置是在探头移动中确定的，定位准确度受声束宽度的影响，而且，多数缺陷的取向、形状、最大反射部位也是不确定的，因此，所确定的缺陷位置不是十分精确。

缺陷的尺寸也是通过测量缺陷反射波高与基准反射体回波波高之比，以及测定缺陷的延伸长度来进行评定的。

（1）缺陷定位。采用横波斜探头检测平面工件时，波束轴线在检测面处发生折射，工件中缺陷的位置由探头的折射角和声程来确定或由缺陷的水平和垂直方向的投影来确定。由于扫描速度可按声程、水平、深度来调节，因此缺陷定位的方法也不一样。下面分别加以介绍：

1）按声程调节扫描速度时，仪器按声程 1∶n 调节横波扫描速度，缺陷波水平刻度为 τ_f。

一次波检测时，如图 3-44a 所示，缺陷至入射点的声程 $x_f = n\tau_f$，如果忽略横孔直径，则缺陷在工件中的水平距离和深度分别为：

$$\begin{cases} l_f = x_f\sin\beta = n\tau_f\sin\beta \\ d_f = x_f\cos\beta = n\tau_f\cos\beta \end{cases} \tag{3-33}$$

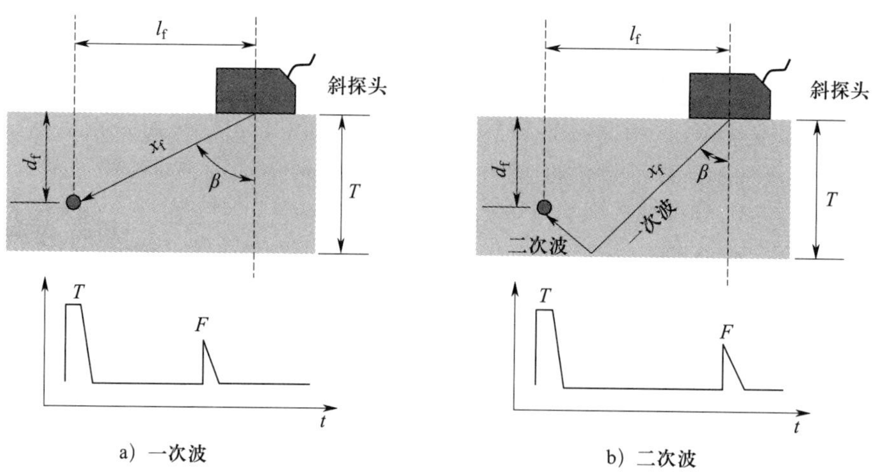

a）一次波　　b）二次波

图 3-44　横波检测缺陷定位

二次波检测时，如图 3-44b 所示缺陷至入射点的声程 $x_f=n\tau_f$。则缺陷在工件中的水平距离和深度为：

$$\begin{cases} l_f = x_f\sin\beta = n\tau_f\sin\beta \\ d_f = 2T - x_f\cos\beta = 2T - n\tau_f\cos\beta \end{cases} \tag{3-34}$$

式中　T——工件厚度，mm；

β——探头横波折射角。

2）按水平调节扫描速度时，仪器按水平距离 1：n 调节横波扫描速度，缺陷波的水平刻度值为 τ_f，采用 K 值探头检测。

一次波检测时，缺陷在工件中的水平距离和深度为：

$$\begin{cases} l_f = n\tau_f \\ d_f = \dfrac{l_f}{K} = \dfrac{n\tau_f}{K} \end{cases} \tag{3-35}$$

二次波检测时，缺陷波在工件中的水平距离和深度为：

$$\begin{cases} l_f = n\tau_f \\ d_f = 2T - \dfrac{l_f}{K} = 2T - \dfrac{n\tau_f}{K} \end{cases} \tag{3-36}$$

例如：用 $K2$ 横波斜探头检测厚度 T=15 mm 的钢板焊缝，仪器按水平 1：1 调节横波扫描速度，检测中在水平刻度 τ_f=45 处出现一缺陷波，求此缺陷的位置。

解：由于 $KT=2\times 15=30$，$2KT=60$，$KT < \tau_f = 45 < 2KT$，因此可以判定此缺陷是二次波发现的。那么缺陷在工件中的水平距离和深度为：

$$\begin{cases} l_f = n\tau_f = 1\times 45 = 45\ \text{mm} \\ d_f = 2T - \dfrac{l_f}{K} = 2\times 15 - \dfrac{45}{2} = 7.5\ \text{mm} \end{cases}$$

3）按深度调节扫描速度时，仪器按深度 1：n 调节横波扫描速度，缺陷波的水平刻度值为 τ_f，采用 K 值探头检测。一次波检测时，缺陷在工件中的水平距离和深度为：

$$\begin{cases} l_f = Kn\tau_f \\ d_f = n\tau_f \end{cases} \tag{3-37}$$

二次波检测时，缺陷在工件中的水平距离和深度为：

$$\begin{cases} l_f = Kn\tau_f \\ d_f = 2T - n\tau_f \end{cases} \tag{3-38}$$

例如：用 $K1.5$ 横波斜探头检测厚度 T=30 mm 的钢板焊缝，仪器按深度 1：1 调节横波扫描速度，检测中在水平刻度 $\tau_f = 40$ 处出现一处缺陷波，求此缺陷位置。

解：由于 $T < \tau_f < 2T$，因此可以判定此缺陷是二次波发现的。缺陷在工件中的水平距离和深度为：

$$\begin{cases} l_f = Kn\tau_f = 1.5 \times 1 \times 40 = 60\ \text{mm} \\ d_f = 2T - n\tau_f = 2 \times 30 - 1 \times 40 = 20\ \text{mm} \end{cases}$$

当采用横波斜探头检测圆柱曲面时，若沿轴向检测，缺陷定位与平面相同；若沿周向检测，缺陷定位则与平面不同，此时，应进行相应的计算修正。

（2）缺陷长度的测量与评定。横波斜探头法对缺陷的定量包括缺陷回波幅度和指示长度两个参数。

回波幅度依据的是规则反射体的回波幅度与缺陷尺寸的关系，常用实测距离—波幅曲线进行评定。

缺陷指示长度也是缺陷评定的重要指标，同纵波直探头检测技术一样，其测长方法也有相对灵敏度法、绝对灵敏度法和端点峰值法。

复习思考题

1. 试说明选择超声波探头晶片尺寸的主要原则。

2. 什么是耦合剂？耦合剂的作用是什么？耦合效果与哪些因素有关？

3. 对耦合剂性能的基本要求是什么？常用耦合剂有哪几种？各有何优缺点？

4. 什么是扫描速度（时基扫描线比例）？检测前为什么要调节仪器的扫描速度？调节扫描速度时，为什么要用二次不同的反射波，而不用始波和一次反射波？

5. 横波检测时调节扫描速度的方法有哪 3 种？各适用于什么情况？

6. 试说明利用ⅡW 或 CSK- ⅠA 试块调节纵波扫描速度 1：1 和 1：2 的方法。

7. 试说明利用ⅡW、CSK- ⅠA 试块按声程 1：1、1：2 调节横波扫描速度的方法。

8. 试说明利用 CSK- ⅠA、CSK- ⅡA 试块按水平或深度 1：1、1：2 调节横波扫描速度的方法。

9. 什么是检测灵敏度？检测前为什么要调节检测灵敏度？

10. 超声检测中的检测灵敏度、搜索灵敏度和灵敏度余量三者有何不同？

11. 调节检测灵敏度的常用方法有哪几种？各适用于什么情况？并举例说明具体调节方法。

12. 简述纵波和表面波检测时缺陷定位方法。

13. 画图说明横波检测时缺陷定位方法。

14. 仪器按声程 1∶n 调节横波扫描速度，缺陷波所对的读数为 τ_f，试分别导出用一、二次波检测时缺陷的水平距离和深度的计算公式（K 值探头）。

15. 仪器按水平 1∶n 调节横波扫描速度，缺陷波读数为 τ_f，试分别导出用一、二次波检测时缺陷定位的计算公式（K 值探头）。

16. 仪器按深度 1∶n 调节横波扫描速度，缺陷波读数为 τ_f，试分别导出用一、二次波检测时缺陷定位的计算公式（K 值探头）。

17. 超声检测中常用定量方法有哪 3 种？各适用于什么情况？

18. 什么是相对灵敏度测长法和绝对灵敏度测长法？二者有何不同？

19. 什么是半波高度法（6 dB 法）、端点半波高度法（端点 6 dB 法）和端点峰值法？简述用半波高度法（6 dB 法）测定缺陷指示长度的方法。

第四节　超声检测技术应用

一、超声波测厚

测厚的方法很多，如超声波测厚、射线测厚、磁性测厚、电流法测厚以及使用卡尺等量具的机械测厚方法。在这些方法中，目前应用最广的是超声波测厚。超声波测厚仪分为共振式、脉冲反射式和兰姆波式 3 种，具有体积小巧、测量精度高、测量速度快、携带和使用便捷等特点。下面介绍共振式和脉冲反射式测厚仪：

1. 共振式测厚仪

由驻波理论可知，当工件厚度为 $\lambda/2$（λ 为工件中超声波波长）的整数倍时，入射波与反射波在试件内形成驻波，产生共振。据共振原理得声速计算公式为：

$$\delta = n\frac{\lambda}{2} = n\frac{C}{2f_n} \qquad 即 \qquad f_n = n\frac{C}{2\delta} \tag{3-39}$$

式中　δ——工件的厚度；

λ——工件中超声波波长；

C——工件中超声波波速；

f_n——共振频率；

n——共振次数。

当 n=1 时，所得 f 为工件的基频。测得两个相邻的共振频率后，可由式（3-40）得到工件的厚度：

$$\delta = \frac{c}{2(f_n - f_{n-1})} \tag{3-40}$$

共振式测厚仪可测厚度下限可达 0.1 mm，测量精度可达 0.1%，但要求被测工件上下表面平整光洁。

2. 脉冲反射式测厚仪

脉冲反射式测厚仪是通过测量超声波在工件上下底面之间往返一次传播的时间来求得工件的厚度，如图 3-45 所示。其计算公式如下：

$$\delta = \frac{1}{2}ct \tag{3-41}$$

式中 δ——工件厚度；

t——始波与底波之间的时间和；

c——待测工件中的超声波波速。

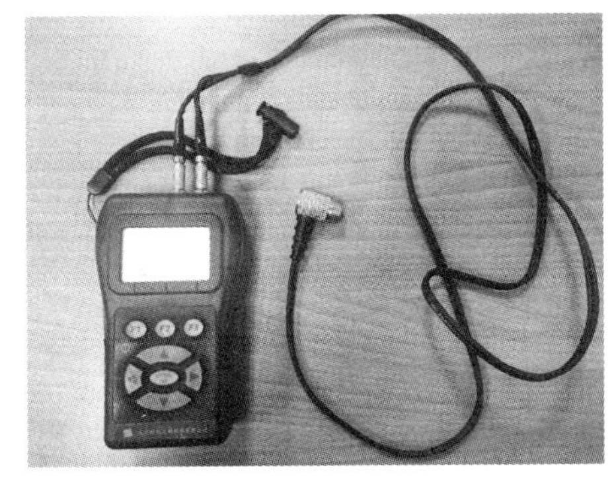

图 3-45 脉冲反射式测厚仪

脉冲式测厚仪是使用最广的一种超声波测厚仪，通常使用双晶直探头和单晶直探头，与 A 型脉冲反射式超声检测仪原理相同。目前的脉冲式测厚仪由于采用了集成电路，体积和质量大大减小，精度可达 ±0.01 mm。

3. 有关测厚的规定

在《承压设备无损检测 第 3 部分：超声检测》（NB/T 47013.3—2015）第 7 条承压设备厚度的超声测量方法中对超声测厚的范围、仪器、探头、试块、校准等做出了规定。

（1）范围。适用于锅炉、压力容器筒体、封头、接管及堆焊层等厚度的超声测量，也适用于压力管道厚度的超声测量。

（2）测量仪器。厚度测量仪器包括超声检测仪、带 A 扫描显示数字式测厚仪和数字式测厚仪。根据被测工件厚度范围、表面状况、材质及测量精度要求等选用。超声检测仪一般适用于壁厚大于 200 mm 承压设备的厚度测定，测量精度通常为 ±1 mm；带 A 扫描显示数字式测厚仪和数字式测厚仪一般适用于壁厚小于 200 mm 承压设备的厚度测定，测量精度通常为 ±（0.5%t+0.05）mm（t 为工件厚度）。

4. 数字式测厚仪校准

（1）未知材料波速的校准方法。未知材料波速的校准方法见表 3-8。

表 3-8 未知材料波速的校准方法

序号	图片	操作要求及说明
1		打开测厚仪，选择所连接的探头型号
2	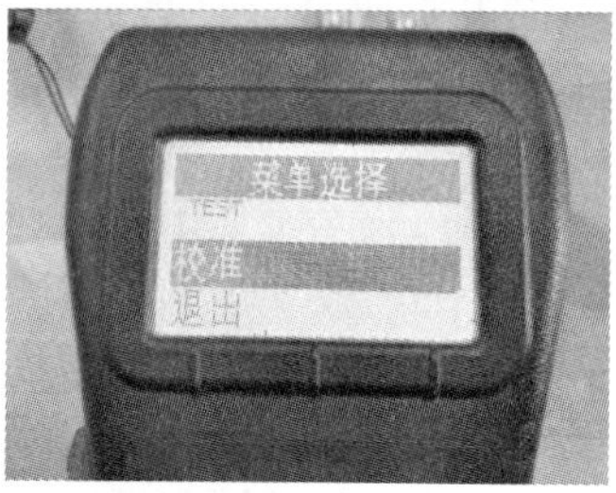	进入校准界面
3	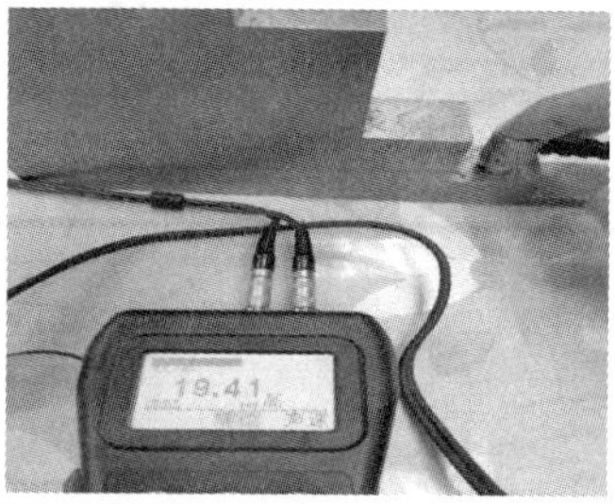	将探头放置于待测厚度的最小值（或待测厚度最大值的 1/2）的试块上，调整“零位校准”旋钮
4	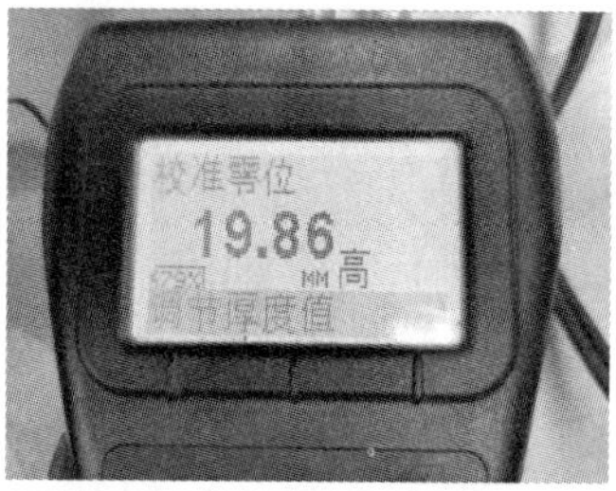	输入当前所测试块的实际厚度，点击校准
5	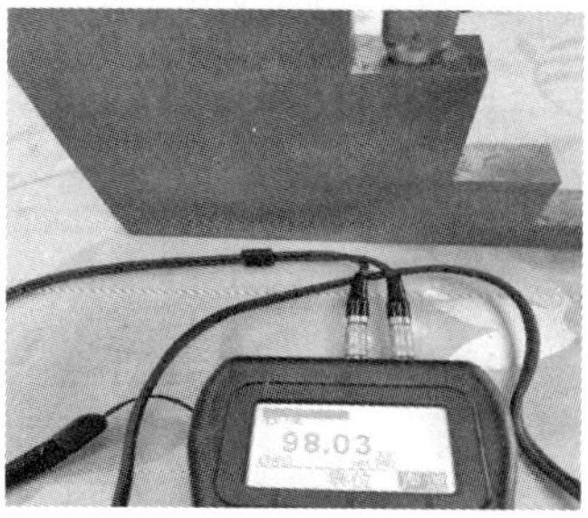	将探头放置于接近待测厚度的最大值的试块上，调整“声速校准”旋钮

续表

序号	图片	操作要求及说明
6	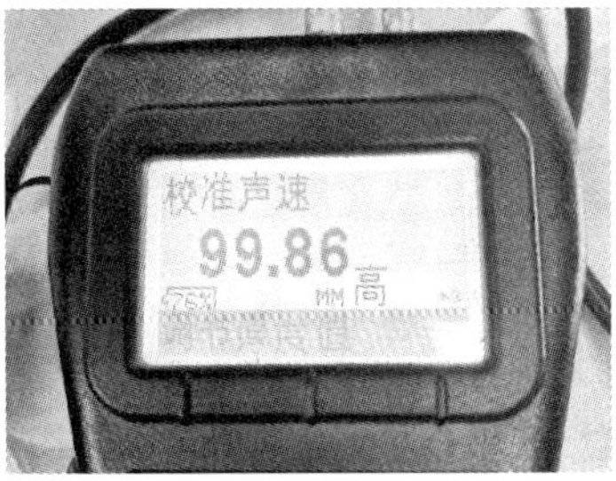	输入当前所测试块的实际厚度，点击校准
7	反复按 3 ～ 6 步骤进行调整，使量程的高低两端都得到正确读数	
8	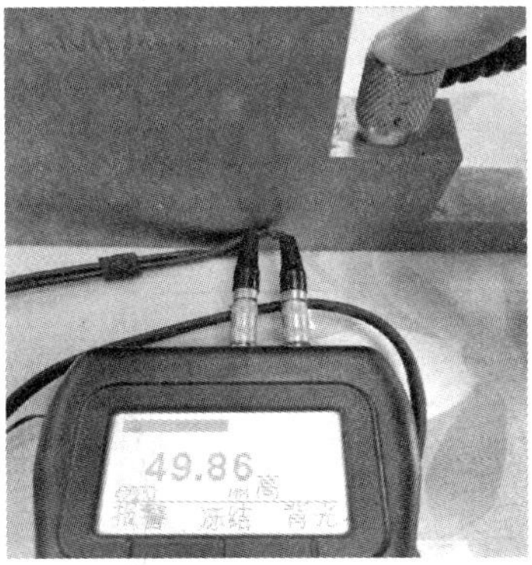	使用处于最大值和最小值中间的试块进行验证

（2）已知材料声速的校准方法。已知材料声速的校准方法见表 3-9。

表 3-9　　已知材料声速的校准方法

序号	图片	操作要求及说明
1		打开测厚仪，选择所连接的探头型号
2	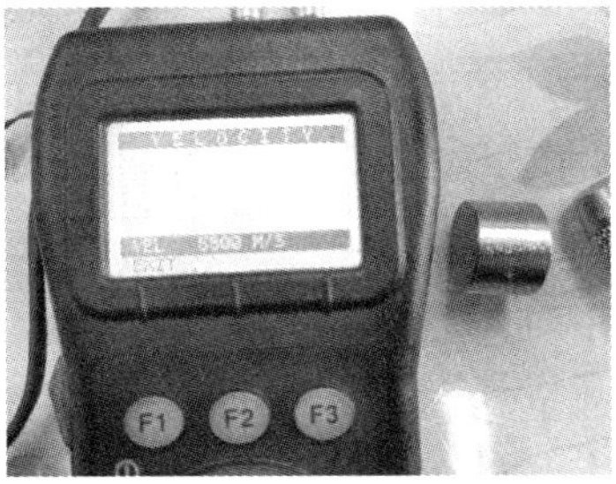	在声速调整页面输入材料的声速（图中为不锈钢试块的声速）

续表

序号	图片	操作要求及说明
3	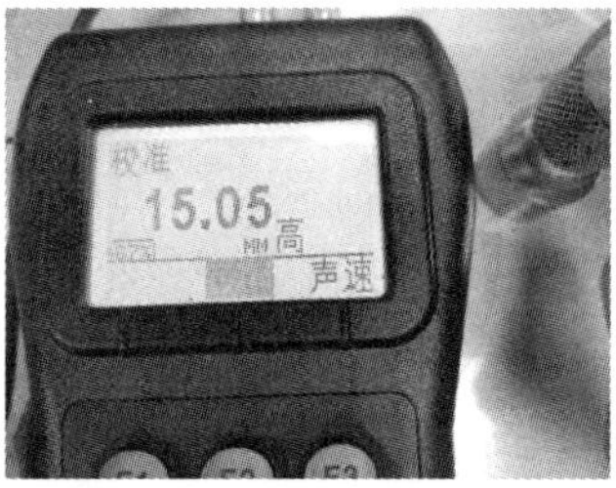	将探头放置于试块上，在校准界面调节“零位校准”
4	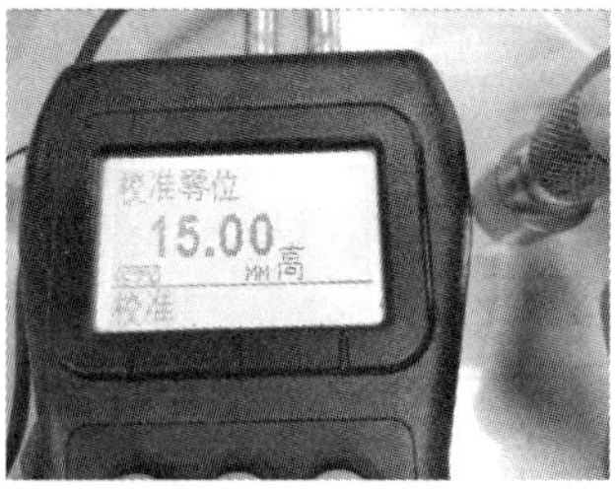	输入试块的实际厚度并点击校准，此时仪器零位较准完成，可进行测厚检测

二、锻件超声检测

锻件是各种机械设备及锅炉压力容器的重要毛坯件，在各种大型容器和受压元件制造中应用广泛。它们在生产加工过程中常会产生一些缺陷，影响设备的安全使用，因此有必要对其进行超声检测。一些标准也规定对某些锻件必须进行超声检测。

1. 检测方法概述

由于锻件经过锻造变形，锻件中的缺陷一般具有一定的方向性，通常冶金缺陷的分布和方向与锻造流线方向有关。因此，为了得到最好的检测效果，锻件检测时声束入射面和入射方向的选择需考虑锻造变形工艺和流线方向，应尽可能使超声声束方向与锻造流线方向垂直。

《承压设备无损检测　第3部分：超声检测》（NB/T 47013.3—2015）规定锻件检测一般应安排在热处理后，孔、台等结构机加工前进行。因为孔、台等结构会阻挡或影响超声声束到达所需检测的区域，使得检测盲区增大，同时孔、台等结构可能会引起非缺陷干扰波，影响检测和判别；在热处理后进行检测，可检测热处理产生的热处理裂纹等缺陷。

纵波直入射检测是锻件检测最基本的检测方式，但有时在同一锻件上需同时采用纵波和横波检测，目的是发现复杂外形锻件中不同取向的缺陷。

2. 检测条件的选择

（1）探头的选择。根据《承压设备无损检测　第3部分：超声检测》（NB/T 47013.3—2015），锻件一般应使用直探头进行检测，对筒形和环形锻件还应增加斜探头检测。检测厚度≤45 mm时，应采用双晶直探头进行检测；检测厚度＞45 mm时，一般采用单晶直探头进行检测。

直探头标称频率应在 1 ～ 5 MHz 范围内，标称频率的选择与被检材料有关，若材料为碳钢或低合金钢等细晶粒的材料，可选用 2.5 ～ 5 MHz 的较高频率的探头；若材料为晶粒较为粗大的奥氏体不锈钢，可选用 1 ～ 2 MHz 的探头，较低频率的探头可减小晶粒回波噪声，提高信噪比。单晶直探头晶片有效尺寸为 ϕ10 ～ 40 mm，双晶直探头晶片面积不小于 150 mm^2。

有时为了检测与探测面成一定倾角的缺陷，也可采用一定角度的斜探头进行检测。斜探头标称频率主要为 2 ～ 5 MHz，探头晶片面积为 80 ～ 625 mm^2。对于横波检测，一般选择 K = 1.0 的斜探头进行检测。

（2）试块。锻件的试块有 CS-2、CS-3、CS-4 试块，见表 3-10。

表 3-10　锻件试块的种类与作用

试块类型	图片	作用
CS-2	 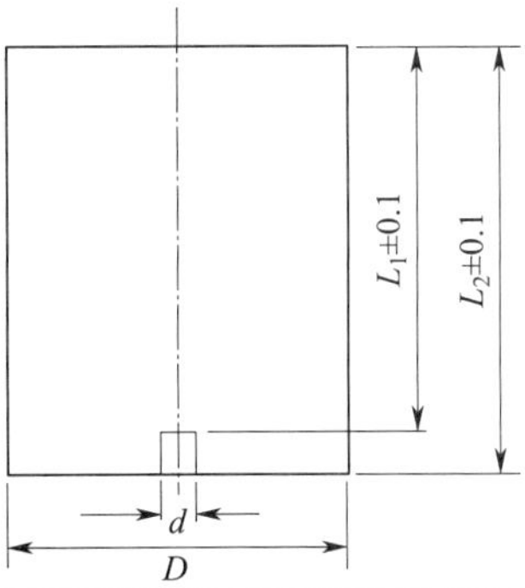 $L_1\pm0.1$　$L_2\pm0.1$　d　D	用于检测厚度大于 45 mm 的锻件，调节单晶直探头的基准灵敏度
CS-3	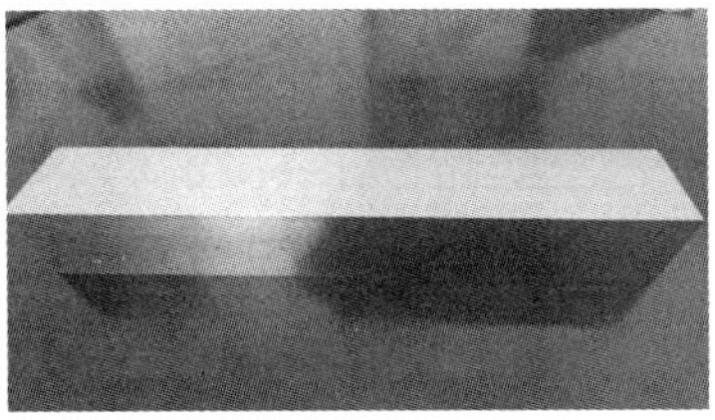 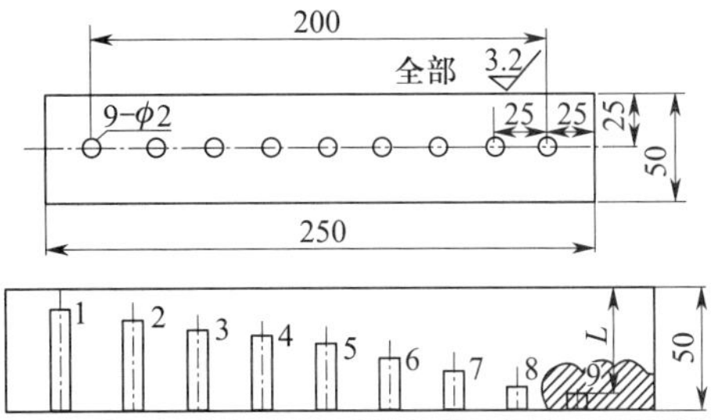 200　全部 3.2　9-ϕ2　25　25　25　50　250　1　2　3　4　5　6　7　8　9　L　50	用于检测小于或等于 45 mm × 45 mm 的锻件，调节双晶直探头的基准灵敏度

续表

试块类型	图片	作用
CS-4	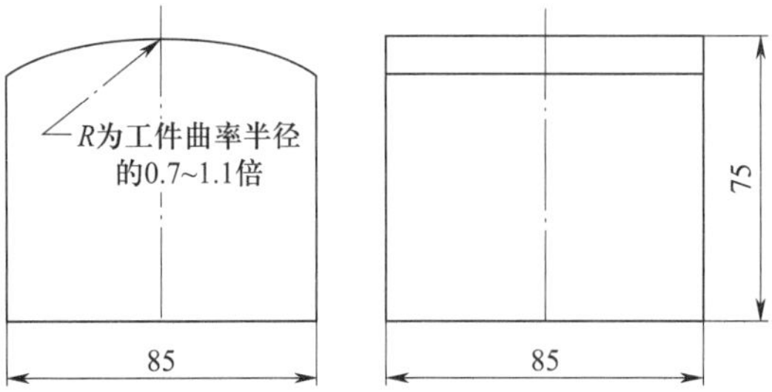 R为工件曲率半径的0.7~1.1倍 85 85 75	用于工件检测面曲率半径小于或等于 250 mm 的基准灵敏度调节，试块曲率半径在工件曲率半径的 0.7 ～ 1.1 倍范围内

3. 锻件检测的调节方法

（1）采用试块的调节方法

1）单晶直探头的调节方法。单晶直探头的调节方法见表 3-11。

表 3-11　　单晶直探头的调节方法

序号	图片	操作要求及说明
1		根据操作指导书选择相应的探头和设备
2	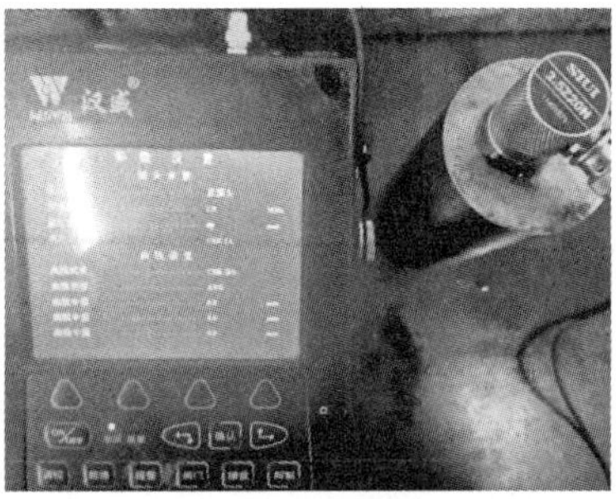	连接探头，并设置相关探头参数
3	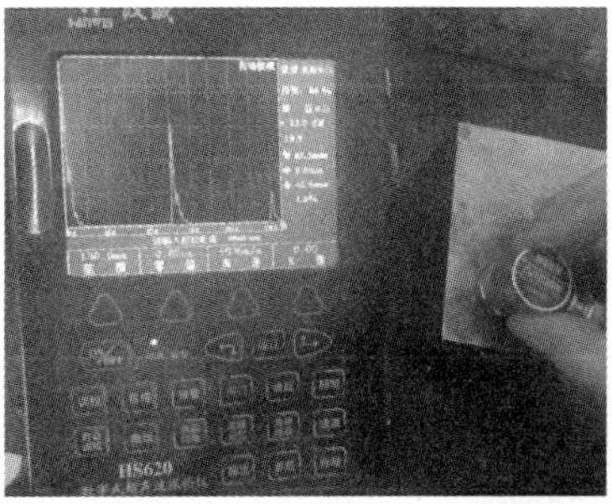	进入声速调校界面，利用已知厚度值的试块进行声速校准
4	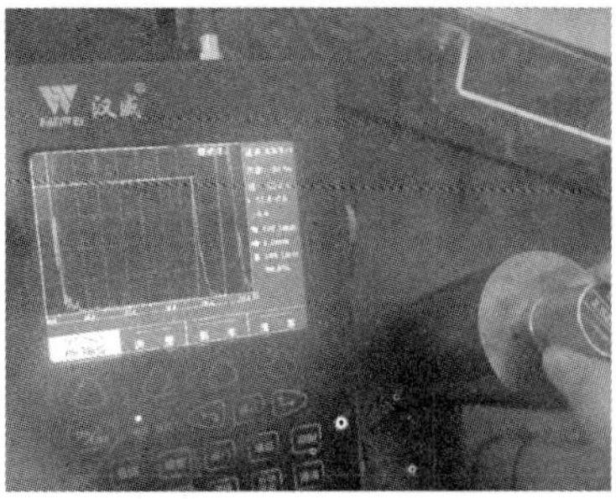	进入曲线制作界面，将探头放置于较薄的 CS-2 试块上，找到最高回波并调节至 80% 波高，制作第一点的灵敏度

续表

序号	图片	操作要求及说明
5	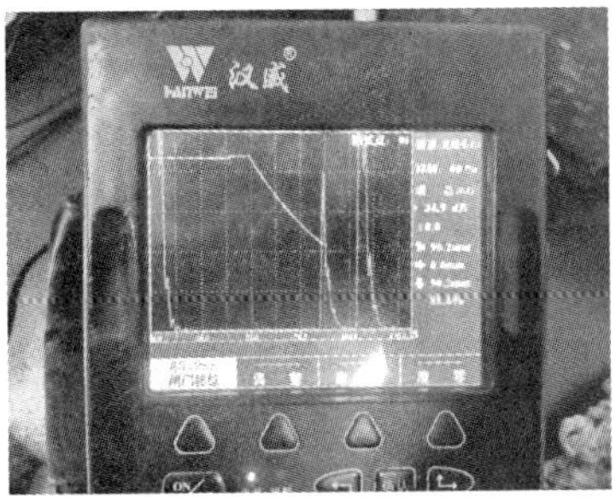	依次测试一组不同检测距离的CS-2试块（至少3块），制作单晶直探头的距离—波幅曲线。注意这一组CS-2试块中最深的ϕ2 mm平底孔应大于所需检测厚度
6	以此曲线作为基准灵敏度，按操作指导书的要求进行耦合补偿、衰减补偿和曲面补偿，扫查时提高6 dB进行扫查，并注意最大声程处的波高不得低于基准的20%	

2）双晶直探头的调节方法。双晶直探头的调节方法见表3-12。

表3-12　　双晶直探头的调节方法

序号	图片	操作要求及说明
1		根据操作指导书选择相应的探头和设备
2	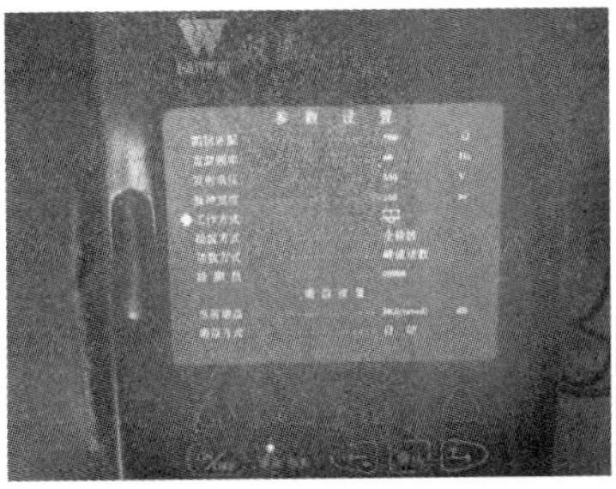	连接探头，设置相关探头参数，将工作方式调至双晶模式
3		进入声速调校界面，使用阶梯试块或已知厚度的试块进行声速校准，校准后利用不同厚度的阶梯厚度验证声速校准是否准确
4	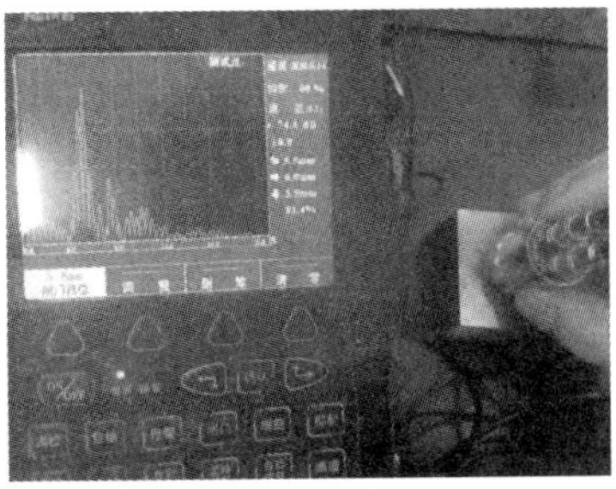	进入曲线制作界面，将探头放置于CS-3试块上，找到最高回波并调整至80%波高，制作第一点的灵敏度

续表

序号	图片	操作要求及说明
5	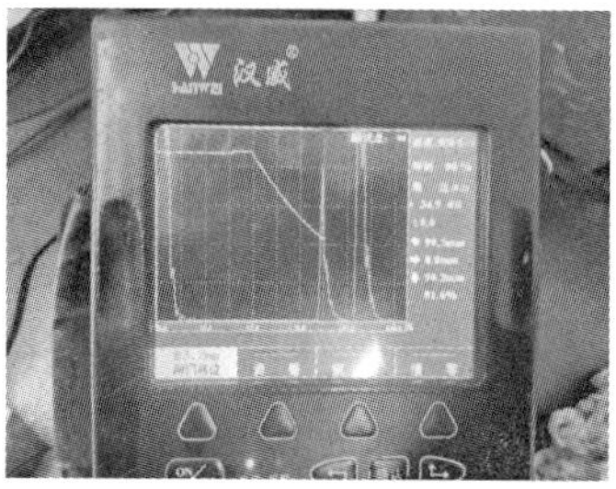	依次测试一组 CS-3 试块上不同检测距离的 ϕ2 mm 平底孔（至少 3 个），制作双晶直探头的距离—波幅曲线。注意最深的 ϕ2 mm 平底孔应大于所需检测厚度
6	以此曲线作为基准灵敏度，按操作指导书的要求进行耦合补偿、衰减补偿和曲面补偿，扫查时提高 6 dB 进行扫查，并注意最大声程处的波高不得低于 20%	

（2）采用底波计算法的调节方法。当被检部位的厚度大于或等于探头的 3 倍近场区长度，且检测面与底面平行时，也可以采用底波计算法确定基准灵敏度，见表 3-13。

表 3-13　　采用底波计算法的调节方法

序号	图片	操作要求及说明
1		根据操作指导书选择相应的探头和设备
2		进入声速调校界面，测量所检部位的厚度，并利用此厚度值进行声速校准
3		在无缺陷处的位置将一次底波调至 80% 波高
4	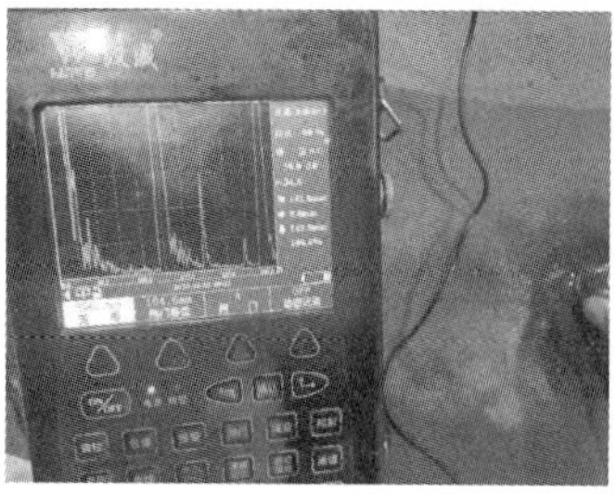	利用公式 $\Delta=20\lg\frac{2\lambda x}{\pi\phi^2}$ 计算大平底与 ϕ2 mm 平底孔的 dB 差。并按计算出的 dB 差值增益相应的 dB 值，并以此作为基准灵敏度
5	扫查时提高 6 dB 进行扫查	

4. 扫查

依据操作指导书的要求选择检测面及扫查比例。

三、板材超声检测

板材是生产制造锅炉压力容器及压力管道等特种设备的重要原材料，一般要求进行超声检测。

钢板是由板坯轧制而成的，而板坯又是由钢锭轧制或连续浇铸而成的。钢板中常见缺陷有分层、折叠、白点等，裂纹少见。由于钢板中的分层、折叠等缺陷是在轧制过程中形成的，因此它们大都平行于板面。

1. 检测条件选择

板材一般采用直探头进行检测，一般选板材的任一轧制表面进行检测。在检测过程中对缺陷有疑问或合同双方技术协议中有规定时，可采用斜探头进行检测，主要目的是检测非分层类缺陷，并作为直探头检测的补充。

（1）探头选择。直探头的选用见表 3-14。

表 3-14　　直探头的选用

板厚 /mm	采用探头	标称频率 /MHz	探头晶片尺寸（推荐）/mm
6 ～ 20	双晶直探头	4 ～ 5	圆形晶片直径 ϕ10 ～ 30 方形晶片边长 10 ～ 30
20 ～ 60	双晶直探头或单晶直探头	2 ～ 5	
＞ 60	单晶直探头	2 ～ 5	

斜探头原则上选用折射角为 45°（K1）的斜探头，晶片有效直径一般应在 ϕ13 ～ 25 mm 之间。探头标称频率为 2 ～ 5 MHz。

（2）试块。钢板检测用试块有阶梯试块、板材超声检测用对比试块，见表 3-15。其中阶梯试块用于使用双晶直探头检测厚度不大于 20 mm 的板材；板材超声检测用对比试块用于检测厚度大于 20 mm 的板材。

表 3-15　　钢板检测用试块

试块名称	图片	简图
阶梯试块	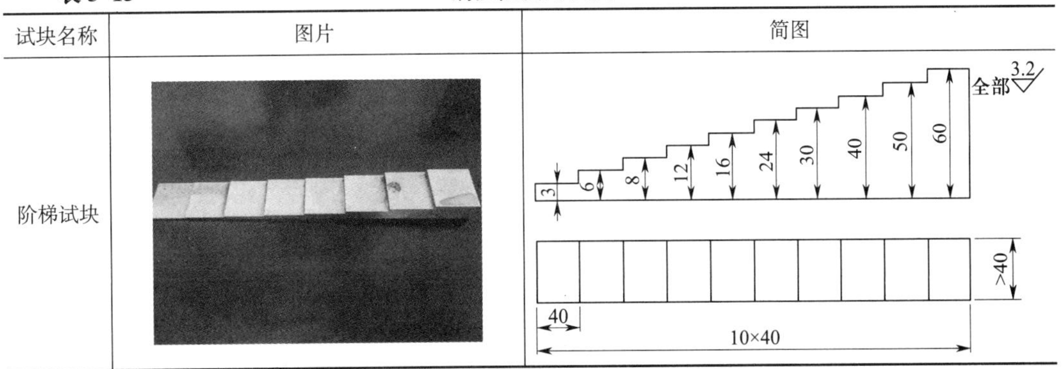	

续表

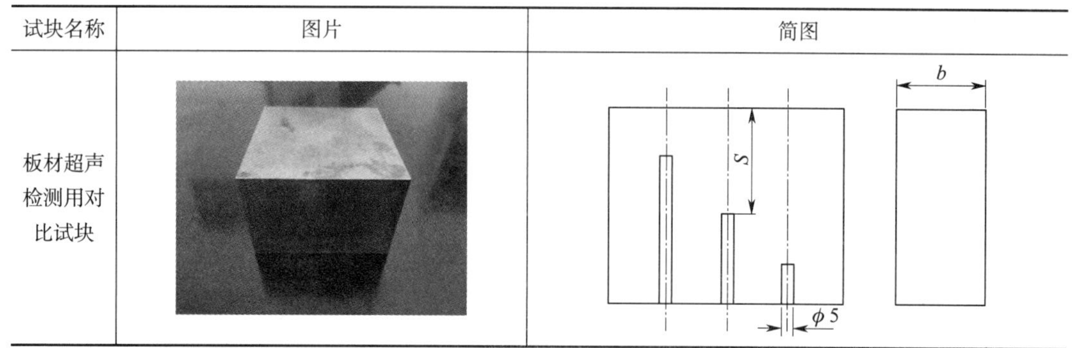

试块名称	图片	简图
板材超声检测用对比试块		

2. 钢板检测方法及仪器调节

《承压设备无损检测　第 3 部分：超声检测》（NB/T 47013.3—2015）对钢板检测的范围规定为 6 ～ 250 mm，对此厚度范围内的钢板一般采用单晶直探头或双晶直探头进行脉冲反射式垂直入射法检测，耦合方式有直接接触法和水浸法。下面以较为常见的直接接触法为例介绍仪器调节的方法，见表 3-16。

（1）板厚小于等于 20 mm 板材的仪器调节。板厚小于或等于 20 mm 时，用阶梯平底试块调节，也可用被检板材无缺陷完好部位调节。

表 3-16　　钢板检测方法及仪器调节

序号	图片	操作要求及说明
1		根据操作指导书选择相应的探头和设备
2		连接探头，设置相关探头参数，将工作方式调至双晶模式
3		进入声速调校界面，使用阶梯试块或已知厚度的试块进行声速校准，校准后利用不同厚度的阶梯厚度验证声速校准是否准确
4		用与工件等厚部位试块的第一次底波调整到满刻度的 50%，再提高 10 dB 作为基准灵敏度

续表

序号	图片	操作要求及说明
5		也可使用被检板材无缺陷的第一次底波调整到满刻度的50%，再提高 10 dB 作为基准灵敏度
6	扫查时提高 6 dB 进行扫查	

（2）板厚大于 20 mm 板材的仪器调节。板厚大于 20 mm 时，按所用探头和仪器在 ϕ5 mm 平底孔试块上绘制距离—波幅曲线，并以此曲线作为基准灵敏度。如果板厚大于 3 倍近场区，可利用第一次底波采用计算法调节基准灵敏度。

1）采用 ϕ5 mm 平底孔试块的仪器调节。方法同锻件单晶直探头的调节方法，灵敏度曲线制作时使用 ϕ5 mm 平底孔试块即可。

2）采用底波计算法的仪器调节，方法同锻件底波计算法。

3. 扫查方式

钢板检测时在板材边缘或剖口预定线与在板材中部区域的扫查方法不同。在板材边缘或剖口预定线两侧范围内作 100% 扫查，板厚小于 60 mm 时扫查宽度不小于 50 mm；板厚大于或等于 60 mm 且小于 100 mm 时扫查宽度不小于 75 mm；板厚大于或等于 100 mm 时扫查宽度不小于 100 mm。板材中部区域检测时，探头沿垂直于板材压延方向、间距不大于 100 mm 格子线进行扫查，或探头沿垂直和平行板材压延方向且间距不大于 100 mm 格子线进行扫查。双晶直探头扫查时，探头和移动方向应与探头的隔声层相垂直，如图 3-46 所示。

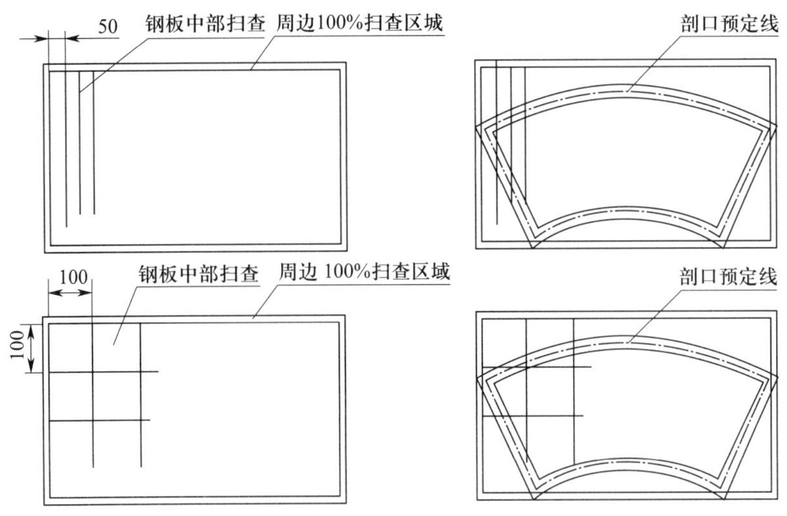

图 3-46 钢板检测扫查方式

四、焊缝超声检测

锅炉压力容器和各种钢结构主要是采用焊接的方法制造。焊接接头形式主要有对接、角接、搭接和T型接头等几种，在锅炉压力容器中，最常见的是对接，其次是角接和T型接头，搭接比较少见。焊缝中常见的缺陷有气孔、未焊透、未熔合、夹渣、裂纹，为了保证焊缝质量，超声检测是重要的检查手段之一。

1. 焊缝超声检测技术等级

根据焊接接头的重要性、失效后果严重性和危害性，超声检测的有效性和成本存在显著差异，有必要根据实际情况和要求采用相适应的检测技术等级进行检测。超声检测技术等级分为A、B、C级，不同的技术等级对检测有不同的要求，如检测面的数量、检测探头的多少、是否检测横向缺陷、焊缝余高是否磨平等，相关要求在《承压设备无损检测　第3部分：超声检测》(NB/T 47013.3—2015)里有详细规定。技术等级的选择由设计人员依据制造、安装等有关标准规范进行选择，承压设备一般采用B级超声检测技术等级进行检测。

2. 试块

试块分为标准试块和对比试块。承压设备焊缝检测常用的标准试块为CSK-ⅠA试块，可用于测定声速与零偏、探头K值、仪器组合的分辨力等，如图3-47所示。常用的对比试块为CSK-ⅡA、CSK-ⅣA，其中CSK-ⅡA适用于工件壁厚范围为6～200 mm的焊接接头，CSK-ⅣA适用于工件壁厚范围200～500 mm的焊接接头。

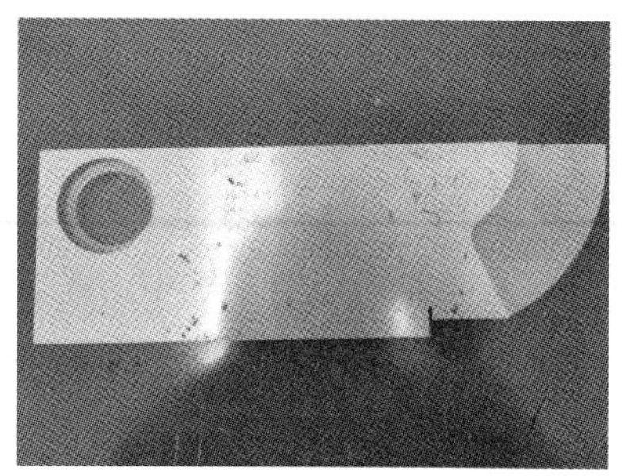

图3-47　CSK-IA试块

3. 焊缝检测仪器调节

(1)斜探头。斜探头的操作方法见表3-17。

表3-17　**斜探头的操作方法**

序号	图片	操作要求及说明
1		根据操作指导书选择相应的探头和设备
2		连接探头，并设置相关探头参数

续表

序号	图片	操作要求及说明
3	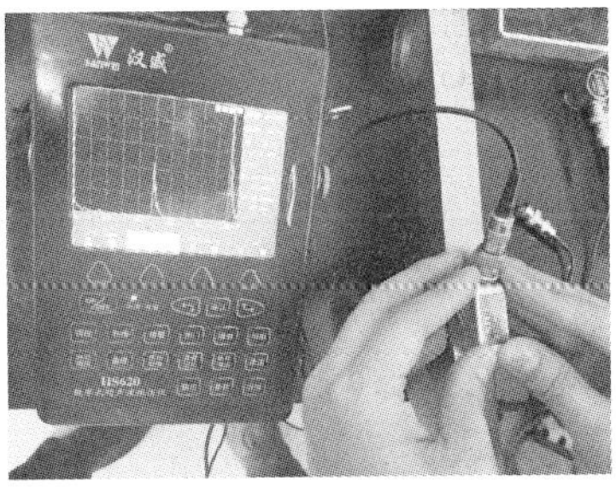	进入调校界面，利用 $R50$ mm 及 $R100$ mm 两个弧面测定声速和零偏，并量出探头前沿
4	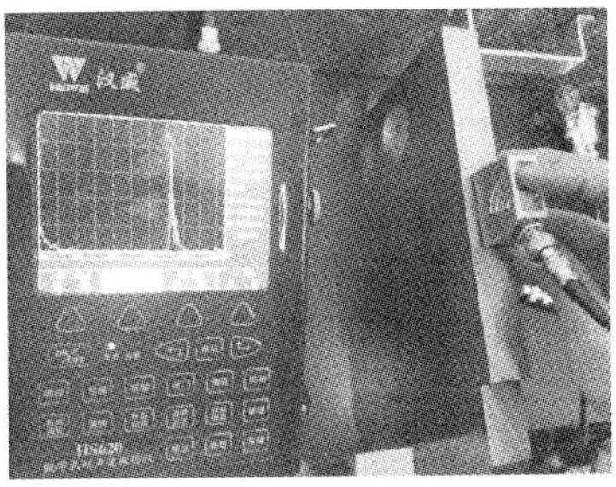	利用 $\phi50$ mm 孔测定探头的 K 值。图中所使用的是 K1 探头，为了避免近场区的影响，需从试块底部测定，K2、K2 以上探头从试块上部测定
5		在 CSK-ⅡA 依次测试一组不同检测距离的灵敏度孔（至少 3 个），制作距离—波幅曲线
6	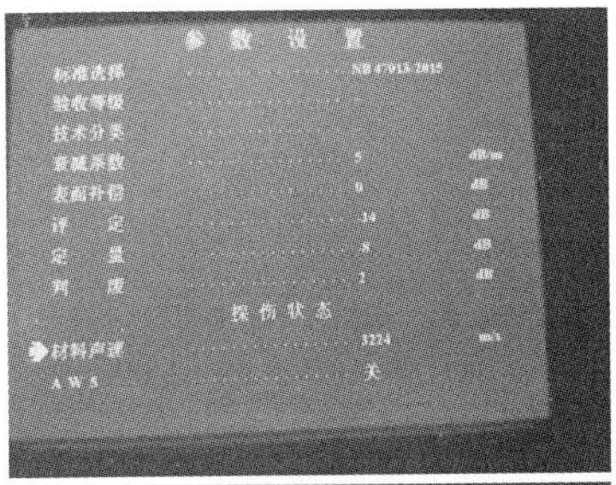 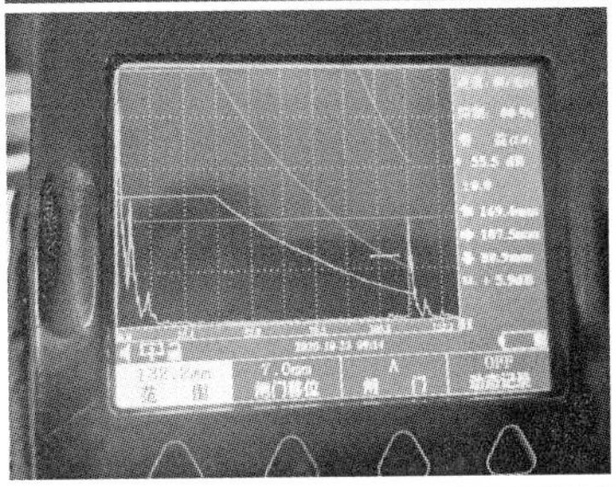	依据所检工件的厚度按标准设定评定线、定量线、判废线
7	按操作指导书的要求进行表面补偿以及选择探伤面进行扫查	

（2）直探头。直探头的调节方法同锻件单晶直探头试块调节方法，只需把试块换成CSK- ⅡA即可。距离—波幅曲线制作好后，按操作指导书的要求进行表面补偿以及选择检测面进行扫查。

4. 扫查方法

（1）斜探头扫查。检测焊接接头纵向缺陷时，斜探头应垂直于焊缝中心线放置在检测面上，做齿型扫查，如图 3-48 所示。探头前后移动的范围应保证扫查到全部焊接接头截面。在保持探头垂直焊缝做前后移动的同时，扫查时还应做 5° ～ 10° 的左右转动。为观察缺陷动态波形和区分缺陷信号或伪缺陷信号，确定缺陷的位置、方向和形状，可采用前后、左右、转角、环绕 4 种探头基本扫查方式，如图 3-49 所示。

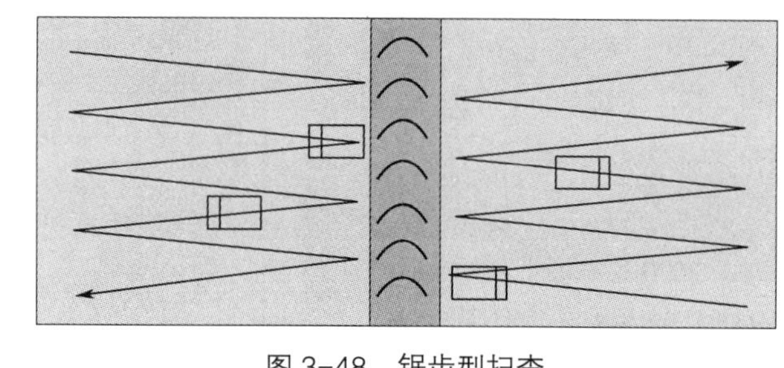

图 3-48 锯齿型扫查

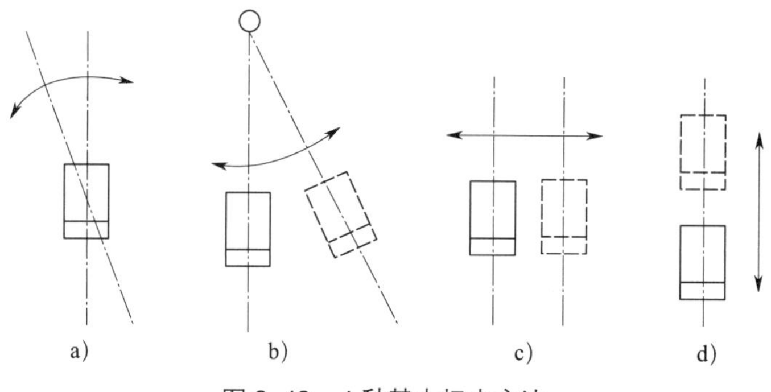

图 3-49 4 种基本扫查方法

（2）直探头扫查。直探头扫查时，应确保超声声束能扫查到焊接接头的整个被检区域。

（3）横向缺陷扫查。检测焊接接头横向缺陷时，可在焊接接头两侧边缘使斜探头与焊接接头中心线夹角不大于 10° 情况下，做两个方向斜平行扫查，如图 3-50 所示。如焊接接头余高磨平，探头应在焊接接头及热影响区上做两个方向的平行扫查，如图 3-51 所示。

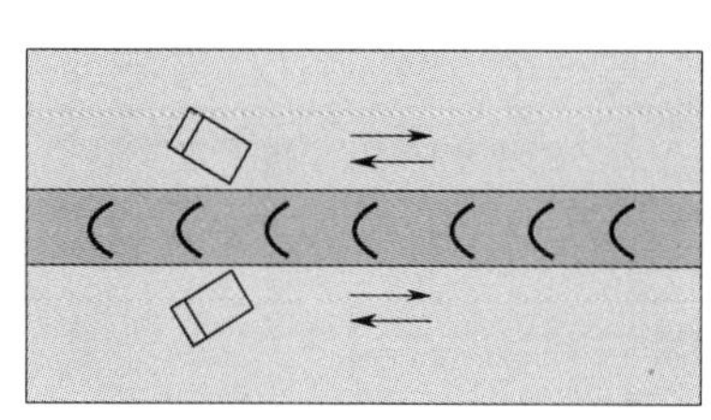

图 3-50 斜平行扫查

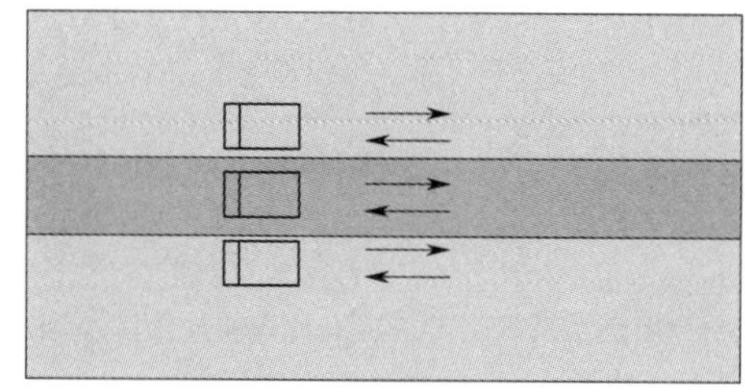

图 3-51 平行扫查

第五节 典型缺陷超声波静态波形案例

一、焊缝缺陷

焊缝缺陷见表3-18。

表3-18 **焊缝缺陷**

1. 气孔	
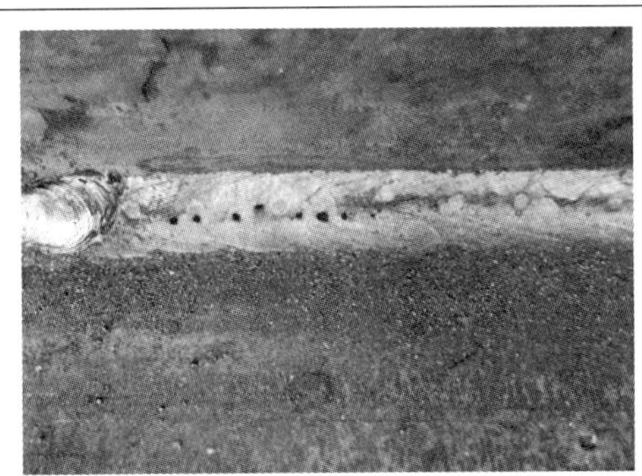	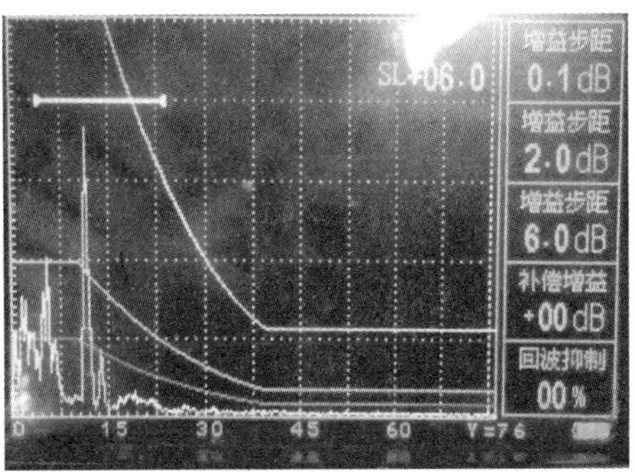
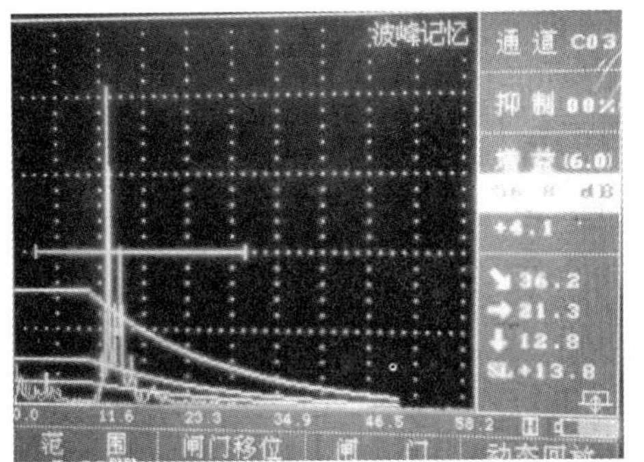	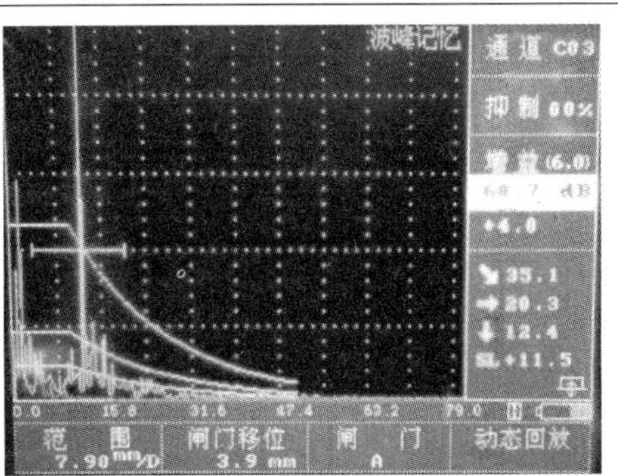
2. 夹渣	
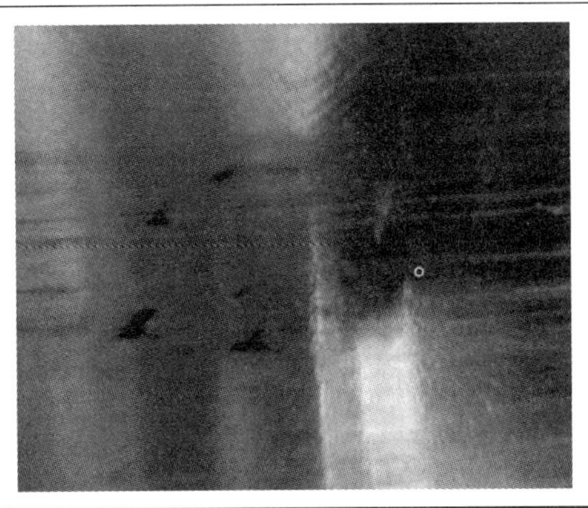	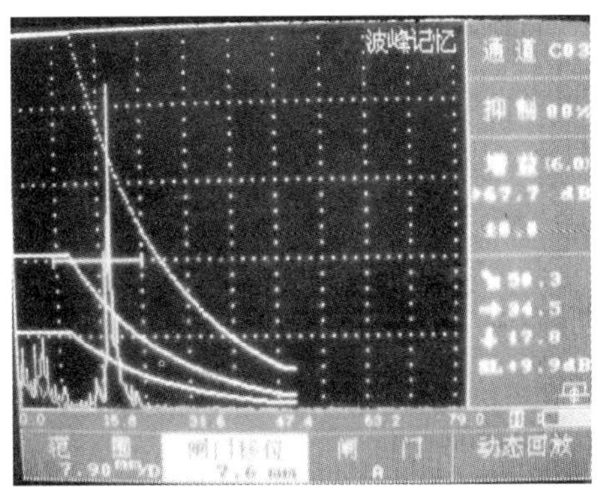

续表

2. 夹渣	
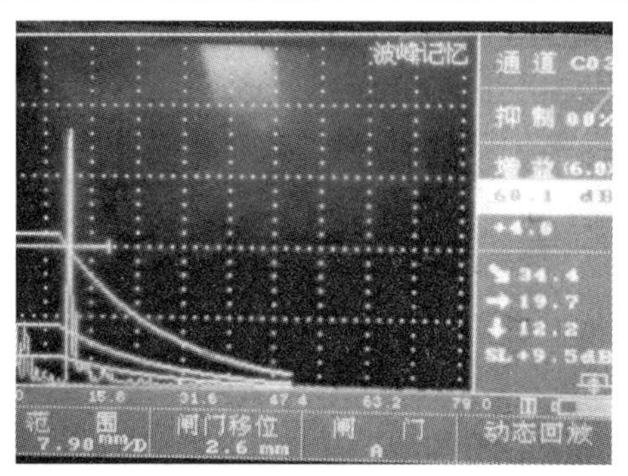	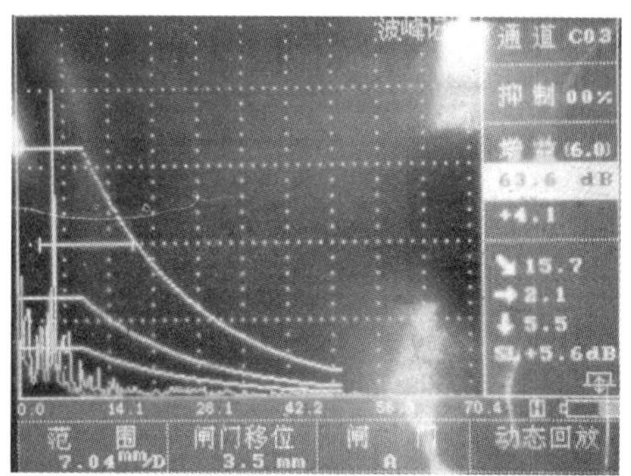
3. 未焊透	
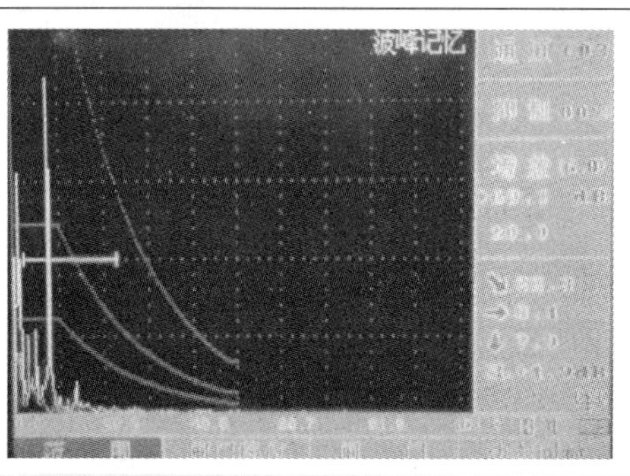	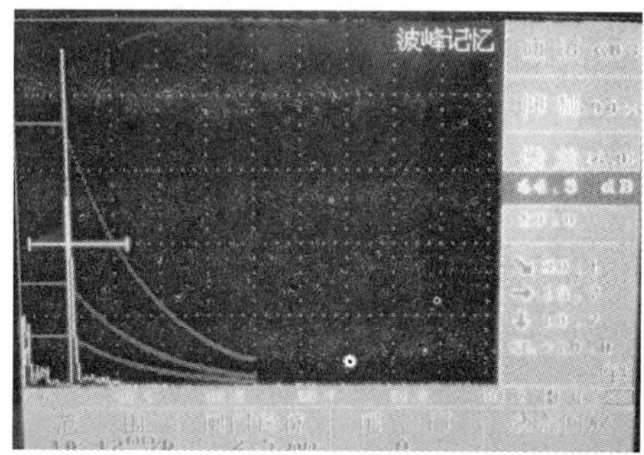
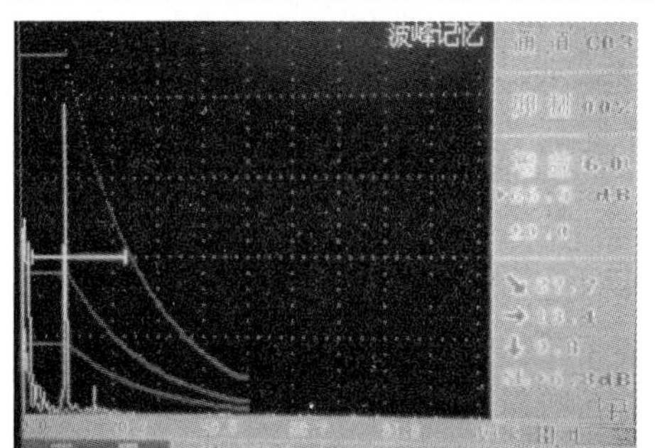	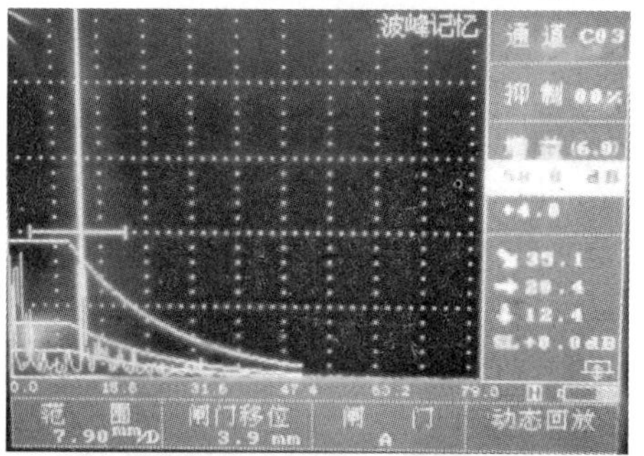
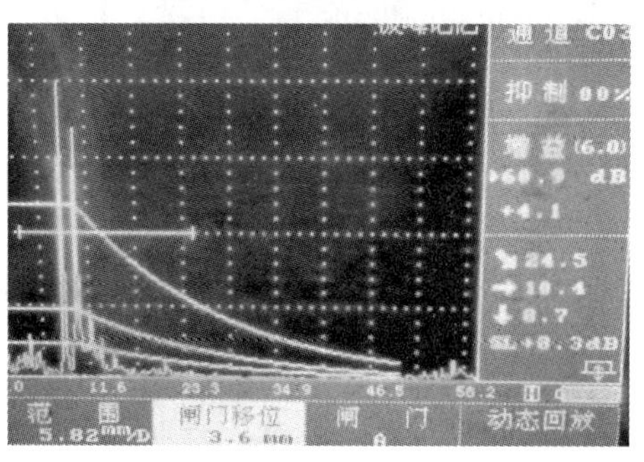	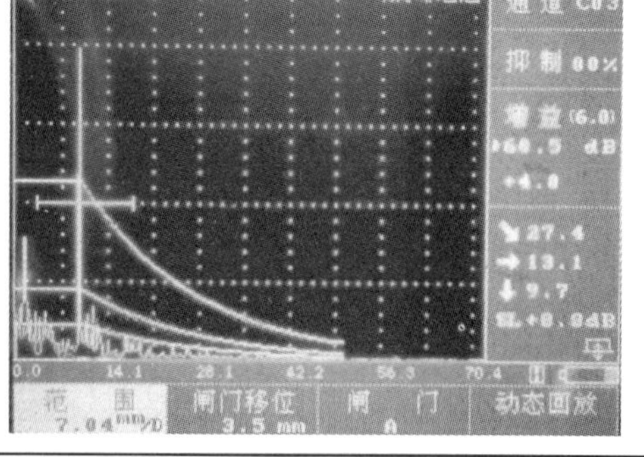

波峰记忆
抑 制
增 益(6.0)
60.1 dB
+4.0
34.4
19.7
12.2
SL+9.5dB
15.8
31.6
47.4
63.2
79.0
范 围
7.90 mm/D
闸门移位
2.6 mm
闸 门
A
动态回放

通 道 C03
抑 制 00%
增 益(6.0)
63.6 dB
+4.1
15.7
2.1
5.5
SL+5.6dB
0.0
14.1
28.1
42.2
70.4
范 围
7.04 mm/D
闸门移位
3.5 mm
闸 门
A
动态回放

波峰记忆

波峰记忆

波峰记忆

波峰记忆
通 道 C03
抑 制 00%
增 益(6.0)
+4.0
35.1
29.4
12.4
0.0
15.8
31.6
47.4
63.2
79.0
范 围
7.90 mm/D
闸门移位
3.9 mm
闸 门
A
动态回放

通 道 C03
抑 制 00%
增 益(6.0)
60.9 dB
+4.1
24.5
10.4
8.7
SL+8.3dB
0
11.6
23.3
34.9
46.5
58.2
范 围
5.82 mm/D
闸门移位
3.6 mm
闸 门
A
动态回放

通 道 C03
抑 制 00%
增 益(6.0)
60.5 dB
+4.0
27.4
13.1
9.7
SL+8.9dB
0.0
14.1
28.1
42.2
56.3
70.4
范 围
7.04 mm/D
闸门移位
3.5 mm
闸 门
A
动态回放

续表

4. 未熔合	
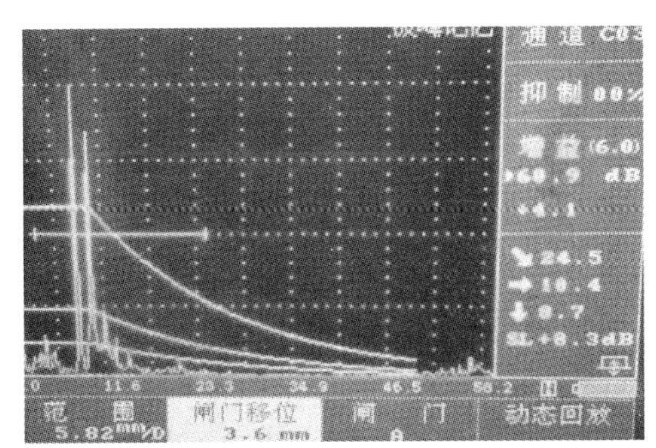	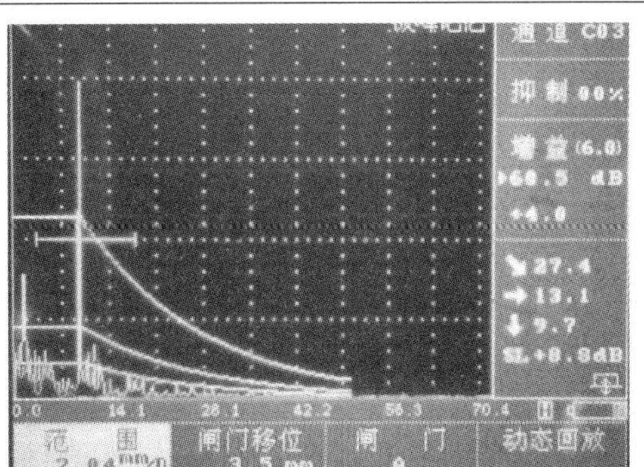
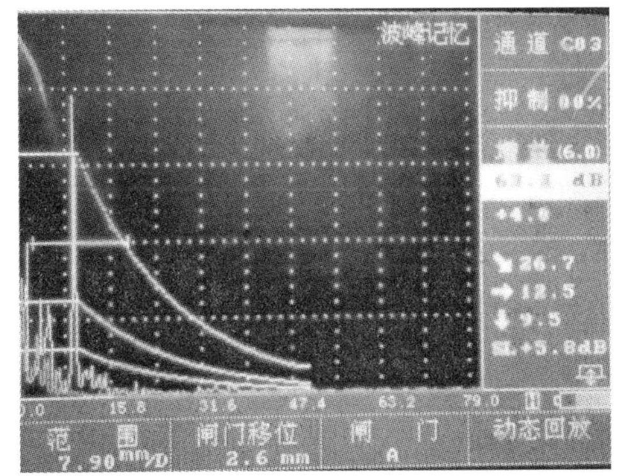	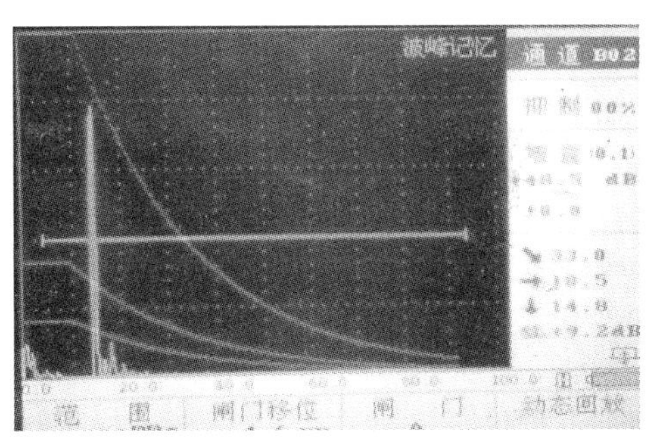
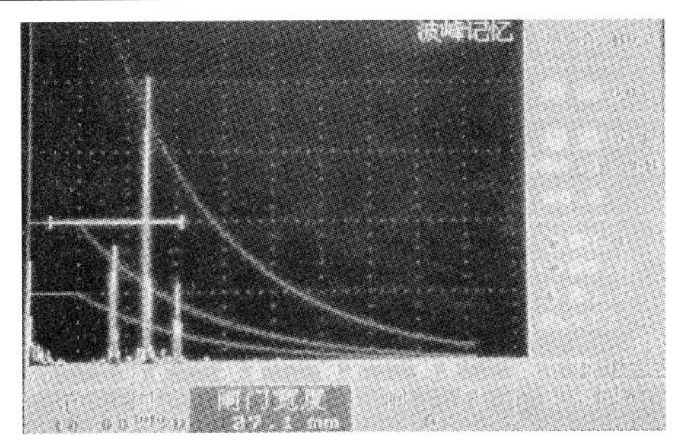	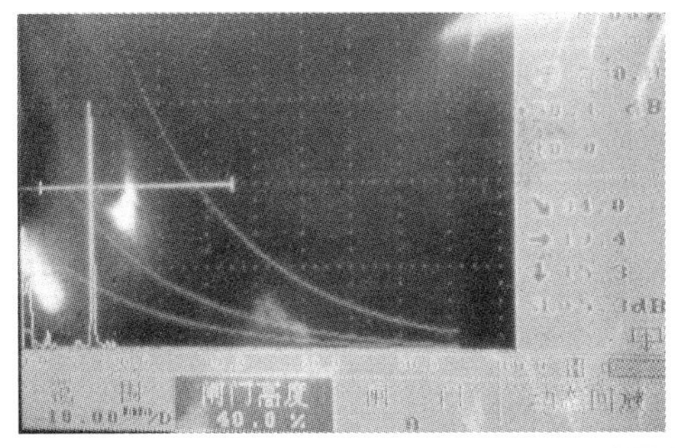
5. 裂纹	
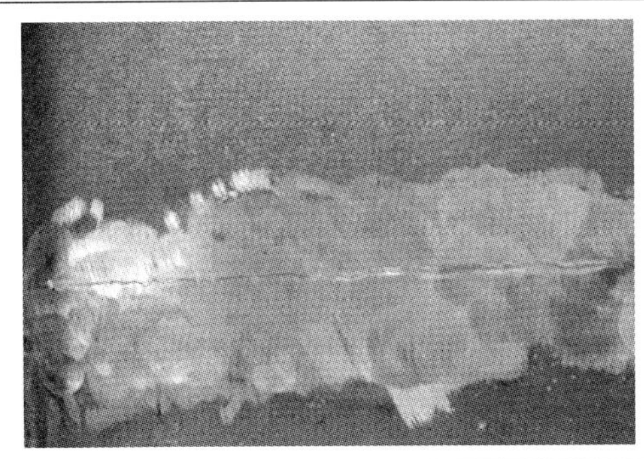	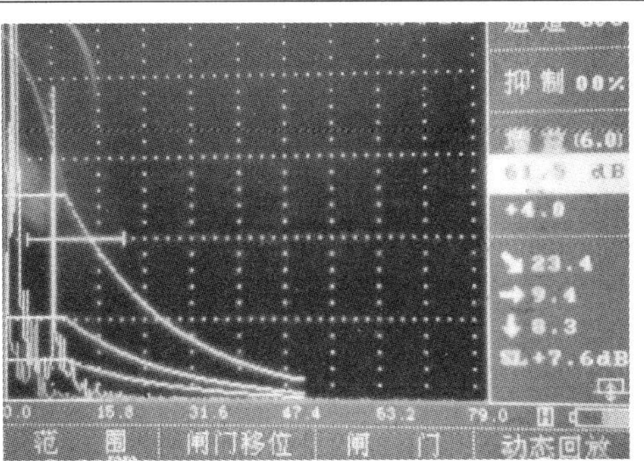

二、锻件缺陷

锻件缺陷见表 3-19。

表 3-19　　　　　　　　　　　　锻件缺陷

1. 气孔	
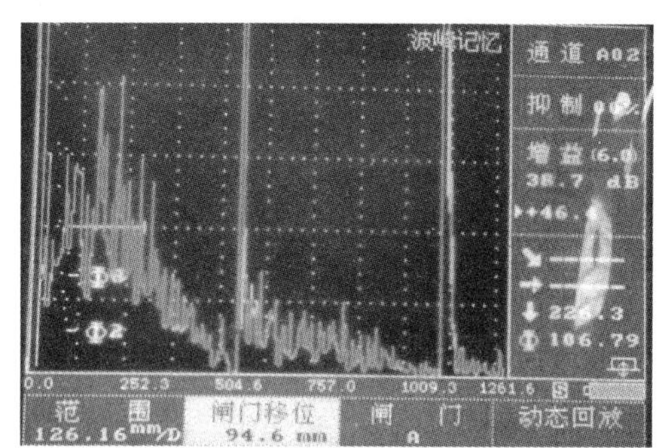	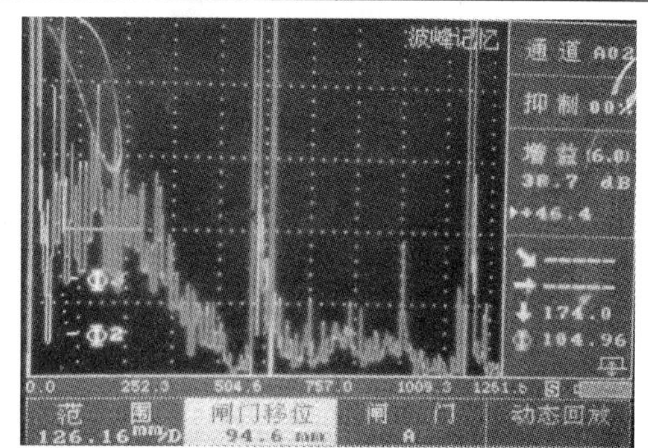
2. 夹渣（夹杂）	
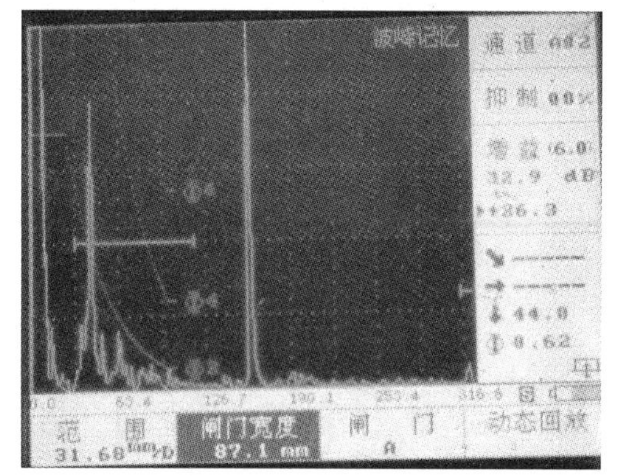	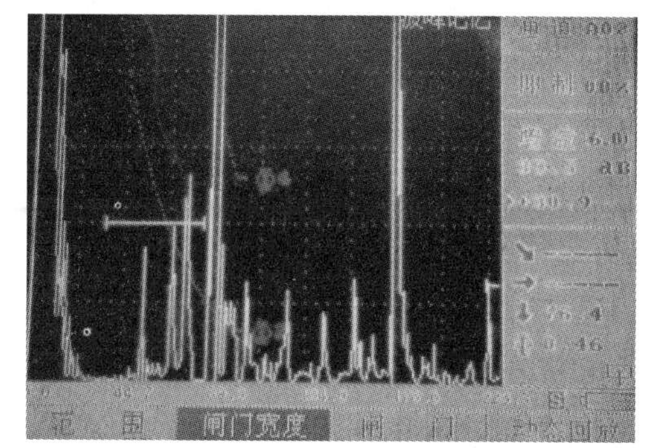
3. 裂纹（白点）	
	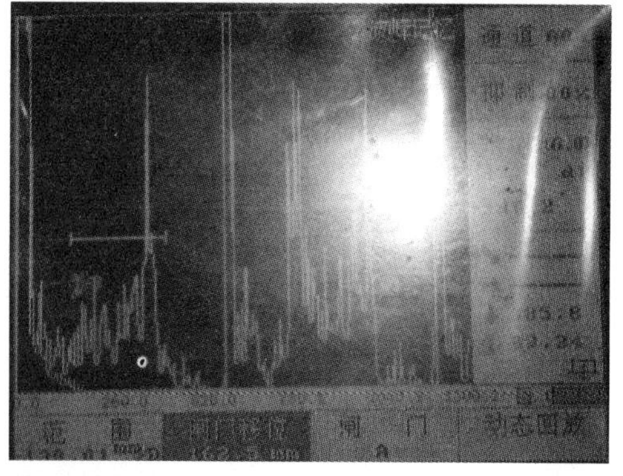

续表

3. 裂纹（白点）

抑制 00%
范围
闸门移位
162.5 mm
动态回放

波峰记忆
抑制 00%
闸门移位
动态回放

波峰记忆
通道 A02
抑制 00%
闸门宽度

波峰记忆
闸门宽度
动态回放

通道 A01
抑制 00%
增益 6.0
48.0 dB
115.4
58.0%
范围
70.89
闸门移位
56.1 mm
动态回放

波峰记忆
通道 A02
抑制 00%
增益 6.0
范围
22.33
闸门宽度
48.4 mm
动态回放

波峰记忆
+32.6
范围
47.11
闸门移位
55.0 mm
动态回放

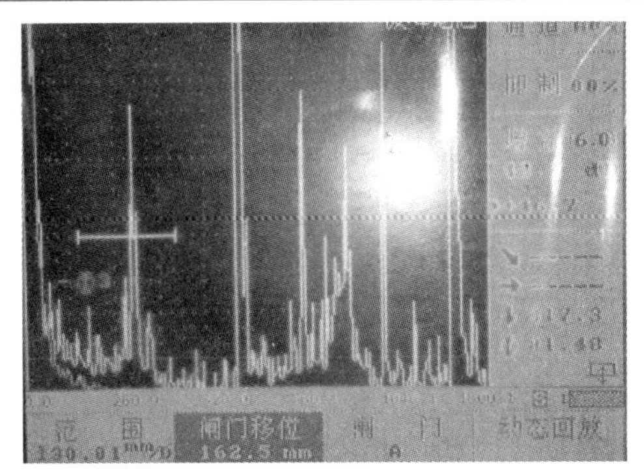

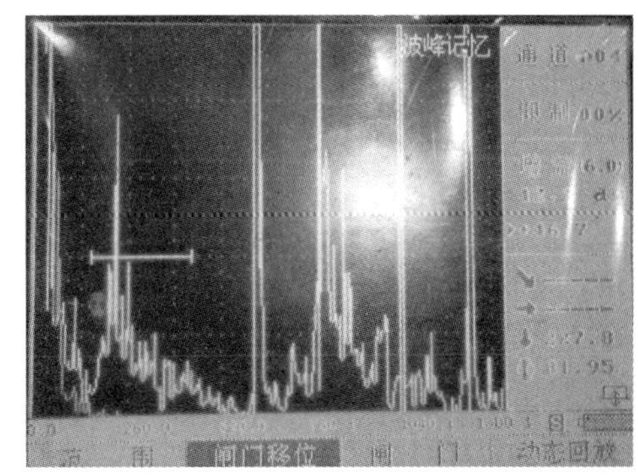

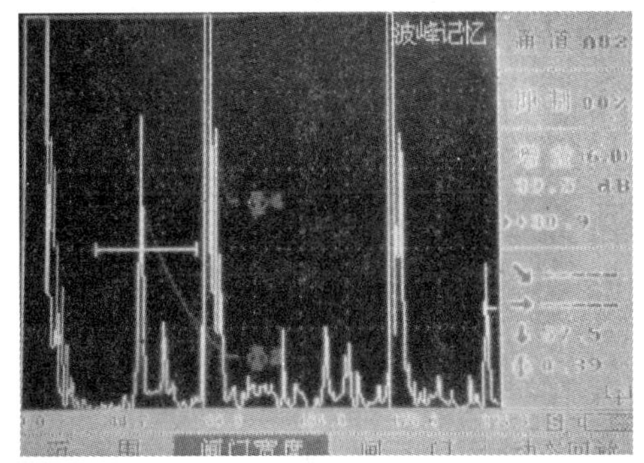

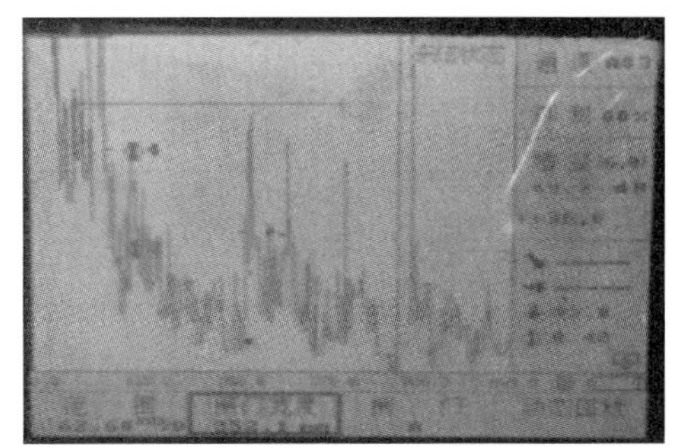

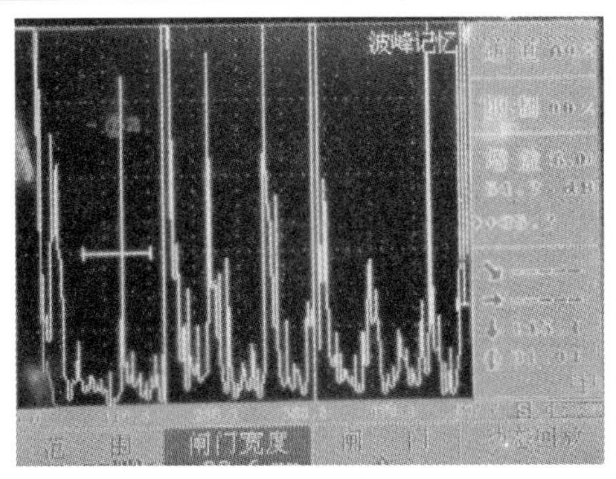

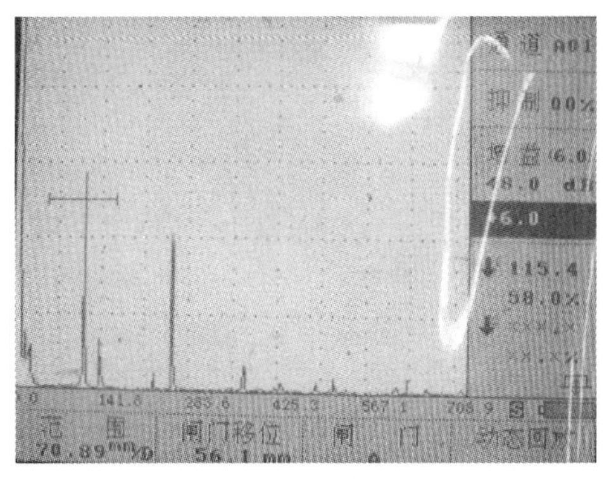

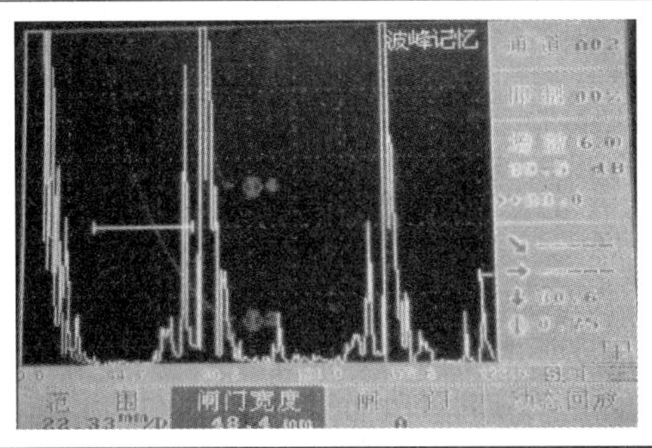

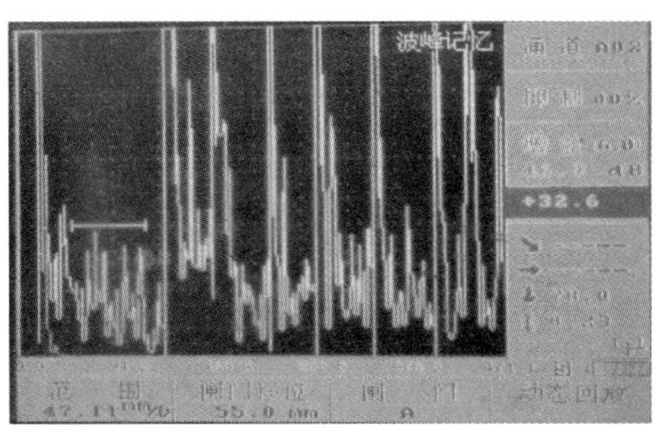

续表

4. 偏析

波峰记忆
通道 A08
抑制 00%
增益 (6.0)
49.9 dB
+36.0
170.3
21.0%
0.0 82.6 165.1 247.7 330.2 412.8
范围
闸门移位
147.9 mm
闸门
A
动态回放

波峰记忆
通道 A08
抑制 00%
增益 (6.0)
41.2 dB
+36.0
287.4
2.5%
0.0 82.6 165.1 247.7 330.2 412.8
范围
41.28 mm/D
闸门移位
147.9 mm
闸门
A
动态回放

波峰记忆
通道 A08
抑制 00%
增益 (6.0)
41.2 dB
+36.0
179.8
11.5%
0.0 82.6 165.1 247.7 330.2 412.8
范围
41.28 mm/D
闸门移位
147.9 mm
闸门
A
动态回放

波峰记忆
通道 A02
抑制 00%
增益 (0.1)
54.3 dB
145.7
999.99
0 88.8 177.6 266.4 355.2 444.0
范围
44.40 mm/D
闸门移位
136.9 mm
闸门
A
动态回放

波峰记忆
通道 A02
抑制 00%
增益 (0.1)
54.3 dB
155.8
930.10
0.0 88.8 177.6 266.4 355.2 444.0
范围
闸门移位
闸门
动态回放

5. 粗晶波形

波峰记忆
通道 A02
抑制 00%
增益 (6.0)
+30.0
92.3
8.24
0.0 76.8 153.6 230.3 307.1 383.9
范围
38.39 mm/D
闸门移位
78.4 mm
闸门
A
动态回放

波峰记忆
通道 A02
增益 (6.0)
43.7 dB
+30.0
0.0 89.7 179.4 269.0 358.7 448.4
范围
44.84 mm/D
闸门移位
54.2 mm
闸门
A
动态回放

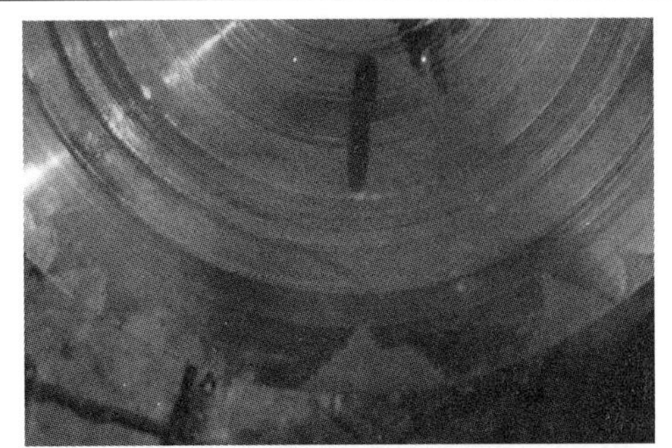

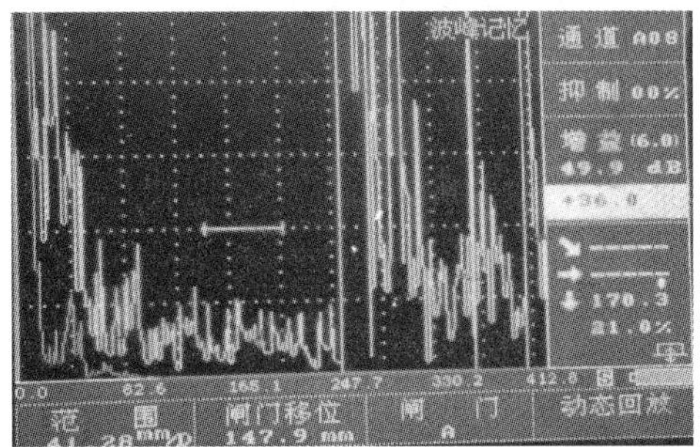

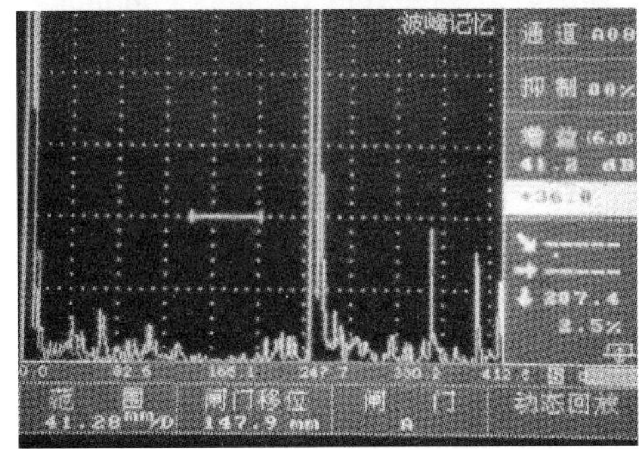

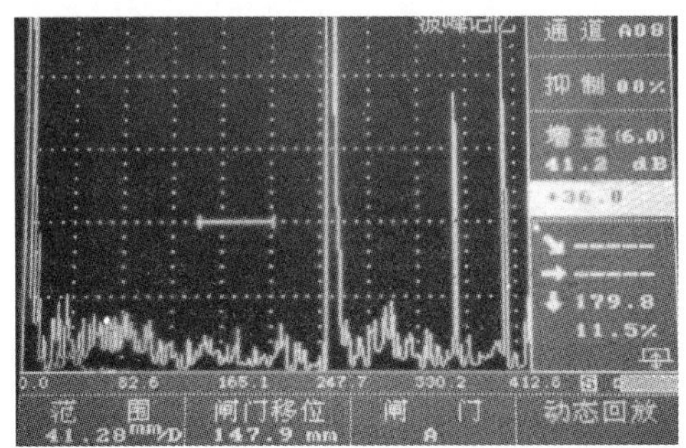

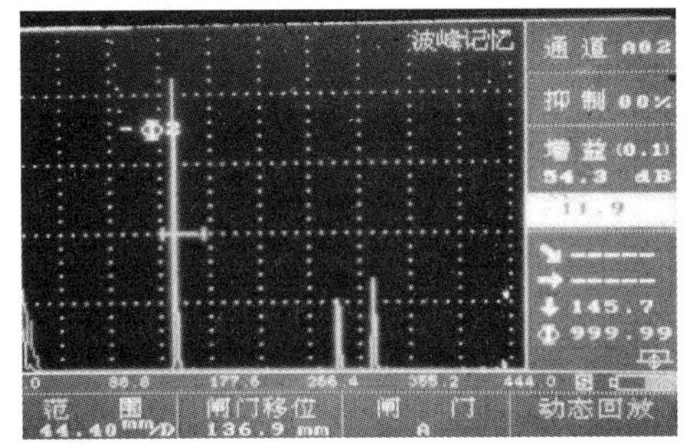

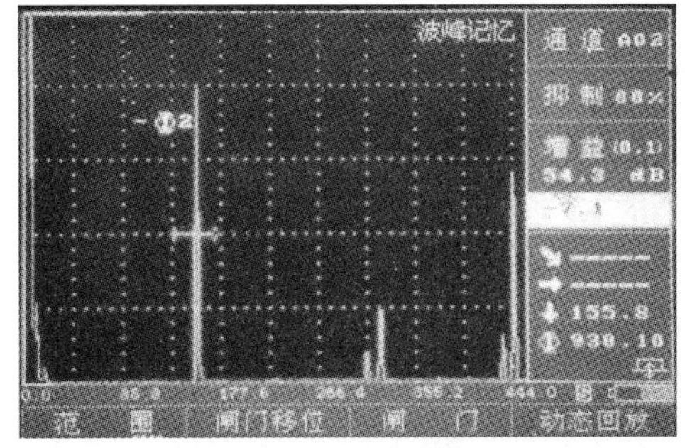

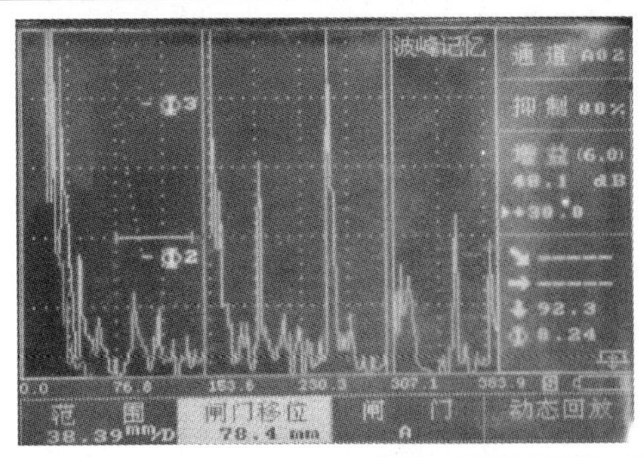

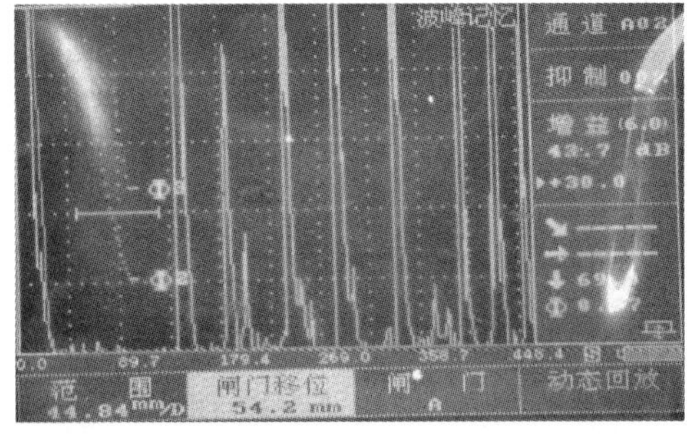

三、铸件缺陷

铸件缺陷见表 3-20。

表 3-20 **铸件缺陷**

<table>
<tr><td colspan="2">1. 缩孔（气孔）</td></tr>
<tr><td>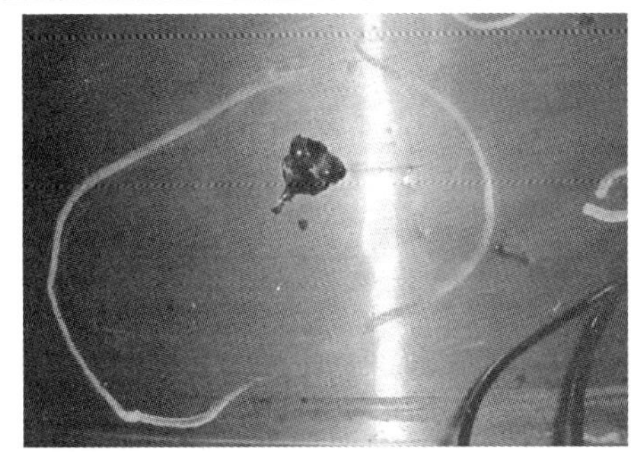</td><td>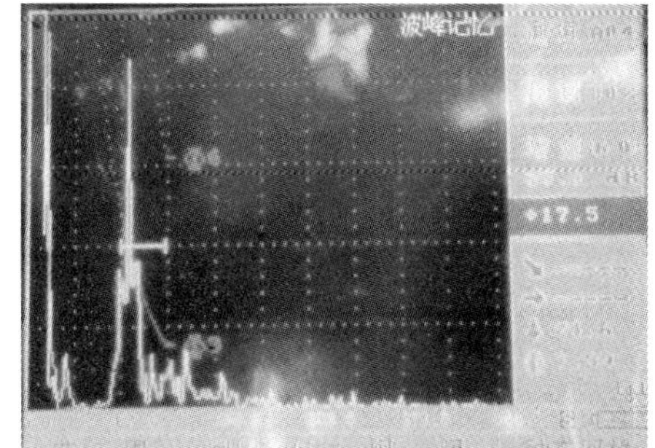
</td></tr>
<tr><td>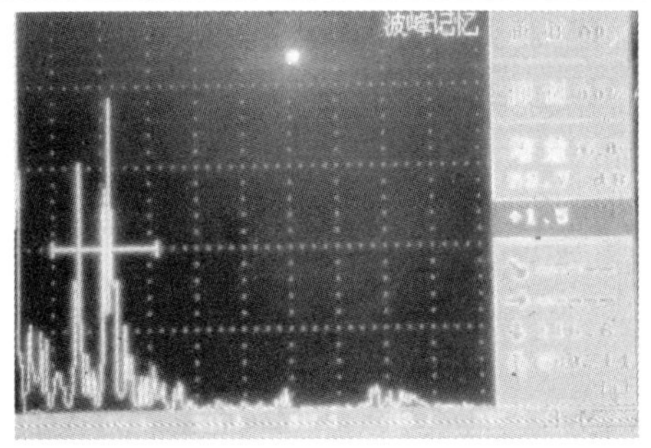
</td><td>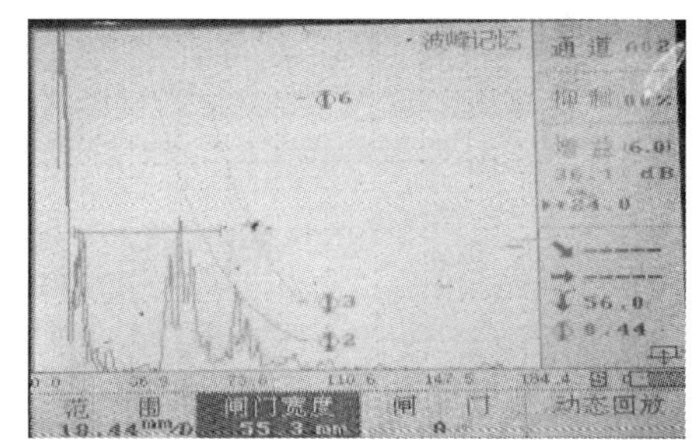
</td></tr>
<tr><td colspan="2">2. 夹渣（夹杂）</td></tr>
<tr><td></td><td>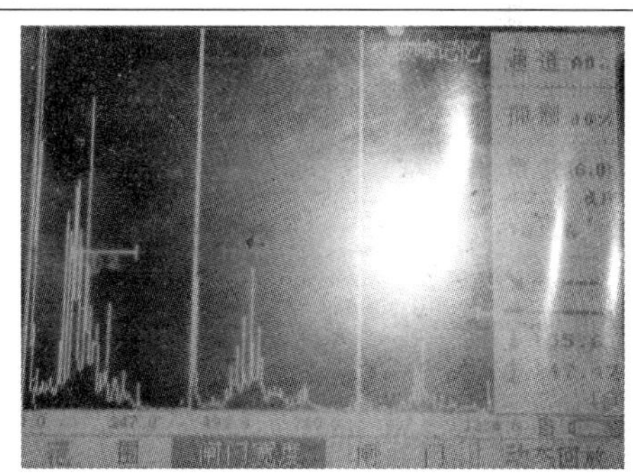
</td></tr>
<tr><td>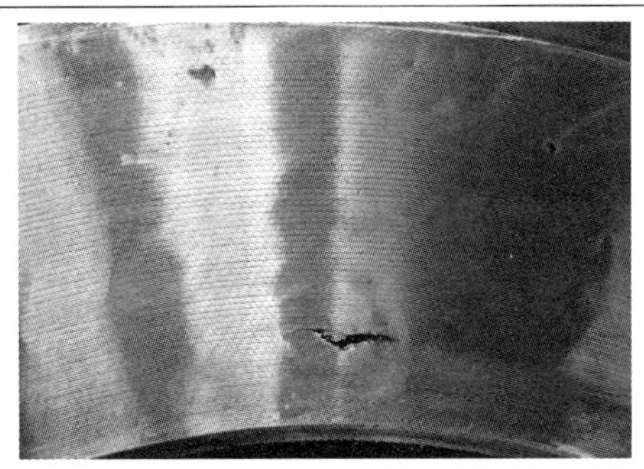</td><td>
</td></tr>
</table>

续表

2. 夹渣（夹杂）	
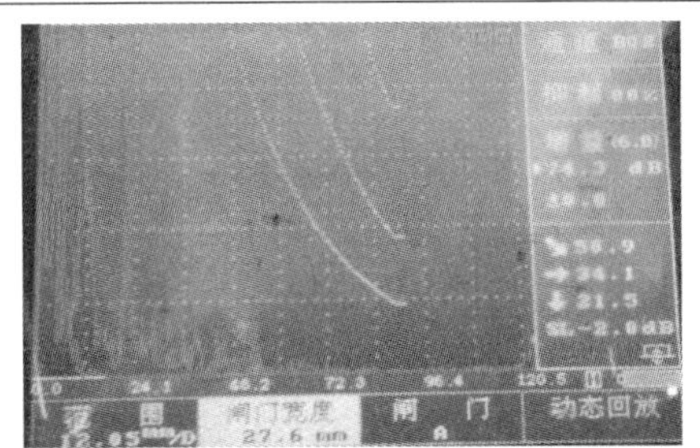	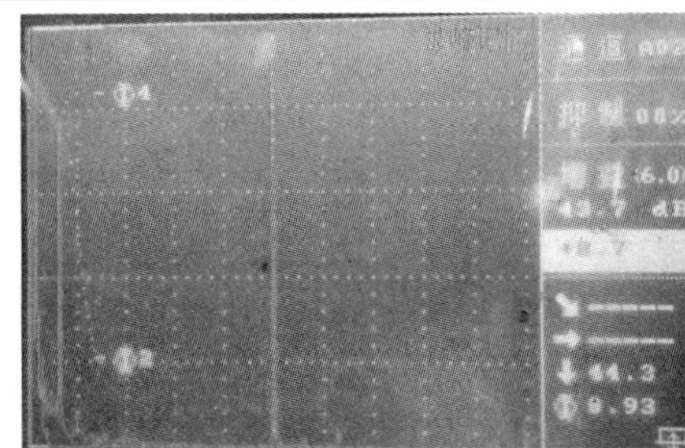
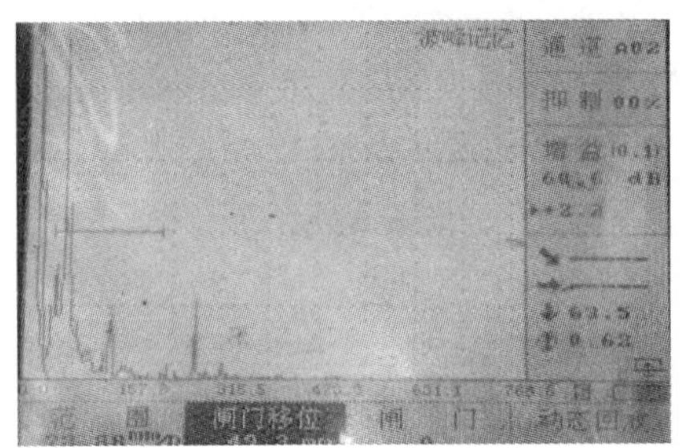	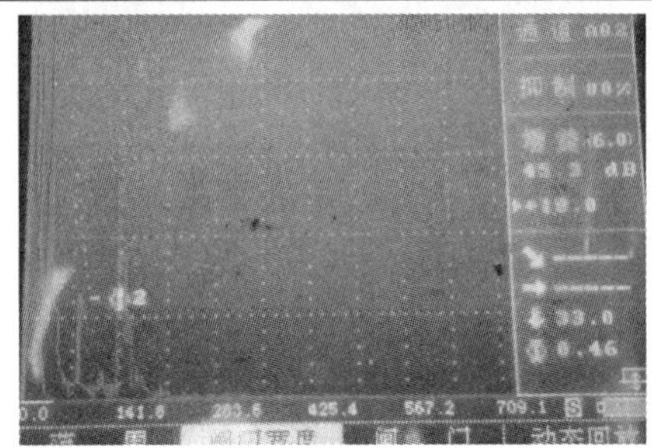
3. 偏析	
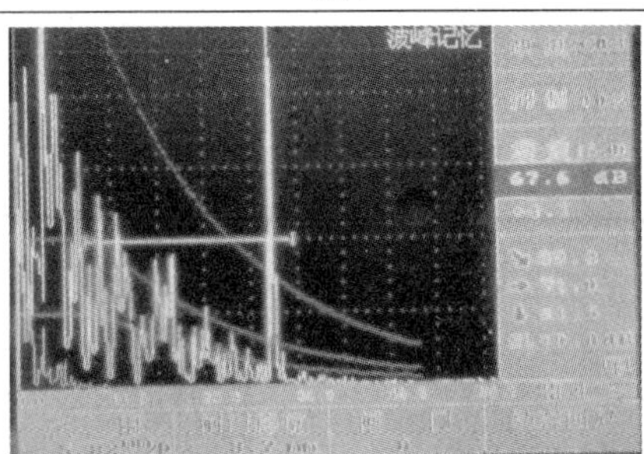	
4. 疏松（缩松）	
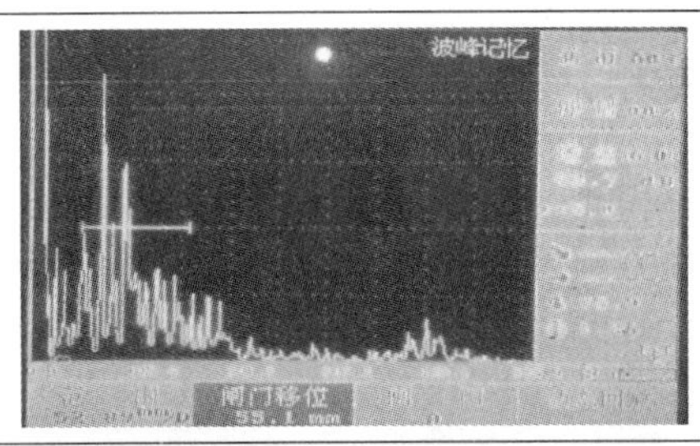	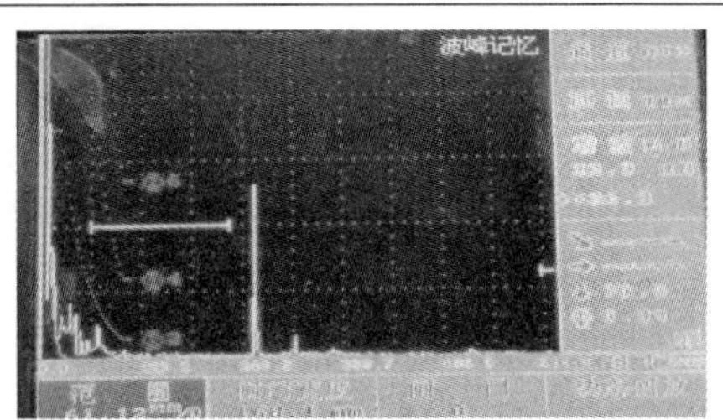
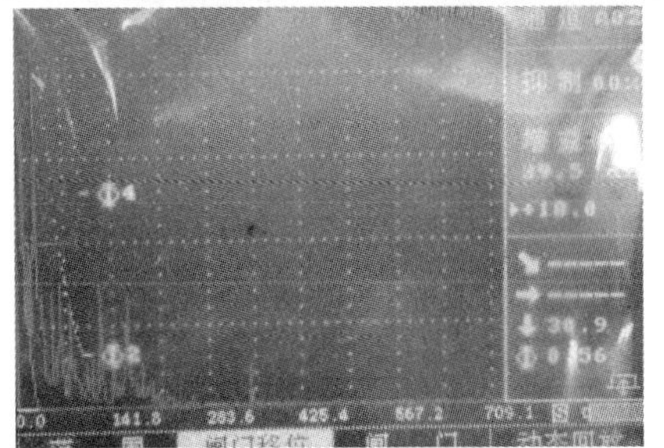	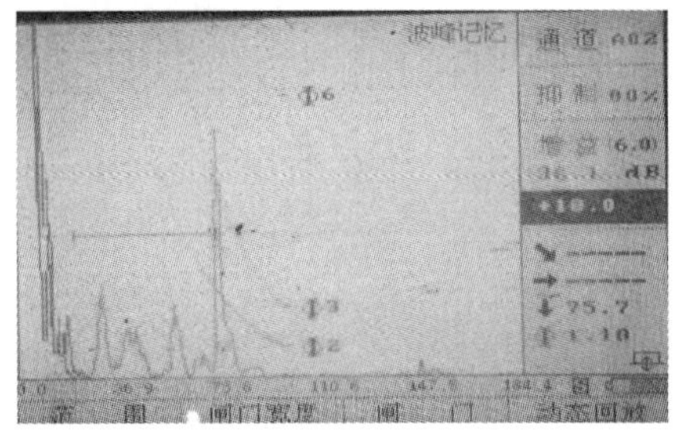

四、钢板缺陷

钢板缺陷见表 3-21。

表 3-21 **钢板缺陷**

白点、夹杂和分层	
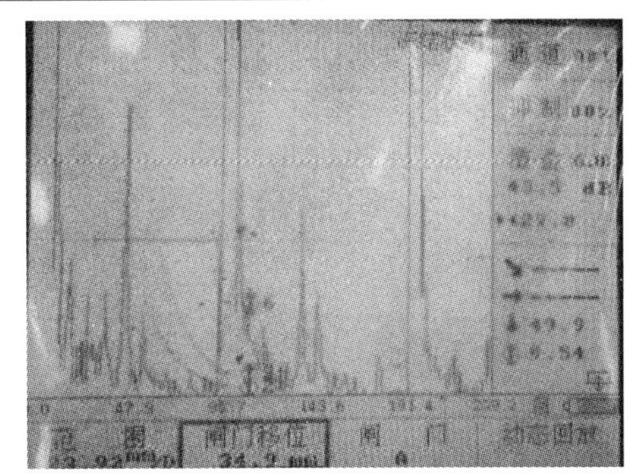	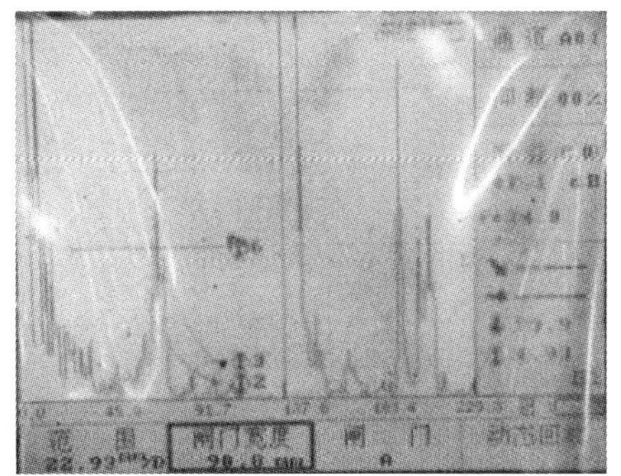
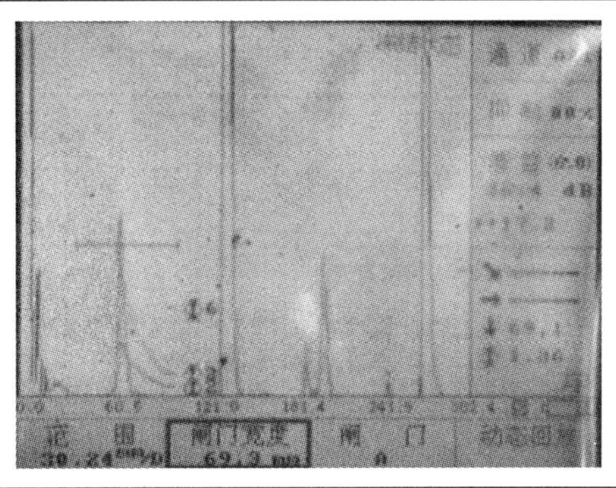	

第六节 质量控制与安全防护

一、质量控制

1. 检测人员

（1）各单位应保证从事超声检测的人员按时参加各级检测人员的培训与资格考试及复证考试，保证检测人员的资格证书在有效期内。

（2）由于超声检测对于不同检测对象所采用的技术差异较大，考试范围不一定符合特定产品的具体情况，所以，各单位负责人应指定本单位Ⅲ级人员对已取证人员进行针对特定产品的专门培训，并根据其检测特定产品的能力给予操作授权。

（3）超声检测人员应严格遵守无损检测的质量程序要求，认真负责地完成每一项工作。

（4）由于超声检测缺乏永久记录的特点，超声检测人员需要坚持原则，不发虚假报告。

（5）超声检测人员应不断学习本职工作所需的新知识，在工作中积累经验，增强能力。

2. 设备与器材

（1）超声检测的设备、探头和试块等在制造、销售（或用户购买时）或使用前，应按其各自的技术要求经过严格的测试，证明其符合要求，并提供合格证书。应避免购买缺乏质量保证体系的制造商制造的产品。对于非标产品，应提出科学合理的验收方法，加强验收测试。

（2）使用中的设备、探头和试块应定期进行性能检定，并应有检定标识，保证在有效期内使用。

（3）对于超声检测设备来说，满足标准规定的最低要求有时还达不到需要，对于检测特定产品使用的仪器和探头，还需要满足产品的特殊要求。如对薄层工件要求近表面分辨力更好，对于粗晶或组织衰减大、噪声高的工件，要求具有较高的灵敏度和信噪比等。这时，还应经常对其所需要的特殊性能进行测试，以保证其满足实际检测的要求。

（4）在选用仪器、探头、试块，包括耦合剂、电缆线时，均应按其特性确认其对特定产品检测的适用性。如仪器与探头频带范围是否匹配并满足要求，电缆线是否与探头匹配、水浸电缆线是否防水并抗噪声，试块与工件声特性是否一致等。

（5）考虑到不同的仪器、探头、试块，即使是同型号的，也可能存在一些性能的差异，对于检测要求特别严格的工件，应尽可能采用同一仪器和探头组合检测相同的产品，以保持检测结果的一致性。

（6）对易损的探头或某些试块应经常进行校验，并记录其变化情况，以便在其性能超出允许范围时及时更换。检测时，可对允许范围内的变化修正后使用，如横波斜探头磨损后角度的变化，试块磨损或生锈等引起超声检测数据的改变等。

（7）在设备出现故障经修理或更换部件之后，应重新进行严格的性能测试，证明其满足要求。

3. 技术文件

（1）针对每一具体零件或一类零件，应采用的检测方法标准与验收标准多由订货技术协议、设计图样或专用技术条件规定。因此，在编写文件时，应有无损检测人员参与，选用适当的标准，仔细审核拟采用的检测方法标准和验收标准对该零件的适用性。

（2）所采用的超声检测方法标准与验收标准均应是现行有效的标准版本，为此，每年应对标准的有效性进行审核。

（3）超声检测工艺规程必须根据所采用的标准和该类零件的具体情况，由超声检测Ⅲ级人员制定，超声检测工艺卡必须根据检测工艺规程或相关标准以及该零件的具体情况，由超声检测Ⅱ级以上人员制定，由Ⅲ级人员审核和批准。

（4）检测工艺规程和工艺卡必须符合所依据的标准，对影响检测可靠性的各要素给出明确的要求。

（5）检测工艺规程和工艺卡制定时，如发现零件中有因某些原因无法检测的部位，应提请有关部门批准，并特殊注明。

（6）在没有可依据的上一级标准的情况下，应用新的检测技术时，必须经过充分的试验与验证，经评审通过后编制检测工艺规程及工艺卡。

（7）零件检测要求或条件有变化时，应及时按规定的程序更改检测工艺规程或工艺卡。

4. 操作过程

（1）超声检测人员在进行检测前应认真阅读工艺卡，熟悉产品的情况和检测设备的情况。

（2）检测前应观察工件的表面状况是否符合规程要求，去除影响检测的表面情况。必要时，应进行表面机加工以准备适当的超声检测面。局部无法去除的部位，应进行记录并在检测报告中注明，情况严重以致难以检测时，需上报有关部门处理。

（3）检测用仪器、探头、试块和耦合剂应符合检测工艺卡的规定，不得随意改变。仪器的调整、扫查和缺陷的评定，均应严格按照工艺卡的规定进行。

（4）检测过程中，应按规定及时做好原始记录，记录内容应真实、完整、清晰。检测后，应由Ⅱ级以上人员签发检测报告。

（5）检测过程中和检测后，应按规定进行仪器调整的校验，发现灵敏度降低等异常情况时，应对上一次校验后检测的所有工件重新进行检测。

（6）检测中发现标准未规定的异常情况时，应进行详细记录，并报有关部门处理。

5. 检测环境

（1）为了保证超声检测仪的正常工作，超声检测现场的环境应避免强磁、高频、高温、潮湿、灰尘、腐蚀性气体、震动等情况的存在。此外，强光对检测人员观察显示屏有不利影响，有时会使检测无法进行。

（2）检测现场应提供检测所需的吊车、供水、供电等设施。

（3）检测现场的仪器、设备等物品以及检测产品，应分类、分区摆放并标准清晰。

二、安全防护

除公共安全防护及工作场所安全以外还应遵守本专业安全防护要求：

1. 搬动试块时应佩戴手套，防止划伤手。

2. 搬动试块时注意避免掉落使人员受伤。

3. 操作时注意流淌到脚下的耦合剂，及时擦干避免滑倒，特别在高处、筒体内部检测时更需注意。

4. 检测后的耦合剂应及时擦除，避免对工件或后续工序产生影响。

第四章　磁 粉 检 测

第一节　磁粉检测物理基础

一、基本概念

1. 磁的基本现象

磁铁能够吸引铁磁性材料的性质叫磁性。

凡能够吸引铁磁性材料的物体都叫磁体，磁体是能够建立或有能力建立外磁场的物体。磁铁各部分的磁性强弱不同，靠近磁铁两端磁性特别强、吸附磁粉特别多的区域称为磁极，如图 4-1 所示。

图 4-1　条形磁铁周围的磁场

2. 磁场

磁体间的相互作用是通过磁场来实现的。磁场是具有磁力作用的空间，磁场存在于被磁化物体或通电导体的内部和周围。它是由运动电荷形成的。磁场的特征是对运动电荷(或电流)具有作用力，在磁场变化的同时也产生电场。

为了形象地表示磁场的大小、方向和分布情况，我们可以用假想的磁感应线（也称磁力线）来表示磁场中各点的磁场强度和方向，如可用小磁针来描述条形磁铁的磁感应线分布，如图 4-2 所示。通常称磁针指向北的一端为北极，用 N 表示；指向南的一端为南极，用 S 表示。

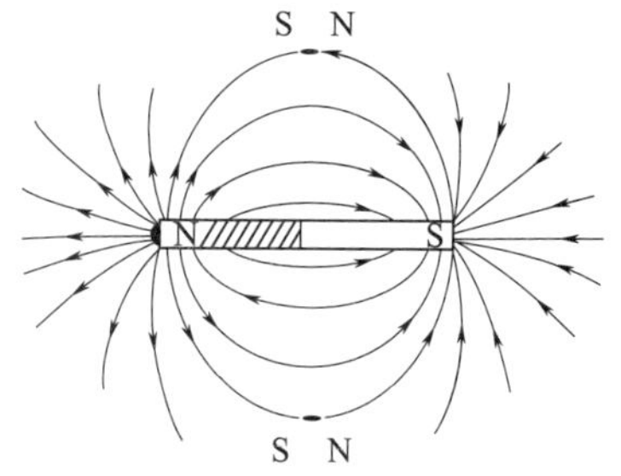

图 4-2　条形磁铁的磁感应线分布

磁感应线具有以下特性：

1）磁感应线是具有方向性的闭合曲线。在磁体内，磁感应线是由 S 极到 N 极，在磁体外，磁感应线是由 N 极出发，穿过空气进入 S 极的闭合曲线。

2）磁感应线互不相交。

3）磁感应线可描述磁场的大小和方向。

4）磁感应线沿磁阻最小路径通过。

（1）圆周磁场。马蹄形磁铁两端弯曲、两极熔合形成一圆环，此时磁铁内既无磁极又不产生漏磁场，因而不能吸引铁磁性材料，在磁铁内包含了一个圆周磁场，如图 4-3 c 所示。

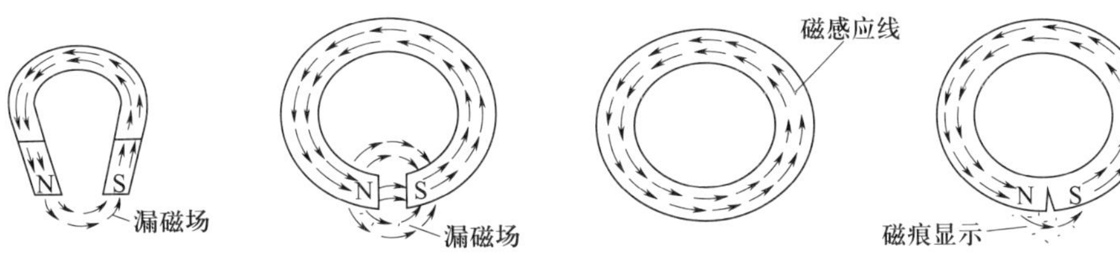

a）磁感应线方向　b）两磁极空间漏磁场分布　c）两极熔合后的磁感应线　d）在裂纹处有不连续性的漏磁场分布及磁痕显示

图 4-3　用马蹄形磁铁描述圆周磁场

（2）纵向磁化。如果将马蹄形磁铁校直为条形，则其两端是 N 极和 S 极。条形磁铁的两极能强烈地吸附磁粉，说明该条形磁铁已被纵向磁化，如图 4-4 所示。

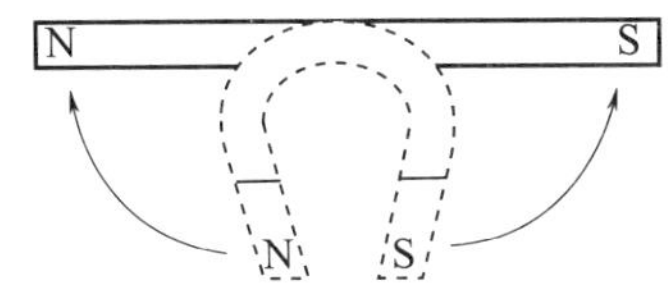

a）马蹄形磁铁被校直成条形磁铁后N极和S极的位置

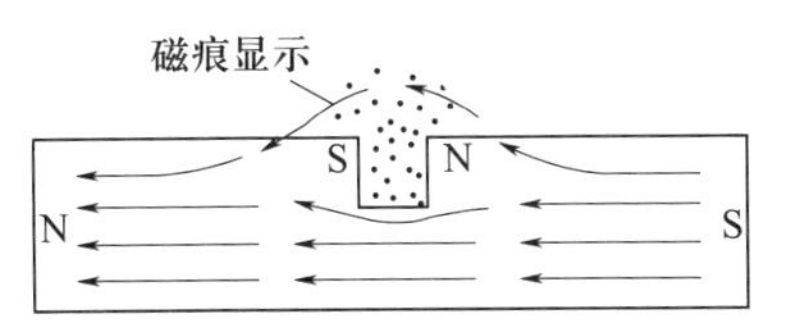

b）具有机加工槽的条形磁铁产生的漏磁场及磁痕显示

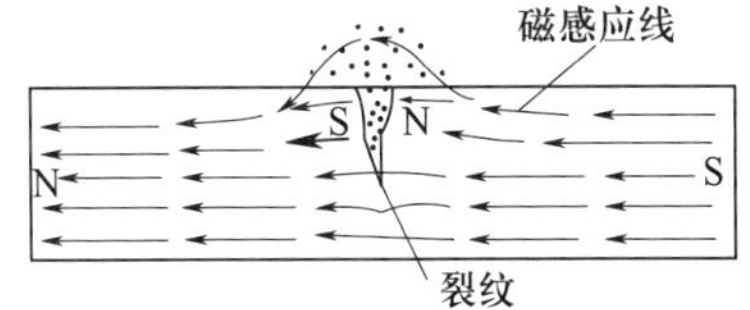

c）纵向裂纹产生的漏磁场

图 4-4　用条形磁铁描述纵向磁化

3. 磁介质

能影响磁场的物质称为磁介质。各种宏观物质对磁场都有不同程度的影响，因此一般都是磁介质。

磁介质分为顺磁性材料（顺磁质）、抗磁性材料（抗磁质）和铁磁性材料（铁磁质），抗磁性材料又叫逆磁性材料。

二、磁场的基本物理量

1. 磁感应强度

磁感应强度是在有磁介质的磁场中某给定点的强度，是表征磁介质被磁化产生附加磁场后的磁场大小和方向的物理量。磁感应线上每点的切线方向代表磁场的方向。磁感应强度用符号 B 来表示，单位是特斯拉，用 T 表示。

2. 磁通量

磁通量简称磁通，它是垂直穿过某一截面的总磁感应线条数，用符号 Φ 表示，如图 4-5 所示。在 SI 单位制中，磁通的单位是韦［伯］（Wb）。

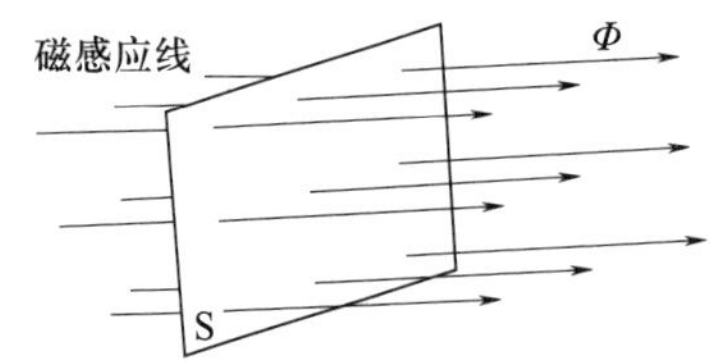

图 4-5 垂直通过某截面的磁感应线条数

3. 磁场强度

磁场强度是在有磁介质的磁场中某给定点的只由传导电流产生的磁场的强度，是表征磁场大小和方向的物理量，用符号 H 表示。在 SI 单位制中，磁场强度的单位是安［培］/ 米（A/m），在 CGS 单位制中，磁场强度的单位是奥斯特（Oe）。

磁场中各点的磁场强度大小和方向，可用磁场强度矢量 H 表示。

4. 磁导率

（1）磁导率。磁感应强度 B 与磁场强度 H 的比值称为磁导率，或称为绝对磁导率，用符号 μ 表示。磁导率表示材料被磁化的难易程度，它反映了材料的导磁能力。在 SI 单位制中磁导率的单位是亨（利）每米（H/m）。磁导率 μ 不是常数，而是随磁场大小不同而改变的变量，有最大值和最小值。

（2）真空磁导率。在真空中，磁导率是一个不变的恒定值，用 μ_o 表示，称为真空磁导率，$\mu_o=4\pi\times10^{-7}$ H/m。在 CGS 单位制中，$\mu_o=1$。

（3）相对磁导率。为了比较各种材料的导磁能力，把任一种材料的磁导率和真空磁导率的比值，叫作该材料的相对磁导率，用 μ_r 表示，μ_r 为一纯数，无单位。

$$\mu_r=\mu/\mu_o \tag{4-1}$$

式中 μ_r——相对磁导率；

μ——磁导率，H/m；

μ_o——真空磁导率，H/m。

5. 磁化强度

为了描述磁介质的磁化状态（磁化程度和磁化方向），我们引入磁化强度矢量 M，它表示单位体积内所有分子磁矩的矢量和，即 $M=\dfrac{\sum m_o}{\Delta V}$，单位是安 / 米。如果在磁介质中各点的磁化强度矢量的大小和方向都相同，我们称该磁化是均匀的，否则，磁化是不均匀的。

三、漏磁场

1. 漏磁场

所谓漏磁场，就是铁磁性材料磁化后，在不连续性处或磁路的截面变化处，磁感应线离开和进入表面时形成的磁场，如图 4-6 所示。

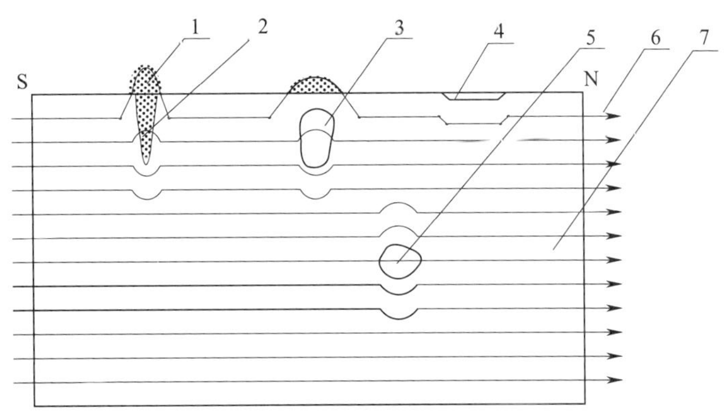

图 4-6 不连续性处漏磁场分布

1—漏磁场 2—裂纹 3—近表面气孔 4—划伤 5—内部气孔 6—磁感应线 7—工件

2. 漏磁场形成的原因

漏磁场形成的原因是由于空气的磁导率远远低于铁磁性材料的磁导率。如果在磁化了的铁磁性工件上存在着不连续性或裂纹，则磁感应线优先通过磁导率高的工件，这就迫使一部分磁感应线从工件材料中的缺陷下面绕过，形成磁感应线的压缩。但是，工件上这部分可容纳的磁感应线数目也是有限的，又由于同性磁感应线相斥，所以，一部分磁感应线从不连续性中穿过，另一部分磁感应线遵从折射定律几乎从工件表面垂直地进入空气中绕过缺陷又折回工件，形成了漏磁场，如图 4-7 所示。

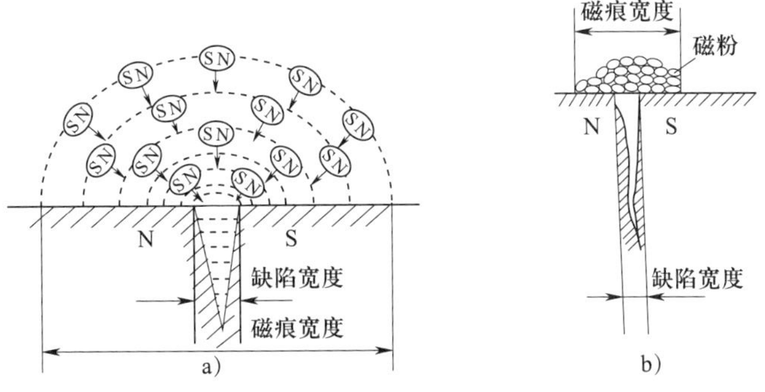

图 4-7 磁粉受漏磁场吸引示意图

3. 影响漏磁场的因素

漏磁场的大小，对检测缺陷的灵敏度至关重要。由于真实的缺陷具有复杂的几何形状，准确计算漏磁场的大小是难以实现的，测量又受试验条件的影响，所以定性地讨论影响漏磁场的规律和因素，具有很重要的意义，包括：

（1）外加磁场强度的影响。

（2）缺陷位置及形状的影响。

1）缺陷埋藏深度的影响。

2）缺陷方向的影响。

3）缺陷深宽比的影响。

（3）工件表面覆盖层的影响。

（4）工件材料及状态的影响。

四、磁粉检测的原理

磁粉检测（Magnetic Particle Testing，缩写符号为 MT），又称磁粉检验或磁粉探伤，属于无损检测五大常规方法之一。

铁磁性材料工件被磁化后，由于不连续性的存在，使工件表面和近表面的磁感应线发生局部畸变而产生漏磁场，吸附施加在工件表面的磁粉，在合适的光照下形成目视可见的磁痕，从而显示出不连续性的位置、大小、形状和严重程度。如图 4-6 所示。

由此可见，磁粉检测的基础是工件不连续性处漏磁场与磁粉的磁相互作用。

磁粉检测发现裂纹等不连续性示意图如图 4-8 所示。

a）荧光磁粉检测

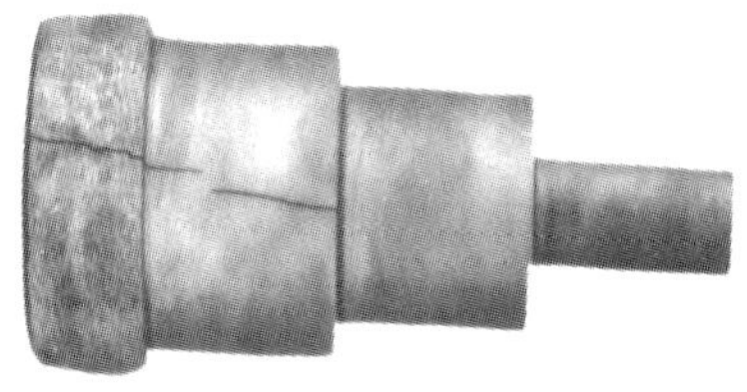

b）非荧光黑磁粉检测

图 4-8 磁粉检测发现裂纹示意图

复习思考题

1. 简述磁性、磁体、磁极和磁场的概念。
2. 磁感应线有哪些特征？
3. 什么是磁场强度、磁通量和磁感应强度？用什么符号表示？单位是什么？
4. 什么是磁导率？如何分类？单位是什么？物理意义是什么？
5. 影响漏磁场大小的因素有哪些？

第二节 磁粉检测的设备及器材

一、磁粉检测设备

根据国家专业标准的规定，磁粉探伤机命名方式为：CXX —— X。

设备的分类，按设备质量和可移动性分为固定式、移动式和携带式三种；按设备的组合方式分为一体型和分离型两种。一体型磁粉探伤机，是将磁化电源、螺管线圈、工件夹持装置、磁悬液喷洒装置、照明装置和退磁装置等部分组成一体的探伤机；分离型磁粉探伤机，是将磁化电源、螺管线圈等各部分，按功能制成单独分离的装置，在检测时组合成系统使用的探伤机。固定式探伤机属于一体型，使用操作方便。移动式和携带式探伤机属于分离型，便于移动和在现场组合使用。见表 4-1。

表 4-1　　磁粉探伤设备分类

序号	示意图	机型	使用说明
1		固定式探伤机	固定式探伤机的体积和质量大，额定周向磁化电流一般从 1 000 ～ 10 000 A。能进行通电法、中心导体法、感应电流法、线圈法、磁轭法整体磁化或复合磁化等，带有照明装置、退磁装置和磁悬液搅拌、喷洒装置，有夹持工件的磁化夹头和放置工件的工作台及格栅，适用于对中小工件的检测。还经常备有触头和电缆，以便对较难搬上工作台的大型工件进行检测
2	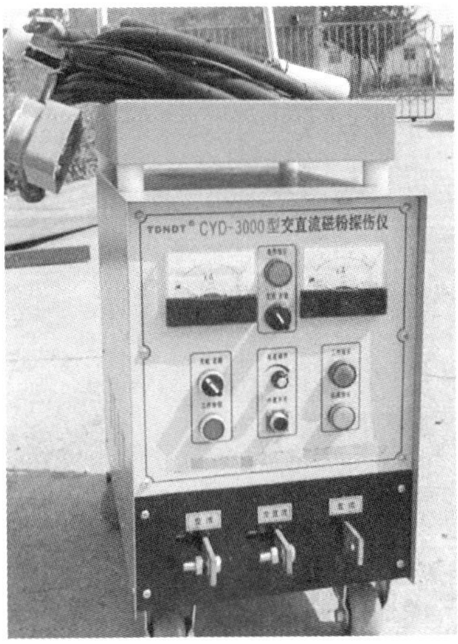	移动式探伤机	移动式探伤机额定周向磁化电流一般为 500 ～ 8 000 A。主体是磁化电源，可提供交流和单相半波整流电的磁化电流。附件有触头、夹钳、开合和闭合式磁化线圈及软电缆等，能进行触头法、夹钳通电法和线圈法磁化。这类设备一般装有滚轮可推动，或吊装在车上拉到检验现场，对大型工件进行探伤

续表

序号	示意图	机型	使用说明
3		携带式探伤仪	携带式探伤仪具有体积小、质量轻和携带方便的特点，额定周向磁化电流一般为 500 ～ 2 000 A。适用于现场、高空和野外检测，一般用于检验承压设备的焊缝，以及对飞机、火车、轮船进行现场检测或对大型工件进行局部检测。常用的仪器有带电极触头的小型磁粉探伤仪，电磁轭，交叉磁轭或永久磁铁等。仪器手柄上装有微型电流开关，控制通、断电和自动衰减退磁

二、磁粉检测器材

1. 磁粉

磁粉是显示缺陷的重要手段，磁粉质量的优劣和选择是否恰当，将直接影响磁粉检测结果。磁粉的种类很多，按磁痕观察方式，磁粉分为荧光磁粉和非荧光磁粉；按施加方式，磁粉分为湿法用磁粉和干法用磁粉。

（1）荧光磁粉。在黑光下观察磁痕显示的磁粉称为荧光磁粉。如图 4-9 所示。

图 4-9　荧光磁粉

（2）非荧光磁粉。在可见光下观察磁痕显示的磁粉称为非荧光磁粉。如图 4-10 所示。

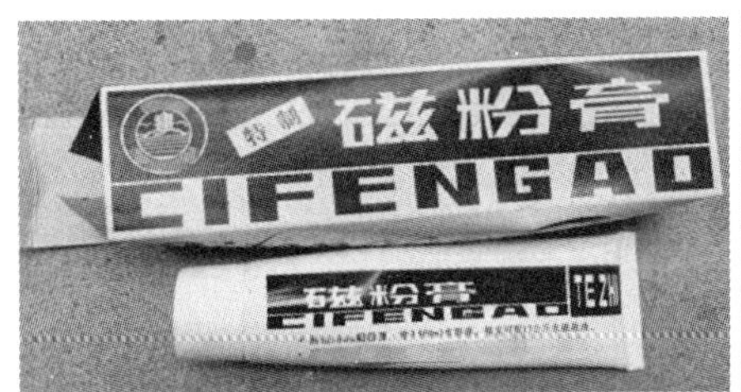

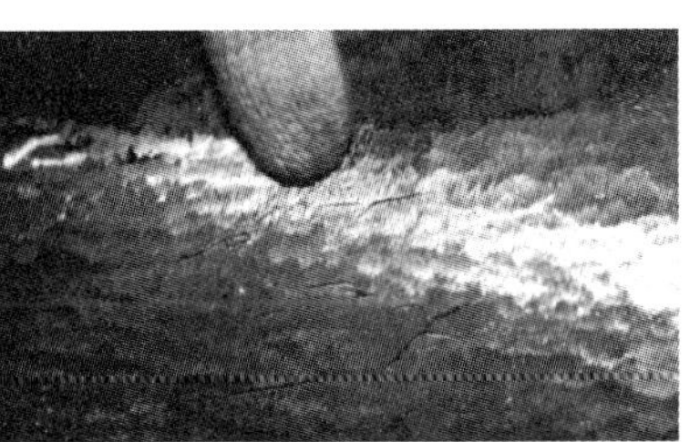

图 4-10 非荧光磁粉

2. 载液

湿法磁粉检测中，用来悬浮磁粉的液体称为载液或载体，磁粉检测常用油基载液和水载液，磁粉探伤—橡胶铸型法使用乙醇载液。

（1）油基载液。磁粉检测用油基载液是具有高闪点、低黏度、无荧光和无臭味的煤油。

（2）水载液。水不能单独作为载液使用，因为磁粉检测水载液必须在水中添加润湿剂、防锈剂，必要时还要添加消泡剂，以保证水载液具有合适的润湿性、分散性、防腐蚀性、消泡性和稳定性。

3. 磁悬液及浓度

（1）磁悬液。磁粉和载液按一定比例混合而成的悬浮液体称为磁悬液。

（2）磁悬液浓度。每升磁悬液中所含磁粉的质量（g/L）或每 100 mL 磁悬液沉淀出磁粉的体积（mL/100 mL）称为磁悬液浓度。前者称为磁悬液配制浓度，后者称为磁悬液沉淀浓度，见表 4-2。

表 4-2 磁悬液浓度

磁粉类型	配制浓度（g/L）	沉淀浓度（含固体量：mL/100 mL）
非荧光磁粉	10 ～ 25	1.2 ～ 2.4
荧光磁粉	0.5 ～ 3.0	0.1 ～ 0.4

（3）磁悬液配制

1）油磁悬液配制。先取少量的油基载液与磁粉混合，让磁粉全部润湿，搅拌成均匀的糊状，再按比例加入余下的油基载液，搅拌均匀即可。

国外有浓缩磁粉，外表面包有一层润湿剂，能迅速地与油基载液结合，可直接加入磁悬液槽内使用。

2）水磁悬液配制。推荐的非荧光磁粉水磁悬液配方见表 4-3。

表 4-3 非荧光磁粉水磁悬液配方

水	100 号浓乳	三乙醇胺	亚硝酸钠	28 号消泡剂	HK-1 黑磁粉
1 L	10 g	5 g	10 g	0.5 ~ 1 g	10 ~ 25 g

配制方法：将 100 号浓乳加入 1 L 50℃温水中，搅拌至完全溶解，再加入亚硝酸钠、三乙醇胺和消泡剂，每加入一种成分后都要搅拌均匀，最后加入磁粉搅拌均匀。

推荐的荧光磁粉水磁悬液配方见表 4-4。

表 4-4 荧光磁粉水磁悬液配方

水	JFC 乳化剂	亚硝酸钠	28 号消泡剂	YC2 荧光磁粉
1 L	5 g	10 g	0.5 ~ 1 g	0.5 ~ 2 g

配制方法：将润湿剂（JFC 乳化剂）与消泡剂加入水中搅拌均匀，并按比例加足水，成为水载液，用少量水载液与磁粉均匀混合，再加入余量的水载液，然后加入亚硝酸钠。

荧光磁粉磁悬液的水载液应严格选择并进行试验，不应使荧光磁粉结团、溶解、剥离或变质。

3）磁膏水磁悬液的配制。一般在现场检验时，有时采用磁膏配制水磁悬液。由于磁膏中含有磁粉、润湿剂和防腐蚀剂等，所以可与水直接配制。如图 4-11 所示。

配制方法：先取少量的水，在水中挤入磁膏后搅拌成稀糊状，再按比例加入水后搅拌均匀即可。

使用时，除应进行综合性能试验外，还必须测量磁悬液的浓度和进行水断试验。

4）磁悬液喷罐。将配制合格的磁悬液装进喷罐中，使用时只需轻轻摇动喷罐，将磁悬液搅拌均匀，充磁时就可以直接喷洒。检测前先用标准试片进行综合性能试验，合格后即可检测。使用喷罐，方便快捷，特别适合高处、野外和仰视检测，尤其在承压设备行业应用非常广泛。磁悬液喷罐分为油磁悬液喷罐和水磁悬液喷罐，如图 4-12 所示。

图 4-11 磁悬液

图 4-12 磁悬液喷罐

5）磁悬液浓度的测定。对于新配制的磁悬液，其浓度应符合表 4-2；对于在固定式探伤机上循环使用的磁悬液，沉淀浓度一般采用梨形沉淀管，用测量容积的方法测定，每天开始检验前进行。

①充分搅拌磁悬液，取 100 mL 注入沉淀管中。

②对沉淀管中磁悬液退磁（新配制的除外）。

③水磁悬液静置 30 min，油磁悬液静置 60 min，变压器油磁悬液静置 24 h。

④读出沉积磁粉的体积，如图 4-13 所示，磁悬液浓度应符合合适的书面工艺要求。

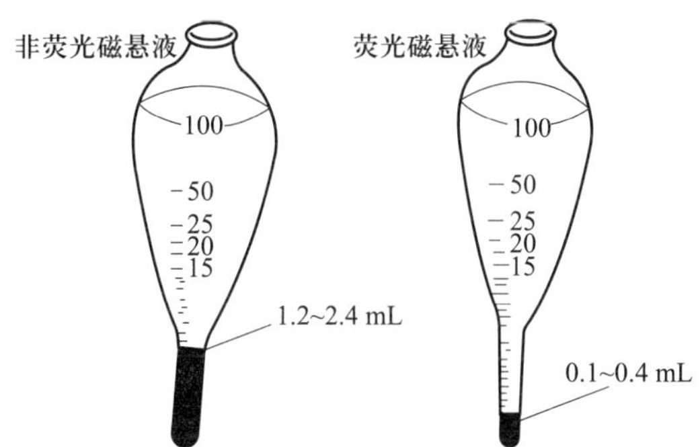

图 4-13 磁悬液浓度测定

6）磁悬液污染判定。在每次新配制磁悬液时，将搅拌均匀的磁悬液在玻璃瓶中注满 200 mL，放在阴暗处，作为标准磁悬液。用于每周一次和使用过的磁悬液做对比试验，进行污染判定。

①充分搅拌磁悬液，取 100 mL 注入沉淀管中。

② 对沉淀管中磁悬液退磁（新配制的除外）。

③ 水磁悬液静置 30 min，油磁悬液静置 60 min，变压器油磁悬液静置 24 h。

④在白光和黑光（用于荧光磁悬液）下观察，梨形管沉积物中若明显分成两层，当上层污染物体积超过下层磁粉体积的 30% 时为污染。

⑤用未使用过的标准磁悬液与使用过的磁悬液进行比较，如在黑光下荧光磁粉的亮度和颜色明显地降低，磁悬液沉积物之上的载液发荧光，或磁悬液变色、结团等都说明磁悬液污染。应更换新磁悬液。

7）水磁悬液润湿性能试验（水断试验）。应在每次检测前进行，试验方法是将水磁悬液施加在工件表面，停止浇磁悬液后，如果工件表面水磁悬液的薄膜是连续不断的，在整个工件表面连成一片，说明润湿性能良好；如果工件表面的水磁悬液薄膜断开，工件有裸露表面（即有水断表面），说明水磁悬液的润湿性能不合格。此时应添加润湿剂或清洗工件表面，使之达到完全润湿。

4. 反差增强剂

对表面粗糙的焊接件或铸钢件等进行磁粉检测时，由于磁粉颜色与工件表面颜色对比度很低，或者由于工件表面凹凸不平，会使缺陷难以检出，容易造成漏检。为了提高缺陷磁痕与工件表面颜色的对比度，检测前，可在工件表面先涂上一层白色薄膜，厚度约为 25 ～ 45 μm，干燥后再磁化工件，喷洒黑磁粉磁悬液，其磁痕就清晰可见。这一层白色薄膜就叫作反差增强剂。如图 4-14 所示。

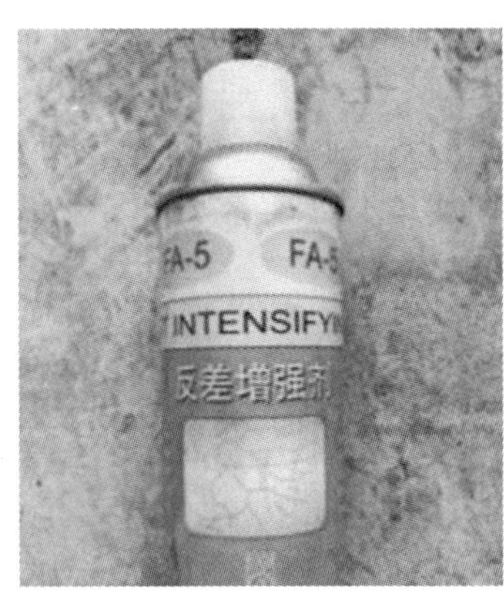

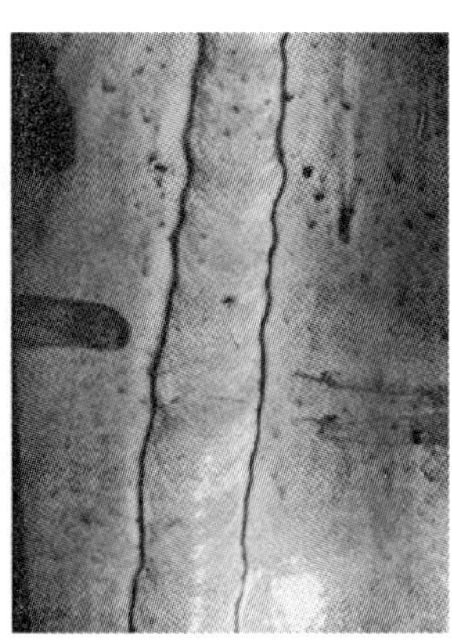

图 4-14　反差增强剂喷罐及效果图

三、标准试片和标准试块

1. 标准试片

（1）用途。标准试片（以下简称试片），是磁粉检测必备的器材之一，具有以下用途：

1）用于检验磁粉检测设备、磁粉和磁悬液的综合性能（系统灵敏度）。

2）用于检测被检工件表面的磁场方向、有效磁化区和有效磁场强度。

3）用于考察所用的检测工艺规程和操作方法是否妥当。

4）几何形状复杂的工件磁化时，在各部位的磁场强度分布不均匀，无法用经验公式计算磁化规范，磁场方向也难以估计时，应将小而柔软的试片贴在复杂工件的不同部位，可确定较理想的磁化规范。

（2）分类。在我国使用的有 A1 型、C 型、D 型和 M1 型 4 种试片。试片是由 DT4A 超高纯低碳纯铁经轧制而成的薄片。标准试片类型、名称和图形见表 4-5。

试片按以下进行分类：

1）按产品类型分为：

① A1 型。

② C 型。

③ D 型。

④ M1 型。

2）按热处理状态分为：

①经退火处理。

②未经退火处理。

3）按灵敏度等级分为：

①高灵敏度。

②中灵敏度。

③低灵敏度。

说明：按灵敏度等级进行分类，仅适宜于相同热处理状态的试片。

同一类型和灵敏度等级的试片，未经退火处理的比经退火处理的灵敏度约高 1 倍。

表 4-5　　标准试片类型、名称和图形

类型	规格：缺陷槽深 / 试片厚度 /μm		图形和尺寸 /mm
A1 型	A1：7 / 50		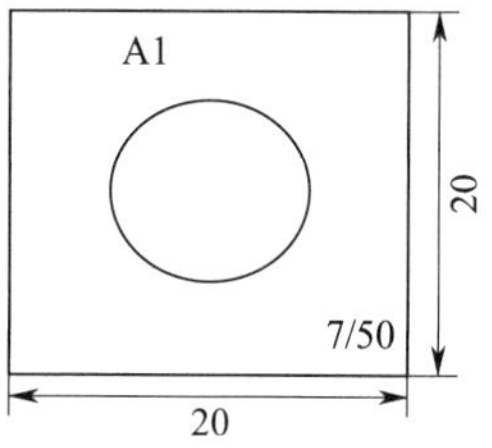 A1　7/50　20　20
	A1：15 / 50		
	A1：30 / 50		
	A1：15 / 100		
	A1：30 / 100		
	A1：60 / 100		
C 型	C：8 / 50		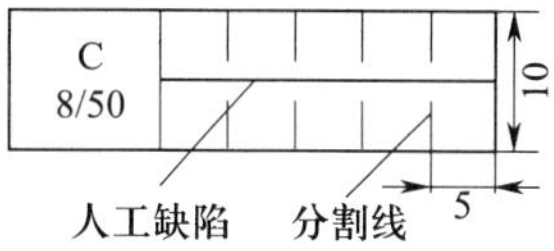 C　8/50　10　5　人工缺陷　分割线
	C：15 / 50		
D 型	D：7 / 50　C_2-7/50		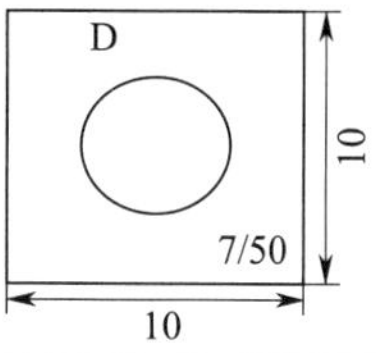 D　7/50　10　10
	D：15 / 50　C_2-7/50		
M1 型	ϕ12 mm	7 / 50	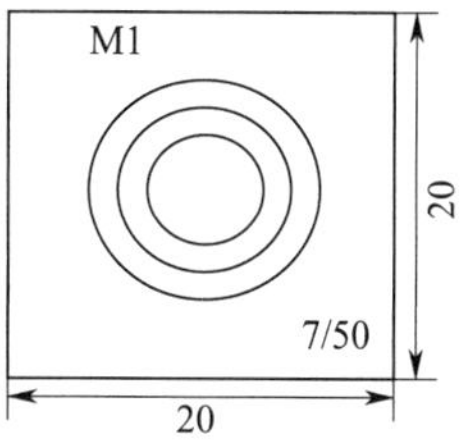 M1　7/50　20　20
	ϕ9 mm	15 / 50	
	ϕ6 mm	30 / 50	

注：C 型标准试片可剪成 5 个小试片分别使用。

（3）使用

1）试片只适用于连续法检测，用连续法检测时，检测灵敏度几乎不受被检工件材质的影响，仅与被检工件表面磁场强度有关。承压设备磁粉检测时，一般应选用 A1-30/100 的试片，灵敏度要求高时，可选用 A1-15/100 的试片。应注意：试片不适用于剩磁法检测。

2）根据工件检测面的大小和形状，选取合适的试片类型。检测面大时，可选用 A1 型试片。检测面窄小或表面曲率半径小时，可选用 C 型或 D 型，因 C 型试片可剪成 5 个小试片单独使用。

3）根据工件检测所需的有效磁场强度，选取不同灵敏度的试片。需要有效磁场强度较小时，选用分数值较大的低灵敏度试片；需要有效磁场强度较大时，选用分数值较小的高灵敏度试片。

4）试片表面锈蚀或有褶纹时，不得继续使用。

5）使用试片前，应用溶剂清洗防锈油。如果工件表面贴试片处凹凸不平，应打磨平，并除去油污。

6）将试片有槽的一面与工件受检面接触，用透明胶纸靠试片边缘贴成“#”字形，并贴紧（间隙应小于 0.1 mm），但透明胶纸不得盖住有槽的部位。

7）也可选用多个试片，同时分别贴在工件上不同的部位，可看出工件磁化后，被检表面不同部位的磁化状态或灵敏度的差异，如图 4-15 所示。

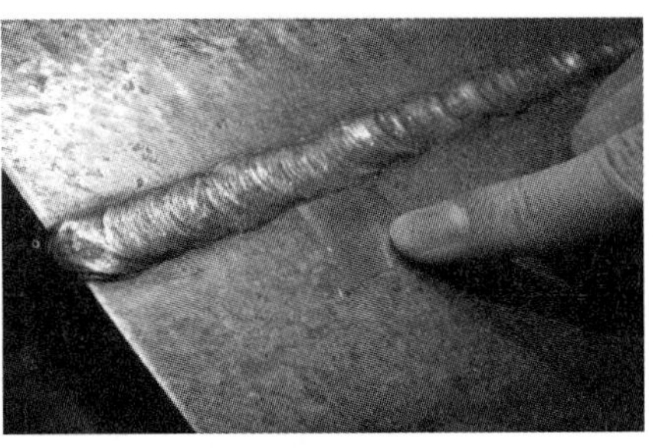

图 4-15　将试片贴在工件的不同部位

8）M1 型多功能试片，是将 3 个不同槽深而间隔相等的人工刻槽，以同心圆式做在同一试片上，其 3 种槽深分别与 A1 型试片的 3 种型号的槽深相同，这种试片可一片多用，观察磁痕显示差异直观，能更准确地推断出被检工件表面的磁化状态。

9）用完试片后，可用溶剂清洗并擦干。干燥后涂上防锈油，放回原装片袋保存。

2. 标准试块

（1）类型。标准试块也是磁粉检测必备的器材之一（以下简称试块）。

我国目前使用的直流试块，又叫 B 型标准试块。使用的交流试块，又叫 E 型标准试块。使用的磁场指示器，又称八角形试块。另外也用自然缺陷标准样件。

（2）用途。标准试块主要适用于检验磁粉检测设备、磁粉和磁悬液的综合性能（系统灵敏度），也用于考察磁粉检测的试验条件和操作方法是否恰当，还可用于检验各种磁化电流及磁化电流大小不同时产生的磁场在标准试块上大致的渗入深度。

标准试块不适用于确定被检工件的磁化规范，也不能用于考察被检工件表面的磁场方向和有效磁化区。

（3）B 型标准试块。国家标准样品 B 型标准试块的形状和尺寸如图 4-16 所示。试块材料为经退火处理的 9 CrWMn 钢锻件，其硬度为 90 ～ 95 HRB。B 型标准试块外形如图 4-17 所示。

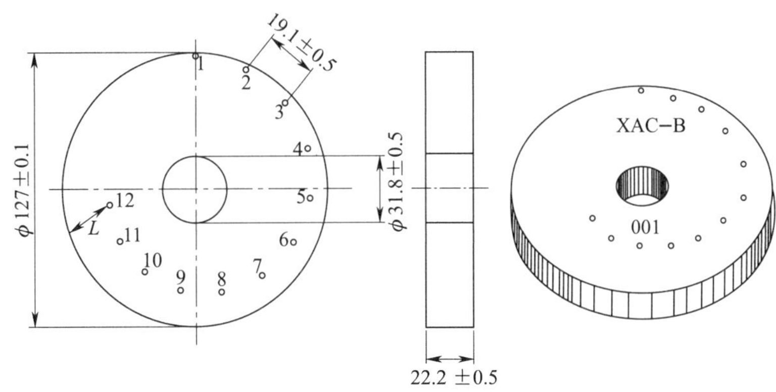

孔　号	1	2	3	4	5	6	7	8	9	10	11	12
通孔中心距外缘距离 L/mm	1.78	3.56	5.33	7.11	8.89	10.67	12.45	14.22	16.00	17.78	19.56	21.34

注：（1）12 个通孔直径 D 为 ϕ（1.78 ± 0.08）mm。

（2）通孔中心距外缘距离 L 的尺寸公差为 ± 0.08 mm。

图 4-16　国家标准样品 B 型标准试块的形状和尺寸

图 4-17　国家标准样品 B 型标准试块

（4）E 型标准试块。国家标准样品 E 型标准试块的形状和尺寸如图 4-18 所示。试块材料为经退火处理的 10 号钢锻制件。

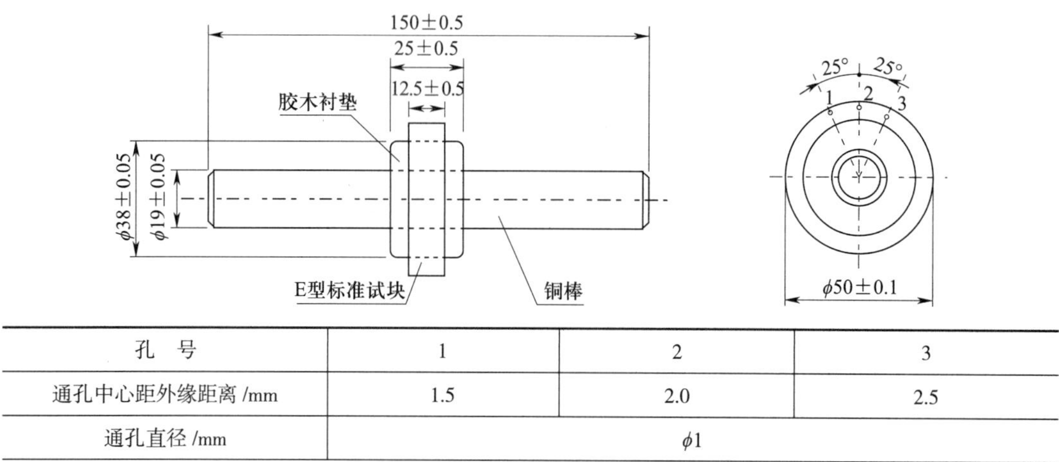

孔　号	1	2	3
通孔中心距外缘距离 /mm	1.5	2.0	2.5
通孔直径 /mm	$\phi1$		

注：（1）3 个通孔直径为 $\phi1.0^{+0.08}_{-0.05}$ mm。

（2）通孔中心距外缘距离公差为 ±0.05 mm。

图 4-18　国家标准样品 E 型标准试块图形和尺寸

（5）磁场指示器。磁场指示器是用电炉铜焊将 8 块低碳钢与铜片焊在一起构成的，有一个非铁磁性手柄，所以又叫八角试块，如图 4-19 所示。由于这种试块刚性较大，不能与工件表面（尤其曲面）很好贴合，难以模拟出真实工件表面状况，所以磁场指示器只能作为了解工件表面的磁场方向和有效磁化范围的粗略校验工具，而不能作为磁场强度和磁场分布的定量测试。但其比标准试片经久耐用，操作简便。

使用时，将磁场指示器铜面朝上，8 块低碳钢面朝下，紧贴被检工件表面，用连续法检验，给磁场指示器上施加磁粉，观察磁痕显示。

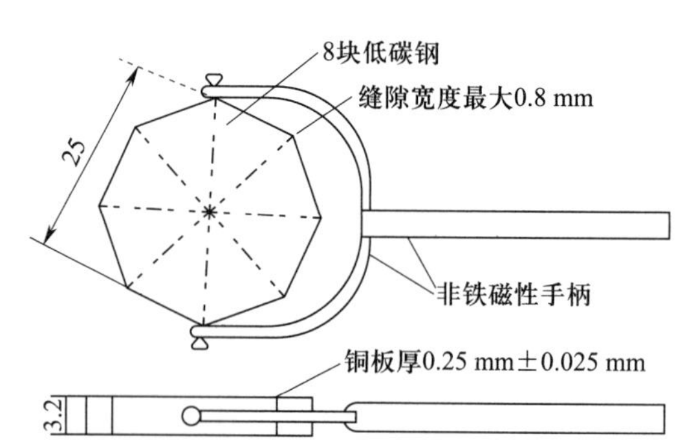

图 4-19　磁场指示器

四、光源

1. 黑光灯

黑光灯产生波长范围为 315 ～ 400 nm 的紫外线，又称紫外灯，俗称黑光灯，用于荧光磁粉检测时照射荧光磁粉，激发缺陷磁痕产生黄绿色的荧光。黑光灯辐照度用黑光辐照度计测量。黑光灯如图 4-20 所示。

磁粉检测人员佩戴眼镜对观察磁痕有一定的影响，如光敏（光致变色）眼镜在黑光辐射时会变暗，影响对荧光磁粉磁痕的观察和辨认，因此不允许使用。

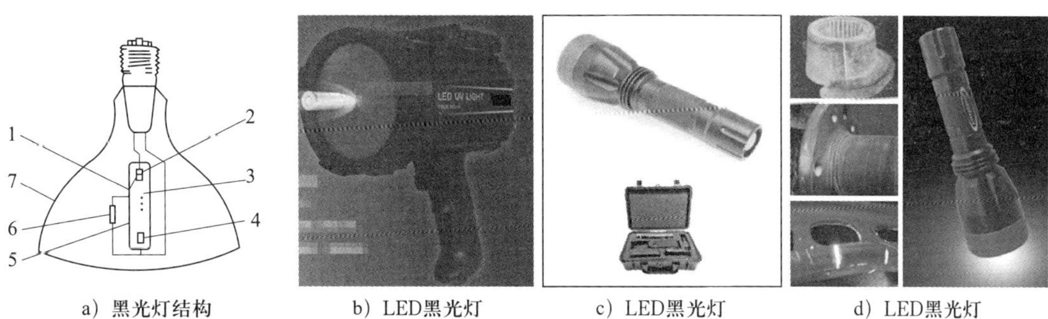

a）黑光灯结构　b）LED黑光灯　c）LED黑光灯　d）LED黑光灯

图 4-20　黑光灯

1—辅助电极　2、4—主电极　3—水银和氩气　5—石英内管　6—安全电阻　7—玻璃外壳

2. 白光灯

白光灯包括白炽灯、日光灯等，用于非荧光磁粉检测时观察磁痕显示，白光照度必须达到有关要求值，白光照度用照度计测量。

复习思考题

1. 磁粉检测设备如何分类？
2. 固定式设备由哪几部分组成？简述各部分的主要作用。
3. 磁粉检测测量仪器有哪些？
4. 磁粉检测中对磁粉的性能有哪些要求？
5. 什么是载液、磁悬液和磁悬液浓度？
6. 标准试片的用途和使用注意事项有哪些？
7. 油磁悬液和磁膏水磁悬液是如何配制的？

第三节　磁化电流、磁化方法

一、磁化电流

在电场作用下，电荷有规则的运动形成了电流。电流通过的路径称为电路，它一般由电源、连接导线和负载组成。单位时间内流过导体某一截面的电量叫电流，用 I 表示，单位是安［培］（A）。

在磁粉检测中是用电流来产生磁场的，常用不同的电流对工件进行磁化。这种为在工件上形成磁化磁场而采用的电流叫作磁化电流。由于不同电流随时间变化的特性不同，在磁化时所表现出的性质也不一样，因此在选择磁化设备与确定工艺参数时，应该考虑不同电流种类的影响。磁粉检测采用的磁化电流有交流电、整流电（包括单相半波整流电、单相全波整流电、三相半波整流电和三相全波整流电）、直流电，其电流波形、电流表指示和换算关系见表 4-6。其中最常用的磁化电流有交流电、单相半波整流电和三相全波整流电 3 种。表 4-6 中，电流有效值、峰值和平均值分别用符号 I、I_m、和 I_d 表示。

表 4-6 磁化电流的波形、电流表指示及换算关系

电流波形	电流表指示（I）	换算关系	峰值为 100 A 时电流表读数
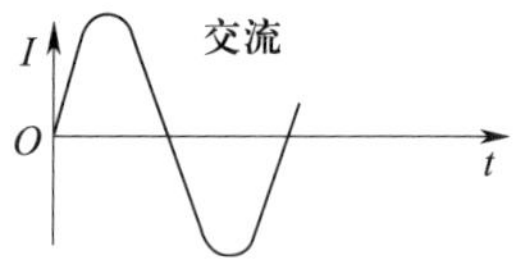 交流	有效值（I_e）	$I_m=\sqrt{2}\,I_e$	70 A
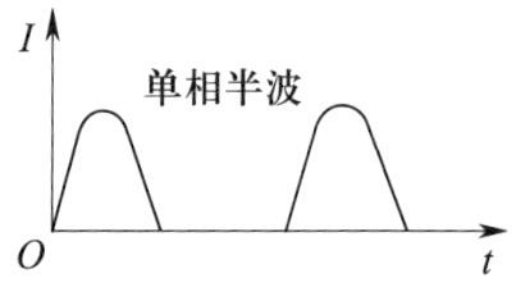 单相半波	平均值（I_d）	$I_m=\pi I_d$	32 A
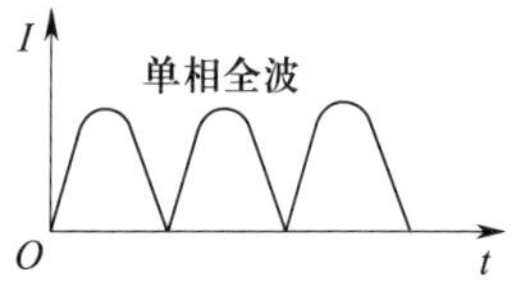 单相全波	平均值（I_d）	$I_m=\frac{\pi}{2}I_d$	65 A
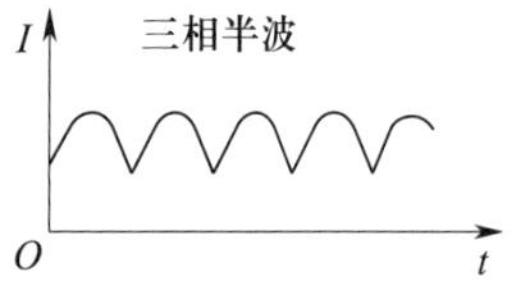 三相半波	平均值（I_d）	$I_m=\frac{2\pi}{3\sqrt{3}}I_d$	83 A
 三相全波	平均值（I_d）	$I_m=\frac{\pi}{3}I_d$	95 A
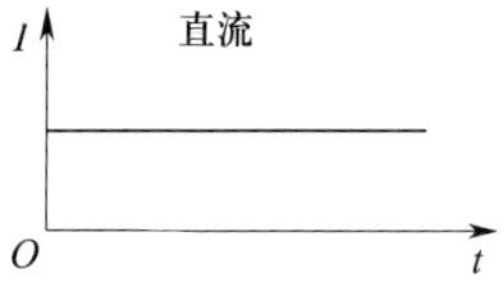 直流	平均值（I_d）	$I_m=I_d$	100 A

二、磁化方法

1. 磁场方向与发现缺陷的关系

磁粉检测的能力，取决于施加磁场的大小和缺陷的延伸方向，还与缺陷的位置、大小和形状等因素有关。工件磁化时，当磁场方向与缺陷延伸方向垂直时，缺陷处的漏磁场最大，检测灵敏度最高。当磁场方向与缺陷延伸方向夹角为45° 时，缺陷可以显示，但灵敏度大幅降低。当磁场方向与缺陷延伸方向平行时，不产生磁痕显示，发现不了缺陷。从图 4-21 可直观地看出磁场方向与显现缺陷方向的关系。由于工件中缺陷有各种取向，难以预知，故应根据工件的几何形状，采用不同的方法直接、间接或通过感应电流对工件进行周向、纵向或多向磁化，以便尽量使磁场方向与工件可能存在的缺陷垂直，可结合工件尺寸、结构和外形等组合使用多种磁化方法。以发现所有方向的缺陷。

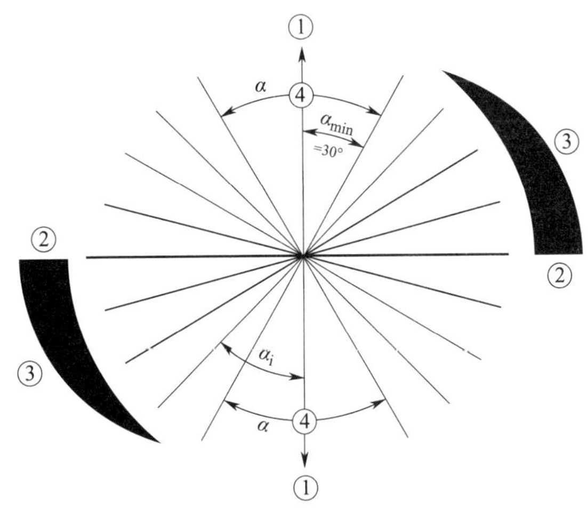

图 4-21 显现缺陷方向的示意图

①磁场方向 ②最佳灵敏度 ③灵敏度减小 ④灵敏度严重不足

α—磁场和缺陷间夹角 α_{min}—显现最小角度 α_i—实例

选择磁化方法应考虑以下因素：①工件的尺寸；②工件的外形结构；③工件的表面状态；④根据工件过去断裂的情况和各部位的应力分布，分析可能产生缺陷的部位和方向，选择合适的磁化方法。

2. 磁化方法的分类

根据工件的几何形状、尺寸和欲发现缺陷的方向而在工件上建立的磁场方向，一般将磁化方法分为周向磁化、纵向磁化和多向磁化。所谓周向与纵向，是相对被检工件上的磁场方向而言的。

（1）周向磁化。是指给工件直接通电，或者使电流通过贯穿空心工件孔中的导体，旨在工件中建立一个环绕工件的并与工件轴垂直的周向闭合磁场，用于发现与工件轴平行的纵向缺陷，周向磁化的分类如图 4-22 所示。

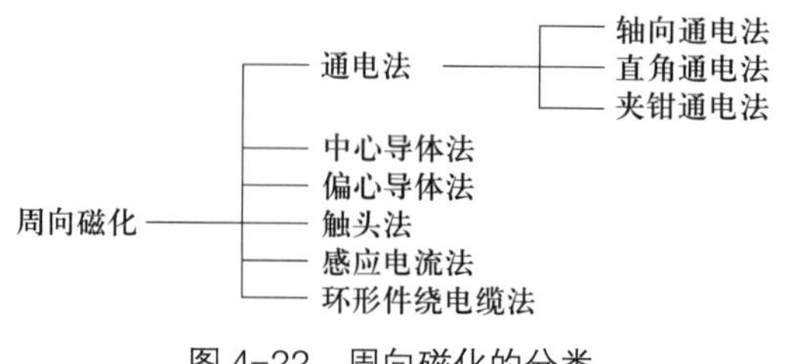

图 4-22　周向磁化的分类

（2）纵向磁化。是指将电流通过环绕工件的线圈，沿工件纵轴方向磁化的方法，工件中的磁感应线平行于线圈的中心轴线。用于发现与工件轴向垂直的周向缺陷（横向缺陷）。利用电磁轭和永久磁铁磁化，使磁感应线平行于工件纵轴的磁化方法亦属于纵向磁化，纵向磁化的分类如图 4-23 所示。

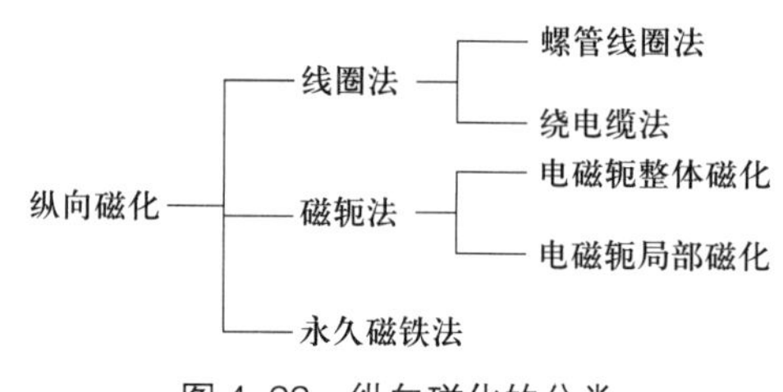

图 4-23　纵向磁化的分类

将工件置于线圈中进行纵向磁化，称为开路磁化，开路磁化在工件两端产生磁极，因而产生退磁场。

电磁轭整体磁化、电磁轭或永久磁铁的局部磁化，称为闭路磁化，闭路磁化不产生退磁场或退磁场很小。

（3）多向磁化（也称复合磁化）。是指通过复合磁化，在工件中产生一个大小和方向随时间成圆形、椭圆形或螺旋形轨迹变化的磁场。因为磁场的方向在工件上不断地变化，所以可发现工件上多个方向的缺陷，多向磁化的分类如图 4-24 所示。

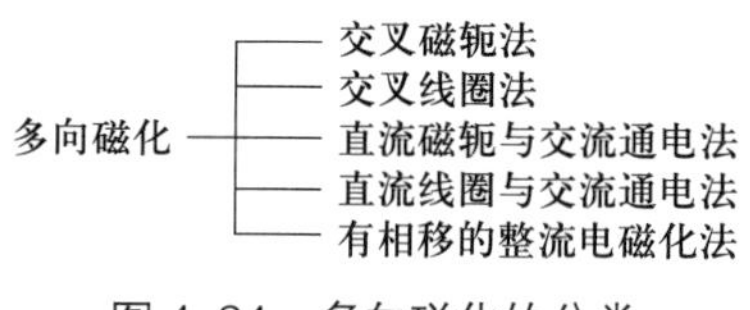

图 4-24　多向磁化的分类

3. 各种磁化方法的特点

磁化工件的顺序，一般是先进行周向磁化，后进行纵向磁化；如果一个工件上横截面尺寸不等，周向磁化时，电流值分别计算，先磁化小直径，后磁化大直径。

（1）轴向通电法。轴向通电法是将工件夹于探伤机的两磁化夹头之间，使电流从被检工件上直接流过，在工件的表面和内部产生一个闭合的周向磁场，用于检查与磁场方向垂直、与电流方向平行的纵向缺陷。如图 4-25 所示。

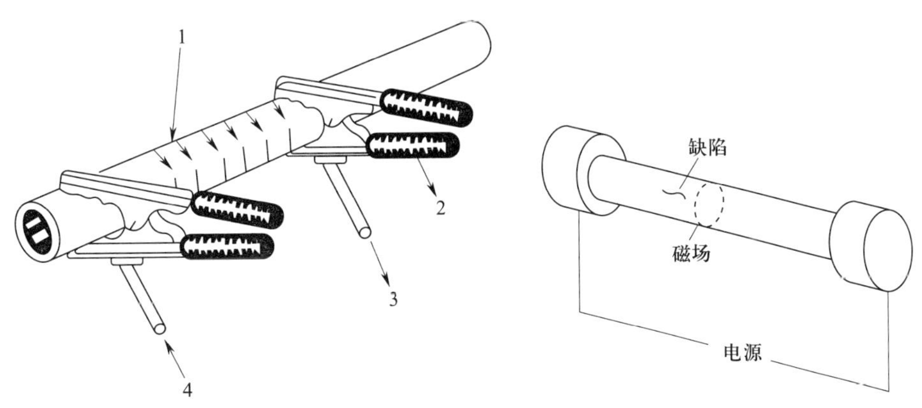

图 4-25 轴向通电法

1—磁感应线 2—夹钳 3、4—电流

（2）中心导体法。中心导体法是将导体穿入空心工件的孔中，并置于孔的中心，电流从导体上通过，形成周向磁场。所以又叫电流贯通法、穿棒法和芯棒法。由于是感应磁化，可用于检查空心工件内、外表面与电流平行的纵向不连续性和端面的径向的不连续性，如图 4-26 所示。空心件用直接通电法不能检查内表面的不连续性，因为内表面的磁场强度为零。但用中心导体法能更清晰地发现工件内表面的缺陷，因为内表面比外表面具有更大的磁场强度。

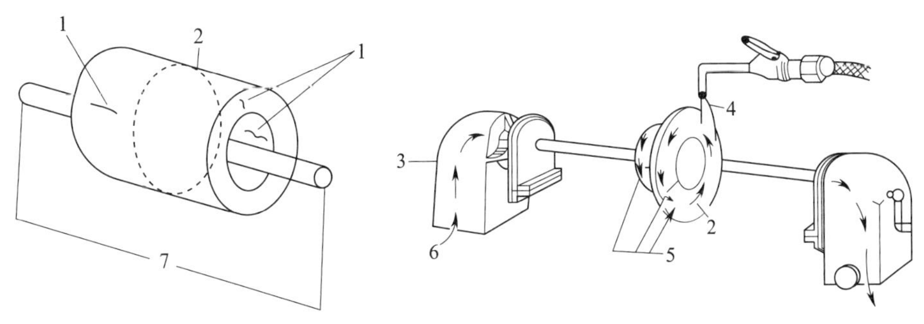

图 4-26 中心导体法

1—缺陷 2—磁场 3—夹头 4—磁悬液 5—裂纹 6—电流 7—电源

（3）偏置芯棒法。对于空心工件，导体应尽量置于工件的中心。若工件直径太大，探伤机所提供的磁化电流不足以使工件表面达到所要求的磁场强度时，可采用偏置芯棒法磁化，即将导体穿入空心工件的孔中，并贴近工件内壁放置，电流从导体上通过形成周向磁场。用于局部检验空心工件内、外表面与电流方向平行和端面的径向缺陷，如图 4-27 所示。适用于中心导体法检验时，设备功率达不到的大型环状物和压力管道的磁粉检测。

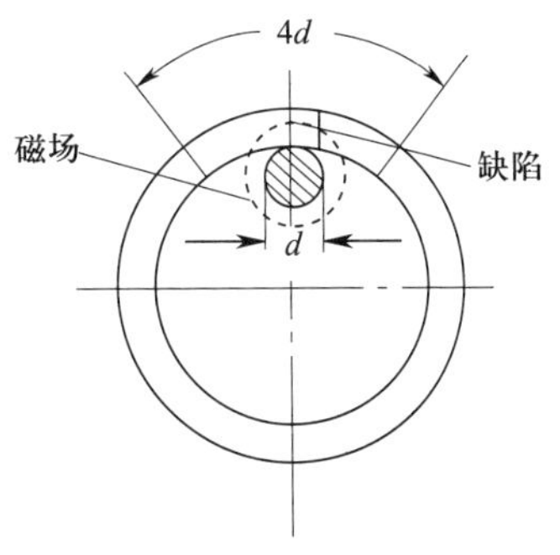

图 4-27 偏置芯棒法

偏置芯棒法采用适当的电流值磁化，有效磁化范围约为导体直径 d 的 4 倍。检查时要转动工件，以检查整个圆周，并要保证相邻检查区域有 10% 的重叠。

（4）触头法。触头法是用两支杆触头接触工件表面，通电磁化，在平板工件上磁化能产生一个畸变的周向磁场，用于发现与两触头连线平行的缺陷，触头法设备分非固定触头间距（如图 4-28 所示）（承压设备常用）和固定触头间距两种。触头法又叫支杆法、尖锥法、刺棒法和手持电极法。触头电极尖端材料宜用铅、钢或铝，最好不用铜，以防铜沉积被检工件表面，影响材料的性能。

触头法两极间距控制在 75 ～ 200 mm 之间。有效磁化区的长度为两极间距除去两极附近各 25 mm，宽度为两极连线两侧各 1/4 极距。如图 4-29 所示。

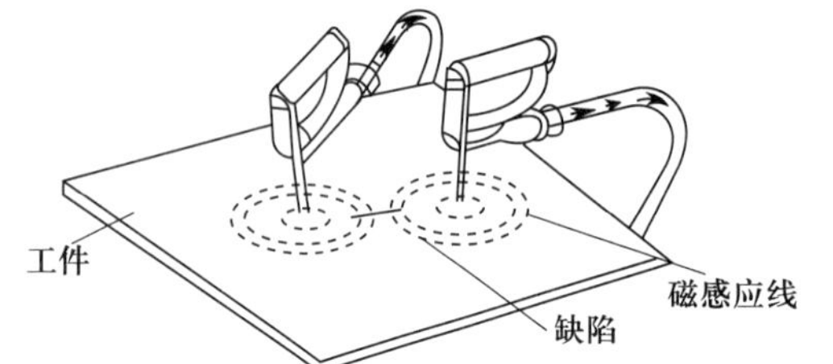

图 4-28　非固定触头间距的触头法设备

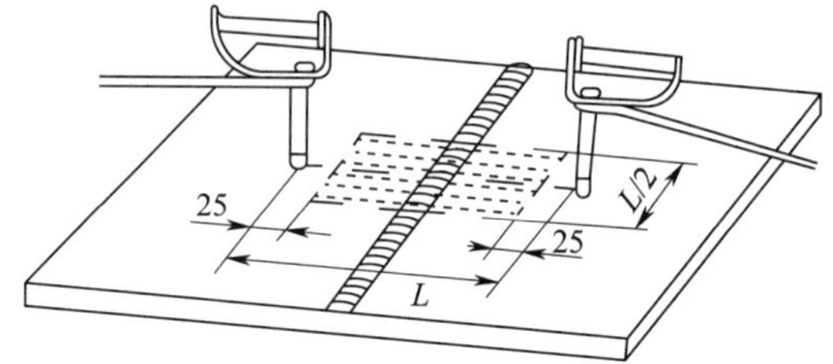

图 4-29　触头法磁化的有效磁化区（阴影部分）

轴向通电法和触头法产生打火烧伤的原因是：

1）工件与两磁化夹头接触部位有铁锈、氧化皮及脏物。

2）磁化电流过大。

3）夹持压力不足。

4）在磁化夹头通电时夹持或松开工件。

预防打火烧伤的措施是：

1）清除掉与电极接触部位的铁锈、油漆和非导电覆盖层。

2）必要时应在电极上安装接触垫，如铅垫或铜编织垫，应当注意，铅蒸气是有害的，使用时应注意通风，铜编织物仅适用于冶金上允许的场合。

3）磁化电流应在夹持压力足够时接通。

4）必须在磁化电流断电时夹持或松开工件。

5）用合适的磁化电流磁化。

（5）线圈法

1）线圈法是将工件放在通电线圈中，或用软电缆缠绕在工件上通电磁化，形成纵向磁场，用于发现工件的周向（横向）缺陷。适用于纵长工件如焊接件、轴、管子、棒材、铸件和锻件的磁粉检测。

2）线圈法包括螺管线圈法和绕电缆法两种，如图 4-30 和图 4-31 所示。

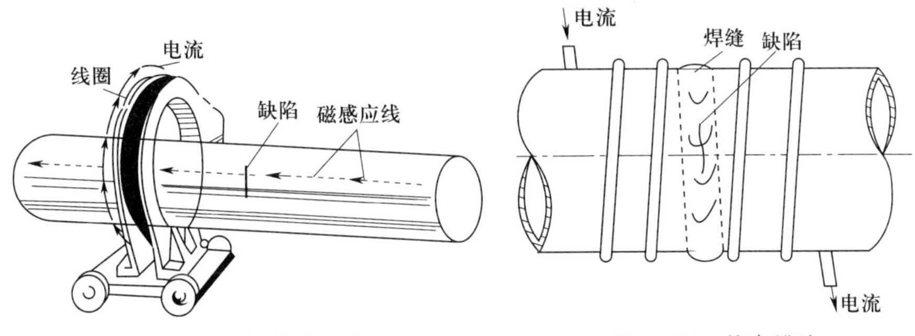

图 4-30　螺管线圈法　　图 4-31　绕电缆法

（6）磁轭法。磁轭法是用固定式电磁轭两磁极夹住工件进行整体磁化，或用便携式电磁轭两磁极接触工件表面进行局部磁化，用于发现与两磁极连线垂直的缺陷。在磁轭法中，工件是闭合磁路的一部分，用磁极间对工件感应磁化，所以磁轭法也称为极间法，属于闭路磁化，如图 4-32 和图 4-33 所示。

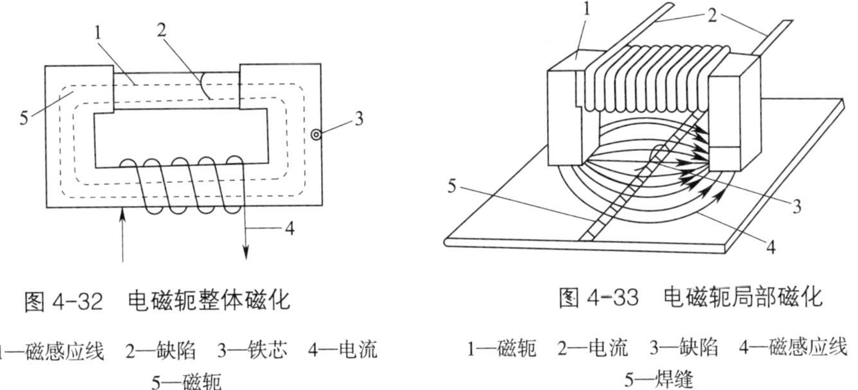

图 4-32　电磁轭整体磁化

1—磁感应线　2—缺陷　3—铁芯　4—电流　5—磁轭

图 4-33　电磁轭局部磁化

1—磁轭　2—电流　3—缺陷　4—磁感应线　5—焊缝

便携式电磁轭，一般做成带活动关节，磁极间距 L 一般控制在 75 ~ 200 mm 为宜，但最短不得小于 75 mm。有效磁化区的长度为两极间距除去两极附近各 25 mm，宽度为两极连线两侧各 1/4 极距。如图 4-34 所示。

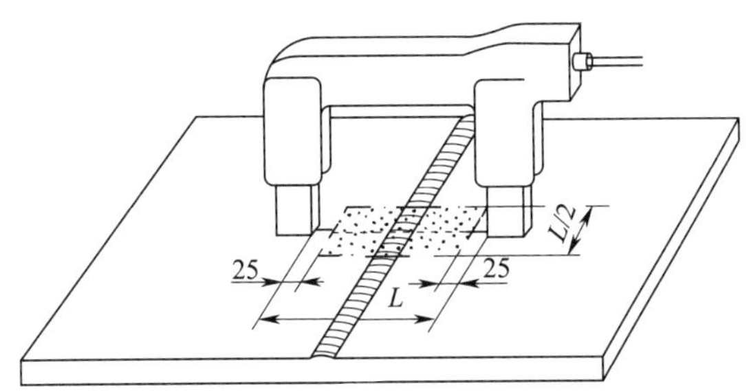

图 4-34　便携式电磁轭磁化的有效磁化区（阴影部分）

（7）交叉磁轭法。电磁轭有两个磁极，进行磁化时只能发现与两极连线垂直的和成一定角度的缺陷，不能发现平行于两磁极连线方向缺陷。使用交叉磁轭可在工件表面产生旋转磁场，如图 4-35 所示。国内外大量实践证明，这种多向磁化技术可以检测出非常小的缺陷，因为在磁化循环的每个周期都会使磁场方向与缺陷延伸方向相垂直，所以一次磁化可检测出工件表面任何方向的缺陷，检测灵敏度高，检测效率高。

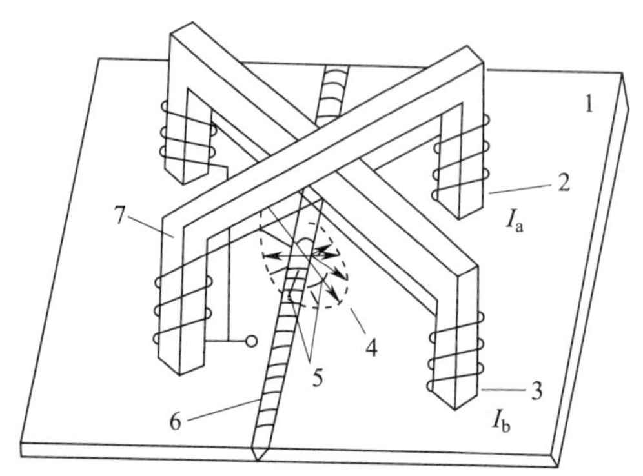

图 4-35　交叉磁轭法

1—工件　2、3—交流电　4—旋转磁场　5—缺陷　6—焊缝　7—交叉磁轭

交叉磁轭在容器纵横焊缝上检测时磁悬液的施加方法，如图 4-36 所示。

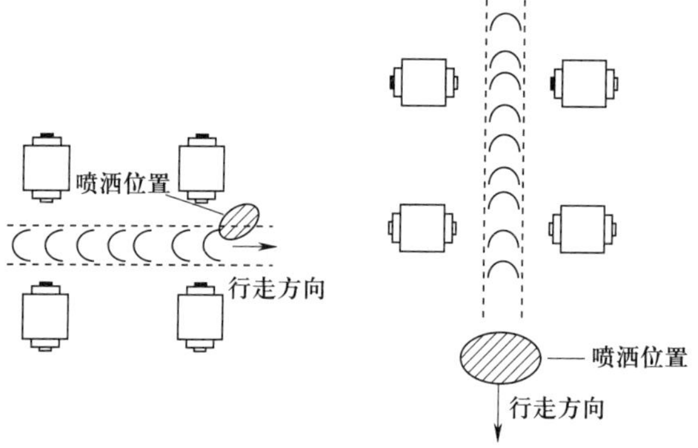

图 4-36　磁悬液的施加方法

复习思考题

1. 什么是磁化电流？磁化电流有哪几种？
2. 交流电有哪些优点和局限性？
3. 根据什么对磁化方法进行分类？磁化方法分为几类？
4. 通电法和触头法产生打火烧伤的原因和预防措施有哪些？
5. 使用磁轭法应注意哪些事项？
6. 什么是磁化规范？

第四节 磁粉检测工艺

磁粉检测工艺是指从磁粉检测的预处理、磁化（选择磁化方法和磁化规范）、施加磁粉或磁悬液、缺陷磁痕显示的观察与记录、缺陷评级、退磁和后处理7个程序的全过程。

一、磁粉检测方法

1. 磁粉检测方法分类

磁粉检测的检测方法，一般根据磁粉检测所用的载液或载体不同，分为湿法和干法检测；根据磁化工件和施加磁粉或磁悬液的时机不同，分为连续法和剩磁法检测；根据磁化方法的不同，分为轴向通电法、触头法、线圈法、磁轭法、中心导体法、交叉磁轭法检测等。根据不同分类条件，磁粉检测方法的分类见表4-7。

表4-7 磁粉检测方法分类

分类条件	磁粉检测方法
施加磁粉的载体	湿法（荧光磁粉、非荧光磁粉） 干法（非荧光磁粉）
施加磁粉的时机	连续法、剩磁法
磁化方法	轴向通电法、触头法、线圈法、磁轭法、中心导体法、交叉磁轭法等

2. 检测时机

（1）特种设备磁粉检测时机。特种设备焊接接头的磁粉检测应安排在焊接工序完成之后进行。对于有延迟裂纹倾向的材料，磁粉检测应根据要求至少在焊接完成24 h后进行，《钢制球形储罐》（GB 12337—2014）规定应于焊后36 h进行。除另有要求，对于紧固件和锻件的磁粉检测应安排在最终热处理之后进行。

（2）机械零部件磁粉检测时机。容易产生缺陷的各道工序（如焊接、热处理、机加工、磨削、锻造、铸造、矫正和加载试验）之后进行；在喷漆、发蓝、磷化、氧化、阳极化、电镀或者其他表面处理工序前进行。

表面处理后还需进行局部机加工的，对该局部机加工表面需再次进行磁粉检测，工件要求腐蚀检验时，磁粉检测应在腐蚀工序后进行。

二、磁粉检测工艺

1. 磁粉检测工艺步骤

磁粉检测工艺步骤见表4-8。

表 4-8 磁粉检测工艺步骤

序号	步骤	图片	图解
1	预处理	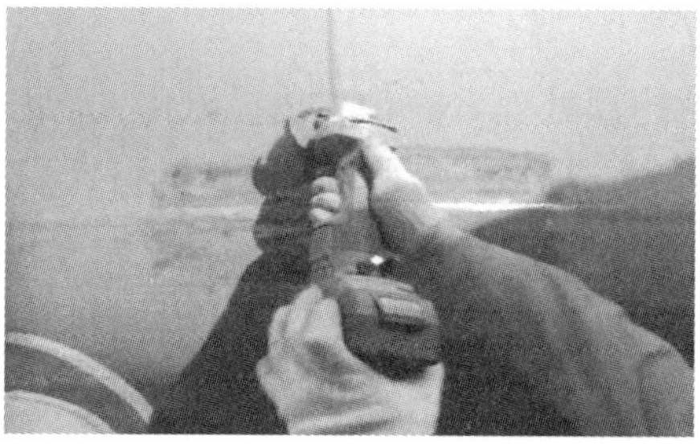	清除、打磨、分解、封堵、涂敷等
2	系统灵敏度试验		检验磁粉检测设备、磁粉和磁悬液综合性能
3	磁化	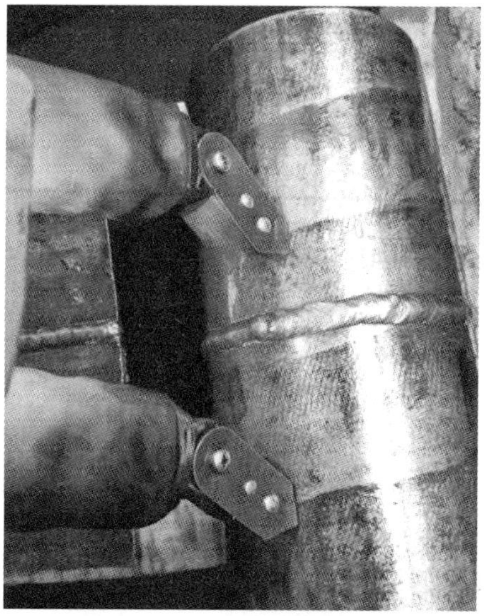	通电时间为 1 ～ 3 s
4	施加磁粉或磁悬液		采用压缩空气吹、浇、喷、浸

续表

序号	步骤	图片	图解
5	磁痕观察	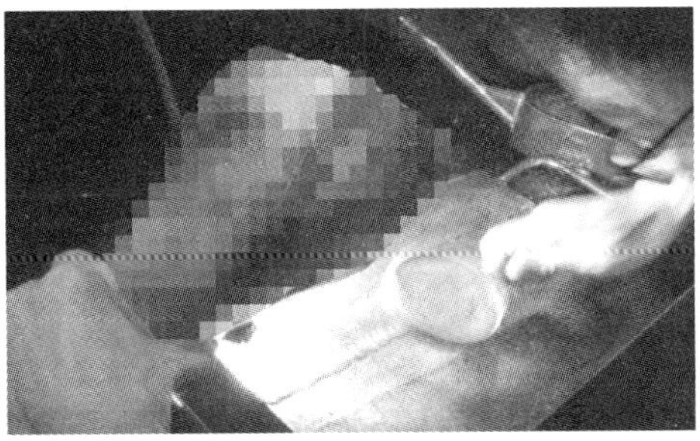	磁痕的观察和评定一般应在磁痕形成后立即进行。注意照明等观察条件
6	磁痕记录	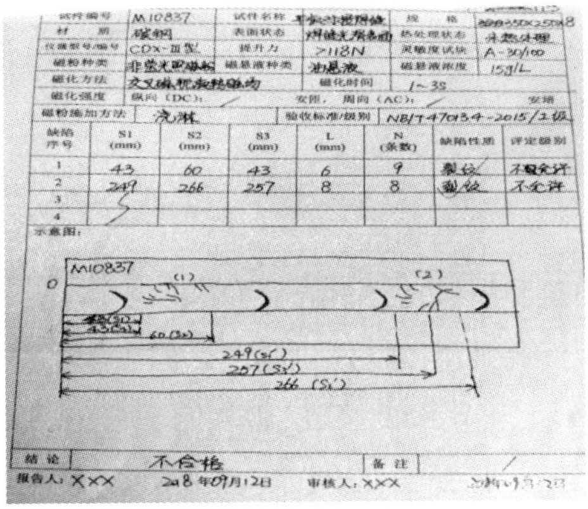 试件编号 M10837 试件名称 规格 材质 碳钢 表面状态 热处理状态 未热处理 仪器型号/编号 CDX-Ⅲ型 提升力 >118N 灵敏度试块 A-30/100 磁粉种类 非荧光黑磁粉 磁悬液种类 油悬液 磁悬液浓度 15g/L 磁化方法 交叉磁轭旋转磁场 磁化时间 1~3s 磁化强度 纵向（DC）： 安匝，周向（AC）： 安培 磁粉施加方法 浇淋 验收标准/级别 NB/T 47013.4-2015/Ⅰ级 缺陷序号 / S1 (mm) / S2 (mm) / S3 (mm) / L (mm) / N (条数) / 缺陷性质 / 评定级别 1 / 43 / 60 / 43 / 6 / 9 / 裂纹 / 不允许 2 / 249 / 266 / 257 / 8 / 8 / 裂纹 / 不允许 3 4 示意图： M10837 0 (1) (2) 60 (S2) 249 (S1) 257 (S3) 266 (S2) 结论 不合格 备注 / 报告人：XXX 2018年09月12日 审核人：XXX	缺陷磁痕显示记录的内容是：磁痕显示的位置、形状、尺寸和数量等
7	缺陷评级		根据相关磁粉检测质量分级或按某具体产品的磁粉检测质量要求进行缺陷评定，以决定产品合格与否
8	退磁	交流磁轭一般不需要退磁，其他情况根据需要进行退磁	退磁是将剩磁减小到不影响使用或下道工序加工的操作
9	后处理	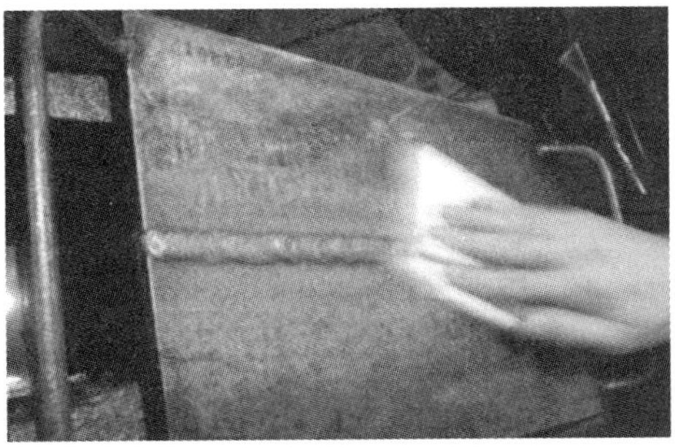	为了不影响工件的后续加工和使用，往往在检测后需要对工件进行后处理

2. 关键环节操作要点

（1）磁化、施加磁粉或磁悬液

1）连续法

操作要点：

①湿连续法。先用磁悬液润湿工件表面，在通电磁化的同时浇磁悬液，停止浇磁悬

液后再通电数次，通电时间为 1 ～ 3 s，停止施加磁悬液至少 1 s 后，待磁痕形成并滞留下来时方可停止通电，再进行磁痕观察和记录。

②干连续法。对工件通电磁化后开始喷撒磁粉，并在通电的同时吹去多余的磁粉，待磁痕形成，且磁痕观察和记录完后再停止通电。

2）剩磁法。剩磁法在停止磁化后，再将磁悬液施加到工件上，利用工件上的剩磁进行磁粉检测的方法，只适用于湿法。

操作要点：

①磁粉应在通电结束后再施加，一般通电时间为 0.25 ～ 1 s。

②浇磁悬液 2 ～ 3 遍，保证工件各个部位充分润湿。

③若浸入搅拌均匀的磁悬液中，一般控制在 10 ～ 20 s 后取出检验，时间太长会产生过度背景。

④磁化后的工件在检验完毕前，不要与任何铁磁性材料接触，以免产生磁写。

3）湿法。湿法操作要点：

①磁悬液施加可采用浇法、喷法和浸法，但不能采用刷涂法。

②连续法宜用浇法和喷法，液流要微弱，以免冲刷掉缺陷的磁痕显示。

③剩磁法宜用浇法、喷法和浸法。浇法和喷法灵敏度低于浸法；浸法的浸放时间一般控制在 10 ～ 20 s 取出检测，超过时间会产生过度背景。

④用水磁悬液时，应进行水断试验。

⑤可根据各种工件表面的不同，选择不同的磁悬液浓度。

⑥仰视检验和水中检验宜用磁膏。

4）干法。干法是以空气为载体将干磁粉施加在工件表面进行磁粉检测的方法。

操作要点：

①工件表面要干净和干燥，磁粉也要干燥。

②工件磁化时施加磁粉，并在观察和分析磁痕后再撤去磁场。

③将磁粉吹成云雾状，轻轻地飘落在被磁化工件的表面，形成薄而均匀的一层。

④在磁化时用干燥的压缩空气吹去多余的磁粉，风压、风量和风口距离都要掌握适当，并应有顺序地从一个方向吹向另一个方向，注意不要吹掉已经形成的磁痕显示。

（2）磁痕观察、记录

1）磁痕观察。非荧光磁粉检测时，被检工件表面应有充足的自然光或白光灯照明，可见光照度应不小于 1 000 lx，并应避免强光和阴影。当现场采用便携式手提灯照明，由于条件所限无法满足时，可见光照度可以适当降低，但不得低于 500 lx。

荧光磁粉检测时使用黑光灯照明，并应在暗区内进行，暗区的环境可见光照度应不大于 20 lx，被检工件表面的黑光辐照度应大于或等于 1 000 μW/cm^2。检测人员进入暗区后，至少经过 3 min 暗区适应后，才能进行荧光磁粉检测。检测时检验人员不准戴墨镜或是光敏镜片的眼镜，但可以戴防护紫外光的眼镜。

当辨认细小磁痕时可用 2 ～ 10 倍放大镜进行观察。

2）缺陷磁痕显示记录。工件上的缺陷磁痕显示记录有时需要连同检测结果保存下来，作为永久性记录。

缺陷磁痕显示记录的内容是：磁痕显示的位置、形状、尺寸和数量等。

缺陷磁痕显示记录一般采用以下方法：

①照相。

②贴印。

③磁粉无损检测——橡胶铸型法。

④录像。

⑤可剥性涂层：喷上一层快干可剥性涂层，干后揭下保存。

⑥临摹（示意图）等。

复习思考题

1. 磁粉检测方法有哪些？根据什么来区分？
2. 什么是连续法和剩磁法？
3. 什么是湿法和干法？
4. 使用荧光磁粉检测时，对照明有哪些要求？
5. 磁痕观察的条件？
6. 记录磁痕显示主要有哪些方法？
7. 磁痕分析有什么意义？
8. 什么是相关显示、非相关显示和虚假显示？
9. 条状磁痕和圆形磁痕如何区分？
10. 过度背景是由什么原因产生的？

第五节 质量控制与安全防护

一、磁粉检测质量控制

为了保证磁粉检测的质量，即保证磁粉检测的灵敏度、分辨率和可靠性 3 个质量判据，必须对影响检测结果的诸因素逐个加以控制。如检测人员要经过培训和资格鉴定；设备的精度和材料的性能要符合要求；从磁粉检测的预处理到后处理的检测全过程都必须严格按标准和规范进行；检测环境也应满足要求。即必须从人、机、料、法、环 5 个方面进行全面的控制。

所谓磁粉检测的灵敏度，是指发现最小缺陷磁痕显示的能力。能检测出的缺陷越小，检测灵敏度就越高，所以磁粉检测灵敏度是指绝对灵敏度。在实际应用中，并不是灵敏度越高越好，因为过高的灵敏度会影响缺陷的分辨率和细小缺陷磁痕显示检出的重复性，还将造成产品拒收率增加而导致浪费。

所谓磁粉检测的分辨率，是指可能观察到的最小缺陷磁痕显示和对它的位置、形状及大小的鉴别能力。

所谓磁粉检测的可靠性，是指对细小缺陷磁痕显示检测灵敏度和分辨率的重复性，从而保证磁粉检测结果的可靠性。

磁粉检测质量，主要受工艺、设备和应用 3 个方面变化因素（变量）的影响，主要影响因素包括：（1）磁场强度和磁化电流；（2）磁化方法；（3）磁粉和磁悬液；（4）设备性能；（5）工件形状和表面状态；（6）缺陷性质、方向和埋藏深度；（7）操作程序；（8）检测工艺方法；（9）检测人员素质；（10）照明条件等。

二、磁粉检测安全防护

承压设备磁粉检测涉及电流、磁场、紫外线、铅蒸气、溶剂和粉尘，由于操作有可能在高处、野外、水下或装过易燃易爆材料的容器中，所以磁粉检测人员必须掌握安全防护知识，既要安全地进行磁粉检测，又要保护自身不受伤害，避免设备事故和人身事故。除公共安全防护及工作场所安全以外还应遵守的安全防护要求有：

1. 紫外线的危害

（1）使用黑光灯时，人眼应避免直接注视黑光光源，防止造成眼球损伤。应经常检查滤光板，不准有任何裂纹，因为 320 nm 以下的短波紫外线若从裂纹穿过，对人的眼睛和皮肤都是有害的，有裂纹的滤光板应及时更换。磁粉检测人员在检验时应戴上相应的防护眼镜。

（2）大多数黑光灯工作时温度非常高，皮肤与其接触会受到热和辐射烧伤，这种烧伤非常疼痛而且愈合很慢。

但是应该强调，实践证明，只要正确使用黑光灯，并懂得安全防护知识，UV-A 黑光对人体是无害的。

（3）检测人员连续工作时，工间应适当休息，避免眼睛疲劳。

2. 电气与机械安全

（1）《无损检测仪器　磁粉探伤机》（JB/T 8290—2011）规定，磁粉探伤机整机绝缘电阻不小于 2 MΩ，以防止电气设备短路对人员安全带来威胁。尤其在使用水磁悬液时，绝缘不良会产生电击伤人。

（2）使用冲击电流法磁化时，不得用手接触高压电路，以防高压伤人。

（3）气压和液压部件失效时，也会引起伤害事故。

3. 材料的潜在危险

（1）磁悬液中的油基载液、荧光磁粉、润湿剂、防锈剂、消泡剂和溶剂等，作为一种组合物，其虽然不是危险化学品，但长期使用有可能会使皮肤失去油脂，引起皮肤的干裂或刺激，所以磁粉检测人员应戴防护手套，并避免磁悬液进入人的口腔和眼睛。除了水以外，几乎所有化合物都会刺激眼睛，许多材料可能会与口腔、喉和胃的组织起反应，所以检测区域应通风良好，避免吸入太多溶剂蒸气。

（2）使用干法探伤时，磁粉飘浮在空气中，所以检测区域应保持通风良好，避免吸入太多磁粉。

4. 磁粉检测系统的潜在危险

（1）使用通电法或触头法时，由于接触不良，与电接触部位有铁锈和氧化皮，或触头带电时接触工件或离开工件，都会产生电弧打火，火星飞溅，有可能烧伤检测人员的眼睛和皮肤，还会烧伤工件，甚至会引起油磁悬液起火。

（2）为改善电接触，一般在磁化夹头上加装铅皮，如果接触不良或电流过大时，也会产生打火并产生有毒的铅蒸气，铅蒸气轻则使人头昏眼花，重则使人中毒，所以只有在通风良好时才允许使用铅皮接触头，并尽量避免产生电弧打火。

（3）磁化的工件和通电线圈周围均产生磁场，它会影响装设在附近的磁罗盘和仪表的精度。

（4）安装心脏起搏器者，不得从事磁粉检测。

5. 检测场所的潜在危险

承压设备磁粉检测常在高处、野外、水下或容器中操作、磁粉检测人员必须首先知道这些特殊环境中特殊的安全防护要求，必须学会在这类场所检测时的安全知识，避免自身受到伤害。

6. 磁粉检测系统与检测环境相互作用的潜在危险

（1）不要使用触头法和通电法检验盛装易燃易爆材料的承压设备内壁焊缝。由于产生的电弧起火，极易引发伤亡事故。

（2）在有易燃易爆材料的场所附近，禁止使用触头法和通电法进行磁粉检测。

（3）磁粉检测使用低闪点油基载液时，在检测环境区内也不允许有明火或火源。如某工厂在探伤机附近进行焊接，由于焊接火星飞落在低闪点煤油磁悬液槽中，引起火灾，烧毁了探伤机。

复习思考题

1. 影响磁粉检测质量的因素主要有哪些？
2. 说明磁粉检测的灵敏度、分辨力和可靠性的含义。
3. 磁悬液浓度如何测定？
4. 磁悬液污染如何测定？
5. 什么是磁悬液润湿性能检查（水断试验）？如何进行？
6. 磁粉检测有哪些危险因素？

第五章　渗 透 检 测

第一节　渗透检测的基础知识

一、渗透检测的基本原理和作用

渗透检测是一种以毛细作用原理为基础的、检测非多孔性的金属和非金属的零件（半成品、成品和使用过的零件）和材料的表面开口缺陷的无损检测方法。它与射线检测、超声检测、磁粉检测、涡流检测一起，并称为 5 种常规的无损检测方法。

将含有荧光染料或着色染料的渗透剂施加于被检试件表面，由于毛细作用，经过一定时间的渗透，渗透剂渗入到各类表面开口的细小缺陷中；去除被检试件表面上多余的渗透剂；干燥；施加显像剂，同样由于毛细作用，缺陷中的渗透剂回渗到被检试件表面，形成放大了的缺陷显示；在黑光下 (荧光渗透检测法) 或白光下 (着色渗透检测法) 观察，缺陷处呈现出黄绿色荧光迹痕显示或红色迹痕显示；目视检验，即可检测出缺陷的形态和分布状态。如图 5-1 所示。

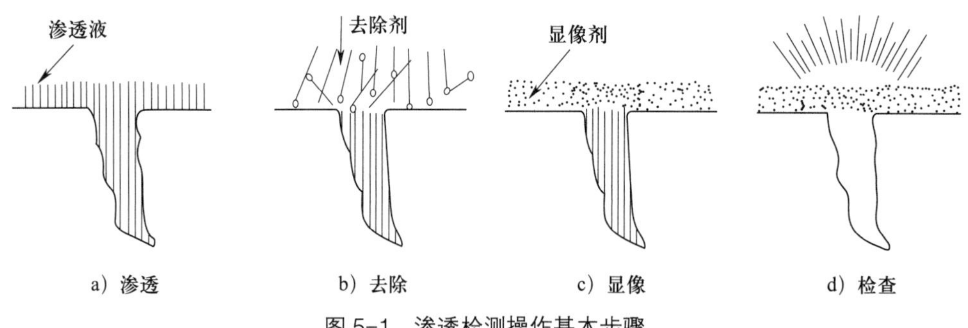

图 5-1　渗透检测操作基本步骤

同其他无损检测方法一样，渗透检测也以不破坏被检测对象的使用性能为前提，运用物理、化学、材料学及工程学理论，对各种工程材料、零部件产品进行有效检验，借以评定它们的完整性、连续性及安全可靠性。渗透检测是实现质量控制、节约原材料、改进工艺、提高劳动生产率的重要手段，也是设备维修中不可缺少的手段。

渗透检测可以用于工艺制造过程中的在制品检测、最终成品检测及在役零部件的维修检测。荧光渗透检测在航空、航天、兵器、舰艇、原子能等国防军事工业领域中应用特别广泛。特种设备行业包括锅炉、压力容器、压力管道等承压设备，起重机械、客运索道、大型游乐设施等机电设备也经常使用渗透检测。

二、渗透检测方法的分类

渗透检测方法的分类较多，但常见的分类方法有如下几种，并分别给以简要介绍：

1. 根据渗透剂所含染料成分分类

根据渗透剂所含的染料成分，渗透检测方法可分为着色渗透检测法、荧光渗透检测法和荧光着色渗透检测法三大类，简称为着色法、荧光法和荧光着色法。

着色法为渗透剂中含有红色染料，在白光或日光下观察缺陷迹痕显示图像（一般为红色），如图 5-2 所示；荧光法为渗透剂中含有荧光染料，在紫外线照射下观察缺陷迹痕显示图像（一般为黄绿色荧光）；荧光着色法兼备荧光和着色两种方法的特点，即缺陷显示迹痕显示图像在白光下呈现红色，而在紫外线照射下又能呈现黄绿色荧光，如图 5-3 所示。

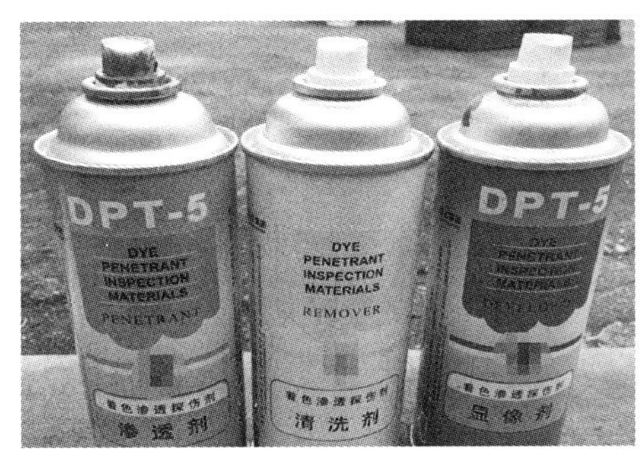

图 5-2 着色渗透检测材料

图 5-3 荧光渗透剂系列

2. 根据多余渗透剂去除方法分类

根据工件表面多余渗透剂的去除方法，渗透检测可分为水洗型渗透检测法、后乳化型渗透检测法和溶剂去除型渗透检测法三大类。简称水洗型、后乳化型和溶剂去除型。

水洗型渗透检测时，工件表面多余的渗透剂可直接用水去除。

后乳化型渗透检测中的渗透剂不含乳化剂，工件表面多余的渗透剂不能直接用水去除，必须增加一道乳化工序，也就是工件表面多余的渗透剂要用乳化剂“乳化”之后方能用水去除掉。因为乳化剂有亲水性与亲油性之分，故后乳化型渗透检测法又分为亲水性后乳化渗透检测法与亲油性后乳化渗透检测法两种。

溶剂去除型渗透检测中的渗透剂也不含乳化剂，工件表面多余的渗透剂用有机溶剂擦除。

3. 根据显像方法分类

根据渗透检测中所使用的显像剂，渗透检测分为干式显像渗透检测法及湿式显像渗透检测法两大类，简称为干法、湿法。

干式显像渗透检测法是以白色细微粉末作为显像剂（干粉显像剂），施加在清洗去除并干燥后的受检试件表面上。

湿式显像渗透检测法是将白色细微显像剂粉末悬浮于水中（水悬浮湿显像剂）或有机溶剂中（非水基湿显像剂），也可将白色细微显像剂粉末溶解于水中（水溶性湿显像剂）。干式显像剂、水悬浮湿显像剂、非水基湿显像剂、水溶性湿显像剂，有时也称干粉显像剂、水悬浮显像剂、溶剂悬浮显像剂（也称速干式显像剂）、水溶性显像剂。

此外，还有特殊显像渗透检测法（例如塑料薄膜显像剂）及自显像渗透检测法（不使用显像剂）等。显像方法分类表见表 5-1。

表 5-1　　显像方法分类表

分　类	所使用的显像剂	代　号
干式显像法	干粉显像剂	a
水基湿显像法	水溶性湿显像剂	b
	水悬浮湿显像剂	c
非水基湿显像法	溶剂悬浮显像剂	d
自显像法	不用显像剂	e

表 5-1 所列的显像方法中，最常用的是非水基湿显像法和干粉显像法两大类。干粉显像法主要与荧光渗透剂配合使用；非水基湿显像法常与溶剂去除型着色渗透剂配合使用。

干式显像法、水基显像法和自显像法均不适用于与着色渗透剂配合使用。

综上所述：根据渗透剂种类、渗透剂的去除方法和显像剂种类的不同，显影方法按《承压设备无损检测　第 5 部分：渗透检测》（NB/T 47013.5—2015）分类。

渗透检测方法可按表 5-2 分类。

表 5-2　渗透检测方法分类表

检测方法		渗透剂的去除		显像剂	
分类	名称	方法	名称	分类	名称
Ⅰ Ⅱ Ⅲ	荧光渗透检测 着色渗透检测 荧光着色渗透检测	A B C D	水洗型渗透检测 亲油型后乳化渗透检测 溶剂去除型渗透检测 亲水型后乳化渗透检测	a b c d e	干粉显像剂 水溶性湿显像剂 水悬浮湿显像剂 溶剂悬浮显像剂 自显像

注：渗透检测方法代号举例：Ⅱ C d 所示为溶剂去除型着色渗透检测（溶剂悬浮显像剂）。

三、渗透检测的优点和局限性

1. 渗透检测的优点

渗透检测可检查各种表面开口的缺陷，如裂纹、折叠、气孔、冷隔和疏松等。

它不受材料组织结构和化学成分的限制，不仅可以检查有色金属和黑色金属，还可以检查塑料、陶瓷及玻璃等非多孔性的材料。

它不受检测方向的影响，一次操作即可检测出任何方向的缺陷。

它的显示直观，容易判断。操作方法快速、简便。它还具有设备简单、携带方便，适于野外工作等优点。

2. 渗透检测的局限性

它只能检出零件和材料的表面开口缺陷，对被污染物堵塞或经机械处理（如喷丸、抛光和研磨等）后开口被封闭的缺陷不能有效地检出。

四、渗透检测体系及工作质量

渗透检测体系包括渗透检测所使用的设备仪器（渗透剂施加装置、乳化剂施加装置、显像剂施加装置、黑光灯等）、渗透检测剂（渗透剂、乳化剂、显像剂、清洗去除剂等）、工艺方法（渗透、乳化、清洗去除、显像等）、环境条件（光源、暗室、水源、电源、气源等）及渗透检测人员的技术资格水平等五大方面，即通常所称的人、机、料、法、环。

渗透检测体系的工作质量取决于渗透检测体系的灵敏度、分辨力、可靠性等三个方面。

渗透检测体系的灵敏度：指渗透检测体系探伤缺陷大小的能力。渗透检测时，缺陷可供测量的尺寸是：缺陷长度；渗透检测显示的缺陷迹痕宽度比缺陷实际宽度大很多倍；渗透检测质量验收标准中，用于评定的是缺陷迹痕长度，它大于缺陷的实际长度。如图 5-4 所示。

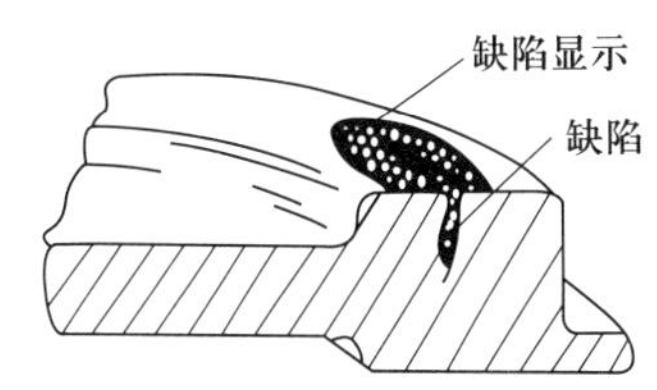

图 5-4　缺陷与缺陷迹痕显示

渗透检测体系的分辨力：指渗透检测体系探测缺陷几何

特性（尺寸、形状、位置）的能力。众所周知，缺陷迹痕宽度直接影响分辨力。渗透检测时，缺陷迹痕宽度随着显像时间的延长，会变宽，使分辨力下降。

渗透检测体系的可靠性：指渗透检测体系检出缺陷与受检件真实缺陷之间的对应性。渗透检测时，缺陷迹痕的宽度随着显像时间的延长会变宽；缺陷迹痕长度随着显像时间的延长会变长；缺陷迹痕的形貌随着显像时间延长，会发生变化。例如，焊缝火口裂纹，开始时，呈星形放射状裂纹形貌，但随着显像时间的延长，会变成圆形显示。

另外，渗透检测时特有的堵塞问题，也大大影响渗透检测体系的可靠性。

渗透探伤检出表面开口缺陷的检出率，主要取决于表面开口缺陷的开口宽度，其次是深度及长度的影响，当表面开口缺陷的开口宽度尺寸，窄到与渗透剂中染料分子尺寸同数量级时，渗透剂中染料分子不能进入缺陷中，缺陷显示将受到极大影响。

渗透探伤的最高灵敏度，试验结论是 0.1 μm 左右。

渗透检测全过程应进行全面质量管理，除应选购符合质量要求的渗透检测设备仪器及渗透检测材料外，还应对使用中的渗透检测设备仪器、渗透检测材料及渗透检测环境条件等变量进行定期控制校验，对渗透检测的全过程进行严格控制。

复习思考题

1. 什么是渗透检测？简述其原理及适用范围。
2. 简述渗透检测的分类形式，各分为哪几类？
3. 渗透检测有哪些优点和局限性？
4. 什么是渗透检测体系？渗透检测体系的工作质量取决于哪 3 方面？

第二节　渗透检测的物理化学基础

一、表面张力和表面张力系数

1. 表面张力

在液体表面存在一种力，它作用于液体表面使液体表面收缩，并趋于使表面积达到最小。

我们把这种存在于液体表面，使液体表面收缩的力称为液体的表面张力。如图 5-5 所示。

表面张力一般以表面张力系数表示。

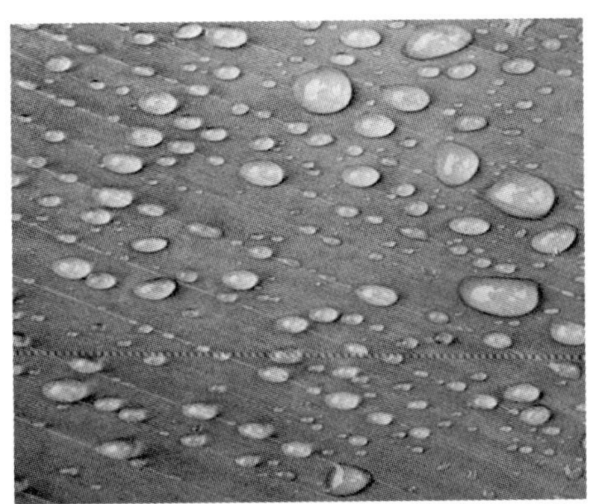

图 5-5 液体的表面张力示意图

2. 表面张力系数

表面张力还可以用图 5-6 的试验说明。

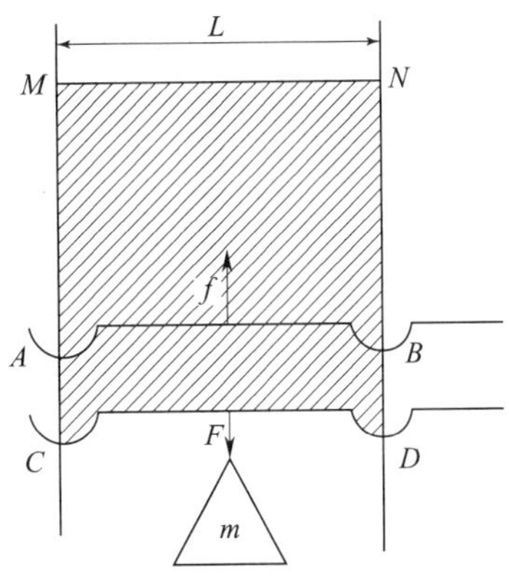

图 5-6 表面张力试验

图 5-6 中，*CMND* 是金属框，*AB* 是活动边，*AB* 边同相连两边的摩擦力忽略不计。把液体做成液膜，例如肥皂液膜，框在 *AMNB* 内。由于液体表面存在表面张力，而表面张力的方向总是与液面相切指向使液面缩小的方向，因此，*AB* 边就会在表面张力作用下向使液面缩小的方向移动。

若液面的宽度为 L，L 越大，则表面张力 f 也越大，为保持平衡，就必须施加一适当的与液面相切的力 F 于宽度为 L 的液面上，平衡时，这两个力大小相等方向相反，令 *AB* 为 L，则有：

$$F = mg = f = \alpha L$$

$$\alpha = f / L \qquad (5\text{-}1)$$

式中 f——表面张力，N；

L——液面边界线 *AB* 长度，m；

α——表面张力系数，N/m；

F——外作用力，N；

m——所挂物体质量；

g——重力加速度。

由式 5-1 可知，表面张力系数可定义为任一单位长度上的表面张力。它的作用方向与液体表面相切。它是液体的基本物理性质之一，它的法定单位是 N/m（牛顿 / 米），或 mN/m（毫牛顿 / 米）。换算关系如下：

1 N/m（牛顿 / 米）= 10^3 mN/m

一般来说，表面张力系数与温度、压力及液体成分有关。

一定成分的液体，在一定的温度和压力下有一定的 α 值；不同液体，α 值不同。

同一液体，表面张力系数 α 值随温度上升而下降；但有少数的熔融液体的表面张力系数 α 随温度的上升而增高，例如铜、镉等金属的熔融液体。

容易挥发的液体，表面张力系数 α 较小。

含有杂质的液体比纯净的液体的表面张力系数要小。

二、表面活性与表面活性剂

1. 表面活性和表面活性剂的定义

把不同的物质溶于水中，会使表面张力发生变化。各种物质水溶液的浓度与表面张力的关系可以归纳为 3 种类型。若以溶液的浓度为横坐标，以表面张力为纵坐标，可得到图中所示的 3 条曲线，如图 5-7 所示。

第一类（曲线 1 ）表示在溶液浓度很低时，表面张力随溶液浓度的增加而急剧下降，但降至一定程度后（此时溶液的浓度仍然很低），下降减慢或不再下降，当溶液中含有某些杂质时，表面张力可能出现最低值（如图中虚线所示）。肥皂、洗涤剂等物质的水溶液就具有这样的特性。

第二类（曲线 2 ）是表示表面张力随溶液浓度的增大而逐渐下降，如乙醇、丁醇、醋酸等物质的水溶液。

第三类（曲线 3 ）是表示表面张力随溶液浓度的增大而上升，如氯化钠、硝酸等物质的水溶液。

当在溶剂（例如水）中加入少量的某种溶质时，就能明显地降低溶剂（例如水）的表面张力，改变溶剂的表面状态，从而产生润湿、乳化、起泡及加溶等一系列作用，这种溶质称为表面活性剂。

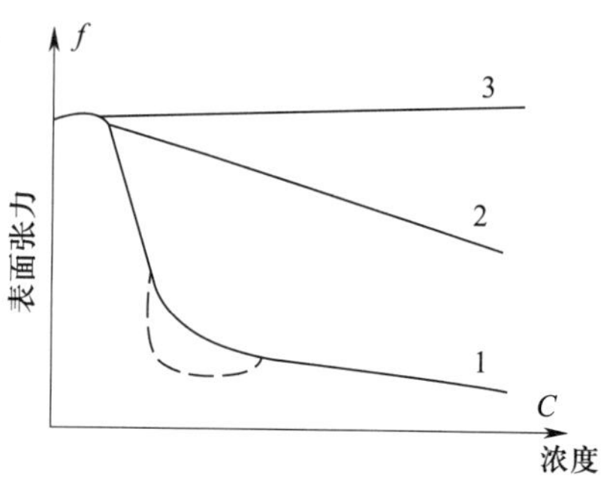

图 5-7　表面张力 f 和浓度 C 的关系曲线

2. 表面活性剂的亲水性

表面活性剂是否易溶于水，即所谓亲水性是衡量表面活性剂的一项重要的指标。

三、润湿现象与润湿方程

1. 润湿和不润湿

物质有气、液、固三态，又叫三相，物质相与相之间的分界面称为界面，常见的界面有气 / 液、气 / 固和液 / 固等几种，习惯上把气 / 液、气 / 固界面称为液体表面和固体表面。

液体和固体表面接触时，会出现不同的情况。

水滴在光洁的玻璃板上，水滴会沿着玻璃面慢慢散开，即液体与固体表面有扩大的趋势，且能相互附着，这就是玻璃表面的气体被水所取代，也就是说，水能润湿玻璃。广而言之，润湿是固体表面的一种流体 (气体或液体) 被另一种流体所取代的现象，我们把这种现象称为润湿，如图 5-8a 所示。

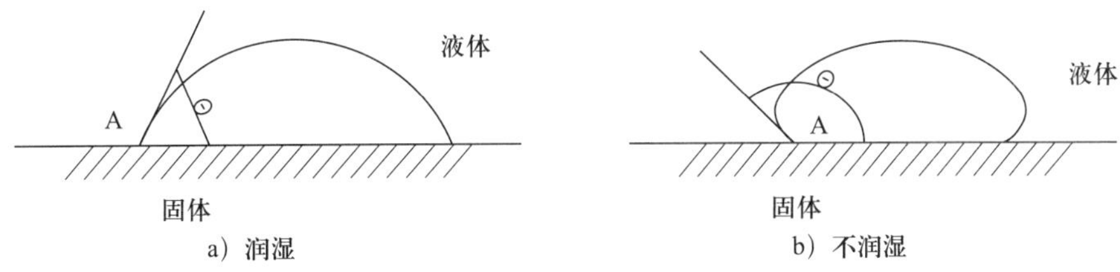

图 5-8　润湿与不润湿

相反的另一种现象就如水银滴在玻璃板上那样，水银收缩成球状，即液体与固体表面有缩小的趋势，且相互不能附着，这是液体不润湿固体表面的现象，我们称为不润湿。如图 5-8b 所示。

把润湿液体装在容器里（即对该容器而言，该液体是润湿液体），靠近器壁处的液面呈上弯的形状，如图 5-9 所示。把不润湿液体装在容器里，靠近器壁处的液面呈向下弯的形状，如图 5-10 所示。对内径小的容器而言，这种现象是显著的，整个液面呈弯月形，俗称“弯月面”。

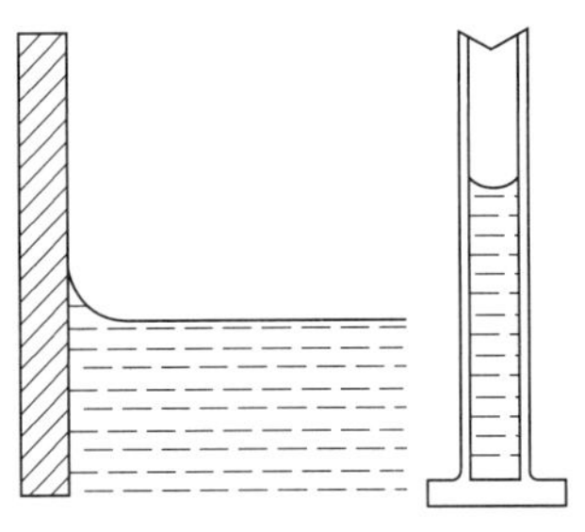

图 5-9　液体润湿固体示意图

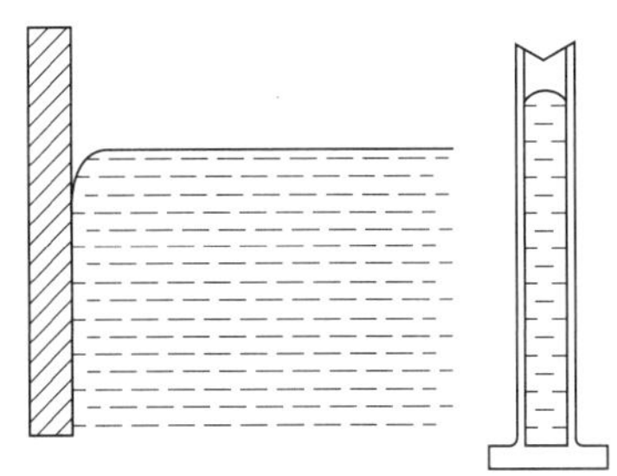

图 5-10　液体不润湿固体示意图

2. 接触角和润湿方程

定量地讨论润湿问题需要引入接触角的概念，如图 5-11 所示。

接触角是指在液 / 固 / 气三相交界面处，液 / 固界面通过液体内部与界面处液体表面的切线所夹的角，称为接触角，常用 θ 表示。

将一滴液体滴在固体的平面上，可有三种界面：即液 / 气、固 / 气、固 / 液界面。与三种界面一一对应，存在三种界面张力，这三种界面张力分别是：液 / 气界面上的液体表面张力，它力图使液滴表面收缩，用 f_L 表示；固 / 气界面上存在固体与气体的界面张力，它力图使液滴表面铺开，用 f_S 表示；固 / 液界面上存在固体与液体的界面张力，它也力图使液滴表面收缩，用 f_{SL} 表示。气、液、固三相公共点 A 处，同时存在上述三种界面张力，当液滴停留在固体平面并处于平衡状态时，三种界面张力相平衡，各界面张力与接触角的关系是：

$$f_S - f_{SL} = f_L \cdot \cos\theta \tag{5-2}$$

式中 f_S——固体与气体的界面张力，mN/m；

f_{SL}——固体与液体的界面张力，mN/m；

f_L——液体的表面张力，mN/m；

θ——接触角。

此式是润湿的基本公式，常称为润湿方程。

公式 5-3 可变为：

$$\cos\theta = (f_S - f_{SL}) / f_L \tag{5-3}$$

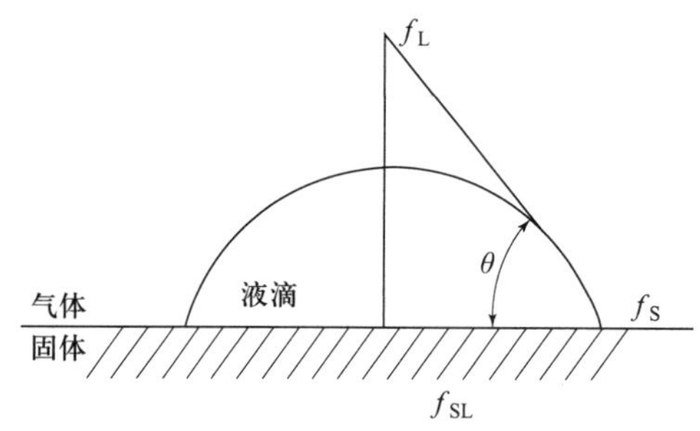

图 5-11 液滴接触接触角

接触角 θ 可用于表示液体的润湿性能，即可用于判定润湿以何种方式进行。习惯上将 θ 等于 90° 时作为判定润湿与否的标准。

(a) 当 $\theta > 90°$ 时，$\cos\theta < 0$，$f_S - f_{SL} < 0$，液体呈球形，产生不润湿现象。

(b) 当 $0 < \theta < 90°$ 时，$0 < \cos\theta < 1$，$f_L > f_S - f_{SL} > 0$，液体不呈球形，且能覆盖固体表面，产生润湿现象。

(c) 当 $0 < \theta < 5°$ 时，$\cos\theta \approx 1$，$f_L = f_S - f_{SL}$，这时产生完全润湿现象，习惯上特将这种现象称为铺展润湿现象。

接触角 θ 越小，说明润湿性能越好。液体的表面张力系数 α 对润湿好坏有较大的影响，表面张力系数 α 大，f_L 大，θ 大，$\cos\theta$ 小，则润湿效果差；反之，表面张力系数 α 小，f_L 小，θ 小，$\cos\theta$ 大，则润湿效果好。

常见润湿形式如图 5-12 所示。

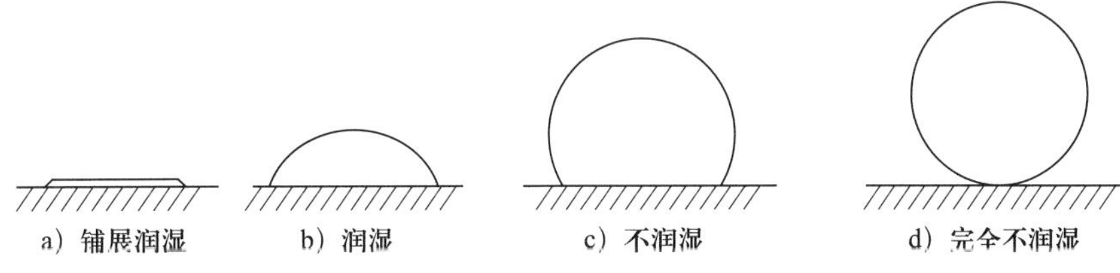

图 5-12 4 种不同的润湿形式示意图

不同固体与不同的液体接触时，润湿或不润湿情况是不同的。

对同种固体而言，不同的液体与其接触时，接触角 θ 不同。例如水能润湿玻璃，但水银与玻璃却产生不润湿现象。

同一液体，对不同的固体而言，它的接触角 θ 也不同。它可能是润湿的，也可能是不润湿的。例如水能润湿干净的玻璃，却不能润湿石蜡。

同种的液体和固体相接触，固体材料表面的粗糙度也会导致接触角 θ 发生变化，当 θ 角小于 90° 时，表面粗糙度大，将使接触角变小；当 θ 角大于 90° 时，表面粗糙度变小，将使接触角增大。

表面活性剂的使用，也能够改变固体与液体接触时的润湿状态。例如：水不能润湿石蜡，但加入适当表面活性剂后，却能润湿石蜡。

3. 渗透检测与润湿

渗透检测中，渗透剂对工件表面的良好润湿是进行渗透检测的先决条件。只有当渗透剂能充分地润湿工件表面时，渗透剂才能向狭窄的缝隙内渗透。

此外，还要求渗透剂能润湿显像剂，以便将缺陷内的渗透剂吸出，显示缺陷。

因此渗透剂的润湿性能是渗透剂的重要指标，它是表面张力和接触角两种物理性能的综合反映。渗透检测时，要求渗透剂的接触角 $\theta \leqslant 5°$。

四、毛细现象

如果把内径小于 1 mm 的玻璃管（称毛细管），插入盛有水的容器中，由于水能润湿玻璃，水在管内形成球形凹液面，对内部液体产生拉应力，水会沿着管内壁自动地上升，使玻璃管内的液面高出容器的液面，管子的内径越小，上升的水面也越高，如图 5-13a 所示。

如果把这根细玻璃管插入装在容器的水银里，所以发生的现象则正好相反，由于水银不能润湿玻璃，管内的水银面形成球形凸液面，对内部液体产生压应力，使玻璃管内的水银液面低于容器里的液面，管子的内径越小，它里面的水银面就越低，如图 5-13b 所示。

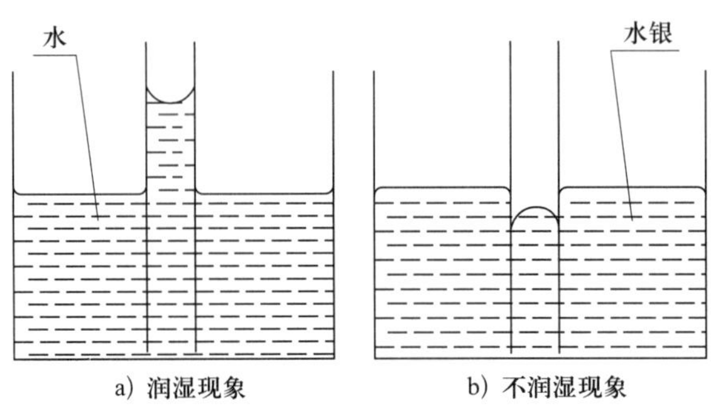

图 5-13 毛细现象

润湿的液体在毛细管中呈凹面并且上升，不润湿的液体在毛细管中呈凸面并且下降的现象，称为毛细现象。

五、乳化作用

1. 乳化现象和乳化剂

众所周知，当衣服被油污弄脏以后，放在水中，无论怎样洗刷都难以洗净，但是用肥皂或洗衣粉对衣服浸泡后再洗刷，很快就可以把油污洗掉。这是由于肥皂或洗衣粉溶液与衣服上的油污产生乳化作用所致。

这种由于表面活性剂的作用，使本来不能混合到一块的两种液体能够混合在一起的现象称为乳化现象。我们把具有乳化作用的表面活性剂称为乳化剂。

2. 乳化形式及乳化剂

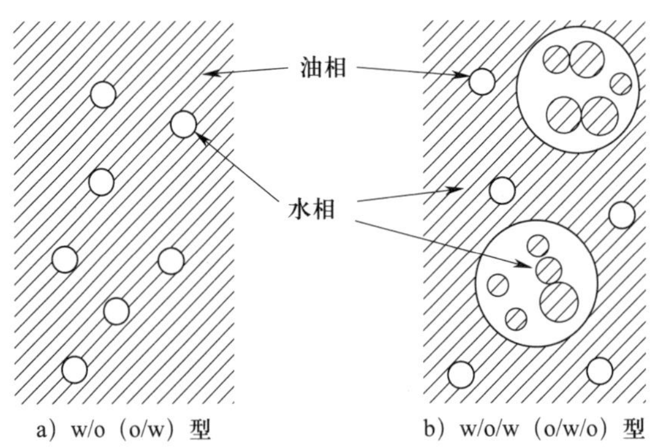

图 5-14 乳化形式示意图

从图 5-14 可知，乳化剂一般分为两种类型：水包油型乳化剂（亲水型）及油包水型（亲油型）乳化剂。两类乳化剂均为粗分散体系（悬浮液）。

H.L.B 值（新增平衡值）在 8 ～ 18 的表面活性剂称为水包油型乳化剂，乳化形式为水包油型，以（O/W）表示，或称亲水型乳化剂。这种乳化剂能将与水不相混溶的油状液体呈细小的油滴分散在水中，所形成的乳状液称为水包油型乳状液。水为分散介质、外相、连续相。油为分散相、内相、不连续相。

亲水型后乳化渗透检测，零件表面多余透检液的去除，多采用亲水型乳化剂，其H.L.B值一般在11～15之间，所形成的乳化液可以直接用水冲洗。

H.L.B值在3.6～6的表面活性剂称为油包水型或亲油型乳化剂，乳化形式为油包水型，以（W/O）表示，这种乳化剂能将水以很细小的水滴分散在油中。油为分散介质、外相、连续相。水为分散相、内相、不连续相。

亲油型后乳化渗透检测，零件表面多余渗透剂的去除，就是采用这类乳化剂。

六、可见光和紫外线

着色渗透检测时，经显像后，人眼可在白光下观察到缺陷的显示。

白色光也称可见光，其波长范围为400～760 nm，可由日光灯、白炽灯或高压水银灯等得到。荧光渗透检测时，经显像后显示的缺陷显示在白光下是看不到的，只有在紫外线的照射下，缺陷显示才发出明亮的荧光，在暗场才可以被人眼所观察到。

紫外线是一种波长比可见光更短的不可见光，也称黑光；波长范围为100～400 nm。紫外线的波长位于可见光和X射线之间，在电磁波谱图中的位置如图5-15所示。

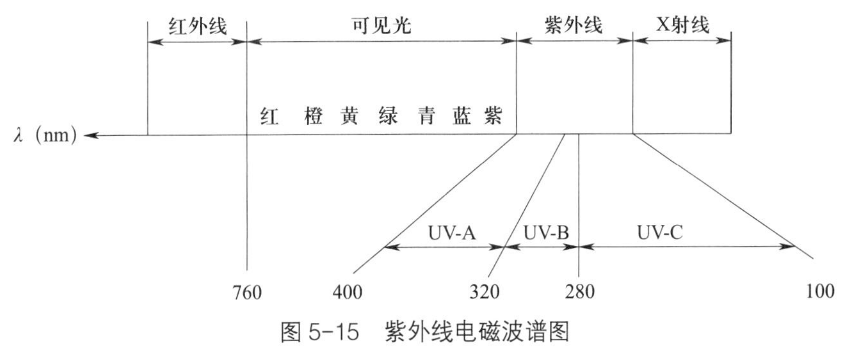

图5-15 紫外线电磁波谱图

国际照明委员会把紫外线的频谱范围分类如下：

UV-A：波长315～400 nm，又称黑光或长波紫外线。

UV-B：波长280～315 nm，又称中波紫外线，也叫红斑紫外线。UV-B具有使皮肤变红的作用，还可引起晒斑和雪盲，不能用于荧光渗透检测。

UV-C：波长100～280 nm，又称短波紫外线。UV-C具有光化和杀菌作用，能引起猛烈的燃烧，还伤害眼睛，不能用于荧光渗透检测，医院使用UV-C紫外线来杀菌。

荧光渗透检测所用的紫外线，波长在330～390 nm范围内，其中心波长约365 nm。属于黑光。也称A类紫外辐射。荧光渗透检测时所用的紫外线灯光也称黑光灯。

七、发光

1. 发光体

发光的物体称为光源，也称为发光体。

按光的激发方式来命名，可有热光源和冷光源。利用热能激发的光源称为热光源，例如白炽灯。利用化学能、电能或光能激发的光源称为冷光源，例如荧光及磷光。

按激发光的来源来命名，可分为场致发光和光致发光。若激发能来自外加电场，称为场致发光。激发能来自紫外线、可见光或红外线，称为光致发光。激发能来自 X 射线或 γ 射线，则称为射线致发光或辐射致发光。

按高能态向低能态跃迁的不同形式，可将发光分为自发辐射发光和受激辐射发光等。

通常所遇到的光源例如白炽灯、霓虹灯、日光灯、高压水银灯等都是自发辐射光源。而激光是受激辐射光源，它与绝大多数发光系统的常规激发发光是不同的。

2. 光致发光

许多原来在白光下不发光的物质在紫外光照射下能够发光，这种被紫外光激发而发光的现象，称为光致发光。能产生光致发光现象的物质，称为光致发光物质。

光致发光物质常分为两类，一种是磷光物质，另一种是荧光物质，两者之间的区别在于：在外界光源停止照射后，仍能持续发光的，称为磷光物质；在外界光源停止照射后，立刻停止发光的，称为荧光物质。

荧光渗透剂中的荧光染料属于荧光物质，它能吸收紫外光的能量，发出荧光，不同的荧光物质发出的荧光颜色不同，波长也不同，它们的波长一般在 510 ～ 550 nm 的范围内。因为人眼对黄绿色光较为敏感，故在荧光渗透检测中，常使用能发出波长为 550 nm 左右的黄绿色荧光的荧光物质，YJP-1、YJP-15 等都属于这类物质。

八、光度学

不同光源所发出的光的强弱是不同的，即使同一光源，它向不同方向所发出的光的强弱也不一定相同。

1967 年，法国第十三届国际计量大会规定了以坎德拉、坎德拉 / 平方米、流明、勒克斯分别作为发光强度、光亮度、光通量和光照度等的单位，为统一工程技术中使用的光学度量单位有重要意义。下面作一简要介绍。

1. 辐射通量与瓦特

光的传播过程，也是能量的传递过程。光源发射的光能，不断向四周空间辐射出去。单位时间内向给定方向发射的光能量就是辐射通量。单位是瓦特。

渗透检测中常用的辐射强度是指单位面积上的辐射通量。单位：瓦（特）/ 米^2（W / m^2）［1 瓦 / 米^2（W/m^2）=100 微瓦 / 厘米^2（μW/cm^2）］。荧光渗透检测时，被检工件表面的辐照度应大于等于 1 000 μW/cm^2。

2. 白光照度与勒克斯

白光照度是指被照射的物体在单位面积上所接受的光通量，单位是勒克司。勒克司是英文 lux 的音译，也可写为 lx。白光照度可以使用白光照度计直接测量。

着色渗透检测时通常工件被检面处可见光照度≥ 1 000 lx。

九、对比度和可见度

1. 可见度

渗透检测最终能否检查出缺陷，依赖于缺陷的显示能否被观察到，而缺陷显示能否被观察到，用可见度来衡量，可见度越高，缺陷的检出能力越强。可见度是观察者相对于背景、外部光等条件下能看到显示的一种特征，可见度与显示的对比度是密切相关的。

2. 对比度

某个显示和围绕这个显示周围的表面背景之间的亮度或颜色之差，称为对比度。对比度可用这个显示和显示的表面背景之间反射光或发射光的相对量来表示，这个相对量称为对比率。

试验测量结果表明，从纯白色表面上反射的最大光强度约为入射光强度的 98%，从最黑的表面上反射的最小光强度为入射白光强度的 3%，这意味着黑白之间能得到的最大对比率为 33∶1，实际上要达到 33∶1 是极不容易的。黑色染料显示与白色显像剂背景之间的对比率为 90%∶10%，即 9 ∶1，这已是很高的比率了。红色染料显示与白色显像剂背景之间的对比率只有 6 ∶1。

荧光显示与不发光的背景之间的对比率数值要比颜色对比率高得多，因为荧光和非荧光之间是发光显示和暗的背景之比，即使周围环境不可避免地存在一些微弱的白光，这个对比率仍可达 300∶1，甚至达 1 000∶1。在完全暗的理想情况下，对比率可达无穷大。

由于着色渗透检测时的对比率远小于荧光渗透检测时的对比率，因此荧光渗透检测有较高的灵敏度。

3. 影响可见度的因素

影响可见度的因素较多，主要与显示的颜色、背景、显示的对比度、显示本身反射或发射光的强度、周围环境光线的强弱及观察者的视力等因素有关。

人的眼睛具有复杂的观察机能，人眼的敏感特性如图 5-16 所示。

在强光下，人眼对光强度的微小差别不敏感。而对颜色和对比度差别的辨别能力很强。在暗光环境中，人眼辨别颜色和颜色对比度的本领则很差，却能看见微弱发光的物体。

当一个人从明亮的地方进入暗的地方时，在短的时间内，眼睛看不清周围的东西，必须经过一定时间后，才能看见周围的东西，这种现象称为黑暗适应。

同样，从暗室到明亮的地方，会感到眼睛模糊，短时间内看不清或看不见周围的东西，因此也需要足够的恢复时间。当眼睛直接观察发光的小物体时，人的眼睛感觉到的光源尺寸要比实物大，这是因为人的眼睛有放大的作用。

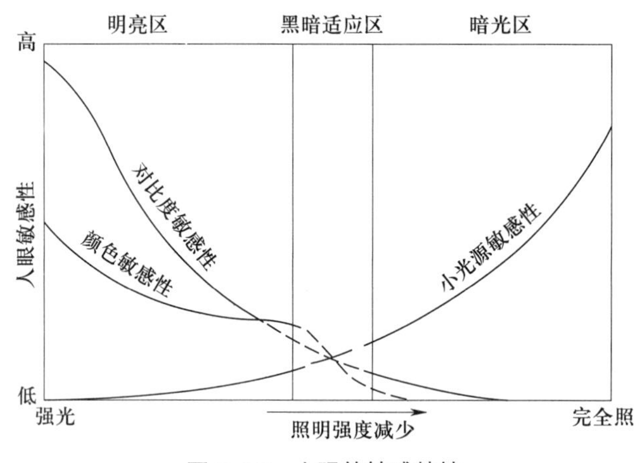

图 5-16 人眼的敏感特性

人的眼睛对各色光的敏感性是不同的，对黄绿色光最敏感，在暗场中，黄绿色光具有最好的可见度，渗透检测采用荧光渗透剂时，在紫外光照射下发黄绿色荧光，因而缺陷显示在暗室里具有最好的可见度。

人眼对于波长小于 400 nm 的辐射响应并不敏感，但是在不存在长波可见光的情况下，人眼的灵敏度往往会提高。

图 5-17 所示为不同可见光照度下，人眼的平均响应。如图 5-17a 曲线为在 1 000 lx 明亮条件下观察，相当于最大灵敏度时的眼的明视觉，垂直标度为 1。

在暗室中如图 5-17b 线所示，平均照度为 10 lx。因为不可能达到完全黑暗，这是由于黑光灯本身产生一些蓝色或紫色的可见光，检验场所的一些荧光源，如检验人员的衣着也产生荧光。人眼对 380 ～ 400 nm 波长范围内的辐射变得很灵敏，几乎比亮光下的灵敏度高 30 倍。380 ～ 400 nm 波长范围内还会在眼中引起深蓝色的感觉，并大大提高蓝色范围 405 nm 波长范围黑光灯的灵敏度。在这种可见光下适应了黑暗的检验人员，可在检验场所来回走动，准确地进行检验。

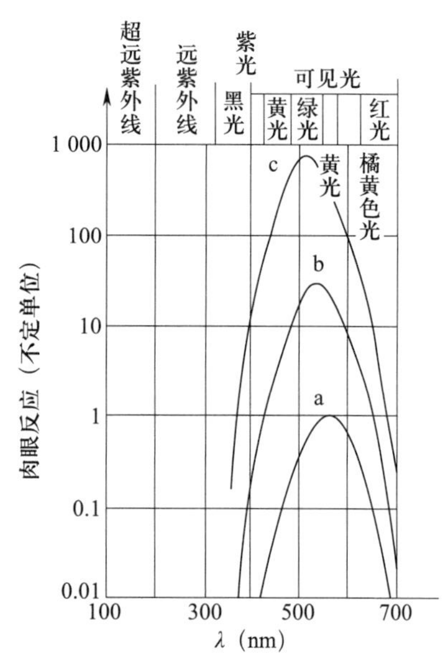

图 5-17 人眼对可见光的相对平均响应

在完全黑暗的暗室中，如图 5-17c 线的平均照度为 1 lx。这是渗透检测难得的环境，眼睛的灵敏度将提高 800 倍，且能对波长直至 350 nm 的光线作出响应（使眼球晶体和角膜适应荧光）。在本底水平较低时，人眼对波长较长的可见光存在更易于检验。

渗透检测人员佩戴眼镜观察荧光渗透痕迹有一定的影响，如光敏（光致变色）眼镜在黑光辐射时会变暗，变暗程度与辐射的入射量成正比，影响对荧光渗透痕迹显示的观察和辨认，因此不允许使用。由于荧光检测检验区域的紫外线，不允许直接或间接地射入人的眼睛内，为避免人的眼睛不必要地暴露在紫外线辐射下，所以可佩戴吸收紫外线的护目眼镜，它能阻挡紫外线和大多数紫光与蓝光。但应注意，不得降低对黄绿色荧光渗透迹痕显示的检出能力。

复习思考题

1. 什么是表面张力？什么是表面张力系数？
2. 接触角的定义是什么？
3. 什么叫润湿？它与接触角有何关系？
4. 什么是毛细现象？
5. 什么叫乳化现象？
6. 什么叫黑光？荧光渗透检测所用的黑光的波长范围是多少？

第三节　渗透检测材料、设备器材

一、渗透检测材料

渗透检测材料主要包括渗透剂、清洗 / 去除剂、显像剂等，如图 5-2 所示。

1. 渗透剂

渗透剂是一种含有着色染料或荧光染料且具有很强渗透能力的溶液。它能渗入受检工件表面开口缺陷中去，并被显像剂吸附出来，形成缺陷痕迹显示；根据缺陷痕迹显示的形貌，可对受检工件表面开口缺陷进行定位、定性、定量评价。

渗透剂根据所含染料成分分类，可分为着色渗透剂（如图 5-18 所示）、荧光渗透剂和荧光着色渗透剂 3 类。根据工件表面多余渗透剂的不同去除方法分类，渗透剂可分为水洗型渗透剂、亲水后乳化型渗透剂、亲油后乳化型渗透剂和溶剂去除型渗透剂 3 类。

渗透剂是渗透检测中最关键的材料，它的质量直接影响渗透检测的灵敏度。

图 5-18　便携式着色渗透剂

渗透剂是由多种特性材料配制而成的，其主要组分是染料、溶剂和表面活性剂。下面主要介绍染料和溶剂。此外，还有其他多种用于改善渗透剂性能的附加成分。

在实际的渗透剂配方中，一种化学试剂往往同时起几种作用。例如，溶剂一方面用来溶解染料，另一方面本身也是渗透溶剂。

（1）染料。在渗透检测中，常用的染料有荧光染料和着色染料两类。

1）荧光染料。荧光渗透剂应选择在黑光照射下发出黄绿色荧光的染料。这是因为人眼对黄绿色荧光最敏感，从而可以提高检测灵敏度。

2）着色染料。着色渗透剂中所采用的染料为暗红色的染料，使用最广。

（2）溶剂。渗透检测的关键是将含有染料的渗透剂带入缺陷，并被显像剂吸附出来。溶剂有两个主要作用：一是溶解染料，二是起渗透作用。

2. 清洗 / 去除剂

渗透检测中的去除剂。渗透检测中，用来除去被检工件表面多余渗透剂的溶剂称为去除剂，也叫清洗剂（如图 5-19 所示）。

对水洗型渗透剂，直接用水去除，水本身就是一种去除剂。

对后乳化型渗透剂是在乳化以后再用水去除，它的去除剂就是乳化剂和水。

对溶剂去除型渗透剂采用有机溶剂去除，这些有机溶剂也是去除剂。

图 5-19　便携式清洗剂

3. 显像剂

（1）显像剂的分类

1）干式显像剂——干粉显像剂。干粉显像剂为白色无机物粉末，能够造成严重的粉尘。

2）湿式显像剂。湿式显像剂又分水悬浮显像剂、水溶解显像剂、溶剂悬浮显像剂。这里主要介绍溶剂悬浮显像剂，溶剂悬浮显像剂是将显像剂粉末加在挥发性的有机溶剂中配制而成。该类显像剂通常装在喷罐中使用，而且与着色渗透剂配合使用，如图 5-20 所示。

（2）显像剂的作用。显像剂是渗透检测中的另一关键材料，它在渗透检测中的作用主要有下述 3 点：

1）通过毛细作用将缺陷中的渗透剂吸附到工件表面，形成缺陷迹痕显示。

2）将形成的缺陷迹痕显示在被检件表面上横向扩展，放大至足以用肉眼观察到的程度。资料指出，通过显像剂的放大作用，裂纹的显示尺寸可高达该裂纹宽度的许多倍，有的甚至高达 250 倍左右。

3）提供与缺陷显示有较大反差的背景，从而达到提高检测灵敏度的目的。

图 5-20　便携式显像剂

二、渗透检测材料系统

1. 渗透检测材料的同族组

所谓“渗透检测材料的同族组”，是指完成一个特定渗透检测过程所必需的、完整的一系列材料，包含渗透剂、乳化剂、清洗 / 去除剂及显像剂等。

渗透检测材料作为一个整体，它们必须相互兼容，才能满足检测的要求；否则，可能出现渗透剂、清洗 / 去除剂及显像剂等材料各自都符合规定要求，但是它们之间不能相互兼容，最终会使渗透检测失效，无法达到渗透检测灵敏度、可靠性要求。

因此，渗透检测中所用的渗透检测材料应是同族组，推荐采用相同厂家提供的相同系列产品，如图 5-21 所示。原则上，不同厂家的产品不能混用，如图 5-22 所示。如确需混用，则必须经过验证，确保它们能相互兼容，其检测灵敏度、可靠性应能满足渗透检测的要求。

图 5-21　同族组渗透检测材料

图 5-22　非同族组渗透检测材料

2. 渗透检测材料系统的选择原则

（1）选择渗透检测材料系统的首要原则是渗透检测灵敏度必须满足要求。不同的渗透检测材料系统灵敏度是不同的。

一般后乳化型渗透检测材料系统的灵敏度比水洗型渗透检测材料系统高；荧光渗透检测材料系统灵敏度比着色渗透检测材料系统高。

在检测中，应按被检工件的要求来选择渗透检测材料系统。当灵敏度要求高时，例如需要检测疲劳裂纹、磨削裂纹或其他细微裂纹，可选用后乳化型荧光渗透检测材料系统；当灵敏度要求不高时，例如检测铸件，可选用水洗型着色渗透检测材料系统。

应当指出：检测灵敏度要求越高，其检测费用也越高。因此，从经济上考虑，不能片面追求高灵敏度检测，只要渗透检测灵敏度能够满足工件检测要求即可。

（2）根据被检工件状态进行选择。对表面光洁的工件，可选用后乳化型渗透检测材料系统；对表面粗糙的工件，可选用水洗型渗透检测材料系统；对大工件的局部检测，可选用溶剂去除型着色渗透检测材料系统。

（3）在灵敏度满足检测要求的条件下，应尽量选用价格低、毒性小、易清洗的渗透检测材料组合系统。应优先选用环保型渗透检测材料组合系统及水基渗透检测材料组合系统。

（4）渗透检测材料组合系统对被检工件应无腐蚀。如铝、镁合金不宜选用碱性渗透检测材料，奥氏体不锈钢、钛合金等不宜选用含氟、氯等卤族元素的渗透检测材料。

（5）化学稳定性好，能长期使用，受到阳光或遇高温时不易分解和变质。

（6）使用安全，不易着火。如盛装液氧的容器不能选用油溶性渗透剂，而只能选用水基型渗透剂，因为液氧遇油容易引起爆炸。

三、渗透检测设备

1. 便携式渗透检测装置

（1）便携式渗透检测装置的构成。便携式渗透检测装置也称便携式压力喷罐装置，它通常是由渗透剂喷罐、清洗 / 去除剂喷罐、溶剂悬浮湿式显像剂喷罐及擦布（纸巾）、灯、毛刷、金属刷等物组成。通常将它们装在一个小箱子里，这就是便携式渗透检测箱。

如采用荧光渗透检测法，所带的灯应是黑光灯；如采用着色渗透检测法，则为照明灯。现场检测和大工件的局部检测，采用便携式设备非常方便。

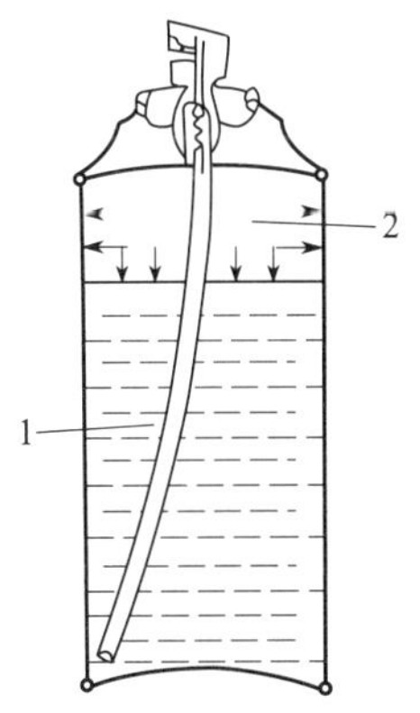

图 5-23 内压式渗透检测剂喷罐示意图

1—渗透检测剂 2—气雾剂

（2）压力喷罐的结构。常用内压式渗透检测剂（渗透剂、清洗 / 去除剂、溶剂悬浮湿式显像剂）喷罐结构如图 5-23 所示。

喷罐一般由渗透检测剂的盛装容器和渗透检测剂的喷射机构两部分组成。盛装容器内装有渗透检测剂和气雾剂。气雾剂采用乙烷或氟利昂等，通常在液态时装入压力喷罐渗透检测剂的盛装容器内，常温下汽化，形成高压。使用时只要按下压力喷罐头部的阀门，渗透检测剂就会成雾状从压力喷罐头部的喷嘴自动喷出。

压力喷罐内的压力因渗透检测剂和温度不同而异，温度越高，压力越高。40 ℃左右可产生 0.29 ～ 0.49 MPa 的压力。如图 5-24 所示。

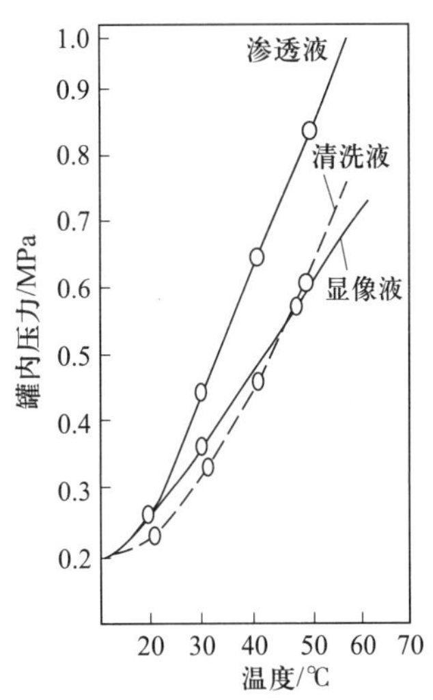

图 5-24 压力喷罐内压力与温度的关系

压力喷罐内盛装溶剂悬浮湿式显像剂或水悬浮湿式显像剂时，罐内均有数个珠子。使用前，应充分摇晃喷罐，通过珠子的充分运动，使沉淀下来的固体显像剂粉末重新悬浮起来，成为细微颗粒均匀分布状。这样喷射出来的液体显像剂才能成为雾状，在受检工件表面形成显像剂均匀薄层。

（3）使用喷罐时应注意事项

1）喷嘴应与工件表面保持一定距离。这是因为渗透检测材料刚从喷嘴喷出时，由于气流集中，使渗透检测剂呈液滴状，还未形成雾状。太近时，会使渗透检测剂施加不均匀。

2）因喷罐内的压力随温度的升高而增大，故喷罐不宜放在靠近火源、热源处，以免因受热后，罐内压力过高而引起爆炸。特别是使用液化石油气作为气雾剂的喷罐，切忌接近火源，以免引起火灾。

3）喷罐空罐需报废时，应先破坏其密封后，方可遗弃。

2. 固定式渗透检测装置

当工作场所的流动性不大，工件数量较多，要求布置流水作业线时，一般采用固定式检测装置，而且装置基本上是采用水洗型或后乳化型渗透检测方法，其主要由预清洗装置、固定式渗透检测装置、后乳化装置、干粉显像装置、干燥装置和后清洗装置组成，如图 5-25 ～图 5-30 所示。

图 5-25　预清洗装置

图 5-26　固定式渗透检测装置

图 5-27　后乳化装置

图 5-28　干粉显像装置

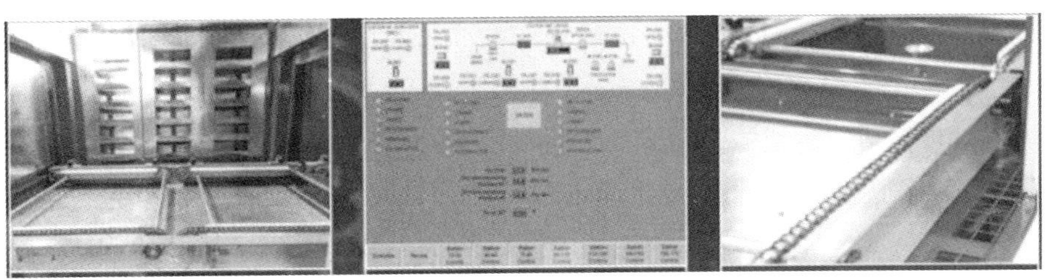

图 5-29　干燥装置

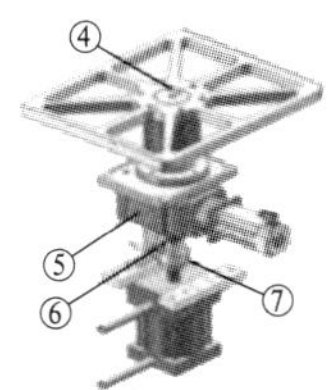

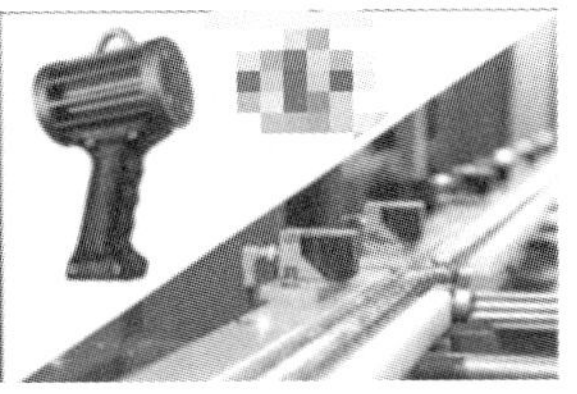

图 5-30　后清洗装置

四、渗透检测试块

1. 试块及其作用

试块是指带有人工缺陷或自然缺陷的试件，它是用于衡量渗透检测灵敏度的器材，故也称灵敏度试块。渗透检测灵敏度是指在工件或试块表面上发现微细裂纹的能力。

在渗透检测中，试块的主要作用表现在以下 3 方面：

（1）灵敏度试验。用于评价所使用的渗透检测系统和工艺的灵敏度及其渗透剂的等级。

（2）工艺性试验。用以确定渗透检测的工艺参数，如渗透时间、温度，乳化时间、温度，干燥时间、温度等。

（3）渗透检测系统的比较试验。在给定的检测条件下，通过使用不同类型的检测剂和工艺的比较，以确定不同渗透检测系统的相对优劣。

2. 常用试块

渗透检测中，常用试块主要有铝合金淬火裂纹试块（A 型试块）、不锈钢镀铬裂纹试块（B 型试块）、黄铜板镀镍铬裂纹试块（C 型试块）和自然缺陷试块等。每种试块或试片均有其优缺点，现仅将 A、B 型试块简单介绍如下：

（1）铝合金淬火裂纹试块——A 型试块

1）一体式 A 型试块。铝合金淬火裂纹试块也称 A 型试块，其形状和尺寸如图 5-31 所示。

该试块可用于渗透检测剂的性能测试与检测灵敏度比较。制作步骤如下：

从 8 ～ 10 mm 厚的铝合金板材（材料：LY-12）中截取一块 50 mm × 80 mm 的试块毛坯磨光，取料时使 80 mm 长度方向沿着板材的轧制方向，然后把试块放在支架上，用气体灯或喷灯加热，加热的位置在试块下方正中央，加热至 510 ～ 530 ℃时，调节火焰保温约 4 min，然后在水中急冷淬火，使试块中部产生宽度和深度不同的淬火裂纹。最后，沿 80 mm 方向的中心位置开一个宽 2 mm、深 1.5 mm 的沟槽，再用硬刷子清理表面，并用溶剂清洗，这就制成了一块铝合金淬火裂纹试块。

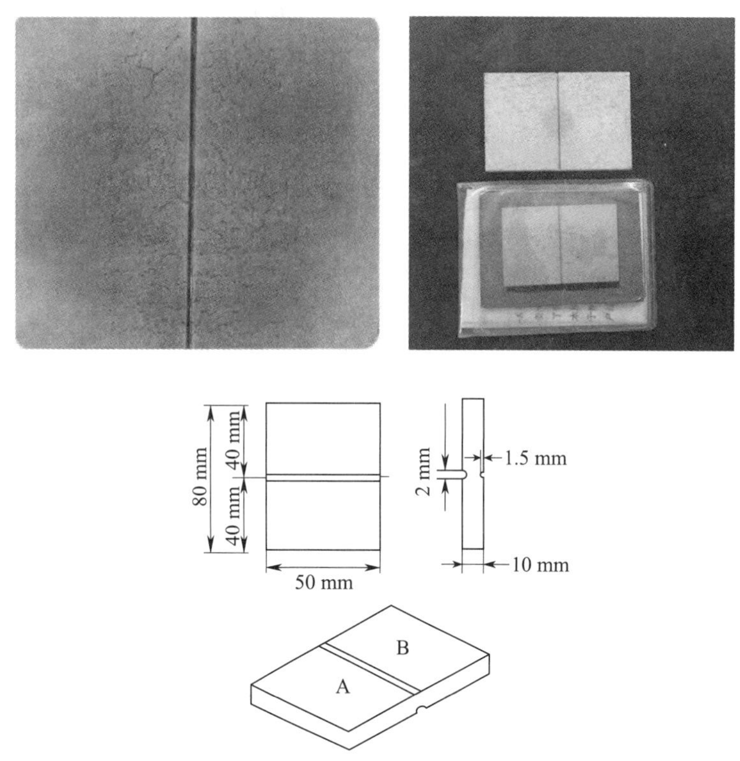

图 5-31　一体式铝合金淬火裂纹试块示意图

2）分体式 A 型试块。分体式 A 型试块，是沿 80 mm 方向的中心位置切开为两部分，如图 5-32 所示。

将铝合金淬火裂纹试块沿 80 mm 方向的中心位置切开一分为二，这样便可在互不污染的情况下进行对比试验。既可在同一工艺条件下，比较两种不同的渗透检测系统的灵敏度；也可使用同一组渗透检测材料，在不同的工艺条件下（例如不同渗透温度）进行工艺灵敏度试验。

铝合金试块结构由一体式改为分体式，主要是为了方便使用。

当用于两种渗透检测系统的灵敏度对比时，一体式和分体式使用上无明显差异。在不同的工艺条件下（例如不同渗透温度）进行工艺灵敏度试验，特别是用于非标准温度下检测方法鉴定时，会产生明显的影响。即一体式 A 型试块不能同步操作，分体式 A 型试块可以进行同步操作。

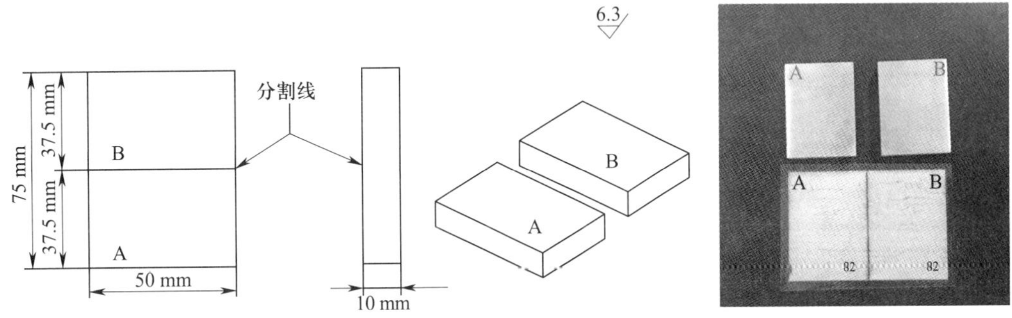

图 5-32 分体式铝合金淬火裂纹试块示意图

（2）不锈钢镀铬裂纹试块——B 型试块。不锈钢镀铬裂纹试块又称 B 型试块。B 型试块主要用于校验操作方法与工艺系统的灵敏度。B 型试块不像 A 型试块可分成两半进行比较试验，只能与标准工艺的照片或塑件复制品对照使用。即在 B 型试块上，按预先规定的工艺程序进行渗透检测，再把实际的显示图像与标准工艺图像的复制品或照片相比较，从而评定操作方法正确与否和确定工艺系统的灵敏度。

B 型试块有很多种形式，常用的主要有 3 种，一种为三点 B 型试块，另两种为五点 B 型试块。该两种五点 B 型试块的主要区别是可清洗度测试区的粗糙度 *Ra* 不一样：一种为单一粗糙度 *Ra*，另一种为 4 个不同的粗糙度 *Ra*。

B 型试块的特点是：裂纹深度尺寸可控，一般最大不超过镀铬层厚度。同一试块上具有不同尺寸的裂纹，压痕小处的裂纹小。试块制作工艺简单，重复性好、使用方便。由于这种试块检测面没有分开，故不便于比较不同渗透检测材料或不同工艺方法灵敏度的优劣。

图 5-33 是三点 B 型试块的示意图。

这种试块由单面镀铬的不锈钢制成，不锈钢材料可采用 1Cr18Ni9Ti。推荐的尺寸为 100 mm × 25 mm × 4 mm，制作时，先将不锈钢板的单面磨光后镀铬，铬层厚度约 25 μm，镀铬后进行退火，以清除电镀层的应力，然后在试块的另一面用直径 10 mm 的钢球在布氏硬度机上分别以 750 kg、1 000 kg 及 1 250 kg 打三点硬度，这样，试块镀层上就会形成如图 5-33 所示的三处辐射状裂纹，其中以 750 kg 压点处产生的裂纹最小，1 250 kg 处裂纹最大。

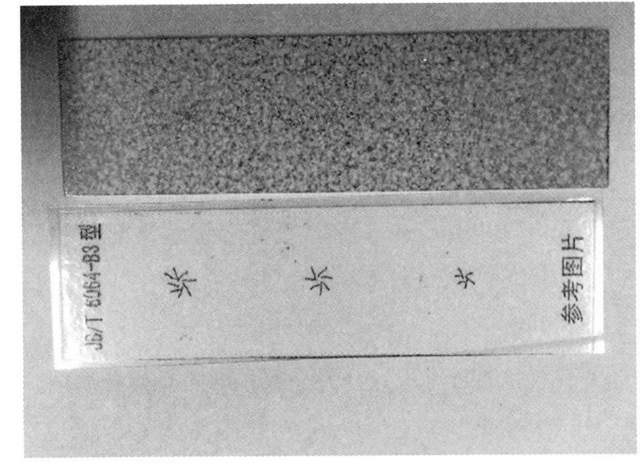

图 5-33 不锈钢镀铬裂纹试块示意图

试块制造完成后，在镀层面上，形成从大至小、直径明显、肉眼不易见的 3 个辐射状裂纹区。

五、渗透检测照明装置

1. 白光灯

白光灯是着色渗透检测必备的照明装置。常用的有白炽灯、日光灯、高压水银灯等。着色渗透检测所用白光灯，被检工件表面上的白光照度应不低于 1 000 lx。

2. 黑光灯

黑光灯是荧光渗透检测必备的照明装置，如图 5-34 所示。

荧光渗透检测所用黑光灯的波长为 320 ～ 400 nm，峰值波长为 365 nm，距黑光灯滤光片 380 mm 处的黑光辐射照度应不低于 1 000 μW/cm^2。用于自显像工艺的黑光灯，距黑光灯滤光片 160 mm 处的黑光辐射照度应不低于 3 000 μW/cm^2。

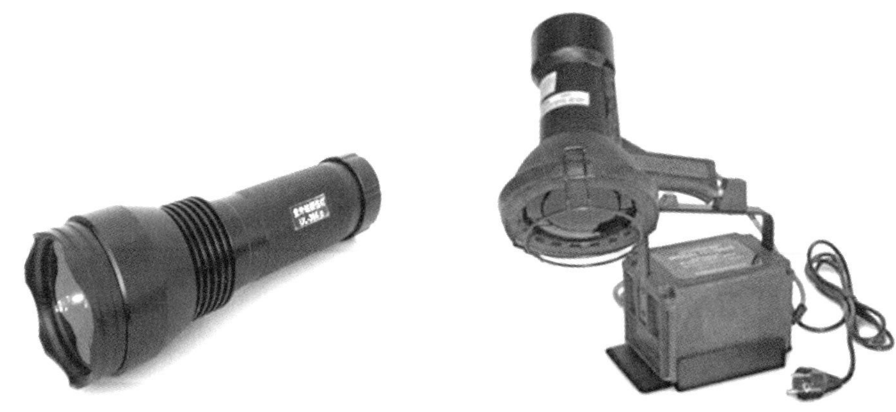

图 5-34　黑光灯

使用黑光灯时应注意：

（1）使用时，应尽量减少不必要的开关次数。黑光灯点燃并稳定工作后，石英内管中的水银蒸气压力很高，如在这种状态下关闭电源时，则在断电的瞬间，镇流器上产生一个阻止电流减小的反电动势，这个反电动势加到电源的电压上，使两主电极之间的电压高于电源电压，由于此时管内水银蒸气压力很高，会造成高压水银蒸气弧光灯处于瞬时击穿状态，从而缩短灯的使用寿命。

每断电一次，灯的寿命大约缩短 3 h，为减小镇流器这一副作用，要尽量减少不必要的开关次数。通常每班只开关一次，即黑光灯开启后，直到本班不再使用时将其关闭。

（2）在使用过程中，黑光灯的黑光辐射照度会不断降低，或出现强度变化的情况，为保证检测灵敏度，必须对黑光灯进行定期的校验。产生强度降低或变化的主要原因是：

1）黑光灯本身的质量差异。不同的黑光灯，其输出功率可能不相同，即使同一制造厂所生产的黑光灯，其输出功率也可能各不相同，两个灯泡本身的输出功率之差可高达50%。

2）黑光灯所输出的功率与所施加的电压成正比，额定电压为100 V的灯泡在120 V时可得到理想的输出功率，当电压下降至105 V时，输出功率下降约20%。

3）随着使用时间的不断增加，黑光灯的输出功率不断降低，黑光灯在接近寿命终点时，输出功率可能下降至新灯的25%。使用寿命是制造厂标定的，但实际使用时，由于开关次数的增加会大大降低黑光灯的使用寿命，加之灯泡装在灯罩和滤光片中，散热条件差，也使实际使用寿命降低。

4）黑光灯上集积的灰尘将严重地降低黑光灯的输出功率。灰尘积聚严重时，会使输出功率降低一半。

5）黑光灯的使用电压超过额定电压时，寿命会下降。例如额定电压110 V的黑光灯，电压增加到125 ～ 130 V时，每点燃1 h，寿命会减少48 h。

六、渗透检测测量仪器

渗透检测常用的测量设备及仪器有：黑光辐射照度计、黑光照度计、白光照度计及荧光亮度计等。下面介绍前3种。

应该指出，作为无损检测单位，应用荧光渗透检测方法时，白光照度计和黑光辐射照度计是必须配备的检测辅助器具；应用着色渗透检测方法时，白光照度计是必须配备的检测辅助器具。

1. 白光照度计

白光照度计用于测定被检工件表面白光照度值，如图5-35所示。

着色渗透检测操作过程和观察缺陷痕迹显示时，工件表面都需要一定的白光照度；荧光渗透检测操作过程和观察缺陷迹痕显示时，则需要控制暗室的白光照度，以提高缺陷迹痕显示的可见度。国内外渗透检测工艺方法标准，对着色渗透检测被检工件表面的可见光照度提出了要求，对荧光渗透检测暗室的白光照度提出了控制要求。

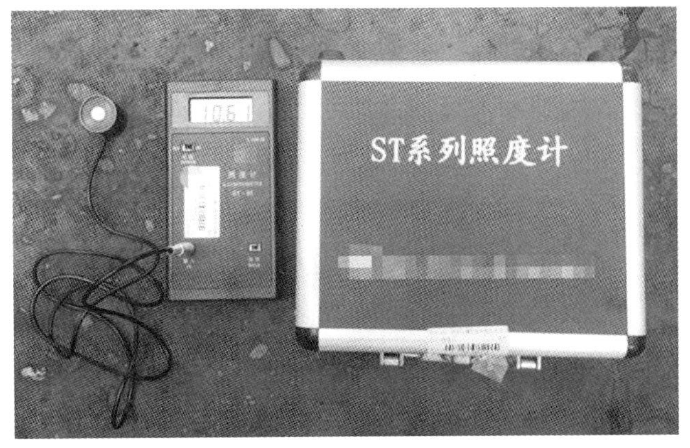

图5-35 白光照度计

常用于渗透检测的白光照度计型号有：ST-85型自动量程照度计和ST-85C型照度计。量程是0 ～ 199 900 lx，分辨力为0.1 lx。白光照度计的量程上限一般应低于2 500 lx。

2. 黑光辐射照度计

黑光辐射照度计用于校验黑光源性能和测定被检工件表面黑光辐射照度。

荧光渗透检测操作过程和观察缺陷迹痕显示时，工件表面都需要一定的黑光辐射照度。

被检工件表面的黑光辐射照度，是荧光渗透检测操作评定缺陷痕迹显示的质量保证。国内外荧光渗透检测工艺方法标准，对观察被检工件表面的黑光辐射照度都提出了不同的要求，例如自显像荧光渗透检测时，被检工件表面的黑光辐射照度不同于一般的荧光渗透检测工艺要求。

黑光辐射照度计的波长范围为 320 ～ 400 nm，峰值波长为 365 nm，量程上限一般不应低于 3 000 μW/cm^2。如图 5-36 所示。

3. 黑光照度计

黑光照度计用于测定被检工件表面黑光照度值。它通常采用间接测量法，以照度值 lx 为刻度。它是将黑光辐射到荧光板上，转换为黄绿色荧光（可见光）后进行测量。也可用于比较两种荧光渗透剂的亮度。

渗透检测测定被检工件表面黑光辐射照度，通常用黑光辐射照度计。黑光照度计已经不常使用。

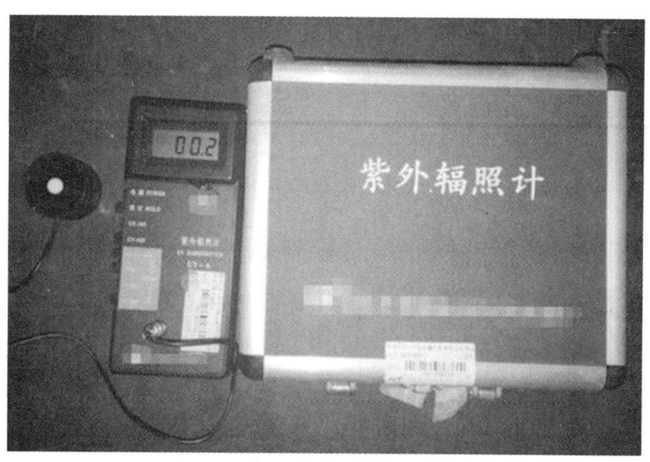

图 5-36　黑光辐射照度计

复习思考题

1. 渗透剂的优劣是由什么物理性能决定的？
2. 决定液体渗透能力的最重要参数是什么？
3. 进行着色渗透检测时，缺陷迹痕显示如何呈现？
4. 进行奥氏体不锈钢和钛合金材料的渗透检测时，有何要求？
5. 便携式渗透检测器材中一般不包括哪些材料？
6. 哪种方法不需要使用电源？

第四节 渗透检测方法及工艺操作

一、渗透检测方法

渗透检测方法主要可分为水洗型渗透检测法、亲水后乳化型渗透检测法、亲油后乳化型渗透检测法和溶剂去除型渗透检测法 4 种。

二、渗透检测方法选择

每一种渗透检测方法均有自己的优缺点，选择具体检测方法时，首先应考虑检测灵敏度的要求，预期检出的缺陷类型和尺寸，还应根据工件的大小、形状、数量、工件表面的粗糙度，以及现场的水、电、气的供应情况、检验场地的大小和检测费用等因素综合考虑。

在上述因素中，对灵敏度和检测费用的考虑最为重要。只有足够的灵敏度才能确保产品的质量，但这并不意味着在任何情况下都选择最高灵敏度的检验方法，例如，对表面粗糙的工件采用高灵敏度的渗透剂，会使清洗困难，造成背景过深，甚至会造成虚假显示和掩盖显示，以致达不到检验的目的。而且灵敏度高的检验，其检验费用往往也高，因此，灵敏度要与检测技术要求和检测费用等综合考虑。

在进行某一项渗透检测时，所用的检测材料应选用同一制造厂家生产的产品，应特别注意不要将不同厂家生产的产品混合使用，因为制造厂家不同，检测材料的成分也不同，若混合使用时，可能会出现化学反应而造成灵敏度下降。经过着色渗透检测的工件，需进行彻底清洗，方可进行荧光渗透检测，否则，缺陷中残存的着色渗透剂染料会减小荧光染料的发光亮度。

对给定的工件，采用合适的显像方法，对保证检测灵敏度非常重要。比如光洁的工件表面，干粉显像剂不能有效地吸附在工件表面上，因而不利于形成显示，故采用湿式显像比干粉显像好；相反，粗糙的工件表面则适于采用干粉显像。采用湿式显像时，显像剂可能会在拐角、孔洞、空腔、螺纹根部等部位积聚而掩盖显示。溶剂悬浮显像剂对细微裂纹的显示很有效，但对浅而宽的缺陷显示效果则较差。

三、渗透检测工艺操作

不同类型的渗透剂，不同的表面多余渗透剂的去除方法与不同的显像方式，可以组合成多种渗透检测方法。即使这些方法之间存在不少的差异，但无论何种方法，都是按照 8 个基本步骤进行的。这 8 个基本步骤是：预清洗、渗透、去除表面多余渗透剂、干燥、显像、检验、无损检测记录和后处理。

1. 表面准备和预清洗

渗透检测操作最重要的要求是使渗透剂能最大限度渗入工件表面开口缺陷中，以使检验人员能够在清晰的本底下识别出缺陷，工件表面的污染物将严重影响这一过程。

预清洗是渗透检测的第一道工序。在渗透检测器材合乎标准要求的条件下，预清洗是保证渗透检测成功的关键。

对局部检测的工件，表面准备及预清洗的范围应比要求检测的部位大。《承压设备无损检测　第 5 部分：渗透检测》(NB /T 47013.5— 2015) 规定，表面准备及预清洗范围应从检测部位四周向外扩展 25 mm。常用清理工具如图 5-37 所示。

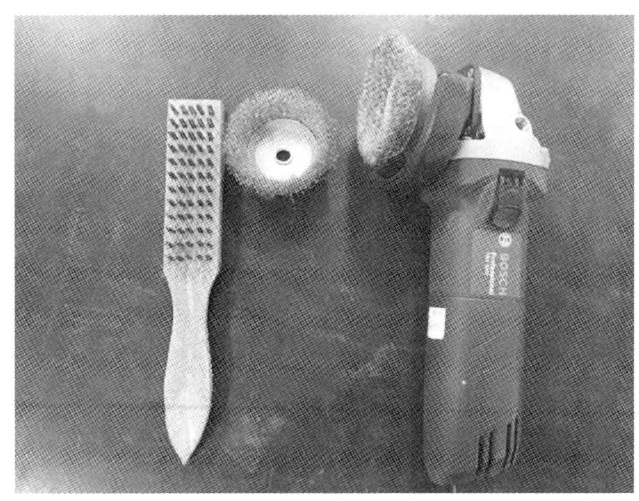

图 5-37　常用清理工具

2. 渗透

渗透操作的目的是要把渗透剂覆盖在被检工件的检测表面上，让渗透剂能充分地渗入到表面的缺陷中。如图 5-38 所示。

基本要求：一是要将渗透剂覆盖在被检工件的检测表面上；二是要保证在整个渗透时间内，检测表面一直处于润湿状态。

施加渗透剂的常用方法有浸涂法、喷涂法、刷涂法和浇涂法，可根据工件的大小、形状、数量和检查的部位来选择。

渗透时间的长短应根据工件和渗透剂的温度、渗透剂的种类、工件种类、工件的表面状态、预期检出的缺陷大小和缺陷的种类来确定。

渗透时间要适当，不能过短，也不宜太长，时间过短，渗透剂渗入不充分，缺陷不易检出；如时间过长，渗透剂易干涸，清洗困难，灵敏度低，工作效率也低。

《承压设备无损检测　第 5 部分：渗透检测》(NB/T 47013.5—2015) 规定，温度在 10 ～ 50 ℃范围时，渗透剂持续时间一般不应少于 10 min。温度在 5 ～ 10 ℃范围时，渗透剂持续时间一般不应少于 20 min 或者按照说明书进行操作。对某些微小的裂纹，例如应力腐蚀裂纹，所需的渗透时间较长，有时甚至可达几小时。

图 5-38 渗透

3. 去除表面多余渗透剂

这一操作步骤的目的是将被检工件表面多余的渗透剂去除干净（如图 5-39 所示）。在理想状态下，应当全部去除工件表面多余的渗透剂而保留已渗入缺陷中去的渗透剂，但实际上，这较难做到，故检测人员应根据检查的对象，尽力改善工件表面的信噪比，提高检测的可靠性，多余渗透剂去除的关键是保证不过度清洗而又不能清洗不足，这一步骤在一定的程度上需凭操作者所掌握的经验。

图 5-39 去除表面多余渗透剂

4. 干燥

干燥（如图 5-40 所示）处理的目的是除去工件表面的水分。干燥的时机与表面多余渗透剂的清除方法和所使用的显像剂密切相关。

原则上，当采用溶剂去除工件表面多余的渗透剂时，不必进行专门的干燥处理，只需自然干燥 5 ～ 10 min 即可。用水清洗的工件，如采用干粉显像或非水基湿显像剂（如溶剂悬浮型湿显像剂），则在显像之前，必须进行干燥处理。若采用水基湿显像剂(如水悬浮型显像剂），水洗后直接显像，然后再进行干燥处理。

干燥时，应注意温度不宜过高，时间也不宜过长，否则会将缺陷中的渗透剂烘干，造成施加显像剂后，缺陷中的渗透剂不能回吸到工件表面上来，从而不能形成缺陷显示。允许的最高干燥温度与工件的材料和所用的渗透剂有关。《承压设备无损检测　第 5 部分：渗透检测》（NB/T 47013.5—2015）标准规定，干燥时，被检件的温度不得高于 50 ℃，干燥的时间通常为 5 ～ 10 min。

图 5-40　干燥

5. 显像

显像过程是指在工件表面施加显像剂（如图 5-41 所示），显像剂的细微颗粒形成不规则毛细管，缺陷中的渗透剂在上述不规则毛细管中上升并扩展，从而形成清晰可见的缺陷迹痕显示图像的过程。显像时间不能太长，也不能太短，显像时间太长，会造成缺陷的显示被过度放大，使缺陷图像失真，降低分辨力；而时间过短，缺陷内的渗透剂还没有被吸附出来形成缺陷显示，将造成缺陷漏检。

原则上，显像时间取决于显像剂和渗透剂的种类、缺陷大小以及被检件的温度。当被检件的温度在 10 ～ 50 ℃范围内，显像时间一般控制在 10 ～ 60 min 为宜。

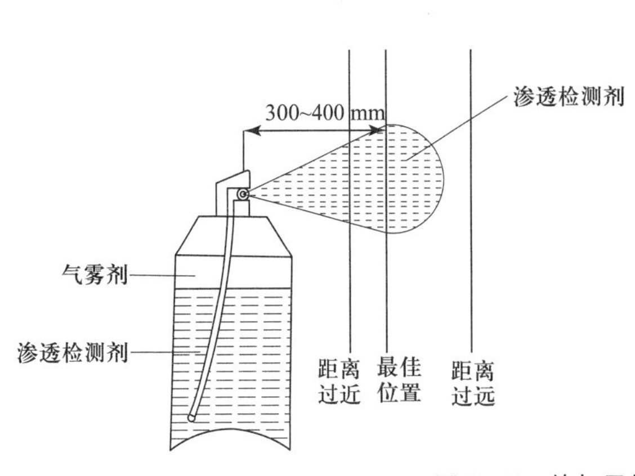

图 5-41　施加显像剂

6. 检验

显像以后要进行检验，对显示应判别其真伪，对判定为缺陷的显示，还应测定其位置、尺寸等，如图 5-42 所示。

图 5-42 缺陷尺寸定位

《承压设备无损检测 第 5 部分：渗透检测》(NB/T 47013.5—2015) 规定，观察显示应在干粉显像剂施加后或湿式显像剂干燥后开始，在显像时间内连续进行。如显示的大小不发生变化，则可超过上述时间。

着色渗透检测应在白光下进行，显示为红色图像。在被检工件表面上的白光照度应不少于 500 lx。试验测定：80 W荧光灯管在距光源 1 m 处时照度即约为 500 lx。

荧光渗透检测应在暗室内的紫外灯下进行观察，显示为明亮的黄绿色图像。为确保足够的对比度，要求暗室应足够暗，室内白光强度不应超过 20 lx。被检工件表面的黑光辐射照度应不低于 1 000 $\mu W/cm^2$。

缺陷显示记录可用照相、录像、可剥塑料薄膜等一种或数种方式记录，同时标示于草图上。

7. 无损检测记录

无损检测记录至少应包含以下内容：

（1）记录编号。

（2）依据的操作指导书名称或编号。

（3）检测技术要求。执行标准和合格级别。

（4）检测对象。承压设备类别，检测对象的名称、编号、规格尺寸、材质和热处理状态、检测部位和检测比例、检测时的表面状态、检测时机。

（5）检测设备和器材。名称、规格型号和编号。

（6）检测工艺参数。

（7）检测示意图。

（8）原始检测数据。

（9）检测数据的评定结果。

（10）检测人员。

（11）检测日期和地点。

无损检测记录应真实、准确、完整、有效，并经相应责任人员签字认可。

无损检测记录的保存期应符合相关法规标准的要求，且不得少于 7 年。7 年后，若用户需要，可将原始检测数据转交用户保管。

不同单位的记录模板可能稍有差异，但本单位模板一旦形成，不能随意更改。

8. 后处理

渗透检测完毕后，在工件表面上，仍然残留显像剂涂层、渗透剂或其他污物，则可能产生如下危害：

（1）残余渗透剂或显像剂有可能影响后面工序的加工。

（2）残余渗透剂或显像剂有可能影响工件的使用性能。

（3）残余渗透剂或显像剂有可能与使用中的其他因素结合产生腐蚀等。

因此，渗透检测检验后，工件表面上残留的渗透剂和显像剂，原则上都应去除。特别是任何会影响后续工序和对工件使用有影响的残留物更应去除，如图 5-43 所示。

图 5-43　后处理

下面仅以溶剂去除型着色渗透法溶剂悬浮显像为例归纳操作步骤，见表 5-3。

表 5-3　　悬浮显像操作步骤

序号	图形	操作要点及说明
1. 灵敏度校验	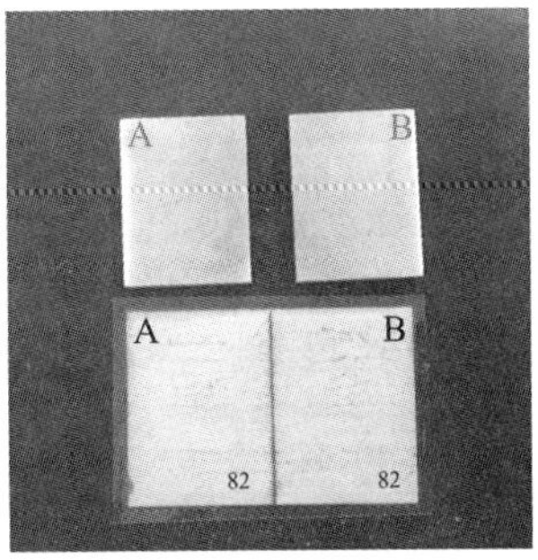 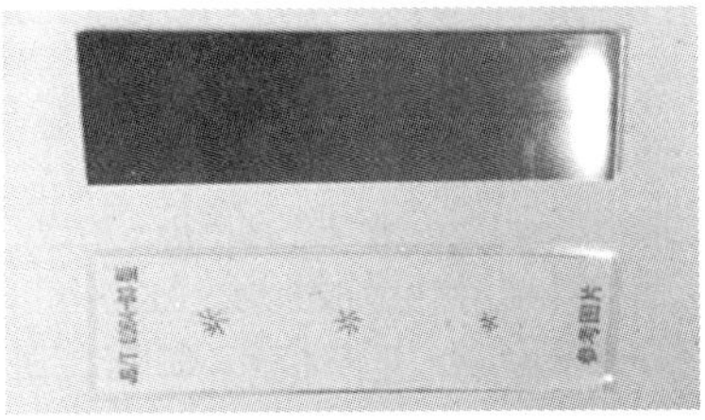	（1）操作指导书在首次应用前应进行工艺验证 （2）使用新的渗透检测剂、改变或替换渗透检测剂类型或操作规程时，实施检测前应用镀铬试块校验渗透检测系统灵敏度及操作工艺正确性 （3）一般情况下，每周应用镀铬试块检验渗透检测系统灵敏度及操作工艺正确性。检测前、检测过程或检测结束认为必要时应随时校验 （4）A 型试块做非标温度试验，B 型试块做系统灵敏度校验
2. 表面预处理	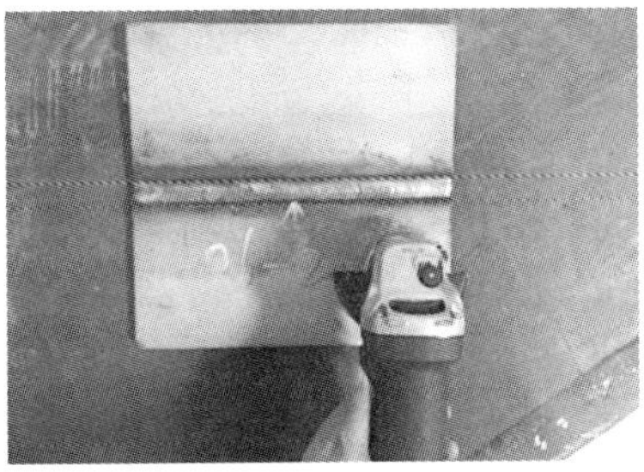 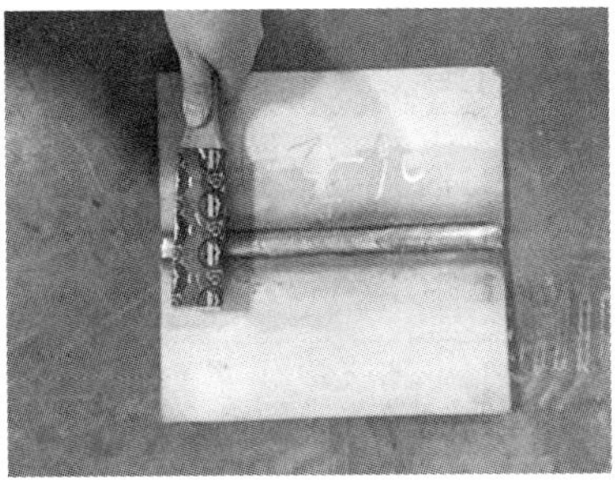 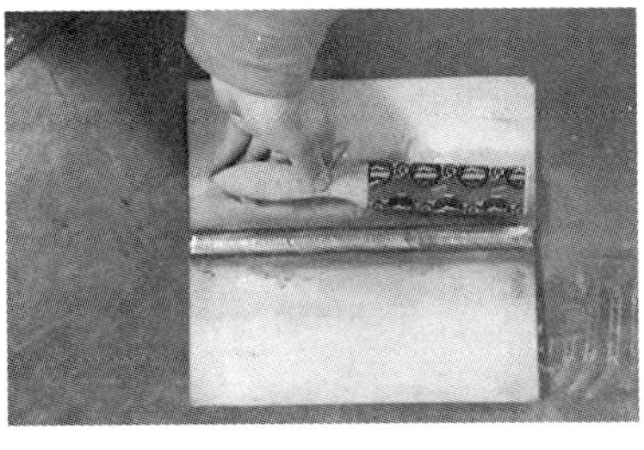	（1）工件被检表面不得有影响渗透检测的铁锈、氧化皮、焊接飞溅物、铁屑、毛刺以及各种防护层 （2）局部检测时，准备工作范围应从检测部位四周向外扩展 25 mm

续表

序号	图形	操作要点及说明
3. 施加渗透剂		（1）应保证被检部位完全被渗透剂覆盖，并在整个渗透时间内保持湿润状态 （2）在整个检测过程中，渗透检测剂的温度和工件表面温度应该在 5 ～ 50 ℃的温度范围，在 10 ～ 50 ℃的温度条件下，渗透剂持续时间一般不应少于 10 min；在 5 ～ 10 ℃的温度条件下，渗透剂持续时间一般不应少于 20 min 或者按照说明书进行操作。当温度条件不能满足上述条件时，应按有关规定对操作方法进行鉴定
4. 去除表面多余渗透剂	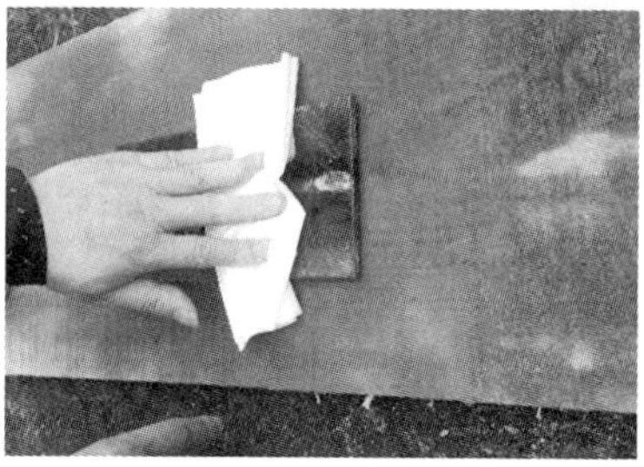 	一般应先用干燥、洁净不脱毛的布依次擦拭。直到大部分多余渗透剂被去除后，再用蘸有清洗剂的干净不脱毛布或者纸进行擦拭，直至将被检面上多余的渗透剂全部擦净，但应注意，不得往返擦拭，不得用清洗剂直接在检测面上冲洗
5. 施加显像剂		（1）在使用前应充分搅拌均匀。显像剂施加应薄而均匀 （2）喷涂显像剂时，喷嘴离被检面距离 300 ～ 400 mm，喷嘴方向与被检面夹角为 30° ～ 40° （3）显像时间取决于显像剂种类、需要被检的缺陷大小以及被检工件温度等，一般应不小于 10 min，且不大于 60 min
6. 观察、记录、评定	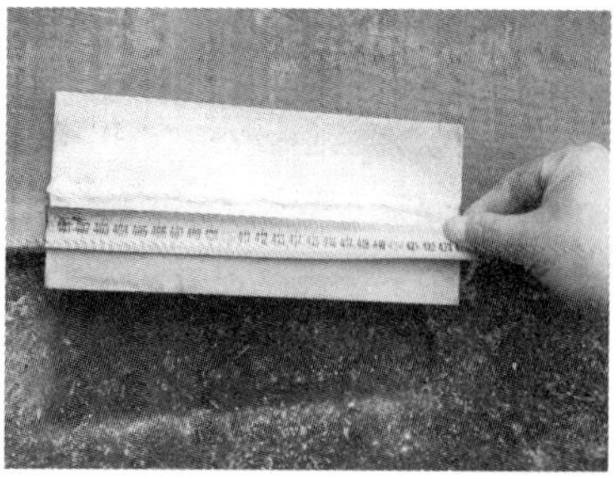	（1）观察显示应该在溶剂悬浮显像干燥后开始，在显像时间内连续进行 （2）着色渗透检测时，缺陷显示的评定应在可见光下进行，通常工件被检面处可见光照度应大于或等于 1 000 lx；当现场采用便携式设备检测，由于条件所限无法满足时，可见光照度可适当降低，但不能低于 500 lx （3）可用下列一种或数种方式记录：照相、录像、可剥性塑料薄膜等。同时标示于草图上 （4）按 NB/T 47013.5—2015 的规定评定

续表

序号	图形	操作要点及说明
7. 后处理		（1）工件检测完毕应进行后清洗，以去除对后序使用或对材料有害的残留物 （2）物料堆放规范、整齐、5S 文明施工 （3）做到工完料尽场地清

复习思考题

1. 渗透检测时，通常需要考虑零件的哪些特性？
2. 选择渗透检测方法的原则是什么？
3. 选择具体渗透检测方法，应考虑的因素有哪些？
4. 渗透检测，按以下哪些原则选择渗透剂？
5. 检验精铸涡轮叶片上非常细微的裂纹，应使用什么渗透剂？
6. 普通照明条件下的渗透检测应采用的渗透剂是什么？

第五节 质量控制与安全防护

一、质量控制

渗透检测是检查表面开口缺陷的一种无损检测方法，被大量用于工件、部件、产品或材料质量的检查。渗透检测本身的工作质量的可靠性，在一定程度上决定了产品的安全使用的可靠性，即渗透检测体系的可靠性是保证产品安全使用的重要条件之一。很显然，如果渗透检测体系本身不可靠，产品有缺陷甚至有危险缺陷，虽然经过渗透检测，也可能发现不了。这样，渗透检测工作本身就失去其意义，更为严重的是，产品的安全使用可靠性就无保障，就可能在使用过程中出现失效，甚至出现破坏。

渗透检测体系主要包括渗透检测人员、渗透检测设备和材料、渗透检测工艺方法和渗透检测检验环境五个方面，简称“人”“机”“料”“法”和“环”。渗透检测的质量管理也主要就是对这五个方面进行控制管理。下面仅以溶剂去除型着色渗透溶剂悬浮显像剂为例给大家讲解操作失误对质量控制的影响，见表 5-4。

表 5-4　　操作失误对质量控制的影响

序号	图片	操作失误及说明
1. 灵敏度校验	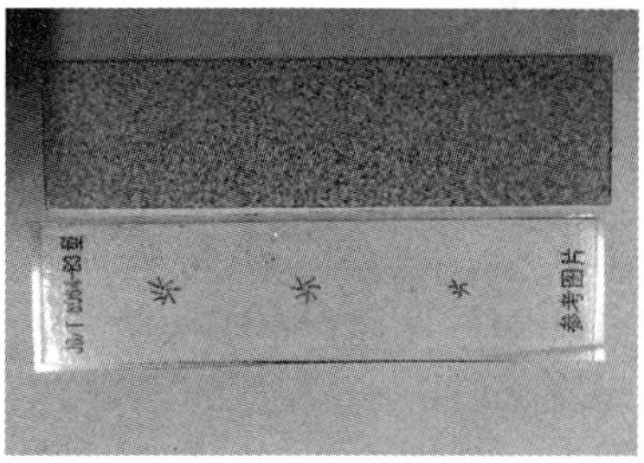	灵敏度试块缺陷显示区域、数量、长度与灵敏度试块标准图谱不一致 有缺陷显示，但未达到灵敏度要求，灵敏度校验不合格
2. 施加渗透剂	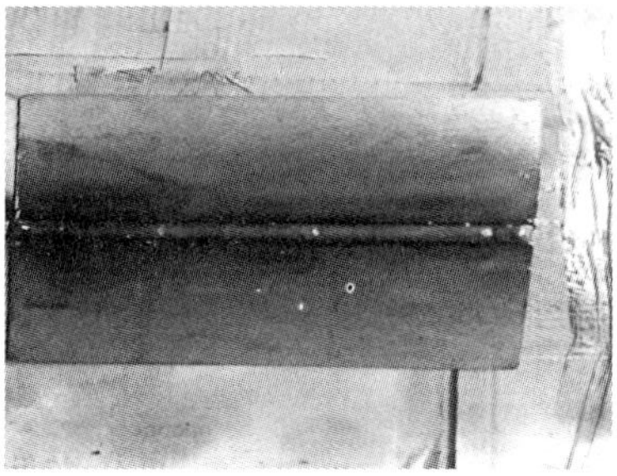	喷涂渗透剂时，喷嘴与被检工件距离过远 浪费材料、污染环境、影响去除效率
		施加渗透剂在渗透时间内未保持湿润。可能影响缺陷的检出
3. 去除表面多余渗透剂	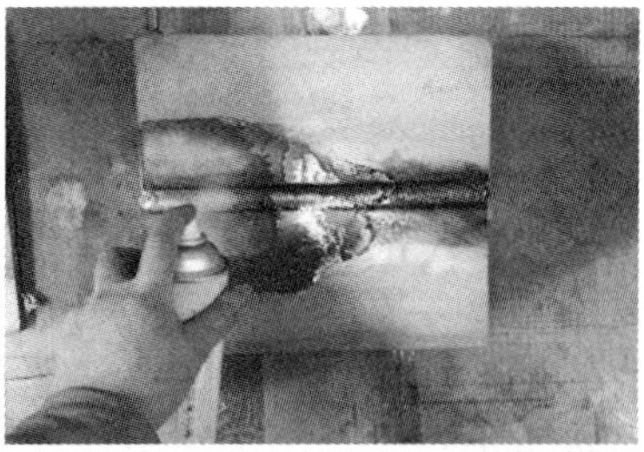	去除被检工件表面渗透剂时直接用清洗剂冲洗被检表面，可能会导致过度清理、缺陷漏检
		被检工件表面渗透剂清理欠佳，背景太深，给缺陷评定带来困难

续表

序号	图片	操作失误及说明
3. 去除表面多余渗透剂	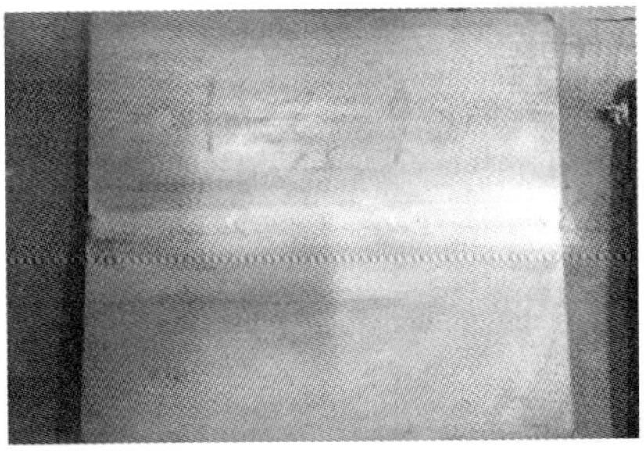	被检工件表面过度清理，可能造成缺陷漏检
		去除被检工件表面多余渗透剂不仅仅是被检区域，否则会造成红白红界面，试件卷面不整洁
4. 加显像剂		施加显像剂时角度不对、喷涂方向与被检面的夹角末达到 30°～40°，导致被检表面末能全部喷涂上显像剂，可能造成缺陷漏检
	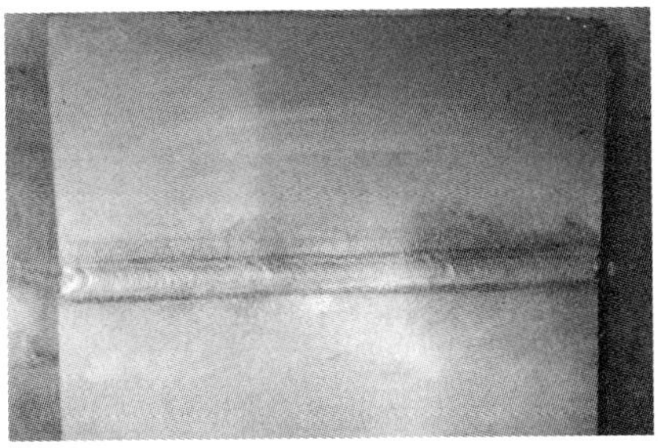	施加显像剂时距离过远、导致显像剂粉末末完全覆盖被检工件金属表面，可能造成缺陷漏检
	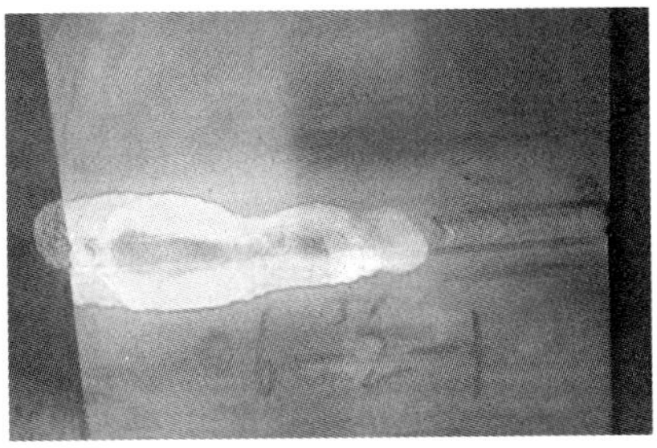	施加显像剂时距离过近。气雾剂未把固体显像剂粉末分散开，可能造成细微缺陷漏检

续表

序号	图片	操作失误及说明
5. 观察、记录、评定		观察记录不及时导致缺陷显示扩散，可能造成缺陷漏检
6. 后处理		未进行后处理，可能对后序工序造成影响或残留有害物质，环境脏、乱、差。不利于 5S 及清洁文明，可能造成安全风险

二、安全防护

除公共安全防护及工作场所安全以外，还应遵守安全防护要求。

1. 防火安全

渗透检测所使用的检测材料，除干粉显像剂、乳化剂以及喷罐内使用的氟利昂气体是不燃物质外，其余大部分是可燃性有机溶剂，如煤油、酒精、丙酮等。因此使用这些可燃性的渗透检测材料时，一定要和使用普通油类或有机溶剂一样，在储存和使用过程中，都应采取必要的防火措施。

（1）储存渗透检测材料的防火安全措施

1）储装渗透剂的容器应加盖密封。

2）储存地点应远离热源、烟火，避免阳光直接照射，应储存在冷暗处。

3）严禁将压力喷罐存放于高温处。因为罐内气雾剂的压力随温度的升高而增大，有发生爆炸的危险。

（2）工作场所的防火安全措施。使用可燃性渗透检测材料时，要充分注意防火，因此，操作现场应做到文明整洁，具有切实可行的防火措施。应严格执行如下防火措施：

1）工作场所应备有专人管理的灭火器，以供必要时使用。

2）工作场所与渗透检测材料储存室应分开。工作场所应尽量避免存储大量的渗透检测材料。

3）盛装渗透检测材料的容器应加盖，并尽量密封。对于挥发性大的物质，如着色清洗剂、显像剂等易挥发的物质，使用后应密封保管。

4）避免阳光直射盛装渗透检测材料的容器，特别是压力喷罐，更应注意。

5）避免在火焰附近及高温环境下操作，特别是压力喷罐，如温度超过 50 ℃，更应特别注意，操作现场禁止明火存在。

6）当环境温度较低时，压力喷罐内的压力会降低，喷雾将减弱且不均匀。此时，可将其放于 30 ℃以下的温水中加温，然后再使用。但绝不允许将压力喷罐直接放在火焰附近进行加温，以免发生爆炸。

2. 职业健康

（1）渗透检测材料对人体健康的危害。渗透检测中使用的有机溶剂，有些会对人体造成毒害。例如：苯和苯的衍生物，大多有一定的毒性，其中以苯和硝基苯的毒性最大；四氯化碳、三氯乙烯、二氯乙烷、甲醇等都有较强的毒性。还有一些化学试剂，例如丙酮、松节油、乙醚等，对人有刺激和麻醉作用，属低毒性的溶剂。还有一些试剂，例如火棉胶，本身基本无毒，但如遇明火燃烧，则可生成极毒的氢氰酸和过氧化氮气体。渗透剂如果粘在皮肤上，有可能引起斑疹。

除化学试剂外，染料和显像剂的粉尘在空气中超过一定的浓度，人们吸入后也引起呼吸道黏膜的炎症，例如鼻炎、咽炎、支气管炎等，长期吸入会造成矽肺。

当渗透检测材料沾染到人的皮肤时，由于皮肤上的油脂会被渗透检测材料溶解而去除，时间久了会引起皮肤发炎和疼痛。

渗透检测中，毒性造成的人体中毒，以慢性中毒最多，且多属累积性毒性。因此，采取积极的安全防护措施是十分必要的。

（2）强紫外线辐射对人体健康的危害。荧光渗透检测中所使用的黑光，是高压水银弧光灯的光辐射中滤出的长波紫外线。

众所周知，紫外线会产生物理、化学及生物效应。紫外线所产生的各种生理效应明显与波长有关，波长小于 330 nm 的短波紫外线对人体是有害的。而用于荧光渗透检测的长波紫外线（波长 330 ～ 450 nm）则不会引起晒黑或其他严重后果。

眼球受到黑光的照射后，眼球会发出荧光，导致眼球荧光效应，使视力变得模糊，还会产生其他不舒适的感觉。若长期暴露在黑光下，因受到刺激会引起头痛，极端情况下甚至会引起恶心。然而，在一般情况下是无害的，且这种现象不是长期效应。

如果滤光片或屏蔽罩破裂，那些波长小于 330 nm 的短波紫外线泄漏出来，受到短波紫外线辐射的工作人员的眼睛就有可能患角膜炎及光结膜炎。这种病症类似于“雪盲症”。开始时，感到眼睛有“沙粒”，对光过敏及流泪，并有可能发展到暂时失明。这种症状通常在接触短波紫外线辐射后的 6 ～ 12 h 出现，并延续到 12 ～ 24 h，一般在 48 h 后又会消失。这种症状无累积效应，因此，黑光滤光片或屏蔽罩一旦破裂失效，就不得再投入使用。

（3）有毒化学药品对人体危害的途径。有毒化学药品对人体的毒害大致有三种途径：

1）经呼吸道进入人体，在肺泡中进行交换，渗入血液而进入全身，引起人体机能失调和障碍。该类毒物一般以气态、烟雾、粉尘状态污染操作场所的空气而危害人体。

2）经消化道进入人体，由肠胃吸收而运至全身。这类中毒一般是由于误食毒物或因毒物污染饮食器具而造成的。

3）经人体皮肤渗透进入人体。这种中毒是由于接触某些渗透力极强的药品后才能引起。

（4）卫生安全防护措施

1）在不影响渗透检测灵敏度，满足零件技术要求的前提下，尽可能采用低毒配方来代替有毒和高毒的配方。

2）采用先进技术，改进渗透检测工艺和完善渗透检测设备，特别是增设必要的通风装置，降低操作场所空气中有毒物质或臭氧的浓度。

3）严格遵守操作规程，正确使用个人防护用品，例如口罩、防毒面具、橡皮手套、防护服和涂敷皮肤的防护膏等。

复习思考题

1. 大多数渗透检测材料中含有可燃性物质，操作时如何注意防火？
2. 着色渗透剂的存放位置有何要求？
3. 渗透检测材料对操作者产生的影响是什么？
4. 荧光渗透检测使用的黑光灯，会对人体哪些部位产生永久性伤害？
5. “眼球荧光”对渗透检测人员的眼睛的影响是什么？
6. 渗透检测中，哪种防护措施是不适用的？
7. 直接对着黑光灯看会对眼睛造成什么损伤？
8. 渗透检测中的安全措施有哪些？
9. 无滤光片的黑光灯发出的哪种光线会伤害人眼？

附录 1：特种设备法规标准体系

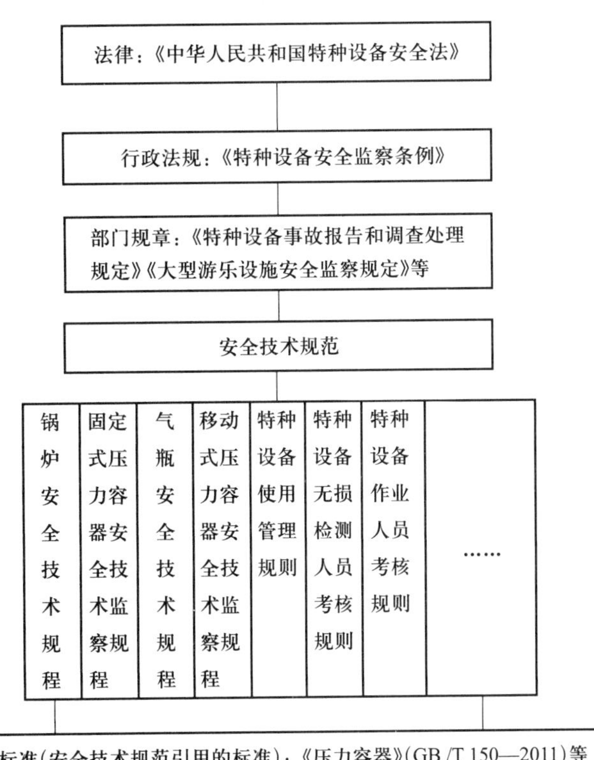

附录 2：承压类特种设备法规及主要安全技术规范目录（I 级人员相关）

1.《中华人民共和国特种设备安全法》（中华人民共和国主席令第 4 号，2014 年 1 月 1 日实施）

2.《特种设备安全监察条例》（2003 年国务院令第 549 号，2009 年 1 月 14 日修订，2009 年 5 月 1 日实施）

3.《特种设备目录》（2014 版）

4.《特种设备无损检测人员考核规则》（TSG Z8001—2019）

5.《固定式压力容器安全技术监察规程》（TSG 21—2016）

6.《锅炉安全技术规程》（TSG 11—2020）

7.《压力管道安全技术监察规程—工业管道》（TSGD 0001—2009）

……

附录 3

平板对接焊缝射线检测操作指导书（仅供参考）

编号：

产品编号	1#	工艺规程 / 版本号	RTGY-2020	指导书编号	RTZD-2021-001
产品名称	焊缝试板	产品材质	Q345R	焊接方法	手工电弧焊
产品规格	300 mm × 8 mm	热处理状态	/	检测时机	焊后，目视合格
执行标准	NB/T 47013.1、2—2015	检测技术等级	AB	验收标准 / 合格级别	NB/T 47013.2—2015/II 级
探伤机型号	XXQ2005	设备类别	X 射线机	焦点尺寸	2 mm × 2 mm
像质计型号	10 FE JB	应识别像质计丝号	13	增感屏材质 / 厚度	Pb 前后屏 /0.03 mm
胶片透照技术	单胶片透照技术	胶片牌号 / 类别	AGFA C7/C5	胶片规格	300 mm × 80 mm
暗室处理方法	手工冲洗方式	底片观察技术	单底片观察评定	底片黑度	2.0 ≤ D ≤ 4.5
显影液配方	AGFA 配方	显影温度 / 时间	20 ± 2℃ /5 min	工艺验证	已验证

焊缝编号	焊缝长度（mm）	检测比例（%）	透照厚度 W（mm）	透照方式	焦距 f（mm）	一次透照长度(mm)	透照次数 N	管电压（kV）	曝光量（mA · min）
1#	300	100	8	纵缝单壁外透	700	300	1	120	15

透照布置示意图（请用图示画出射线源、胶片、像质计、定位标记的摆放位置要求）

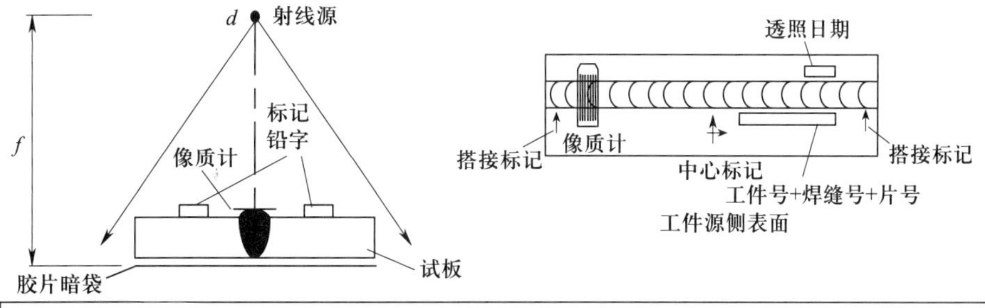

技术要求及说明

1. 像质计置于射线源侧，横跨焊缝，在试板焊缝长度的 1/4 处。
2. 检测范围包括焊缝金属及相对于焊缝边缘至少为 5 mm 的相邻母材区域。
3. 识别标记和定位标记放置于源侧，且距焊缝边缘至少 5 mm 以上。
4. 现场设置控制区和监督区，设置警告标记，并派专人值守。
5. 操作人员劳动防护用品穿戴整齐，并配备射线报警仪和佩戴个人计量牌。
6. 应按照现场操作的实际情况详细记录检测过程的有关信息和数据，记录内容应符合 NB/T 47013.1 章节 7.3 和 NB/T 47013.2 章节 8.0 的规定。
7. 初次使用操作指导书应进行工艺验证。
8. 一个片位布片，在焊缝长度中心位置。

编制（资格）：×××（RT-Ⅱ）×××× 年 ×× 月 ×× 日	审核（资格）：×××（RT-Ⅱ）×××× 年 ×× 月 ×× 日

管子对接焊缝射线检测操作指导书（仅供参考）

编号：

产品编号	1#	工艺规程 / 版本号	RTGY-2020	指导书编号	RTZD-2021-001
产品名称	钢管	产品材质	20	焊接方法	手工氩弧焊
产品规格	$\phi57\times4$	热处理状态	/	检测时机	焊后，目视检测合格
执行标准	NB/T 47013.1、2—2015	检测技术等级	AB	验收标准 / 合格级别	NB/T 47013.2—2015/ Ⅱ级
探伤机型号	XXQ2005	设备类别	X 射线机	焦点尺寸	2 mm × 2 mm
像质计型号	10 FE JB	应识别像质计丝号	13	增感屏材质 / 厚度	Pb 前后屏 /0.03 mm
胶片透照技术	单胶片透照技术	胶片牌号 / 类别	AGFA C7/C5	胶片规格	300 mm × 80 mm
暗室处理方法	手工冲洗方式	底片观察技术	单底片观察评定	底片黑度	$1.5\leqslant D\leqslant4.5$
显影液配方	AGFA 配方	显影温度 / 时间	20 ± 2℃ /5 min	工艺验证	已验证

焊缝编号	焊缝长度（mm）	检测比例（%）	透照厚度 W（mm）	透照方式	焦距 f（mm）	平移距离（mm）	透照次数 N	管电压（kV）	曝光量（mA · min）
1#	179	100	8	纵缝单壁外透	700	135	1	140	15

透照布置示意图（请用图示画出射线源、胶片、像质计、定位标记的摆放位置要求）

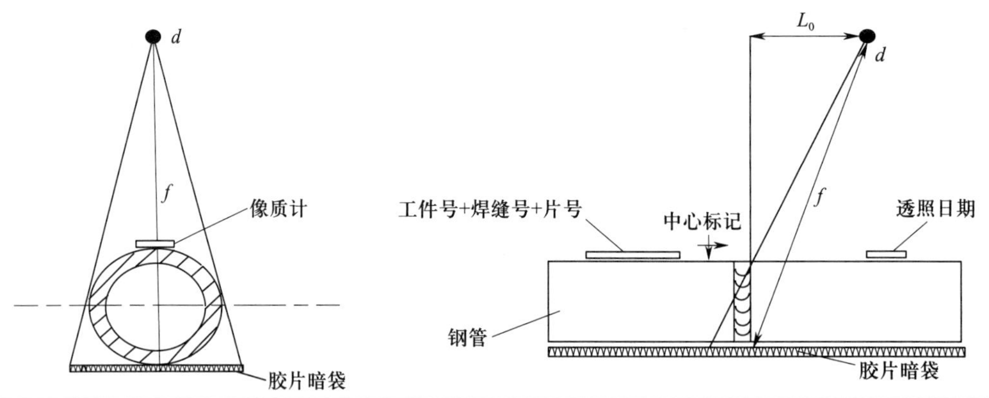

技术要求及说明

1. 像质计置于射线源侧，横跨焊缝，在钢管焊缝中间位置。
2. 检测范围包括焊缝金属及相对于焊缝边缘至少为 5 mm 的相邻母材区域。
3. 识别标记和定位标记放置于源侧，且距焊缝边缘至少 5 mm 以上。
4. 现场设置控制区和监督区，设置警告标记，并派专人值守。
5. 操作人员劳动防护用品穿戴整齐，并配备射线报警仪和佩戴个人计量牌。
6. 应按照现场操作的实际情况详细记录检测过程的有关信息和数据，记录内容应符合 NB/T 47013.1 章节 7.3 和 NB/T 47013.2 章节 8.0 的规定。
7. 初次使用操作指导书应进行工艺验证。
8. 一个片位布片，在焊缝中心位置。

编制（资格）：×××（RT-Ⅱ）×××× 年 ×× 月 ×× 日	审核（资格）：×××（RT-Ⅱ）×××× 年 ×× 月 ×× 日

射线检测记录（仅供参考）

编号：

产品编号	1#	工艺规程 / 版本号	RTGY-2020	指导书编号	RTZD-2021-001
产品名称	焊缝试板	产品材质	Q345R	焊接方法	手工电弧焊
产品规格	300 mm × 8 mm	热处理状态	/	检测时机	焊后，目视合格
执行标准	NB/T 47013.1、2—2015	检测技术等级	AB	验收标准 / 合格级别	NB/T 47013.2—2015/ II 级
探伤机型号	XXQ2005	设备类别	X 射线机	焦点尺寸	2 mm × 2 mm
像质计型号	10 FE JB	应识别像质计丝号	13	增感屏材质 / 厚度	Pb 前后屏 / 0.03 mm
胶片透照技术	单胶片透照技术	胶片牌号 / 类别	AGFA C7 C5	胶片规格	300 mm × 80 mm
暗室处理方法	手工冲洗方式	显影时间	5 min	底片观察技术	单底片观察评定

焊缝编号	焊缝长度（mm）	检测比例（%）	透照厚度 W（mm）	透照方式	焦距 f（mm）	一次透照长度（mm）	透照次数 N	管电压（kV）	曝光量（mA · min）
1#	300	100	8	纵缝单壁外透	700	300	1	120	15

透照布置示意图（请用图示画出射线源、胶片、像质计、定位标记的摆放位置要求）

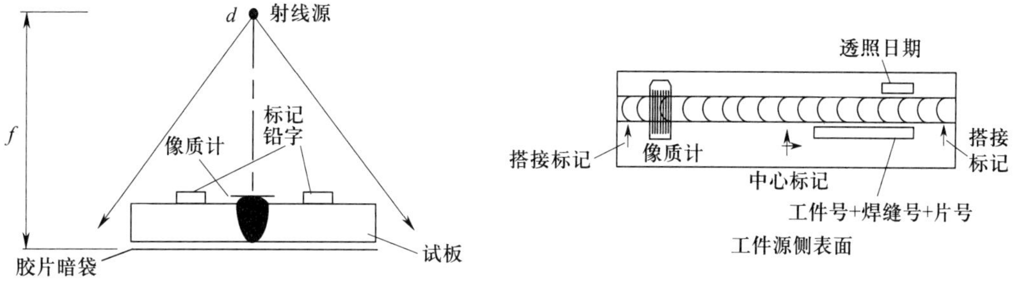

底片评定

序号	底片编号	黑度	灵敏度	缺陷位置	缺陷性质	质量等级
1	1-2	3.1	13		裂纹	不允许
2	2-3	3.2	13		未焊透	不允许

检测（资格）：×××（RT-Ⅱ）×××× 年 ×× 月 ×× 日	审核（资格）：×××（RT-Ⅱ）×××× 年 ×× 月 ×× 日

焊缝超声波操作指导书（仅供参考）

工件	工件名称	×××（如：储罐）	工件编号	×××（GEYHU-11）
	规格	×××（如：D_i2 800 mm×8 000 mm×28 mm）	材料牌号	×××（如：07MnCrMoVR）
	检测部位编号	×××（如：B2，B3）	坡口形式	×××（如：X 型）
	检测时机	■焊后□返修后□机加工后□轧制后□热处理后■打磨后		
	表面状态	×××（如：外观检验合格）	焊接方法	×××（如：半自动焊）
仪器及器材	仪器型号	×××（如：HS620）	耦合剂	×××（如：机油）
	探头型号	1：×××（如：2.5P13×13K2.5） 2：××× 3：×××		
	标准试块	CSK-ⅠA	对比试块	×××（如：CSK-ⅡA-1）
技术要求	检测标准	NB/T 47013.3—2015	检测技术等级	×××（如：B 级）
	合格级别	Ⅰ级	检测面	×××（如：单面双侧）
	检测比例	×××（如：B_2，$B_3$100%）	扫查宽度（范围）和厚度	一次反射波：≥ 1.25P（=1.25×2×28×2.5=175 mm） 直射波：≥ 0.75P (=105 mm) 如：厚度 T=28
	扫查速度	< 150 mm/s		
	扫查灵敏度	评定线，横向缺陷提高 6 dB。如：CSK-ⅡA-1 调节仪器，则分别为 ϕ2×40-18 dB、ϕ2×40-24 dB	表面补偿	实测 dB 或经验
探头测试及扫描线调节	在 CSK-ⅠA 标准试块上测定斜探头的前沿、K 值，调节扫描速度（或在对比试块上，如 CSK-ⅡA-1 等上调节扫描速度）。			
灵敏度校准及说明	在对比试块（如 CSK-ⅡA-1 等）上制作 ϕ2×40 孔的基准线，然后按标准调整判废线、定量线和评定线（以 CSK-ⅡA-1 调节为例，其判废线调整为 ϕ2×40-4 dB，定量线调整为 ϕ2×40-12 dB，评定线调整为 ϕ2×40-18 dB），并将表面补偿值加入三条曲线，即生成三条曲线。调整仪器，使其最大检测深度（2T 或 1T）处评定线位于满屏的 20% 以上，记录此时仪器 dB 值即完成扫查灵敏度设定。平行与斜平行扫查横向缺陷时将灵敏度提高 6 dB。			
扫查方式及说明	粗扫查（锯齿形 + 斜平行），探头的每次扫查覆盖率应大于探头直径的 15%。 缺陷的定位，采用前后、左右基本扫查方式。			
缺陷的记录	1. 达到或超过评定线（以对比试块 CSK-ⅡA-1 调节灵敏度为例，纵向缺陷≥ ϕ2×40-18 dB，横向缺陷≥ ϕ2×40-24 dB）的缺陷。 2. 记录其位置（包括埋藏深度、检测面上的投影位置等）、最大波幅和指示长度。			
不允许的缺陷	1. 波幅达到或超过Ⅰ区的裂纹类危害性缺陷。 2. 波幅在Ⅱ区（以对比试块 CSK-ⅡA-1 调节灵敏度为例，ϕ2×40-12 dB ～ ϕ2×40-4 dB）且指示长度 > 10 ～ 1/3 t 与 30 mm 较小者的单个缺陷。 3. 波幅达到Ⅲ区（以对比试块 CSK-ⅡA-1 调节灵敏度为例，≥ ϕ2×40-4 dB）的缺陷。 4. 任意 9 t mm 长度范围内波幅Ⅱ区缺陷的累计长度≥ t mm。 5. 波幅在Ⅰ区缺陷的长度≥ 50 mm。			

续表

<table>
<tr><td>扫查
示意图</td><td colspan="2">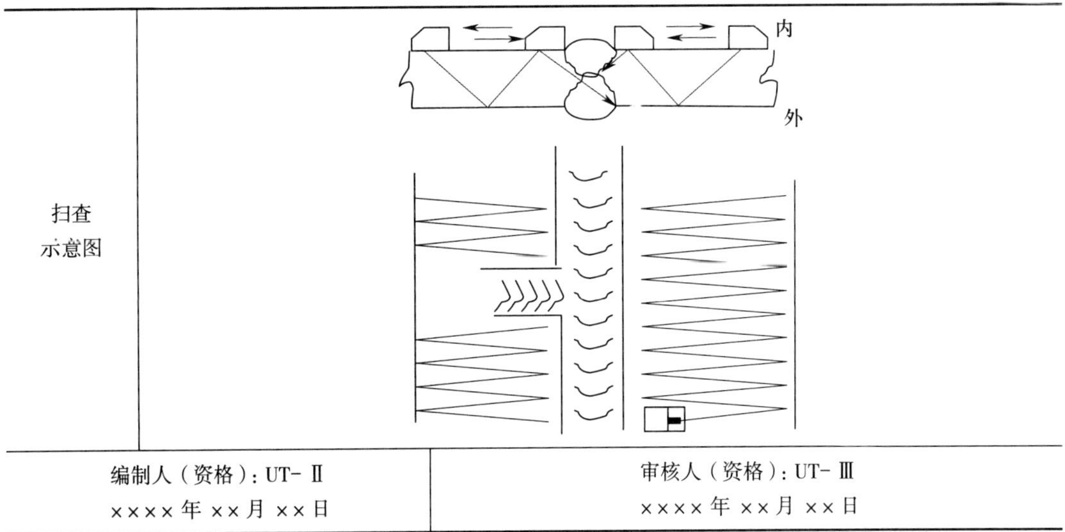
</td></tr>
<tr><td colspan="2">编制人（资格）：UT-Ⅱ
××××年××月××日</td><td>审核人（资格）：UT-Ⅲ
××××年××月××日</td></tr>
</table>

焊缝超声波检测记录（仅供参考）

编号：

检测依据技术要求	检测标准	工艺规程版本号	操作指导书编号	技术等级	验收级别
检测对象	承压设备类别	名称	编号	规格尺寸	材质
	检测部位	检测比例	表面状态	热处理状态	检测时机
检测设备器材	仪器型号及编号	探头编号	探头型号规格	试块型号	耦合剂
检测工艺参数	检测范围、扫查位置	检测比例	扫查方式	检测灵敏度	耦合补偿
					dB

距离—波幅曲线

孔深（mm）								
规则反射体								
评定线								

缺陷序号	始点位置 S1 (mm)	终点位置 S2 (mm)	缺陷指示长度 S2-S1 (mm)	缺陷波幅最大时					评定级别	备注
				最大波幅位置 S3（mm）	缺陷深度 H (mm)	偏离焊缝中心 q (± mm)	缺陷波幅值 A_{max} (SL ± dB)	缺陷所在区域		

检测部位、缺陷位置示意图

检测人员		日期		复核人员		日期	

钢板超声波检测记录（仅供参考）

编号：

<table>
<tr><td rowspan="2">检测依据
技术要求</td><td>检测标准</td><td>工艺规程版本号</td><td>操作指导书编号</td><td>技术等级</td><td>验收级别</td></tr>
<tr><td></td><td></td><td></td><td></td><td></td></tr>
<tr><td rowspan="4">检测对象</td><td>承压设备类别</td><td>名称</td><td>编号</td><td>规格尺寸</td><td>材质</td></tr>
<tr><td></td><td></td><td></td><td></td><td></td></tr>
<tr><td>检测部位</td><td>检测比例</td><td>表面状态</td><td>热处理状态</td><td>检测时机</td></tr>
<tr><td></td><td></td><td></td><td></td><td></td></tr>
<tr><td rowspan="2">检测设备器材</td><td>仪器型号及编号</td><td>探头编号</td><td>探头型号规格</td><td>试块型号</td><td>耦合剂</td></tr>
<tr><td></td><td></td><td></td><td></td><td></td></tr>
<tr><td rowspan="2">检测工艺参数</td><td>检测范围、扫查位置</td><td>检测比例</td><td>扫查方式</td><td>检测灵敏度</td><td>耦合补偿</td></tr>
<tr><td></td><td></td><td></td><td></td><td>dB</td></tr>
</table>

<table>
<tr><td colspan="10">距离—波幅曲线</td></tr>
<tr><td>孔深（mm）</td><td></td><td></td><td></td><td></td><td></td><td></td><td></td><td></td><td></td></tr>
<tr><td>规则反射体</td><td></td><td></td><td></td><td></td><td></td><td></td><td></td><td></td><td></td></tr>
<tr><td>评定线</td><td></td><td></td><td></td><td></td><td></td><td></td><td></td><td></td><td></td></tr>
</table>

缺陷序号	X1（X2）	Y1（Y2）	$\phi5\pm$dB	L（mm）	S（mm）	在任一 1 m × 1 m 面积内超标缺陷个数	备注

检测部位、缺陷位置示意图

检测人员		日期		复核人员		日期	

锻件超声波检测记录（仅供参考）

编号：

检测依据 技术要求	检测标准	工艺规程版本号	操作指导书编号	技术等级	验收级别
检测对象	承压设备类别	名称	编号	规格尺寸	材质
	检测部位	检测比例	表面状态	热处理状态	检测时机
检测设备器材	仪器型号及编号	探头编号	探头型号规格	试块型号	耦合剂
检测工艺参数	检测范围、扫查位置	检测比例	扫查方式	检测灵敏度	耦合补偿
					dB

距离—波幅曲线

孔深（mm）								
规则反射体								
评定线								

缺陷 序号	X （mm）	Y （mm）	H （mm）	L （mm）	B （mm）	SF/S （%）	BG/BF （dB）	A_{max} （ϕ4±dB）	评定 级别	备注

检测部位、缺陷位置示意图

检测人员		日期		复核人员		日期	

磁粉检测操作指导书（仅供参考）

编号：

检测对象	工件名称	螺旋埋弧焊管	工件编号	×××-××	规格（mm）	ϕ529×10
	工件类别	压力管道	材料牌号	X70	工件温度	常温
	检测部位	外表面焊缝及热影响区	表面状态	机械打磨	热处理状态	焊后消除应力热处理
技术要求	检测方法	非荧光湿式连续法	磁化方法	磁轭法	电流种类	交流电
	磁化规范	提升力≥ 45 N，A 型试片校验	执行标准	NB/T 47013.4—2015	合格级别	Ⅰ级
	工件表面光照度	1 000 lx	检测比例	100%	检测时机	热处理后
设备器材	仪器型号	CYE-1 型	磁极间距	200 mm	灵敏度试片	A1-30/100
	磁粉种类	黑磁粉	载体	煤油 + 变压器油	配置浓度	10 ～ 25 g/L
	黑光灯	—	反差增强剂	—	照度计	ST-85
检测示意图	螺旋焊缝 ϕ529×10				磁化示意图（需要时）	
操作指导书验证		A1-30/100				

检测操作要求	预处理	焊缝及两侧 25 mm 范围内采用机械打磨去除焊接飞溅和氧化皮等杂物、修正焊缝不规则程度，工件表面粗糙度 Ra ≤ 25 μm。
	润湿试验	检测前，应将磁悬液施加在焊接接头表面，如果磁悬液的液膜是均匀连续的，则润湿性能合格；如果液膜被断开，则磁悬液中润湿性能不合格，应采取措施后重新进行试验。
	磁化与磁悬液施加	利用磁轭斜跨焊接接头并不断交叉 90°。沿其移动，确保检测到所有位置，磁化区域每次应有不少于 10% 的重叠。每同一部位同一方向的磁化应至少进行两次，磁化时间为 1 ～ 3 s，在磁化的同时喷洒磁悬液，在停施磁悬液 1 s 后方可停止磁化。磁极间距 200 mm，其有效宽度为两极连线两侧各 50 mm 范围。
	试片校核	使用 A1 型试片置于磁轭连线外侧磁化区域重叠区，试片无人工缺陷的面朝外，保持与被检工件有良好的接触，应清晰显示。
	磁痕观察	磁痕显示的观察应在磁化通电时间内完成。
	缺陷评定	除能确认磁痕是由于工件材料局部磁性不均或操作不当造成的之外，其他磁痕显示均应作为缺陷磁痕处理，并按标准进行评定。
	记录	采用照相方式记录缺陷，同时用草图标示，记录缺陷形状、数量、尺寸和部位。
	退磁	无须退磁。
	后处理	清除工件表面多余的磁悬液和磁粉。

编　制	××× 级别：MT Ⅱ级	审　核	××× 级别：MT Ⅲ级（责任师）
日　期	×××× 年 ×× 月 ×× 日	日　期	×××× 年 ×× 月 ×× 日

磁粉检测记录（仅供参考）

编号：

试件编号		试件名称		规 格	
材 质		表面状态		热处理状态	
仪器型号 / 编号	/	提升力		灵敏度试片	
磁粉种类		磁悬液种类		磁悬液浓度	
磁化方法			磁化时间		
磁化强度	纵向（DC）：			周向（AC）：	
磁粉施加方法			验收标准 / 级别		
润湿性能核查			系统灵敏度校验		

缺陷组号	S1(mm)	S2(mm)	S3(mm)	*L*(mm)	*N*	缺陷性质	评定级别
							/
							/
							/
							/

示意图：

备 注	

记录 / 级别：×××/MT-Ⅰ ××××年××月××日 校核 / 级别：×××/MT-Ⅱ ××××年××月××日

说明：S1 为该处缺陷起始位置，S2 为该处缺陷终点位置，S3 为该处缺陷中最长裂纹显示迹痕的起始位置，*N* 为该处缺陷（裂纹）的条数，*L* 为该处缺陷中最长裂纹显示迹痕的长度。

磁粉检测记录（仅供参考）

编号：

工件名称		工件编号		设备类别 / 管道级别	
工件规格		工件材质		热处理状态	
坡口形式		焊接方法		检测部位	
检测区域		表面状态		检测时机	
检测标准		合格级别		检测比例	
检测方法		检测仪器名称		检测仪器型号	
检测仪器编号		磁粉 / 载体		磁悬液浓度	
磁悬液施加方法		灵敏度试片		电流类型	
磁化方法		磁化方向		提升力 / 电流	
磁化时间		触头（磁轭）间距		光源	
黑光辐照度		可见光强度		环境光照度	
记录方式		退磁情况		工艺规程编号	
操作指导书编号		工艺验证情况			

检测部位（区段）及缺陷位置示意图（记录方式：草图 + 照片，附后）

<table>
<tr><th colspan="10">检测结果记录表</th></tr>
<tr><th rowspan="3">序号</th><th rowspan="3">焊缝（工件）部位编号</th><th rowspan="3">缺陷编号</th><th rowspan="3">缺陷类型</th><th rowspan="3">缺陷磁痕尺寸（mm）</th><th colspan="3">缺陷处理方式及结果</th><th colspan="2">最终评级（级）</th></tr>
<tr><th colspan="2">打磨后复检缺陷</th><th>补焊后复检缺陷</th><th colspan="2"></th></tr>
<tr><th>性质</th><th>磁痕尺寸（mm）</th><th>性质</th><th>磁痕尺寸（mm）</th><th></th></tr>
<tr><td></td><td></td><td></td><td></td><td></td><td></td><td></td><td></td><td></td><td></td></tr>
<tr><td></td><td></td><td></td><td></td><td></td><td></td><td></td><td></td><td></td><td></td></tr>
<tr><td></td><td></td><td></td><td></td><td></td><td></td><td></td><td></td><td></td><td></td></tr>
<tr><td></td><td></td><td></td><td></td><td></td><td></td><td></td><td></td><td></td><td></td></tr>
<tr><td colspan="10">其他：</td></tr>
</table>

检测人员	年　月　日	复核人员	年　月　日

渗透检测操作指导书（仅供参考）

编号：

设备名称 / 编号	压力管道 PT01#	规格尺寸	ϕ108 mm × 5 mm	热处理状态	未热处理	检测时机	外观质量检查合格后
被检表面要求	打磨	材料牌号	1Cr18Ni9Ti	检测部位	图示对接焊缝	检测比例	100%
检测方法	Ⅱ C－d	检测温度	10～50 ℃	试块 / 灵敏度	B 型 /C 级	检测方法标准	NB/T 47013.5—2015
观察方式	白光下目视	渗透剂型号	DPT-5	乳化剂型号	/	清洗剂型号	DPT-5
显像剂型号	DPT-5	渗透时间	≥ 10 min	干燥时间	自然干燥	显像时间	≥ 10 min
乳化时间	/	检测设备	携带式喷罐	黑光辐照度	/	可见光照度	≥ 1 000 lx
渗透剂施加方法	喷涂	乳化剂施加方法	/	去除方法	擦拭	显像剂施加方法	喷涂
水洗温度	/	水压	/	验收标准	NB/T 47013.5—2015	合格级别	Ⅰ级
示意草图							

工序号	工序名称	操作要点及主要工艺参数
1	表面准备	用不锈钢丝盘磨光机打磨去除焊缝及两侧各 25 mm 范围内焊渣、飞溅及焊缝表面不平，酸洗钝化处理被检面。
2	预清洗	用清洗剂将被检面洗擦干净。
3	干燥	自然干燥。
4	渗透	喷涂施加渗透剂，使之覆盖整个被检表面，在整个渗透时间内始终保持润湿，渗透时间应不少于 10 min。
5	去除	先用干燥、洁净不脱毛的布或纸依次擦拭，直至大部分多余渗透剂被去除后，再用蘸有清洗剂的干净不脱毛的布或纸进行擦拭，直至将被检面上多余的渗透剂全部擦净。应注意，擦拭时应按一个方向进行，不得往复擦拭，不得用清洗剂直接在被检面上冲洗。
6	干燥	自然干燥，时间应尽量短。
7	显像	喷涂法施加，喷嘴离被检面距离为 300～400 mm，喷涂方向与被检面夹角为 30°～40°，使用前应充分将喷罐摇动使显像剂均匀，不可在同一地点反复多次施加。显像时间不应少于 10 min。

续表

工序号	工序名称	操作要点及主要工艺参数
8	观察	显像剂施加后 10 ～ 60 min 内进行观察，被检面处白光照度应≥ 1 000 lx，必要时可用 5 ～ 10 倍放大镜进行观察。
9	复验	应将被检面彻底清洗，重新进行渗透等检测操作各步骤。检测灵敏度不符合要求、操作方法有误或技术条件改变时，合同各方有争议或认为有必要时进行。
10	后清洗	用湿布擦拭被检面显像剂或用水冲洗。
11	评定与验收	根据缺陷显示尺寸及性质按 NB/T 47013.5—2015 进行等级评定，Ⅰ级合格。
12	报告	出具报告内容至少包括 NB/T 47013.5—2015 规定的内容。
备注	1. 渗透检测剂：卤素总含量（质量分数）应小于 200×10^{-6}，蒸发后残渣中的氯、氟元素的含量（质量分数）不得大于 1%。 2. 渗透检测实施前、检测操作方法有误或条件发生变化时，用 B 型试块按工艺进行校验。	

编制人及资格	签名 /PT-Ⅱ级（或Ⅲ级）	审核人及资格	签名 /PT 责任工程师
日　期	×××× 年 ×× 月 ×× 日	日　期	×××× 年 ×× 月 ×× 日

渗透检测原始记录（仅供参考）

编号：

试件名称	平板焊缝	试件编号	×××	规格	150 mm × 100 mm
探伤方法	溶剂去除型着色检测法	试块 / 灵敏度	B 型 /C 级	观察方法	日光下肉眼观察
检测部位	图示焊缝	检测比例	100%	检测时机	外观检查合格后
渗透剂	HG-3	施加方法	喷涂	渗透时间	10 min
表面状况	砂光	工件 / 环境温度	25 ℃ /25 ℃	材质	不锈钢
清洗剂	HG-3	清洗方法	擦洗	清洗时间	2 min
显像剂	HG-3	施加方法	喷涂	显像时间	10 min
热处理	未热处理	验收标准 / 级别	NB/T 47013.5—2015/ Ⅰ级		

缺陷序号	S1(mm)	S2(mm)	S3(mm)	*L*(mm)	*N*	缺陷性质	评定级别
1	10	30	20	11	4	裂纹	不允许
2	90	90	90	20	1	裂纹	不允许
3	110	126	110	18	1	裂纹	不允许
4	/	/	/	/	/	/	/

示意图

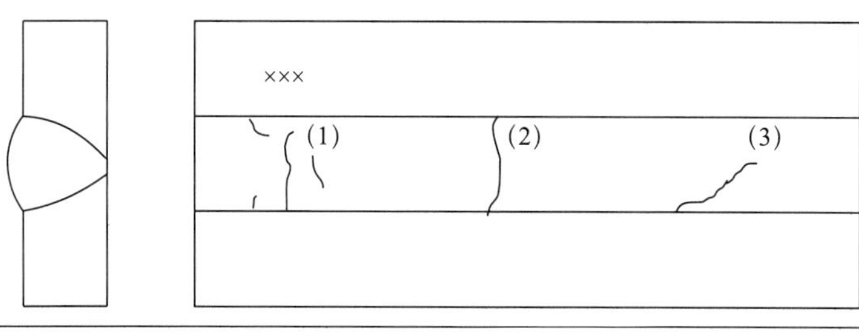

备注	焊缝裂纹显示迹痕如图所示

检测人 / 级别：××/PT-Ⅱ　××××年××月××日　记录人 / 级别：××/PT-Ⅰ　××××年××月××日

审核人 / 级别：××/PT-Ⅱ　××××年××月××日　检测地点：****

说明：S1 为该处缺陷起始位置，S2 为该处缺陷终点位置，S3 为该处缺陷中最长裂纹显示迹痕的起始位置，*N* 为该处缺陷（裂纹）的条数，*L* 为该处缺陷中最长裂纹显示迹痕的长度。

参考文献

1. 宋志哲 . 磁粉检测 [M]. 2 版 . 北京：中国劳动社会保障出版社，2007.
2. 胡学知 . 渗透检测 [M]. 2 版 . 北京：中国劳动社会保障出版社，2007.
3. 王晓雷 . 承压类特种设备无损检测相关知识 [M]. 2 版 . 北京：中国劳动社会保障出版社，2007.
4. 胡天明 . 超声检测 [M]. 武汉：武汉测绘科技大学出版社，1994.
5. 史亦伟 . 超声检测 [M]. 北京：机械工业出版社，2005.
6. 李家伟，陈积懋 . 无损检测手册 [M]. 北京：机械工业出版社，2002.
7. 沈建中，黎连修 . 超声无损检测的进展——学会成立 20 周年回顾 [J]. 无损检测，1998（2）.
8. 郑晖，胡斌，林树青，等 . 国外 TOED 检测标准分析和比较 [J]. 无损检测，2007（3）.
9. 庞勇，韩炎 . 超声成像方法综述 [J]. 华北工学院测试技术学报，2001，15（4）.
10. 张志超 . 焊缝超声检测中变型波的产生机理及其识别 [J]. 无损检测，2002（2）.
11. 郑晖，林树青 . 超声检测 [M]. 2 版 . 北京：中国劳动社会保障出版社，2008.
12. 强天鹏 . 射线检测 [M]. 2 版 . 北京：中国劳动社会保障出版社，2007.